过程控制工程设计

第三版

孙洪程　李大字　编

化学工业出版社
·北京·

本书以计算机类控制工具（DCS、FCS、PLC）为主，讲述过程控制工程设计的整体情况。主要内容包括：自控工程设计任务与方法步骤、自控方案、信号报警及安全联锁系统设计、顺序控制系统的设计、计算机监控系统与信息管理系统、自控设备的选择、控制室的设计原则、系统连接、电缆的敷设与仪表的安装、仪表供电、供气系统设计、节流装置、调节阀及差压式液位计的计算、自控设计中的安全及防护措施、自控设计中涉及的其他文件、自控工程的施工、试运行及验收。

本书以工程设计的问题为主线介绍相关的设计内容，优先介绍国际通用设计体制工程表达和设计文件的绘制（编制），同时介绍了老设计体制。书中的工程表达方法以国家标准、行业标准为主，兼顾一些工程界的习惯表达。

本书可作为高等院校过程自动化和测控技术与仪器专业过程控制工程设计教材，也可作为过程自动化工程技术人员的参考用书。

图书在版编目（CIP）数据

过程控制工程设计/孙洪程，李大字编. —3版. —北京：化学工业出版社，2019.11（2025.1重印）
北京市高等教育精品教材立项项目
ISBN 978-7-122-35352-8

Ⅰ.①过… Ⅱ.①孙… ②李… Ⅲ.①过程控制-工程设计-高等学校-教材 Ⅳ.①TP273

中国版本图书馆CIP数据核字（2019）第223244号

责任编辑：高　钰　　　文字编辑：陈　喆
责任校对：刘曦阳　　　装帧设计：刘丽华

出版发行：化学工业出版社（北京市东城区青年湖南街13号　邮政编码100011）
印　　装：北京天宇星印刷厂
787mm×1092mm　1/16　印张20½　字数507千字　2025年1月北京第3版第5次印刷

购书咨询：010-64518888　　　售后服务：010-64518899
网　　址：http://www.cip.com.cn
凡购买本书，如有缺损质量问题，本社销售中心负责调换。

定　　价：58.00元

前言

自2013年成为华盛顿协议预备会员开始，我国工科专业开始向国际工程教育标准靠拢，并于2016年成为华盛顿协议正式成员，于是，国内高校工科专业的工程教育变得越来越重要。《过程控制工程设计》一书是自动化专业工程教育比较成熟的教材之一，自成书以来被许多院校采用。由于科学技术的快速发展，工程理念的变化，该书有些内容需要重新调整。特别是自动化行业标准更新之后，一些基本概念发生了变化，所以编者对该书进行重新修订。

作为自动化与测控专业的学生，要有系统理论知识，还要有工程方面的知识，这是其工程素养的重要组成部分。本书的目的就是使学生建立起过程控制工程设计的概念，对过程控制工程设计有一整体的了解。

由于化工自动化标准已经更新到2014年标准，所以本书中的相应内容需要进行更新。考虑到一些小项目还可能采用常规仪表作为控制装置来实现生产过程自动化，所以化工自动化标准仍然保留了《自控专业施工图设计内容深度规定》(HG 20506—1992)，也就是说该标准仍然是现行标准。

与第二版相比，本次修订依据HG/T 20505—2014，重点更新了自控工程图例符号，增加了仪表保温基本计算、接地基本原理和基本计算、工程监理部分内容，提供一些工程项目进行中的调试记录模板以供参考。

该书为自动化专业控制工程课程设计用教材，全书为40课时。

全书共14章，孙洪程修订绪论、第1章、第4～11章、第13章、第14章；李大字修订第2章、第3章和第12章，其中第5章内容由李大字增补。全书由孙洪程统稿。

由于编者水平有限，书中难免出现不足之处，恳请读者批评指正。

编　者

2019年3月

第一版前言

《过程控制工程设计》一书是针对自动化专业、测控技术及仪器专业的培养目标和课程设置要求而编写的。

作为自动化与测控专业的学生，除了要有坚实理论基础之外，还必须掌握一些工程方面的知识，才可能成为合格的自动化工程技术人员。要实现生产过程的自动化，必须经过过程控制工程设计才能实现，这是一个必不可少的环节。本书的目的就是使学生建立起过程控制工程设计的概念，对过程控制工程设计有一整体的了解。

由于早期的过程自动化主要是由仪表作为控制装置来实现的，所以原化学工业部推出的早期标准（例如CD 50A2—1984）是针对仪表制定的。由于计算机和网络技术的发展，特别是这些技术在自动化领域的大量应用，使得自动化发生了根本性的变化，原标准已经不适用了，为此，原化学工业部在老设计标准基础上又推出了新的设计标准，即《自控专业施工图设计内容深度规定》（HG 20506—1992），该标准是目前正在使用的标准。近些年来由于改革开放，对外合作工程项目越来越多，需要制定出与国际接轨的设计标准，为此，中国于1998年推出了国际通用设计体制的标准，即化工装置自控工程设计规定（上、下卷）。一般称国际通用设计体制为新设计体制，称以前的标准为老设计体制。考虑到目前设计标准的状况，本书中对于这两种体制都做了介绍。

本书中以工程设计所涉及的内容为线索，分别介绍了相关的基本概念、原理、计算方法、设计原则、工程表达和设计文件的绘制（编制），工程表达和设计文件的绘制（编制）中分别介绍了两种设计体制下的内容。

该书为自动化专业控制工程课程设计用教材，授课时数为40。

全书共14章，翁唯勤编写了绪论、第一～第四章，孙洪程编写了第五～第十四章和前言，全书由孙洪程统稿。本书由北京化工大学化新教材建设基金提供赞助，在此表示感谢。

由于编者水平有限，书中难免会出现疏漏，恳切希望使用本书的各方人士提出批评意见，编者将不胜感激。

编者

2000年8月

第二版前言

《过程控制工程设计》一书成书之后，经过多次重印，已经被多所院校采用。由于技术的快速发展，使得该书有些内容需要重新整合，内容偏老、偏旧的需要删除，新内容需要添加，有些新的观念、思路需要替换老的内容，所以对该书进行修订。

作为工科学生，作为自动化与测控专业的学生，既要有系统的理论知识，还要有工程方面的知识，这是其工程素养的重要组成部分。本书的目的就是使学生建立起过程控制工程设计的概念，对过程控制工程设计有一个整体的了解。

由于早期的过程自动化主要是由仪表作为控制装置来实现的，所以原行业标准是针对仪表制定的。随着计算机和网络技术的发展，以计算机和网络技术为基础的控制工具在自动化领域的大量应用，使得自动化工程发生了根本性的变化，为此《自控专业施工图设计内容深度规定》（HG 20506—1992）中兼顾了传统技术与新技术两个方面，但该标准还是一个过渡性标准。为此，又推出了与国际接轨的设计标准，此即1998年推出的化工装置自控工程设计规定（上、下卷）国际通用设计体制。一般称国际通用设计体制为新设计体制，称以前的标准为老设计体制。修订后，本书以新体制为主，附带介绍一些老体制。

该书为自动化专业控制工程课程设计用教材，全书的课时数为40课时。

全书共14章，孙洪程修订绪论、第一章、第四章、第六章～第十一章、第十三章、第十四章；李大字修订第二章、第三章和第十二章，增补第五章内容；全书由孙洪程统稿。

本书获得北京化工大学精品教材立项和北京市高等教育精品教材立项赞助，在此表示感谢。

由于编者水平有限，书中难免会出现疏漏，恳切希望使用本书的各方人士提出批评意见，编者将不胜感激。

编者

2008年10月

目录

绪论

(1) 学习自控工程设计的重要性

工程设计是工程建设过程中一个重要的环节，是工程项目实施的依据。没有一个成熟的工程设计，就不可能有一个良好的实施结果，甚至会导致工程项目的失败。作为自动化、测控技术与仪器专业学生，掌握工程设计的基本程序和方法，并进行一次基本训练的实践是十分必要的。能在老师的指导下，进行自控工程设计的训练，学生毕业后走上工作岗位，如果在自控工程领域工作，可大大缩短熟悉的过程。可以说自控工程设计是自动化专业学生的一项基本功，今后无论从事本学科领域的哪方面工作，都是极为有用的。

学习工程设计也是工科专业学生加强工程实际观念、进行专业知识全面综合运用的一个极好的过程。自控工程设计是运用过程控制工程的知识，针对某生产工艺流程，实施自控方案的具体体现。完成自控工程设计，既要掌握控制理论及控制工程的基本理论，又要熟悉自动化技术工具（控制装置及检测仪表）的使用方法及型号、规格、价格等信息，而且要学习本专业的有关工程实际知识，如项目概念及项目运作方式、招标及投标、工程设计的程序和方法、仪表安装方式及常用设备材料的规格、型号等。在经过一次自控工程设计的全面训练后，学生将更深刻地体会到各专业课程所学知识的有机结合和综合应用的重要性。

(2) 现代生产过程的层次表达

有别于过去小规模的作坊式生产，现代生产过程是工艺与信息的集合体，所以可以把自动化看作是生产过程信息的在线、实时管理系统。该概念可用图 0-1 生产过程层次表示。

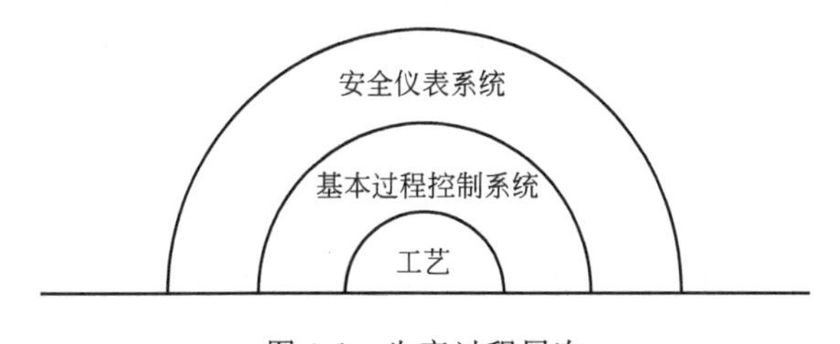

图 0-1　生产过程层次

图 0-1 中的各个部分：

a. 工艺，指纯粹生产工艺，或叫作裸生产工艺（Bare Process Flow，BPF），各种物料在密闭管道和容器中，进行各种物理和化学变化。

b. 基本过程控制系统（Basic Process Control System，BPCS）是保证生产过程平稳连续进行的系统，当生产过程中参数在安全范围内时，基本过程控制系统负责调整各个工艺参数，使其维持在规定数值上，这里的“控制系统”是广义概念，其中包括各种生产参数的控制系统（单回路控制系统和复杂控制系统）、各种生产参数的指示、记录、报警等。

c. 安全仪表系统（Safety Instrument System，SIS），当生产过程中某些参数达到安全界限时，安全仪表系统负责对生产过程进行紧急干预，以保证人身、设备安全。某些书中也把该系统叫作安全联锁系统（Safety Interlock System，SIS）。还有一些如紧急停车系统（Emergency Shutdown Device，ESD）、可燃气体报警系统（Fire Alarm System，FAS）等，也是保障生产安全的系统。

因为基本过程控制系统是保证生产平稳连续进行的系统，随生产进行该系统始终在工作状态，所以也叫作首选过程控制系统（Primary Choice Process Control System），当生产过程达到安全界限时，由安全仪表系统对生产过程进行紧急干预，生产正常时安全仪表系统处于后备状态，所以安全仪表系统也叫作备选系统（Alternate Choice Instrument System）。

如图 0-1 所示的各个层次，组成了现代生产过程，其中各个层次都是不可缺少的，该图是从功能方面对现代生产的描述。早期自动化工程中，各个功能层次可在 DCS 中一并实现，近些年来出现了独立的安全仪表系统，以及一些大型设备的专用系统［例如离心式压缩机的控制系统 ITCC（Integrated Turbine Compressor Control System）等］，从工程角度来看，基本过程控制系统与安全仪表系统的分离，使得功能划分更加清晰，工程实现上更加便利。

HG/T 20505—2014 标准中，将控制室内的控制装置（控制器、记录仪、指示仪、报警仪等二次仪表）划分为 DCS 与常规仪表，现在大多数企业采用 DCS 系统来实现基本过程控制系统，所以业内往往将基本过程控制系统等同于 DCS 系统。

（3）关于“系统”的概念

自动化工程项目中，关于“系统”的概念有不同的含义，总结如下：

a. 给生产设备添加一些测量、执行、控制单元，与被控过程一同构成的，为了维持生产参数所构建的系统，例如单回路控制系统、串级控制系统、比值控制系统、前馈控制系统、分程控制系统、选择性控制系统等。

b. 为实现生产平稳进行或为了保证生产安全，由一些硬件和软件所组成的成套产品，例如 DCS 系统，有 ECS-700 系统、TDC-3000 系统、CS3000 系统等；SIS 系统，有 TRICON 系统、H51q 系统、SafetyNet 等。

c. 从功能上划分，有基本过程控制系统 BPCS 和安全仪表系统。前者是在安全界限内保证生产连续平稳进行的控制系统，后者是当达到或超越安全界限时，为保证生产安全的紧急干预系统。

所以在本书的各个章节当中，读者需要注意“系统”的不同含义。

（4）项目的概念

根据专业不同，每个项目划分为若干个工程。自动化工程（也叫自控工程，专业划分中叫作仪表专业）是这些工程中的一项。例如土建工程、管道工程、数据采集与监控工程等。

工程设计是技术方案的工程表达，是采用国家的或行业的标准、规范的工程表示方法对技术方案的描述。

工程实施包括可行性研究、项目报批、工程设计、工程实施、阶段验收、开车、试生产、总体验收投产等阶段。工程设计是工程实施过程的一个阶段。工程实施过程可用图 0-2 表示。

自控工程设计是为了实现生产过程的自动化，用图纸资料和文字资料的形式表达出来全部工作。对于自动化专业的本科学生，在学习各专业课程后，进行一次自控工程设计的实践是十分必要的。

图 0-2 工程项目实施阶段与过程

(5) 掌握自控工程设计的方法

自控工程设计需要大量的专业知识，这些知识基本上在相关课程的教学中已学习过了。与此同时，还需了解和掌握工程设计的程序和方法、有关的规程和规定。这些必须通过亲自实践，才能逐步掌握。

要独立完成一项工程的自控设计，需懂得设计工作的程序。要用图纸、文字资料来表达设计意图，使别人能清楚地看懂自己的设计图纸，并能按图纸进行施工，就要熟悉有关的设计规范。这一过程涉及查阅各种设计资料的能力培养。由于涉及面广，仅仅通过几节课很难讲述清楚。所以，整个工程设计的学习，最好的方法是边干边学。在进行自控工程设计的模拟设计时，要大量查阅设计规程和规定，体会并掌握正确的设计表达方法。同时，在广泛了解仪表、设备、材料等的有关信息中，学会收集设计资料的方法和途径。另外，在编制众多的自控设计图纸资料过程中，训练、提高工程设计图纸资料的编制能力。

(6) 自控工程设计的发展概况

科学技术的发展，一直影响着自控工程设计。这种影响主要体现在自动化技术工具的发展以及新型过程控制系统的出现。这就要求设计工作的内容、程序和方法要有所变化。

20 世纪五六十年代，为满足防爆的要求，在工业过程，尤其是石油、化工生产过程中，大量使用气动仪表。而常用的控制系统仅仅是单回路反馈控制系统（简单调节系统），或少量的串级、均匀和比值控制系统。因此自控工程设计工作相对来说，较为简单。随着电动单元组合仪表的出现，一直到 DDZ-Ⅲ系列、EK 系列、Ⅰ系列具有本质安全防爆性能的仪表问世，根本上满足了工业过程的防爆要求。于是在自控工程设计中，电动仪表逐步取代气动仪表。然而，无论是气动仪表还是电动仪表，都属于常规仪表。因此，在自控工程设计上，基本的程序和方法内容是相似的。原化学工业部（燃料化学工业部）在 20 世纪 70～90 年代分别制定了有关自控工程设计的施工图内容深度规定，作为自控专业使用常规仪表进行工程设计的指导性文件。

20 世纪 80 年代中期，分散控制系统（Distributed Control System，DCS，也称集散控制系统）开始在工业过程中得到应用。分散控制系统与传统常规仪表的控制系统有着截然不同的方式与内涵，自控工程设计工作也发生了很大的变化。为适应改革开放的经济政策，中国的工程设计必须与国际接轨。因此，在进入 21 世纪前，总结了国内外自控工程设计的经验，开始推行国际通用设计体制和方法，使得自控工程设计工作更为规范有序。

随着网络技术的发展，后续又出现了各种现场总线，由其构成的控制装置叫作现场总线系统（Fieldbus Control System，FCS）。这类系统采用总线方式将现场的信号送到控制室，采用总线方式将控制信号送到现场。这项技术不仅节约大量信号电缆，通过组态，还使得控制系统的连接、变化更加方便。

可编程控制器（Programmable Logic Controller，PLC）是过程控制领域的另一种广泛应用的工具。早期的 PLC 以处理开关量为主，后来，由于增加了模拟量的处理能力，近些年来也在过程控制领域得到广泛的应用。PLC 系统特点是总线类型丰富，可适应现场控制的要求。此外，该系统开放性比较好，系统配置灵活，组态方便，能组成各种大、中、小型系统，以满足不同的需求。

(7) 本书的编写宗旨

本书的编写首先是为了自动化专业、测控技术与仪器专业的学生，在校期间能较快地了解自控工程设计的全貌，并在本书的指导下，针对某一工艺流程，进行一次自控工程设计的基本训练。因此，全书除了全面介绍自控工程设计的内容和程序外，还较为详细地讨论了完成设计任务中各项工作具体的方法及步骤，应遵循的设计规程。

对于工程技术人员，包括非自动化专业毕业的技术人员，如果要从事自控工程设计的工作，相信本书也能成为一本具有指导作用的工具书。

第1章

自控工程设计的任务和方法步骤

1.1 自控工程设计的任务

1.1.1 工程项目的划分及参与各方

一般可将项目划分为新建项目、技术改造项目、国内项目、国外项目、合作项目、配套项目等。不同项目有不同的参与方，各自承担的内容不尽相同。

现在的工程大多采取项目管理、招投标方式运作。根据标的内容，可分为总承包、分承包。发包方（业主）通过生产准备机构与承包方的项目经理部相互联系。项目实施方则包括设计、施工、供货三方面。大的工程项目还需要有工程监理方参与项目过程。图 1-1 是这种关系示意图。

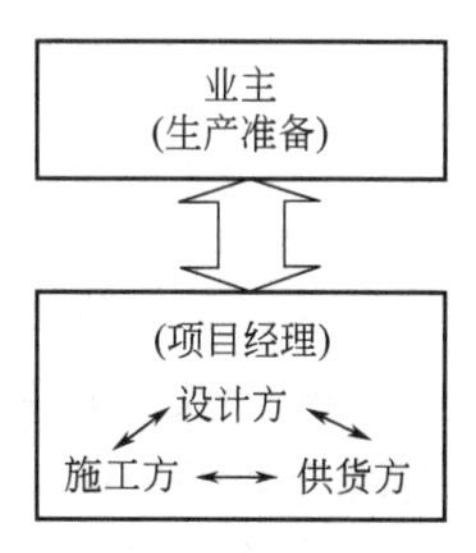

图 1-1 项目关系示意图

在传统的工程概念中，设计方完成工程设计，由施工方负责施工实施。供货方是不参与设计与施工的。由于技术发展，工程中所采用的设备越来越复杂，特别是自控专业中，某些成套系统（如 DCS、FCS、PLC、SIS 等）涉及计算机技术、通信技术、网络技术等，系统复杂程度越来越高，工程设计、施工、调试等都需要对其有非常详尽的了解。正是这些原因，供货方需要参与项目的设计、施工、调试等工作。图 1-2 是表明了各自工作范围的示意图。

图 1-2 中最外面的大圆是监理方的工作职责范围，表明在整个工程项目实施过程中，要对供货、设计、施工进行监理；图 1-2（a）中设计方与施工方有重叠区域，表明设计方需要参与施工过程，一般来说需要派驻施工代表到施工现场，解答设计问题，施工过程中如果有设计瑕疵，施工方需要向施工代表提出修改意见，由设计方出设计变更；供货方与设计方和施工方没有重叠区，表明供货方既不参与设计过程，也不参与施工过程。图 1-2（a）所表明的是采用常规仪表的自控工程项目的各个参与方的工作职责范围。

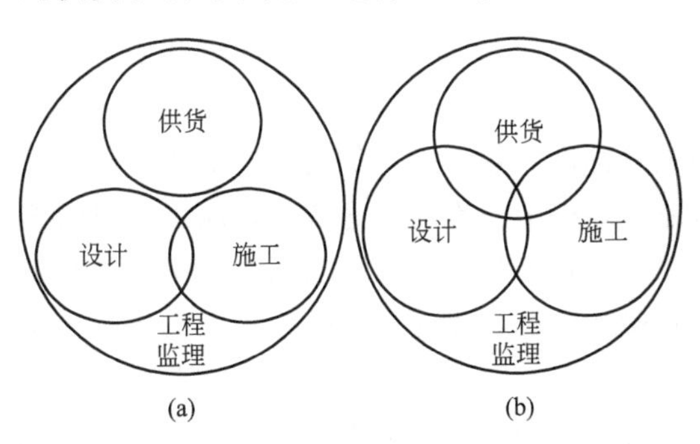

图 1-2 工程参与方各自工作范围

图 1-2（b）中供货方既与设计方有重叠

区，也与施工方有重叠区，表明供货方既要参与设计过程，也要参与施工过程。例如 DCS 供应商，可能需要参与 DCS 组态设计，也需要参与现场 DCS 安装与调试。例如在线色谱分析仪，需要提供采样系统资料给设计方，必要时承担在线色谱分析系统设计，也要参与在线色谱的现场安装、调试工作。

1.1.2 自控工程设计工作内容与任务

自控工程设计的基本任务是负责工艺生产装置与公用工程、辅助工程系统的控制，检测仪表、在线分析仪表和控制及管理用计算机等系统的设计，以及有关的顺序控制、信号报警和联锁系统、安全仪表系统（SIS）和紧急停车系统（ESD）的设计。完成这些基本任务时，还要考虑自控所用的辅助设备及附件、电气设备材料、安装材料的选型设计；自控的安全技术措施和防干扰、安全设施的设计；控制室、仪表车间与分析器室的设计。

按照当前实施的设计“新体制”（本章后面将作详细介绍）的要求，自控专业工程设计阶段的工作可归纳为以下六个方面的内容：

① 根据工艺专业提出的监控条件，绘制工艺控制图（Process Control Drawing，PCD）；

② 配合系统专业绘制各版管道仪表流程图（Piping and Instrumentation Diagrams，P&ID）；

③ 征集研究用户对 P&ID 及仪表设计规定的意见；

④ 编制仪表请购单，配合采购部门开展仪表和材料的采购工作；

⑤ 确定仪表制造商的有关图纸，按仪表制造商返回的技术文件，提交仪表接口条件，并开展有关设计工作；

⑥ 编（绘）制最终自控工程设计文件。

在这个“新体制”中，列出自控工程设计的八项任务：

① 负责生产装置、辅助工程和公用工程系统的检测、控制、报警、联锁/停车和监控/管理计算机系统的设计；

② 负责检测仪表、控制系统及其辅助设备和安装材料的选型设计；

③ 负责检测仪表和控制系统的安装设计；

④ 负责 DCS、PLC、SIS、ESD 和上位计算机（监控、管理）的系统配置、功能要求和设备选型，并负责或参加软件的编制工作；

⑤ 负责现场仪表的环境防护措施的设计；

⑥ 接受工艺、系统和其他主导专业的设计条件，提出设备、管道、电气、土建、暖通和给排水等专业的设计条件；

⑦ 负责控制室、分析器室以及仪表车间的设计；

⑧ 负责工厂生产过程计量系统的设计。

在设计工作中，必须严格地贯彻执行一系列技术标准和规定，根据现有同类型工厂或试验装置的生产经验及技术资料，使设计建立在可靠的基础上。在设计过程中，应对工程的情况、国内外自动化水平、自动化技术工具的制造质量和供应情况，以及当前生产中的一些新技术发展的情况进行深入调查研究，才能有一个正确的判断，做出合理的设计。设计中还应加强经济观念，注意提高经济效益。

自控工程设计常用的方法是由工艺专业提出条件，而自控与工艺专业一起讨论确定控制方案，确定必要的中间储槽及其容量，确定合适的设备余量，确定开、停车以及紧急事故处理方案等。这种设计方法对合理确定控制方案，充分发挥自控专业的主观能动性是有益的。但在实际设计过程中，尤其对一些新工艺，有时主要是由工艺专业提出条件并确定控制方案，自控专业进行设计，在某些国外的公司就采用这种做法。

1.2 自控工程设计的体制

20世纪70年代，当时的燃料化学工业部，曾颁布了一个自控工程设计施工图深度规定，作为自控工程设计的行业标准。到了80年代，原化学工业部颁发了《化工工厂自控设计施工图内容深度统一规定》(CD 50A2—1984)，这个国家行业标准一直沿用了十来年。90年代原化学工业部在修改补充这个深度统一规定的基础上，重新颁布了新的行业标准《自控专业施工图设计内容深度规定》(HG 20506—1992)。以上这些规定统称为老设计体制。它们规定的内容和深度，由于当时技术条件的原因，仅适用于采用常规仪表的化工等生产过程的施工图设计。为满足90年代国内大量使用DCS系统的需求，原化学工业部在1995年发布了《分散型控制系统工程设计规定》(HG/T 20573—1995)，作为化工自控工程设计采用分散型控制系统（DCS）的技术规定。1998年原国家石油和化学工业局发布了《化工装置自控工程设计规定》(HG/T 20636～20639)，作为推行国际通用设计体制和方法的国家行业标准。这个设计规定称为新体制。

1.2.1 国际通用设计体制（HG/T 20636～20639）

原国家石油和化学工业局于1998年6月22日发布了《化工装置自控工程设计规定》(HG/T 20636～20639)，这个规定被称为“新体制”，即国际通用设计体制。国际通用设计体制是20世纪科学技术和经济发展的产物，已成为当今世界范围内通用的国际工程公司模式。按国际通用设计体制，有利于工程公司的工程建设项目总承包，对项目实施“三大控制”(进度控制、质量控制、费用控制)，也是工程公司参与国际合作和国际竞争，进入国际市场的必备条件。

《化工装置自控工程设计规定》是把自控专业工程设计阶段应完成的工作，所涉及的设计程序、设计方法、设计内容、设计管理等方面的规定，以及工程设计所用的图表、标准规范综合编制成的行业标准。它较全面地反映了“新体制”严密的设计分工、科学的工作程序、详尽而规范化的设计文件、严格的设计管理、优良的工作质量和设计质量等特点，同时也反映了ISO 9001标准对设计质量保证提出的各项要求。

本设计标准适用于化工、石油化工、石油、轻纺、国防等行业的自控专业工程设计。

《化工装置自控工程设计规定》包括4项化工行业标准，共含19个分规定，具体内容如下。

(1)《自控专业设计管理规定》(HG/T 20636)（含7个分规定）

1.《化工装置自控专业设计管理规范　自控专业的职责范围》(HG/T 20636.1)

2.《化工装置自控专业设计管理规范　自控专业与其他专业的设计条件及分工》(HG/T 20636.2)

3.《化工装置自控专业设计管理规范　自控专业工程设计的任务》(HG/T 20636.3)

4.《化工装置自控专业设计管理规范　自控专业工程设计的程序》(HG/T 20636.4)

5.《化工装置自控专业设计管理规范　自控专业工程设计质量保证程序》(HG/T

20636.5)

6.《化工装置自控专业设计管理规范　自控专业工程设计文件的校审提要》(HG/T 20636.6)

7.《化工装置自控专业设计管理规范　自控专业工程设计文件的控制程序》(HG/T 20636.7)

(2)《自控专业工程设计文件的编制规定》(HG/T 20637)(含8个分规定)

1.《化工装置自控专业工程设计文件的编制规范　自控专业工程设计文件的组成和编制》(HG/T 20637.1)

2.《化工装置自控专业工程设计文件的编制规范　自控专业工程设计用图形符号和文字代号》(HG/T 20637.2)

3.《化工装置自控专业工程设计文件的编制规范　仪表设计规定的编制》(HG/T 20637.3)

4.《化工装置自控专业工程设计文件的编制规范　仪表设计说明的编制》(HG/T 20637.4)

5.《化工装置自控专业工程设计文件的编制规范　仪表请购单的编制》(HG/T 20637.5)

6.《化工装置自控专业工程设计文件的编制规范　仪表技术说明书的编制》(HG/T 20637.6)

7.《化工装置自控专业工程设计文件的编制规范　仪表安装材料的统计》(HG/T 20637.7)

8.《化工装置自控专业工程设计文件的编制规范　仪表辅助设备及电缆的编号》(HG/T 20637.8)

(3)《化工装置自控工程设计文件深度规范》(HG/T 20638)

(4)《自控专业工程设计用典型图表及标准目录》(HG/T 20639)(含3个分规定)

1.《化工装置自控专业工程设计用典型图表　自控专业工程设计用典型表格》(HG/T 20639.1)

2.《化工装置自控专业工程设计用典型图表　自控专业工程设计用典型条件表》(HG/T 20639.2)

3.《化工装置自控专业工程设计用典型图表　自控专业工程设计用标准目录》(HG/T 20639.3)

1.2.2 过渡设计体制

(1) 过渡设计标准 (HG 20506—1992)

1993年5月原化学工业部发布了《自控专业施工图设计内容深度规定》(HG 20506—1992),并于当年9月开始作为自控工程设计的行业标准予以实施。这个标准属于老设计体制。由于新设计体制刚颁布不久,目前尚处于新、老体制交接阶段,老设计体制在使用常规仪表的自控工程设计项目中还有应用。因此,也称其为过渡设计标准。

《自控专业施工图设计内容深度规定》(HG 20506—1992) 内容包括:总则、自控施工图设计文件的组成、符号统一规定、设计文件内容说明及图(表)示例。按照这个规定,自控施工图设计文件的内容包括40项。

在这个设计规定中，还对施工图设计的40项内容，附有一份详细的设计示意图及表格，有利于设计人员参照执行。设计规定（HG 20506—1992）多年来一直被化工、石油化工、轻工等部门广泛采用，发挥了应有的作用。到本书成书时，仍然是现行标准。

(2) *分散型控制系统工程设计规范*（HG/T 20573）

分散型控制系统工程设计规范（HG/T 20573）是2012年5月发布，并于发布之日起开始实施，为化工自控工程设计采用分散型控制系统（DCS）而制定的技术规定。主要是针对用户在设备选型、工程设计时应着重考虑的一些问题而做出的规定，如对DCS采用原则、系统配置要求、可靠性要求、采用的工程设计程序和任务，以及DCS系统组态等问题做出了规定。全规范包括以下14项内容，以及附录、本规范用词说明和条文说明。

1. 总则
2. 规范性引用文件
3. 属于定义和缩略语
4. DCS系统总体要求
5. DCS系统工程设计原则与职责分工
6. 控制站（过程控制站）
7. 操作员站
8. 工程师操作站
9. 通信系统
10. 软件配备、应用软件、软件组态、文件与软件组态
11. DCS工程设计程序
12. DCS控制室设计
13. DCS供电、接地、防雷系统设计
14. DCS验收测试、安装、联调与投运

附录A　DCS技术规格书编制要求

本规范用词说明

附：条文说明

1.3 自控工程设计的阶段划分和设计内容

工程设计要分阶段进行，主要有以下几方面的原因。

① 便于审查。任何一项工程立项后，从投资规模、技术要求、现场条件等方面均需经有关部门审核批准，才能使整个工程按照科学的态度，正确地完成设计、施工任务。因此，设计分阶段进行，便于有关部门的审核，使设计工作逐步向深度开展。

② 随时纠正错误，以免施工中返工。设计工作是一项繁杂的工作，即使经过周密的考虑，总难免出现一些错误。如果不及时发现、纠正，必将在施工中出现返工，造成经济损失。分阶段进行设计，有利于经过多次审核、把关，及早发现问题，随时纠正，使施工中的返工现象尽量避免。

③ 协调各专业之间的矛盾。一项工程的设计工作要涉及多个专业，各专业之间需互相配合、及时通气，才能使整个工程设计合理、完善。这样分阶段的设计，给各专业之间互相协调与配合创造了有利条件。

工程设计的阶段，国内过去一般分为两个阶段，即初步设计和施工图设计，对于采用新技术和复杂的尚未成熟的工程设计，以前也可分为三个阶段进行，即初步设计、扩大初步设计和施工图设计。国际上通常把全部设计过程划分为由专利商承担的工艺设计（基础设计）和由工程公司承担的工程设计两大设计阶段，工程设计则再划分为基础工程设计和详细工程设计两个阶段。

在我国现行设计体制的程序中，工程公司在开始基础工程设计工作前，需要将专利商的工艺设计（基础设计）形成向有关部门和用户报告、供审批的初步设计，因此，在新体制规定的工程公司工程设计有关工作内容中，保留有初步设计的名词。

1.3.1 国际通用设计体制中的阶段划分和设计内容

国际通用设计体制的工程设计分为两个阶段，即基础工程设计和详细工程设计。在这两个阶段期间，专业的设计文件将划分成各个版次，在内容上由浅入深地发表。一般需要完成七版设计。

基础工程设计阶段编制四版：

① 初版（简称“A”版）；

② 内部审查版（简称“B”版）；

③ 用户审查版（简称“C”版）；

④ 确认版（简称“D”版）。

详细工程设计阶段编制三版：

① 详 1 版（或称研究版，简称“E”版）；

② 详 2 版（或称设计版，简称“F”版）；

③ 施工版（简称“G”版）。

根据经验总结，化工行业规定：对大型、新建的化工、石油化工等装置，在工程设计阶段，“管道仪表流程图”（P&ID）发表七版，“设备布置图”发表七版，“管道布置图”发表四版。每项工程项目，根据项目的特点以及设计人员对项目熟悉程度，可以发表其中的几个版次、全部版次或增加版次。

1.3.1.1 基础设计/初步设计

在基础设计/初步设计阶段，自控专业负责以下内容的工作：

① 完成基础设计/初步设计说明书；拟定控制系统、联锁系统的技术方案、仪表选型规定以及电源、气源的供给方案等；

② 完成初步的仪表清单、控制室平面布置和仪表盘正面布置方案，开展初步的询价工作；

③ 完成工艺控制流程图（PCD）；

④ 提出 DCS 的系统配置图；

⑤ 配合工艺系统专业完成初版管道仪表流程图（P&ID）；

⑥ 向有关专业提出设计条件。

1.3.1.2 工程设计

工程设计阶段，可划分为基础工程设计阶段和详细工程设计阶段。

（1）基础工程设计

在基础工程设计阶段，主要的设计工作有以下几条：

① 设计开工前的技术准备；
② 编制仪表设计规定；
③ 编制设计计划；
④ 绘制工艺控制图，参加工艺方案审查会；
⑤ 配合系统专业完成P&ID A版、B版，参加B版内审会；
⑥ 接受和提交设计条件；
⑦ 配合系统专业完成P&ID C版、D版；
⑧ 提出分包项目设计要求；
⑨ 编制工程设计文件。
本阶段可开展编（绘）制的设计文件如下：
① 仪表索引；
② 仪表数据表；
③ 仪表盘布置图；
④ 控制室布置图；
⑤ DCS系统配置图（初步）；
⑥ 仪表回路图；
⑦ 联锁系统逻辑图或时序图；
⑧ 仪表供电系统图；
⑨ 仪表电缆桥架布置总图；
⑩ DCS-I/O表；
⑪ 主要仪表技术说明书；
⑫ DCS技术规格书；
⑬ 仪表请购单。
（2）详细工程设计
详细工程设计是基础工程设计的继续和深化，除了要配合采购部门完成采购工作外，就自控专业而言，两者之间没有严格界限。在详细工程设计阶段，自控专业主要完成下列工作：
① 提交仪表连接、安装设计条件；
② 接受管道平面图和分包方技术文件；
③ 配合系统专业完成P&ID E版、F版、G版；
④ 完成工程设计文件。
采用常规仪表的工程设计文件由以下内容组成：
① 设计文件目录；
② 仪表设计规定；
③ 仪表技术说明书；
④ 仪表施工安装要求；
⑤ 仪表索引；
⑥ 仪表数据表；
⑦ 报警联锁设定值表；
⑧ 电缆表；

⑨ 管缆表；
⑩ 铭牌表；
⑪ 仪表伴热绝热表；
⑫ 仪表空气分配器表；
⑬ 仪表安装材料表；
⑭ 控制室内电缆表；
⑮ 电缆分盘表；
⑯ 联锁系统逻辑图；
⑰ 顺序控制系统时序图；
⑱ 继电器联锁原理图；
⑲ 仪表回路图；
⑳ 控制室布置图；
㉑ 仪表盘布置图；
㉒ 闪光报警器灯屏布置图；
㉓ 半模拟盘流程图；
㉔ 继电器箱布置图；
㉕ 端子配线图；
㉖ 半模拟盘接线图；
㉗ 仪表供电系统图；
㉘ 供电箱接线图；
㉙ 仪表穿板接头图；
㉚ 控制室电缆（管缆）布置图；
㉛ 仪表位置图；
㉜ 仪表电缆桥架布置总图；
㉝ 仪表电缆（管缆）及桥架布置图；
㉞ 现场仪表配线图；
㉟ 仪表空气管道平面图（或系统图）；
㊱ 仪表接地系统图；
㊲ 仪表安装图。

采用 DCS 的工程项目，设计文件的组成如下：
① 设计文件目录；
② DCS 技术规格书；
③ DCS-I/O 表；
④ 联锁系统逻辑图；
⑤ 仪表回路图；
⑥ 控制室布置图；
⑦ 端子配线图；
⑧ 控制室电缆布置图；
⑨ 仪表接地系统图；
⑩ DCS 监控数据表；

⑪ DCS 系统配置图；

⑫ 端子（安全栅）柜布置图。

在采用 DCS 的工程项目中，其自控工程设计文件包括了常规仪表部分和 DCS 部分的设计文件，常规仪表部分的设计文件可按照上述常规仪表设计的有关要求开展设计工作。

若承担 DCS 组态工作时，应完成的设计文件如下：

① 工艺流程显示图；

② DCS 操作组分配表；

③ DCS 趋势组分配表；

④ DCS 生产报表；

⑤ 其他必需文件。

为了对国际通用设计体制所规定的自控专业工程设计文件有一个全貌了解，现把《化工装置自控工程设计文件深度规范》（HG/T 20638）中对设计文件内容深度说明，加以部分摘录。在本书后面各章节，将对完成工程设计的主要内容，进行较为详细的介绍，以利于能按照“新体制”的规定，做好自控工程设计工作。

常规仪表设计文件内容深度说明如下。

①“设计文件目录”应列出工程设计的全部图表的名称、文件号、版次、图幅及张数。

②“仪表设计规定”应说明工程设计项目的设计范围、设计采用的标准及规范、控制方案、仪表选型原则、安全及防护措施、材料选择、动力供应及仪表连接与安装要求等。

③“仪表技术说明书”应包括各类仪表及仪表安装材料技术说明书，其主要内容应包括产品的标准和规范、技术条件、检验和试验，以及备品备件和消耗品等规定。

④“仪表施工安装要求”应说明仪表施工安装要求。

⑤“仪表索引”应是以一个仪表回路为单元，按被测变量英文字母代号的顺序，列出所有构成检测、控制系统的仪表设备位号、用途、名称和供货部门以及相关的设计文件号。

⑥“仪表数据表”应是与仪表有关的工艺、机械数据，对仪表及附件的技术要求、型号和规格等。

⑦“报警联锁设定值表”应包括仪表位号、报警联锁系统用途、工艺操作正常值、报警值和联锁值。

⑧“电缆表”应包括主、支电缆的编号、型号、规格、长度、起点与终点（接线盒号）、端子号、穿线管规格和长度等。

⑨“管缆表”应包括主、支管缆的编号、型号、规格、长度、起点与终点（接管箱号）、接头号等。

⑩“铭牌表”应注明仪表位号、注字内容、安装盘（箱）号。

⑪“仪表伴热绝热表”应包括伴热绝热仪表的位号、被测介质名称、伴热方式、绝热材料、安装图号和保温箱型号等。

⑫“仪表空气分配器表”应包括供气仪表位号、仪表空气管规格、材料、数量和仪表位置图号等。

⑬“仪表安装材料表”应按辅助容器、电气连接件、管件、管材、型材、紧固件、阀门、保护（温）箱、电缆桥架和电线电缆等类别统计材料，并列出各种材料代码、名称及规格、材料标准号或型号以及设计量、备用量和请购量。

⑭“控制室内电缆表”应包括控制室内敷设的电缆编号、型号、规格和长度、柜（盘、

台）编号、端子排号和端子号。

⑮“电缆分盘表”应包括电缆分盘的盘号，电缆的名称、型号、规格和总长度，以及该盘内每个编号电缆的实际、备用和总计长度。所有编号电缆的备用量总和应与“仪表安装材料表”中电缆的备用量相符合。

⑯“联锁系统逻辑图”应采用逻辑符号表示出联锁系统的逻辑关系，包括输入、逻辑功能、输出三部分，必要时附简要说明。

⑰“顺序控制系统时序图”应采用表格和图形的形式表示出顺序控制系统的工艺操作、执行器和时间（或条件）的程序动作关系。

⑱“继电器联锁原理图”应标注被控设备和检出开关的位号，电气设备、元件及其触点号，接线端子号以及联锁的工艺要求和作用说明表等。

⑲“仪表回路图”用仪表回路图图形符号，表示一个检测或控制回路的构成，并标注该回路的全部仪表设备及其端子号和接线。对于复杂的检测、控制系统，必要时另附原理图或系统图、运算式、动作原理等加以说明。

⑳“控制室布置图”应表示出控制室内的所有仪表设备的安装位置，如仪表盘、操作台、继电器箱、总供电盘、DCS 操作站、DCS 控制站、端子柜、安全栅柜、辅助盘和 UPS 等。

㉑“仪表盘布置图”应表示出仪表在仪表盘、操作台和框架上的正面布置，标注仪表位号、型号、数量、中心线与横坐标尺寸，并表示出仪表盘、操作台和框架的外形尺寸及颜色。

㉒“闪光报警器灯屏布置图”应表示出闪光报警器各报警窗口的排列、报警仪表位号和注字内容。

㉓“半模拟盘流程图”应表示出装置的主要流程，包括主要工艺设备、管道和检测控制系统的图示。根据需要，设置动设备和控制阀运行状态的灯光显示装置。

㉔“继电器箱布置图”应表示出电器设备、元件在继电器箱内的正面布置。标注其中心线与横坐标尺寸、位号、铭牌及注字，并表示出设备材料表和箱的外形尺寸与颜色等。

㉕“端子配线图”应表示出仪表盘、操作台、继电器箱、端子柜、安全栅柜和供电箱等输入、输出端子的配线。

㉖“半模拟盘接线图”应表示出半模拟盘背面各电器元件的接线。

㉗“仪表供电系统图”应用方块图表示出供电设备之间的连接系统。如不间断电源装置（UPS）、电源箱、总供电箱、分供电箱和供电箱等的连接系统，并标注供电设备的位号、型号、输入与输出的电源种类、等级和容量。

㉘“供电箱接线图”应表示出总供电箱、分供电箱和供电箱的内部接线。标注其电源的电压种类、电压等级和容量、各供电箱的位号和型号、各供电回路仪表的位号和型号以及容量等。

㉙“仪表穿板接头图”应表示出仪表盘（箱）穿板接头进、出气信号管路的连接，标注其仪表位号和接头号以及材料表。

㉚“控制室电缆（管缆）布置图”应表示出控制室内电缆（管缆）及桥架安装位置、标高和尺寸；进控制室的桥架安装固定、密封结构、安装倾斜度以及电缆（管缆）排列和编号等。

㉛“仪表位置图”是用仪表位置图图形符号表示出现场仪表安装的位置和标高，包括检

测元件、基地式仪表、变送器、控制阀、现场安装的仪表盘（箱）等。

㉜“仪表电缆桥架布置总图”应表示出工厂（装置）仪表电缆桥架总体平面布置、标高和尺寸，必要时绘制局部空视图。

㉝“仪表电缆（管缆）及桥架布置图”应表示出电缆（管缆）桥架的安装位置、标高和尺寸；电缆（管缆）桥架安装支架与吊架位置和间距，以及电缆（管缆）在桥架中的排列和电缆（管缆）编号等。

㉞“现场仪表配线图”应表示出现场仪表至接线箱（供电箱）、接线箱（供电箱）至电缆桥架，以及现场仪表至电缆桥架之间的配线平面位置。按规定的文字代号标注电缆（线）的编号、规格和型号，以及穿线保护管的规格。

㉟“仪表空气管道平面图（或系统图）”应表示出仪表空气干管或空气分配器至各用气仪表之间的仪表空气管的平面布置、标高和规格等。

㊱“仪表接地系统图”应表示控制室和现场仪表设备的接地系统，包括接地点位置、分类、接地电缆的敷设以及规格、数量和接地电阻值要求等。

㊲“仪表安装图”应包括现场仪表、检测元件在设备或管道上的安装及其管路的连接图、仪表电缆保护和连接图，以及气动仪表管路连接安装图，并标注安装仪表、检测元件的位号、所在的设备位号和管道号、安装用的材料代码、名称及规格、材料标准号或型号和数量等。

DCS 设计文件内容深度说明如下。

①“DCS 技术规格书”应包括工程项目简介、厂商责任、系统规模、功能、硬件、性能要求、质量、文件交付、技术服务与培训、质量保证、检验及验收、备品备件与消耗品，以及计划进度等。

②“DCS-I/O 表”应包括 DCS 监视、控制的仪表位号、名称，输入、输出信号，是否提供输入、输出安全栅和电源。

③“DCS 监控数据表”应表示出检测控制回路仪表位号、用途、测量范围、控制与报警设定值、控制正反作用与参数、输入信号、阀正反作用以及其他要求等。

④“DCS 系统配置图”应以图形和文字表示，由操作站、控制站、通信总线等组成的 DCS 系统结构，并表附输入、输出信号的种类和数量，以及其他硬件配置等。

⑤“端子（安全栅）柜布置图”应表示出接线端子排（安全栅）在端子（安全栅）柜中的正面布置。标注相对位置尺寸、安全栅的位号、端子排的编号，并表示出设备材料表和柜的外形尺寸与颜色。

DCS 组态文件内容深度说明如下。

①“工艺流程显示图”应采用过程显示图形符号，按装置单元绘制带有主要设备和管路的流程图。包括检测控制系统的仪表位号和图形符号、设备和管路的线宽与颜色、进出物料名称、设备位号、动设备和控制阀的运行状态显示等。

②“DCS 操作组分配表”应包括操作组号、操作组标题、流程图画面页号、显示的仪表位号和说明。

③“DCS 趋势组分配表”应包括趋势组号、趋势组标题、显示的仪表位号和颜色。

④“DCS 生产报表”应包括采样时间、周期、地点、操作数据、原料消耗和成本核算等。

1.3.2 老设计体制中的阶段划分和设计内容

老设计体制分为两个阶段：初步设计和施工图设计。

（1）初步设计

初步设计的主要目的是为了上报有关部门作为审批的依据，并为订货做好必要的准备。它应完成的主要内容为：

① 设计说明书；

② 工艺控制流程图；

③ 主要仪表设备、材料汇总表；

④ 初步设计概算。

（2）施工图设计

根据过渡设计标准《自控专业施工图设计内容深度规定》（HG 20506—1992）的规定，自控施工图设计文件的内容应包括：

① 自控图纸目录；

② 说明书；

③ 自控设备表；

④ 节流装置数据表；

⑤ 调节阀数据表；

⑥ 差压式液位计计算数据表；

⑦ 综合材料表；

⑧ 电气设备材料表；

⑨ 电缆表；

⑩ 管缆表；

⑪ 测量管路表；

⑫ 绝热伴热表；

⑬ 铭牌注字表；

⑭ 信号及联锁原理图；

⑮ 半模拟盘信号原理图；

⑯ 控制室仪表盘正面布置总图；

⑰ 仪表盘正面布置图；

⑱ 架装仪表布置图；

⑲ 报警器灯屏布置图；

⑳ 半模拟盘正面布置图；

㉑ 继电器箱正面布置图；

㉒ 总供电箱接线图；

㉓ 分供电箱接线图；

㉔ 仪表回路接线图；

㉕ 仪表回路接管图；

㉖ 报警器回路接线图；

㉗ 仪表盘端子图；

㉘ 仪表盘穿板接头图；
㉙ 半模拟盘端子图（或背面电气接线图）；
㉚ 继电器箱端子图（或电气接线图）；
㉛ 接线箱接线图；
㉜ 空气分配器接管图；
㉝ 仪表供气空视图；
㉞ 伴热保温供汽空视图；
㉟ 接地系统图；
㊱ 控制室电缆、管缆平面敷设图；
㊲ 电缆、管缆平面敷设图；
㊳（带位号的）仪表安装图；
㊴ 非标部件安装制造图；
㊵ 管道及仪表流程图。

注：应包括挠性管连接图。

以上40项内容，根据工程具体情况，还可任选如下组合方案：

① 安装材料明细表/（带位号的）仪表安装图；
② 仪表盘背面电气接线图＋仪表回路接线图/仪表盘端子图＋仪表回路接线图；
③ 仪表盘背面气动管路连接图＋仪表回路接管图/仪表盘穿板接头图＋仪表回路接管图；
④ 仪表供气系统图/仪表供气空视图；
⑤ 伴热保温供汽系统图/伴热保温供汽空视图；
⑥ 电缆电线外部连接系统图＋接线箱接线图/电缆表＋接线箱接线图；
⑦ 气动管路外部连接系统图/接管箱接管图/管缆表。

1.4 自控工程设计的方法和程序

1.4.1 自控工程设计的方法

在接到一个工程项目后，进行自控工程设计时，按照什么样的方法来完成这些内容呢？本节介绍完成这些内容的先后顺序和它们之间的相互关系，而对于一些主要环节的详细讨论在后面各章节中分别进行。

(1) 熟悉工艺流程

这是自控设计的第一步。一个成功的自控设计，自控设计人员对工艺熟悉和了解的深度将是重要的因素。在这阶段还需收集工艺中有关的物性参数和重要数据。

(2) 确定自控方案，完成工艺控制流程图（PCD）

了解工艺流程，并和工艺人员充分协商后，定出各检测点、控制系统，确定全工艺流程的自控方案，在此基础上可画出工艺控制流程图（PCD），并配合工艺系统专业完成各版管道仪表流程图（P&ID）。

(3) 仪表选型，编制有关仪表信息的设计文件

在仪表选型中，首先，要确定的是采用常规仪表还是DCS系统。然后，以确定的控制

方案和所有的检测点，按照工艺提供的数据及仪表选型的原则，查阅有关部门汇编的产品目录和厂家的产品样本与说明书，调研产品的性能、质量和价格，选定检测、变送、显示、控制等各类仪表的规格、型号。并编制出自控设备表或仪表数据表等有关仪表信息的设计文件。

（4）控制室设计

自控方案确定，仪表选型后，根据工艺特点，可进行控制室的设计。采用常规仪表时，首先考虑仪表盘的正面布置，画出仪表盘布置图等有关图纸。然后画出控制室布置图及控制室与现场信号连接的有关设计文件，如仪表回路图、端子配线图等。在进行控制室设计中，还应向土建、暖通、电气等专业提出有关设计条件。

（5）节流装置和调节阀的计算

控制方案已定，所需的节流装置、调节阀的位置和数量也都已确定，根据工艺数据和有关计算方法进行计算，分别列出仪表数据表中调节阀及节流装置计算数据表与结果。并将有关条件提供给管道专业，供管道设计之用。

（6）仪表供电、供气系统的设计

自控系统的实现不仅需要供电，还需要供气（压缩空气作为气动仪表的气源，对于电动仪表及 DCS 系统，由于目前还大量使用气动调节阀，所以气源也是不可少的）。为此需按照仪表的供电、供气负荷大小及配制方式，画出仪表供电系统图、仪表空气管道平面图（或系统图）等设计文件。

（7）依据施工现场的条件，完成控制室与现场间联系的相关设计文件

土建、管道等专业的工程设计深入开展后，自控专业的现场条件也就清楚了。此时按照现场的仪表设备的方位、控制室与现场的相对位置及系统的联系要求，进行仪表管线的配制工作。在此基础上可列出有关的表格和绘制相关的图纸，如列出电缆表、管缆表、仪表伴热绝热表等，画出仪表位置图、仪表电缆桥架布置总图、仪表电缆（管缆）及桥架布置图、现场仪表配线图等。

（8）根据自控专业有关的其他设备、材料的选用等情况，完成有关的设计文件

自控专业除了进行仪表设备的选用外，这些仪表设备在安装过程中，还需要选用一些有关的其他设备材料。对这些设备材料需根据施工要求，进行数量统计，编制仪表安装材料表。

（9）设计工作基本完成后，编写设计文件目录等文件

在设计开始时，先初定应完成的设计内容，待整个工程设计工作基本完成后，要对所有设计文件进行整理，并编制设计文件目录、仪表设计规定、仪表施工安装要求等工程设计文件。

上述设计方法和顺序，仅仅是原则性的提法，在实际工程设计中各种设计文件的编（绘）制，还应按照下节自控工程设计的程序进行。

1.4.2 自控工程设计的程序

自控专业工程设计的程序如图 1-3 所示，工作程序图反映了自控专业在各版 P&ID 期间所要开展的工作。对于图 1-3 所示工作程序图有如下几点说明。

① 图中各版 P&ID 期间所列的各种设计文件是表示开始编（绘）制的时间，有些设计文件在该期间可以完成，有些设计文件则要延续到设计后期才能完成，如仪表索引、仪表回

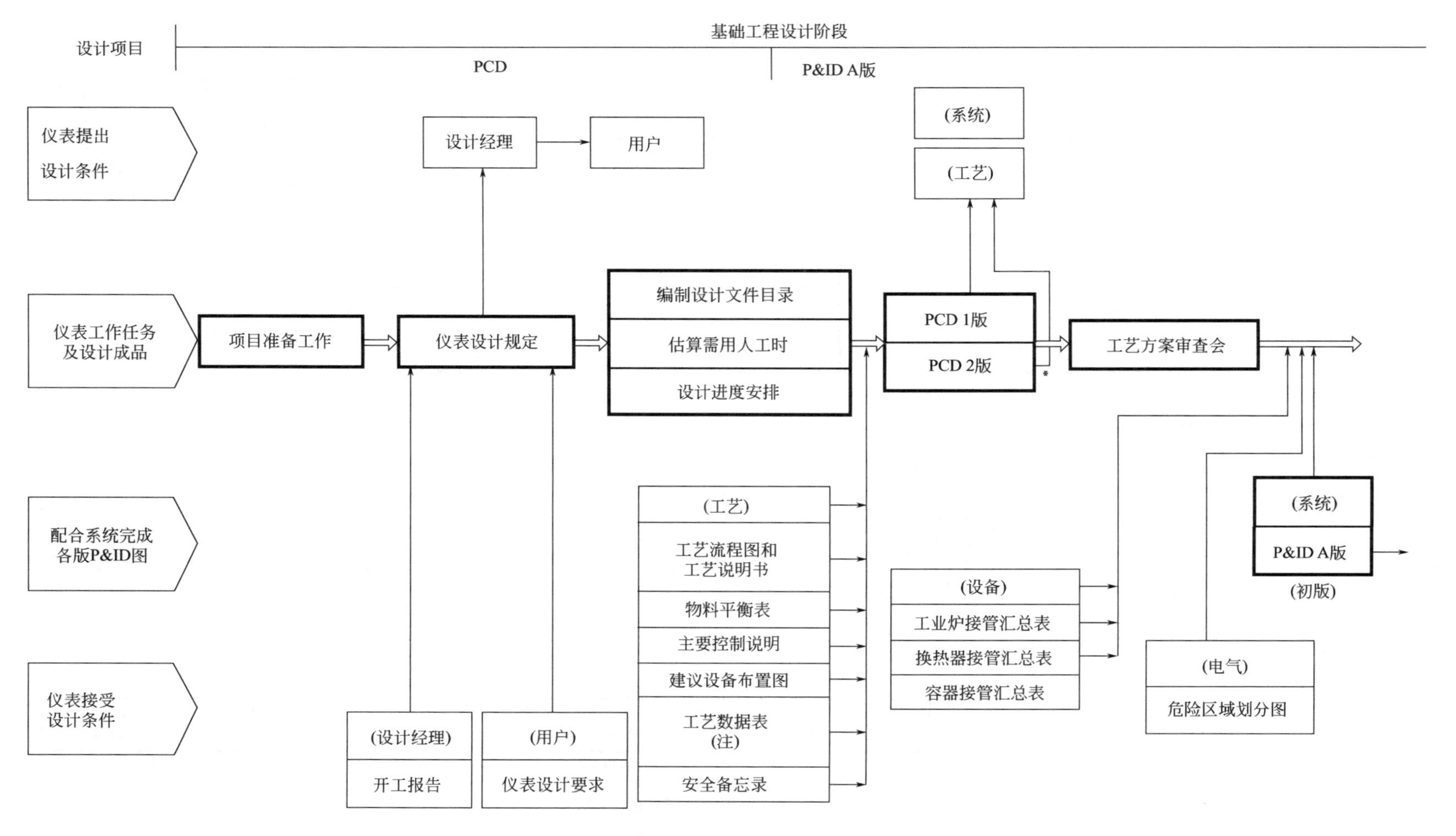

图 1-3(a)　自控专业工程设计阶段工作程序图（一）

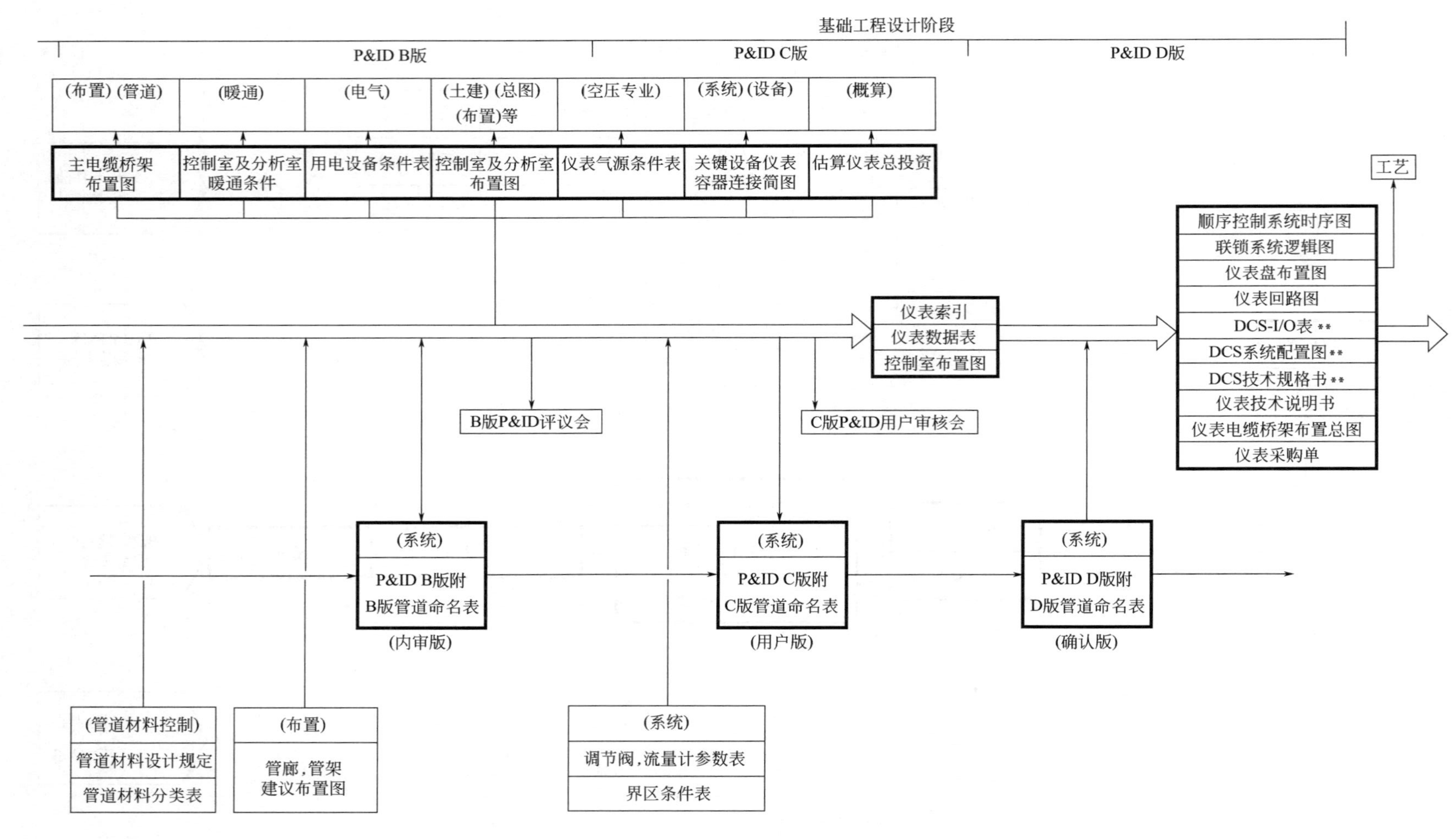

图 1-3(b) 自控专业工程设计阶段工作程序图（二）

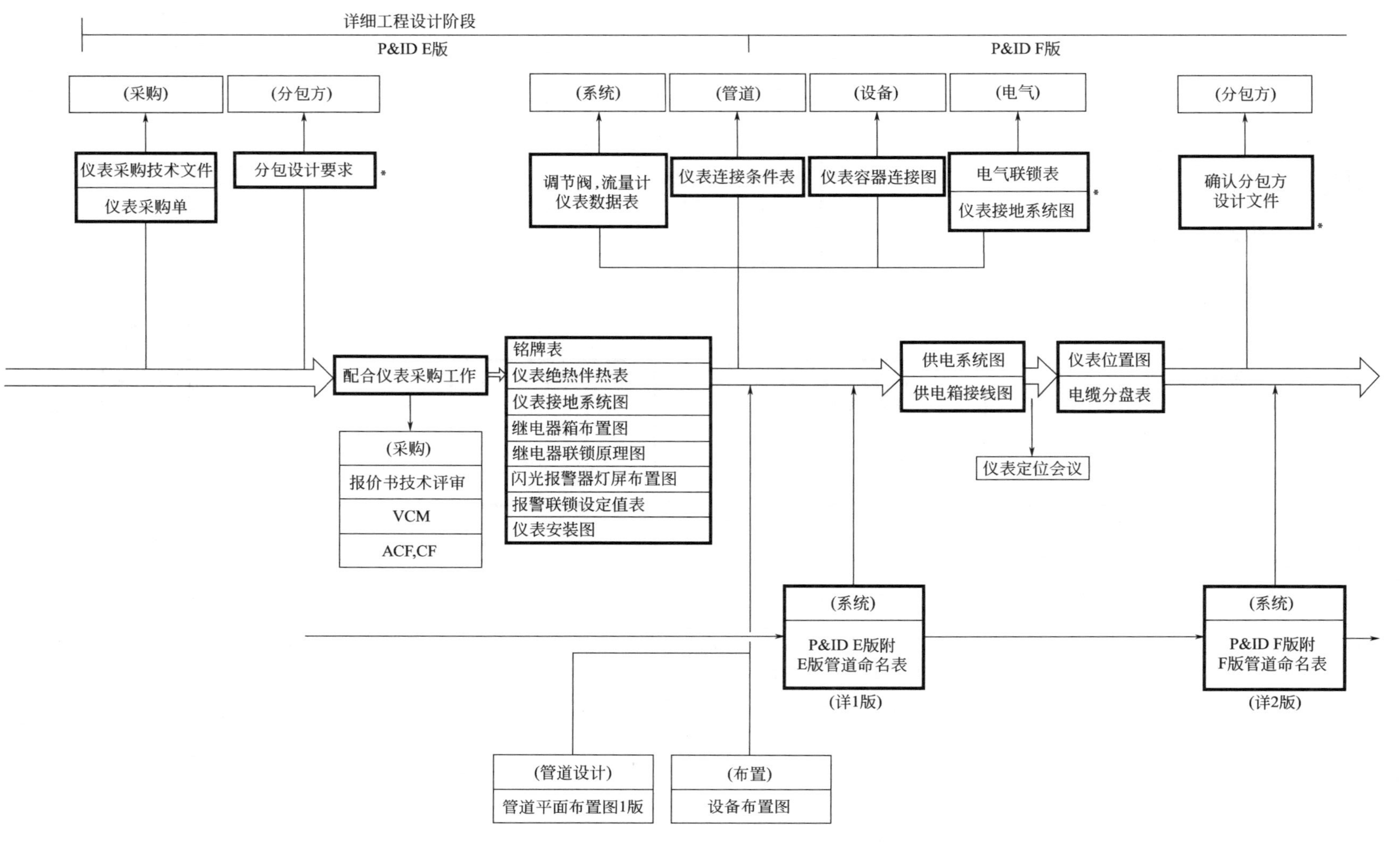

图 1-3(c) 自控专业工程设计阶段工作程序图（三）

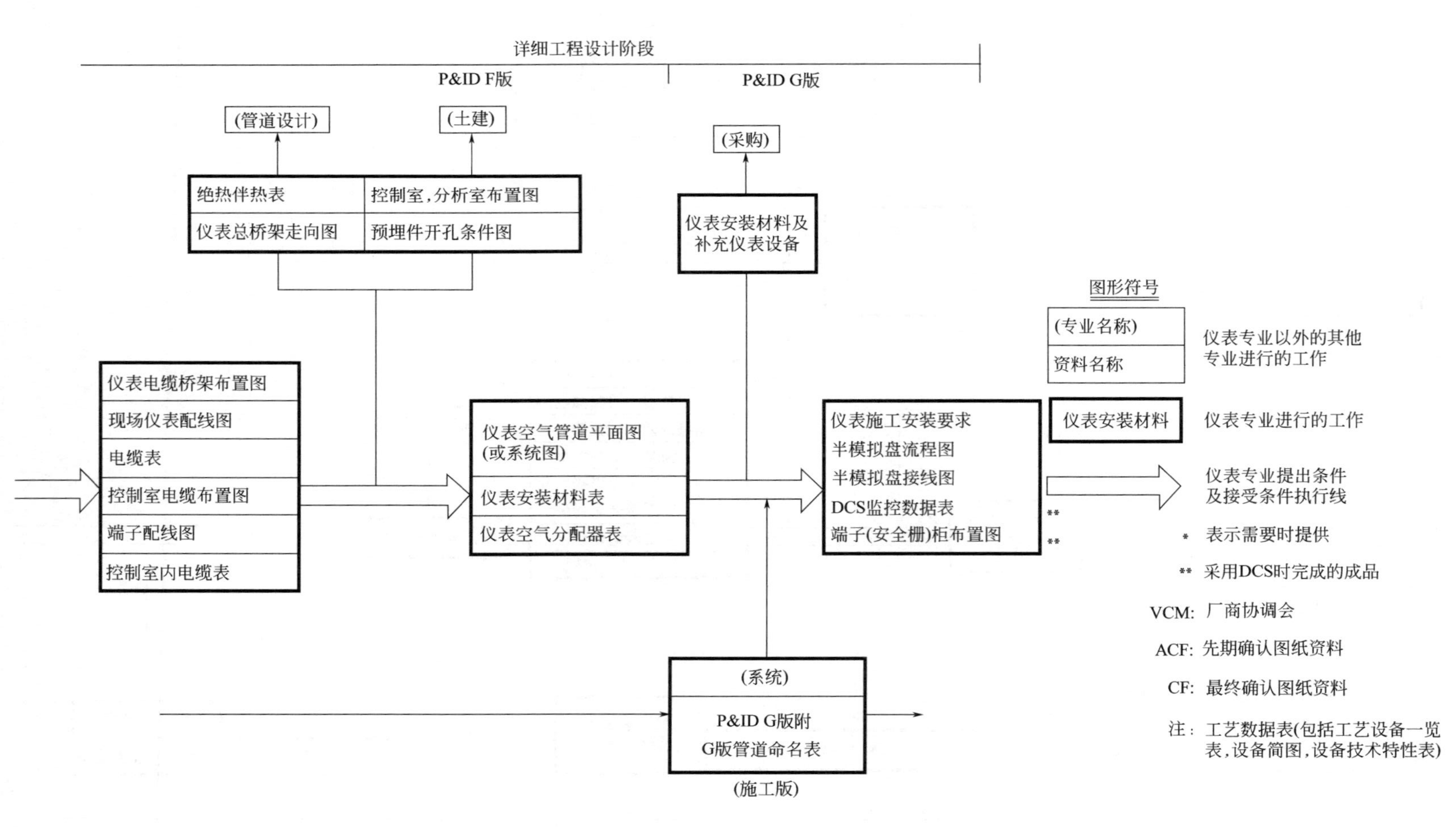

图 1-3(d) 自控专业工程设计阶段工作程序图（四）

路图等。

② 图中所列的设计文件对于某个具体工程项目，并不一定都要完成，可以根据需要编（绘）制有关的设计文件。若设计选用气动仪表时，则设计文件应增绘相关图，本程序中未列入。

③ 化工工艺专业提交的自控设计条件有两种形式：一种为工艺流程图和工艺说明、材料平衡表、主要控制说明等设计资料；一种为“仪表条件表”。两种形式自控专业都可以接受。

④ 仪表采购的配合工作在基础工程设计阶段就开始了，如向采购部门提供“仪表设计规定”，推荐和评估仪表询价厂商等。

⑤ 仪表定位会议一般与模型（设备、配管模型）审核会一起召开。对于不开展模型设计的工程项目，仪表定位会议往往不正式召开。而仪表的定位是通过自控专业与管道等专业往返设计图、表以及相互协商来确定的。

⑥ 程序图中未包括DCS应用组态所需的设计文件。这类设计文件在工程设计完成后根据需要编（绘）制，编（绘）制时要完成的设计文件有：

a. 工艺流程显示图；

b. 各种显示画面编制（包括总貌、分组、回路、报警、趋势以及流程画面等）；

c. 重要工艺操作数据储存要求；

d. 外部通信连接要求；

e. 各类报表格式（包括小时、班、日、周、旬、月等报表）；

f. 其他必需文件。

1.5 自控设计与其他专业的协作关系

从图1-3的自控工程设计的程序中，已清楚地看出在完成一个工程项目的工程设计时，自控专业始终与工艺、系统、管道、电气等专业有密切的协作关系。国际通用设计体制《化工装置自控工程设计规定》中有HG/T 20636.2～20636.5四个分规定，现对其中主要内容加以介绍。

1.5.1 自控专业与工艺专业的设计条件关系

（1）自控专业接受的设计条件

① 工艺流程图（PFD）、工艺说明书和物性参数表。

② 物料平衡表。

③ 工艺数据表（包括容器、塔器、换热器、工业炉和特殊设备）和设备简图。

④ 主要控制系统和特殊检测要求（包括联锁条件）及条件表。

⑤ 安全备忘录。

⑥ 建议的设备布置图。

（2）自控专业提出的条件

① 工艺控制流程图（PCD）。

② 联锁系统逻辑框图（需要时）。

③ 程控系统逻辑框图或时（顺）序表（需要时）。

1.5.2 自控专业与系统专业的设计条件关系

(1) 自控专业接受的条件

① 各版管道仪表流程图(P&ID)和管道命名表。

② 换热器、容(塔)器、工业炉及特殊设备接管汇总表。

③ 控制阀、流量计、安全阀和泄压阀(当规定安全阀、泄压阀由自控专业负责时)数据表。

④ 界区条件表。

⑤ 系统专业对装置内公用工程测量控制系统的特殊要求的说明。

⑥ 系统专业提出的噪声控制设计规定(需要时)。

(2) 自控专业提出的条件

① 工艺控制流程图。

② 控制阀、流量计的仪表数据表。

③ 仪表在各类设备上的接口条件。

④ 配合系统专业完成各版管道仪表流程图(P&ID)。

⑤ 成套(配套)设备或装置的随机仪表的设计要求。

1.5.3 自控专业与管道专业的设计分工

(1) 现场仪表取源及连接部件

自控专业与管道专业的设计分工原则是,在仪表安装之前,管道应为一个封闭系统,一般情况下,封闭系统以内的材料由管道专业负责,封闭系统以外的材料由自控专业负责。

自控专业与管道专业在现场仪表的取源及连接部件上的设计分工为下列四种情况。

① 仪表和安装部件的采购和安装全部由自控专业负责。

② 只有仪表部分的采购由自控专业负责,安装部件的采购、仪表及其部件的安装由管道专业负责。

③ 仪表及其安装部件的采购和安装的分工按具体情况确定。

④ 仪表和安装部件的采购与安装不由自控专业负责。

针对上述四种分工情况,在设计规定 HG/T 20636.3 中分别用表格和图,进行了详细说明,在实际工作时可参照执行。

(2) 现场仪表在管道平面图上的位置

在管道上安装的检测元件、变送器、控制阀、取源点以及就地仪表盘(柜)和仪表箱等,其安装位置由管道专业根据自控专业提供的仪表安装条件或召开仪表定位会议来确定。管道专业在管道平面图、空视图或模型上标注仪表安装位置。

(3) 仪表主电缆桥架在管廊上的位置

仪表主电缆在管廊上的安装位置,由自控专业提出设计条件(包括桥架的规格、截面、尺寸、重量、走向和标高等),管道专业将电缆桥架的安装位置标注在管道平面图上。

(4) 仪表空气管线

仪表空气总管或支、干管及取源阀由管道专业负责设计。从取源阀以后到就地用气仪表之间的支管由自控专业负责设计。取源阀的位置由自控专业提出条件。采用空气分配器时,从仪表空气总管到空气分配器之间的支干管由自控专业提出条件,管道专业设计。空气分配器到就地仪表之间的支管由自控专业设计，空气分配器的位置由双方负责人协商确定。

（5）仪表绝热、伴热

① 在管道上安装的检测元件、变送器、控制阀等的绝热、伴热包括仪表夹套供汽管，由管道专业设计，自控专业提出设计条件。

② 测量管路的绝热、伴热，以及保温箱内的伴热由自控专业设计。伴热用的蒸汽（或热水、热油）总管，蒸汽分配站和回水收集站等由管道专业设计，自控专业提出供热点的位置和数量的设计条件。

1.5.4　自控专业与电气专业的设计分工

（1）仪表电源

① 仪表用 380V/220V 和 110V 交流电源，由电气专业设计，自控专业提出设计条件。电气专业负责将电源电缆送至仪表供电箱（柜）的接线端子，包括控制室、分析器室、就地仪表盘或双方商定的地方。低于 110V 的交流电源由自控专业设计。

② 仪表用 100V 及以上的直流电源由自控专业提出设计条件，电气专业负责设计。低于 100V 的直流电源由自控专业设计。

③ 仪表用不中断电源（UPS），可由电气专业设计，自控专业提出设计条件。由仪表系统成套带来的 UPS，由自控专业设计。

（2）联锁系统

① 联锁系统的发信端是工艺参数（流量、液位、压力、温度、组分等），执行端是仪表设备（控制阀等）时，则联锁系统由自控专业设计。

② 联锁系统的发信端是电气参数（电压、电流、功率、功率因数、电动机运行状态、电动源状态等），执行端是电气设备（如电动机）时，则联锁系统由电气专业设计。

③ 联锁系统的发信端是电气参数，执行端是仪表设备时，则联锁系统由自控专业设计。电气专业提供无源接点，其容量和通断状态应满足自控专业要求。

④ 联锁系统的发信端是工艺参数，执行端是电气设备时，则联锁系统由自控专业设计。自控专业向电气专业提供无源接点，其容量和通断状态应满足电气专业要求。高于 220V 的电压串入自控专业的接点时，电气专业应提供隔离继电器。

⑤ 自控专业与电气专业之间用于联锁系统的电缆，原则上采用“发送制”，即由提供接点的一方负责电缆的设计、采购和敷设，并将电缆送至接收方的端子箱，并提供电缆编号，接收方则提供端子编号。

⑥ 控制室与电动机控制中心（MCC）之间的联锁系统电缆，考虑到设计的合理性和经济性，全部电缆由电气专业负责设计、采购和敷设，并将电缆送至控制室内 I/O 端子柜或编组柜。电缆在控制室内的敷设路径，电气专业应与自控专业协商。

（3）仪表接地系统

① 现场仪表（包括用电仪表、接线箱、电缆桥架、电缆保护管、铠装电缆等）的保护接地，其接地体和接地网干线由电气专业设计。现场仪表到就近的接地网之间的接地线由自控专业设计。控制室（包括分析器室）的保护接地，由自控专业提出接地板位置及接地干线入口位置，电气专业将接地干线引至保护接地板。

② 工作接地包括屏蔽接地、本安接地、DCS 和计算机的系统接地。工作接地的接地体和接地干线由电气专业设计，自控专业提出设计条件，包括接地体的设置（即单独设置还是

合并设置）以及对接地电阻的要求等。有问题时由双方协商解决。

（4）共用操作盘（台）

① 当电气设备和仪表设备混合安接在共用的操作盘（台）上时，应视其设备的多少，以多的一方为主，另一方应向为主的一方提出盘上设备、器件的型号、外形尺寸、开孔尺寸、原理图和接线草图，由为主的一方负责盘面布置和背面接线，并负责共用盘的采购和安装，共用盘的电缆由盘上安装设备的各方分别设计、供货和敷设（以端子为界）。

② 当电气盘和仪表盘同室安装时，双方应协调盘的尺寸、涂色和排列方式，使其保持相同的风格。

（5）信号转换与照明、伴热电源

① 凡需要送往控制室由自控专业负责进行监视的电气参数（电压、电流、功率等），必须由电气专业采用电量变送器将其转换为标准信号（如 4～20mA）后送往控制室。

② 现场仪表、就地盘等需要局部照明时，须由自控专业向电气专业提出设计条件，电气专业负责设计。

③ 当仪表采用电伴热时，仪表保温箱和测量管路的电伴热由自控专业设计，并向电气专业提出伴热的供电要求。伴热电源由电气专业设计，电气专业将电源电缆送至自控专业的现场供电箱。

1.5.5 自控专业与电信、机泵及安全（消防）专业的设计分工

（1）自控专业与电信专业的设计分工

① 当在控制室内安装通信设备、火警设备时，电信专业应向自控专业提出设计条件，并经自控专业确认，由自控专业统一负责控制室的布置设计，并负责向土建专业提出设计条件。通信设备、火警设备的设计、采购和安装由电信专业负责。

② 当需要在仪表电缆桥架内敷设通信电缆时，电信专业应向自控专业提出设计条件，自控专业应在相应的电缆汇线槽内预留空间。通信电缆的设计、采购和敷设由电信专业负责。

③ 用于监视生产操作和安全的工业电视系统由自控专业负责设计；用于生产调度和厂区警卫任务的闭路电视系统由电信专业负责设计。

④ 监督控制和数据采集系统（SCADA）的监测控制部分由自控专业负责，数据的无线传输部分由电信专业负责。

⑤ 自控专业的有关通信要求应向电信专业提出设计条件，由电信专业负责设计。

（2）自控专业与机泵专业的设计分工

① 在机泵设备询价阶段，自控专业应向机泵专业提出机泵的总体控制要求和仪表选型意见，机泵专业向自控专业提出机泵内部的检测/控制要求，包括轴振动、轴位移、轴温、转速、抗喘振、吸入罐液位以及各油路系统和动力系统，自控专业对各测量仪表的技术要求进行确认，并在自控专业工程设计规定中作出说明。

② 自控专业负责审查制造厂报价中有关仪表部分的技术文件并参加技术合同附件的谈判工作。

③ 按合同规定，制造厂供货范围以内的检测/控制仪表，包括就地盘由制造厂负责设计、供货、安装和调试。其电缆与外部的连接应以接线箱为界；制造厂供货范围以外的检测/控制仪表由（工程公司）自控专业负责设计。

(3) 自控专业与安全(消防)专业的设计分工

① 消防系统用的检测仪表、控制阀和联锁系统由自控专业负责设计。安全专业应向自控专业提出设计条件。

② 消防系统的控制盘如果作为成套设备购买时，由安全(消防)专业负责。需要时可请自控专业协助做好询价、技术评标和对制造厂技术文件的审查工作。

③ 消防系统设备如需要放在控制室时，则安全(消防)专业需向自控专业提出设计条件，消防系统的电缆如果需要在自控专业的电缆汇线槽内敷设时，需向自控专业提出设计条件，由自控专业在相应的电缆汇线槽内预留空间。

④ 自控专业应向安全(消防)专业提出控制室内设备的消防要求，由安全(消防)专业负责设计。

⑤ 检测器的设置要求、数量和布置图由安全(消防)或工艺专业负责。检测器的选型、采购和安装设计由自控专业负责。

1.6 自控专业工程设计中常用规定和标准

在自控专业工程设计中需要依据一些规定和标准，不同行业有不同的标准规范，一般来说，一个工程项目不能采用多个不同的行业标准，也不能交叉采用不同的标准。不同行业当中对过程自动化有不同的叫法，例如火电厂中叫作热工自动化。过程自动化标准规范，常见的行业是化工、石化行业标准。

每个标准都有一个名称与标准号，其格式为：

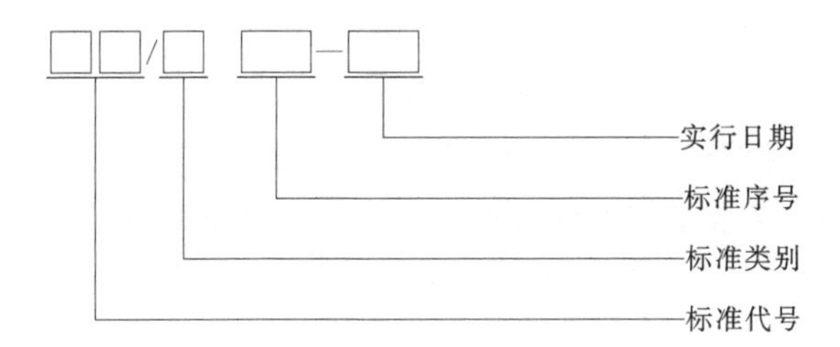

例如：HG/T 20505—2014，HG/T表示化工推荐标准，20505表示标准序号为20505，2014表明实行日期为2014年。表1-1是常见的标准代号与标准类别。

表1-1　常见的标准代号与标准类别

标准代号	说明	备注
GB	国家强制标准	
GB/T	国家推荐标准	新体制
GB/Z	国家指导标准	
SH	石油化工强制标准	
SH/T	石油化工(推荐标准)	新体制
HG	化工强制标准	
HG/T	化工推荐标准	新体制
DL	电力强制标准	
DL/T	电力推荐标准	新体制

续表

标准代号	说明	备注
JB	机械强制标准	
QB	轻工标准	
NB	能源标准	
GJB	国家军用标准	

下面是自控专业常用标准：

①《自控设计常用名词术语》(HG/T 20699—2014)
②《过程测量与控制仪表的功能标志及图形符号》(HG/T 20505—2014)
③《自控专业施工图设计内容深度规定》(HG 20506—1992)
④《自动化仪表选型设计规范》(HG/T 20507—2014)
⑤《控制室设计规范》(HG/T 20508—2014)
⑥《仪表供电设计规范》(HG/T 20509—2014)
⑦《仪表供气设计规范》(HG/T 20510—2014)
⑧《信号报警及联锁系统设计规范(附条文说明)》(HG/T 20511—2014)
⑨《仪表配管配线设计规范》(HG/T 20512—2014)
⑩《仪表系统接地设计规范》(HG/T 20513—2014)
⑪《仪表及管线伴热和绝热保温设计规范》(HG/T 20514—2014)
⑫《仪表隔离和吹洗设计规范》(HG/T 20515—2014)
⑬《自动分析器室设计规范》(HG/T 20516—2014)
⑭《分散型控制系统工程设计规范》(HG/T 20573—2012)
⑮《化工装置自控工程设计规定》(HG/T 20636～20639)
⑯《可编程序控制器系统工程设计规范》(HG/T 20700—2014)
⑰《自控安装图册上下册》(HG/T 21581—2012)
⑱《石油化工控制室设计规范》(SH/T 3006—2012)
⑲《石油化工仪表接地设计规范》(SH/T 3081—2003)
⑳《石油化工仪表供电设计规范》(SH/T 3082—2003)
㉑《石油化工仪表安装设计规范》(SH/T 3104—2013)
㉒《石油化工仪表管线平面布置图图形符号及文字代号》(SH/T 3105—2018)
㉓《石油化工仪表及管道伴热和绝热设计规范》(SH/T 3126—2013)
㉔《石油化工控制室抗爆设计规范》(GB 50779—2012)
㉕《石油化工仪表系统防雷工程设计规范》(SH/T 3164—2012)
㉖《石油化工仪表工程施工技术规程》(SH/T 3521—2013)
㉗《石油化工分散控制系统设计规范》(SH/T 3092—2013)
㉘《石油化工安全仪表系统设计规范》(GB/T 50770—2013)
㉙《过程工业领域安全仪表系统的功能安全》(GB/T 21109—2007)
㉚《电气/电子/可编程电子安全相关系统的功能安全》(GB/T 20438—2017)
㉛《过程检测和控制流程图用图形符号和文字代号》(GB/T 2625—1981)

㉜《计算机场地通用规范》(GB/T 2887—2011)

㉝《流量测量节流装置用孔板、喷嘴和文丘里管测量充满圆管的流体流量》(GB/T 2624—1993)

㉞《自动化仪表工程施工及质量验收规范》(GB 50093—2013)

㉟《Instrumentation Symbols and Identification》(ISA 5.1—2009)

第2章 自控方案

管道仪表流程图（P&ID）的绘制是自控工程设计的核心内容，虽然在设计新体制中，各版管道仪表流程图（P&ID）并不归在自控专业工程设计的设计文件内，但它仍是整个自控设计的龙头。所以，自控设计人员必须认真仔细地配合工艺、系统设计人员完成管道仪表流程图（P&ID）。

2.1 自控方案的确定

要进行生产过程的自控设计，必须先要了解生产过程的构成及特点。现以化工生产过程为例来说明。化工生产过程的构成可由图 2-1 表示。

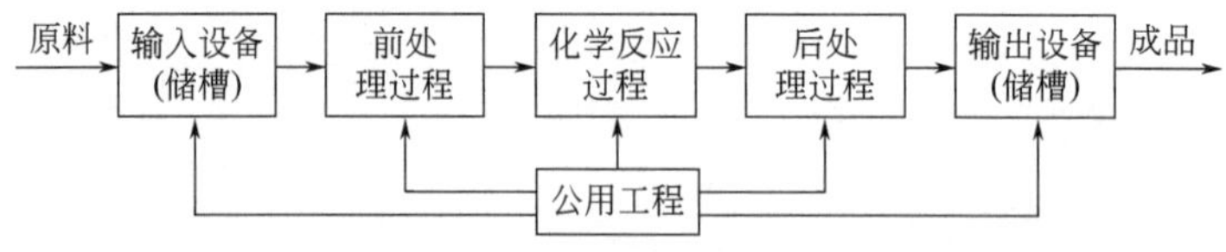

图 2-1　化工生产过程的构成

化工生产过程的主体，一般是化学反应过程。化学反应过程中所需的化工原料，首先送入输入设备。然后将原料送入前处理过程，对原料进行分离或精制，使它符合化学反应对原料提出的要求和规格。化学反应后的生成物进入后处理过程，在此将半成品提纯为合格的产品，并回收未反应的原料和副产品，然后进入输出设备中储存。同时为了化学反应及前、后处理过程的需要，还有从外部提供必要的水、电、汽以及冷量等能源的公用工程。有时，还有能量回收和三废处理系统等附加部分。

化工生产过程的特点是产品从原料加工到产品完成，流程都较长而复杂，并伴有副反应。工艺内部各变量间关系复杂，操作要求高。关键设备停车会影响全厂生产。大多数物料是以液体或气体状态，在密闭的管道、反应器、塔与热交换器等内部，进行各种反应、传热、传质等过程。这些过程经常在高温、高压、易燃、易爆、有毒、有腐蚀、有刺激性臭味等条件下进行。

控制方案的正确确定应当在与工艺人员共同研究的基础上进行。要把自控设计提到一个较高的水平，自控设计人员必须熟悉工艺，这包括了解生产过程的机理，掌握工艺的操作条件和物料的性质等。然后，应用控制理论与过程控制工程的知识和实际经验，结合工艺情况确定所需的控制点，并决定整个工艺流程的控制方案。

控制方案的确定主要包括以下几方面的内容。

① 正确选定所需的检测点及其安装位置。

② 合理设计各控制系统，选择必要的被控变量和恰当的操纵变量。

③ 生产安全保护系统的建立，包括声、光信号报警系统、SIS（Safety Instrumentation System；Safety Interlock System）系统及其他保护性系统的设计。

在控制方案的确定中还应处理好以下几个关系。

2.1.1 可靠性与先进性的关系

在控制方案确定时，首先应考虑到它的可靠性，否则设计的控制方案不能被投运、付诸实践，将会造成很大的损失。在设计过程中，将会有两类情况出现，一类是设计的工艺过程已有相同或类似的装置在生产运转中。此时，设计人员只要深入生产现场进行调查研究，吸收现场成功的经验与原设计中不足的教训，其设计的可靠性是较易保证的；另一类是设计新的生产工艺，则必须熟悉工艺，掌握控制对象，分析扰动因素，并在与工艺人员密切配合下，确定合理的控制方案。

可靠性是一个设计成败的关键因素，但是从发展的眼光看，要推动生产过程自动化水平不断提高，使生产过程处在最佳状态下运行，获取最大的经济效益，先进性将是衡量设计水平的另一个重要标准。随着计算机技术成功地应用于生产过程的控制后，除了常规的单回路、串级、比值、均匀、前馈、选择性等控制系统已广泛应用外，一些先进的控制算法，如纯滞后补偿、解耦、推断、预测、自适应、最优等也能借助于计算机的灵活、丰富的功能，较为容易地在过程控制中实现。况且，近年来人们对生产过程的认识逐步深化，人工智能的研究卓有成效，这些都为自动化水平的进一步提高创造了有利条件。所以，在考虑自控方案时，必须处理好可靠性与先进性之间的关系。一般来说，可以采用以下两种方法。

一种是留有余地，为下步的提高水平创造好条件。也就是在眼前设计时要为将来的提高工作留出后路，不要造成困难。

另一种是做出几种设计方案，可以先投运简单方案，再投运下一步的方案。采用DCS等计算机控制系统后，完全可以通过软件来改变方案，这为方案的改变提供了有利的条件。

2.1.2 自控与工艺、设备的关系

要使自控方案切实可行，自控设计人员熟悉工艺，并与工艺人员密切配合是必不可少的。然而，目前大多数是先定工艺，再确定设备，最后再配自控系统。由工艺方面来决定自控方案，而自动化方面的考虑不能影响到工艺设计的做法，是较为普遍的状况。从发展的观点来看，自控人员长期处于被动状态并不是正常的现象。工艺、设备与自控三者的整体化将是现代工程设计的标志。

2.1.3 技术与经济的关系

设计工作除了要在技术上可靠、先进外，还必须考虑到经济上的合理性。所以，在设计过程中应在深入实际调查研究的基础上，进行方案的技术、经济性的比较。

处理好技术与经济的关系，自控水平的提高将会增加仪表等软、硬件的投资，但可能在改变操作、节省设备投资或提高生产效益、节省能源等方面得到补偿。当然，盲目追求高技术水平而无实效的做法，并不代表技术的先进，而只能造成经济上的损失。此外，自动化水

平的高低也应从工程实际出发，对于不同规模和类型的工程，做出相应的选择，使技术和经济得到辩证的统一。

2.2 图例符号的统一规定

工程设计都是以图形和代号等工程设计符号来表示的，在自控工程设计的图纸上，按设计标准，均有统一规定的图例、符号。在本节对行业标准《过程测量与控制仪表的功能标志及图形符号》(HG/T 20505—2014) 及《自控专业工程设计文件的编制规定》(HG/T 20637—2017) 中的一些主要内容做简要介绍，这些文字代号和图形符号主要用于工艺控制流程图 (PCD)、管道仪表流程图 (P&ID) 的应用。另在新体制的设计规定中，专有一个分规定《自控专业工程设计用图形符号和文字代号》(HG/T 20637.2)，列出了：

① 仪表回路图图形符号；

② 逻辑图图形符号；

③ 仪表位置图图形符号；

④ 半模拟流程图和过程显示图形符号；

⑤ 仪表常用电器设备图形符号和文字代号；

⑥ 其他常用文字代号。

这些内容主要用于化工装置自控工程设计的仪表回路图、仪表位置图、仪表电缆桥架布置总图、仪表电缆（管缆）及桥架布置图、现场仪表配线图、逻辑图、半模拟流程图和DCS过程显示、仪表常用电器设备等图形符号的绘制。有关内容将在后面有关章节中介绍。

2.2.1 仪表回路号与仪表位号

自动化工程中，不仅仅是控制，包括检测、监视、报警等都叫作回路，每个回路都会有一个唯一标识，该标识叫作仪表回路号。构成回路的每个仪表（包括检测元件、变送器、控制器、运算单元、执行器等）或功能块，也需要一个标识，该标识叫作仪表位号。

2.2.1.1 仪表回路号

仪表回路号由回路的标志字母和数字编号两部分组成。根据需要可选用前缀、后缀和间隔符。标志字母由两部分组成，第一部分为被测变量或引发变量，第二部分为读出功能或输出功能。根据需要，这两部分都可有修饰字母跟随。表 2-1 是标志字母规定。

表 2-1 标志字母规定

项目	首字母①		后继字母⑮		
	第 1 列	第 2 列	第 3 列	第 4 列	第 5 列
	被测变量/引发变量	修饰词	读出功能	输出功能	修饰词
A	分析②③④		报警		
B	烧嘴、火焰②		供选用⑤	供选用⑤	供选用⑤
C	电导率			控制(23a)(23c)	关位(23b)
D	密度	差(11a)(12a)			偏差㉘
E	电压(电动势)②		检测元件、一次元件		
F	流量(12b)	比率			
G	可燃气体和有毒气体		视镜、观察⑯		
H	手动②				高(27a)㉘㉙
I	电流②		指示⑰		

续表

项目	首字母[1]		后继字母[15]		
	第1列	第2列	第3列	第4列	第5列
	被测变量/引发变量	修饰词[10]	读出功能	输出功能	修饰词
J	功率[2]		扫描[18]		
K	时间、时间程序[2]	变化速率[12c][13]		操作器[24]	
L	物位[2]		灯[19]		低[27b][28][29]
M	水分或湿度				中、中间[27c][28][29]
N	供选用[5]		供选用[5]	供选用[5]	供选用[5]
O	供选用[5]		孔板、限制		开位[27a]
P	压力[2]		连接或测试点		
Q	数量[2]	积算、累积[11b]	积算、累积		
R	核辐射[2]		记录[20]		运行
S	速度、频率[2]	安全[14]		开关[23b]	停止
T	温度[2]			传送(变送)	
U	多变量[2][6]		多功能[21]	多功能[21]	
V	振动、机械监视[2][4][7]			阀/风门/百叶窗[23c][23e]	
W	重量、力[2]		套管、取样器		
X	未分类[8]	*X*轴[11c]	附属设备[22]、未分类[8]	未分类[8]	未分类[8]
Y	事件、状态[2][9]	*Y*轴[11c]		辅助设备[23d][25][26]	
Z	位置、尺寸[2]	*Z*轴[11c][30]		驱动器、执行元件、未分类的最终控制元件	

①"首位字母"可以仅为一个被测变量/引发变量的字母，也可以是一个被测变量/引发变量字母附带修饰字母，例如FR-201和FFR-202是两个不同的被测变量，前者是201号流量记录，后者是202号流量比记录。

② 被测变量/引发变量中的"A""B""C""D""E""F""G""H""I""J""K""L""M""P""Q""R""S""T""U""V""W""Y""Z"，不应改变已指定的含义。

③ 被测变量/引发变量中的"A"用于本表中所有未予规定的分析项目的过程流体组分析和物理特性分析。分析仪类型和具体需要分析的介质内容，应当在表示仪表位号的图形符号外注明。

④ 被测变量/引发变量中的"A"不应用于机器或机械上振动等类型变量的分析。

⑤"供选用"指此字母在本表的，使用者可根据需要确定其含义。"供选用"字母可能在被测变量/引发变量中表示一种含义，在"后继字母"中表示另外一种含义，但分别只能具有一种含义。例如，"N"作为被测变量/引发变量表示"弹性系数"，作为"读出功能"表示"示波器"。

⑥ 被测变量/引发变量中"多变量（U)"定义了需要多点输入来产生一点或多点输出的仪表或回路，例如一台PLC，接收多个压力和温度信号后，去控制多个切断阀的开关。

⑦ 被测变量/引发变量中的"V"仅用于机器或机械上振动等类型变量的分析。

⑧"未分类（X)"表示作为首位字母或后继字母均未规定其含义，它在不同的地点作为首位字母或后继字母均可有任何含义，适用于一个设计中仅一次或有限次数使用。在使用"X"时，应在表示仪表位号的图形符号外注明"X"的含义，或在文件中备注"X"的含义。例如"XR-2"可以是应力记录，"XX-4"可以是应力示波器。

⑨ 被测变量/引发变量中"事件、状态（Y)"表示由事件驱动的控制或监视响应（不同于时间或时间程序驱动)，亦可表示存在或状态。

⑩ 被测变量/引发变量字母和修饰字母的组合应根据测量介质特性如何变化来选择。

⑪ 直接测量变量，应认为是回路编号中的被测变量/引发变量，包括但不仅限于：

a. 差（D)、压差（PD）或温差（TD)；

b. 累积（Q)、流量累积器（FQ)，例如当直接使用容积式流量计测量时；

c. *X*轴（X)、*Y*轴（Y)、*Z*轴（Z)、振动（VX)、（VY)、（VZ)，应力（WX)、（WY)、（WZ）或位置（ZX)、CZYl、(ZZ)。

⑫ 从其他直接测量的变量推导或计算出的变量，不应被认为是回路编号中的被测变量/引发变量，包括但不仅限于：

a. 差（D)、温差（TD）或重量差（WD)；

b. 比率（F)、流量比率（FF)、压力比率（PF）或温度比率（TF)；

c. 变化速率（K)、压力变化速率（PK)、温度变化速率（TK）或重量变化速率（WK)。

⑬ 变化速率“K”在与被测变量/引发变量字母组合时，表示测量或引发变量的变化速率。例如，“WK”表示重量变化速率。

⑭ 修饰字母“安全（S）”不用于直接测量的变量，而用于自驱动紧急保护一次元件和最终控制元件，只应与“流量（F）”“压力（P）”“（温度 T）”搭配。“FS”“PS”和“TS”应被认为是被测变量/引发变量：

• 流量安全阀（FSV）的使用目的是防止出现紧急过流或流量紧急损失。压力安全阀（PSV）和温度安全阀（TSV）的使用目的是防止出现压力和温度的紧急情况。安全阀、减压阀或安全减压阀编号原则应贯穿阀门制造至阀门使用的整个过程。

• 内驱动压力阀门如果是通过从流体系统中释放出流体，来阻止流体系统中产生高于需要的压力，则被称为背压调节阀（PCV）；如果是防止出现紧急情况来对人员和/或设备进行保护，则应被认为是压力安全阀（PSV）。

• 压力爆破片（PSE）和温度熔丝（TSE）用来防止出现压力和温度的紧急情况。

• “S”不能用于安全仪表系统和组件的编号，参见注㉚。

⑮ 后续字母的含义可以在需要时更改，例如，“指示（I）”可以被认为是“指示仪”或“指示”，“变送（T）”可以被认为是“变送器”或“变送”。

⑯ 读出功能字母“G”用于对工艺过程进行观察的就地仪表，如：就地液位计、压力表、就地温度计和流量视镜等。

⑰ 读出功能“指示（I）”用于离散仪表或DCS系统的显示单元中实际测量或输入的模拟量/数字量信号的指示。在手操器中，“I”用于生成的输出信号的指示，例如“HIC”或“HIK”。

⑱ 读出功能“扫描（J）”用于指示非连续的定期读数或多个相同或不同的被测变量/引发变量，例如多点测温或压力记录仪。

⑲ 读出功能“灯（L）”用于指示正常操作状况的设备或功能，例如电动机的启停或执行器位置，不用于报警指示。

⑳ 读出功能“记录（R）”用于信息在任何永久或半永久的电子或纸质数据存储媒介上的记录功能，或者用于以容易检索的方式记录的数据。

㉑ 读出功能和输出功能“多功能（U）”用于：

• 具有多个指示/记录和控制功能的控制回路；

• 为了在图纸上节省空间，而不用相切圆形式的图形符号，显示每个功能的仪表位号；

• 如果需要对多功能进行阐述说明，则应在图纸上提供各个功能的注释。

㉒ 读出功能“附属设备（X）”用于定义仪器仪表正常使用过程中不可缺少的硬件或设备，不参与测量和控制。

㉓ 在输出功能“控制（C）”“开关（S）”“阀、风门、百叶窗（V）”和“辅助设备（Y）”的选择过程中，应注意：

a. “控制（C）”用于自动设备或功能接收被测变量/引发变量产生的输入信号，根据预先设定好的设定值，为达到正常过程控制的目的，生成用于调节或切换“阀（V）”或“辅助设备（Y）”的输出信号；

b. “开关（S）”是指连接、断开或传输一路或多路气动、电子、电动、液动或电流信号的设备或功能；

c. “阀、风门、百叶窗（V）”是指接收“控制（C）”“开关（S）”和“辅助设备（Y）”产生的输出信号后，对过程流体进行调整、切换或通断动作的设备；

d. “辅助设备（Y）”是指由“控制（C）”“变送（T）”和“开关（S）”信号驱动的设备或功能，用于连接、断开、传输、计算和/或转换气动、电子、电动、液动或电流信号；

e. 后继字母“CV”仅用于自力式调节阀。

㉔ 输出功能“操作器（K）”用于：

• 带自动控制器的操作器，操作器上不能带有可操作的自动/手动和控制模式切换开关；

• 分体式或现场总线控制设备，这些设备的控制器功能是在操作站远程运行的。

㉕ 输出功能“辅助设备（Y）”包括但不仅限于电磁阀、继动器、计算器（功能）和转换器（功能）。

㉖ 输出功能“辅助设备（Y）”用于信号的计算或转换等功能时，应在图纸中的仪表图形符号外标注其具体功能；在文字性文件中进行文字描述。

㉗ 修饰词“高（H）”“低（L）”“中（M）”用于阀门或其他开关设备位置指示时，应注意：

a. “高（H）”，阀门已经或接近全开位置，也可用“开到位（O）”替换；

b. “低（L）”，阀门已经或接近全关位置，也可用“关到位（C）”替换；

c. “中（M）”，阀门的行程或位置处于全开和全关之间。

㉘ 修饰词“偏差（误差）（D）”与读出功能“报警（A）”或输出功能“开关（S）”组合使用时，代表一个测量变量与控制器或其他设定值的偏差（误差）超出了预期。如果涉及重要参数，功能字母组合中应分别增加“高（H）”或“低（L）”，代表正向偏差或反向偏差。

㉙ 修饰词“高（H）”“低（L）”“中（M）”应与被测量值相对应，而并非与仪表输出的信号值相对应。在同一测量过程中指示多个位置时，需组合使用，例如“高（H）”和“高高（HH）” “低（L）”和“低低（LL）”或“高低（H L）”。

㉚ 修饰词“Z”用于安全仪表系统时不表示直接测量变量，只用于标识安全仪表系统的组成部分。“Z”不能用于注⑭中涉及的安全设备。

若测量变量/引发变量带有修饰字母，则主字母与修饰字母共同构成测量变量/引发变量。

标志字母的选择应与被测变量或引发变量相应，不应与被处理的变量相应。如：通过操作进出容器的气体流量来控制容器内压力的回路应为压力（P）回路，而不是流量（F）回路；通过孔板测量计算得出流量的回路应为流量（F）回路，而不是压力（P）或压差（PD）回路；通过压差来检测容器内流体界面的回路应为物位（L）回路，而不是压力（P）或压差（PD）回路。

仪表回路号与仪表位号中的数字编号宜大于等于 3 位数字，如“-＊0 1”“-＊00 1”“-＊000 1”等，其中＊号可以是 0 到 9 的任何数字，也可以是与单元号、图纸号或设备号等相关的数字代码。数字编号有两种编制方式，即并列编制方式或连续编制方式。

① 并列方式：相同的数字序列编号用于每一种回路标志字母。即同一种被测变量或引发变量用一个序列编号，例如温度 T，可编制为 TI-101、TIC-102、…；压力 P，可编制为 PIA-101、PIC-102、…。

② 连续方式：使用单一的数字序列编号而不考虑回路标志字母。例如 TIA-215 、PICA-102、…。

下面是一个回路号编制示例：

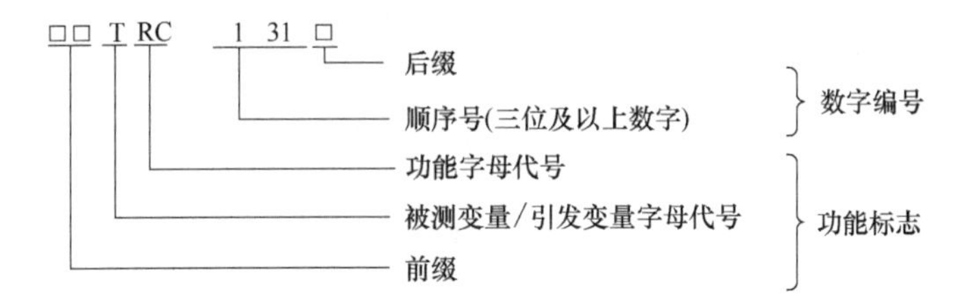

回路号/仪表位号中数字编号可连续编号，也允许中间有空号，以备后续使用。

关于后缀，当相同工艺单元的同样设备以设备号加后缀来区别时，则可以在仪表回路号后添加后缀加以区别。仪表回路号的后缀可以是字母或数字，应添加在仪表回路号的后面。一个回路中有两个及以上的相同仪表设备或功能块时，可在仪表位号后面添加后缀加以区别。前缀与后缀之间可以有连接符“-”，当前缀和后缀与主体相同时，需要添加连接符“-”隔离，若前缀和后缀与主体不同时可不用连接符隔离，例如前缀 10TRC-131、AB-TRC-131；例如后缀 TV-131A、TE-131-1/ TE-131-2。

表 2-2 是典型回路标志字母组合与数字编号方式。

表 2-2　典型回路标志字母组合与数字编号方式

首位字母[①] 被测变量/引发变量 带和不带修饰词[4b]		编号方式 1	编号方式 2		编号方式 3	编号方式 4
		并列方式[②]			连续方式[②]	
		被测变量/引发变量			被测变量/引发变量	
		不带修饰词	带修饰词		不带修饰词	带修饰词
A	分析	A-＊01	A-＊01	A-＊01	A-＊01	A-＊01
AZ	分析(SIS)[③]		AZ-＊02	AZ-＊01		AZ-＊02
BP	火焰、烧嘴	B-＊01	B-＊01	B-＊01	B-＊02	B-＊03
BZ	火焰、烧嘴(SIS)[③]		BZ-＊02	BZ-＊01		BZ-＊04
C	电导率	C-＊01	C-＊01	C-＊01	C-＊03	C-＊05
CZ	电导率(SIS)[③]		CZ-＊02	CZ-＊01		CZ-＊06

续表

首位字母① 被测变量/引发变量 带和不带修饰词④b		编号方式1	编号方式2		编号方式3	编号方式4
		并列方式②			连续方式②	
		被测变量/引发变量			被测变量/引发变量	
		不带修饰词	带修饰词		不带修饰词	带修饰词
D	密度	D-＊01	D-＊01	D-＊01	D-＊04	D-＊07
DZ	密度(SIS)③		DZ-＊02	DZ-＊01		DZ-＊08
E	电压(电动势)	E-＊01	E-＊01	E-＊01	E-＊05	E-＊09
EZ	电压(电动)(SIS)③		EZ-＊02	EZ-＊01		EZ-＊10
F	流量	F-＊01	F-＊01	F-＊01	F-＊06	F-＊11
FF	流量比率		FF-＊02	FF-＊01		FF-＊12
FQ	累积流量		FQ-＊03	FQ-＊01		FQ-＊13
FS	流量安全⑤		FS-＊04	FS-＊01		FS-＊14
FZ	流量(SIS)③		FZ-＊05	FZ-＊01		FZ-＊15
G	可燃气体和有毒气体	G-＊01	G-＊01	G-＊01	G-＊07	G-＊16
GZ	可燃气体和有毒气体(SIS)③		GZ-＊02	GZ-＊01		GZ-＊17
H	手动	H-＊01	H-＊01	H-＊01	H-＊08	H-＊18
HZ	手动(SIS)③		HZ-＊02	HZ-＊01		HZ-＊19
I	电流	I-＊01	I-＊01	I-＊01	I-＊09	I-＊20
IZ	电流(SIS)③		IZ-＊02	IZ-＊01		IZ-＊21
J	功率	J-＊01	J-＊01	J-＊01	JA-＊10	J-＊22
JQ	功率累积		JQ-＊02	JQ-＊01		JQ-＊23
JZ	功率(SIS)③		JZ-＊03	JZ-＊01		JZ-＊24
K	时间、时间程序	K-＊01	K-＊01	K-＊01	K-＊11	K-＊25
KQ	时间累计		KQ-＊02	KQ-＊01		KQ-＊26
L	物位	L-＊01	L-＊01	L-＊01	L-＊12	L-＊27
LZ	物位(SIS)③		LZ-＊02	LZ-＊01		LZ-＊28
M	水分或湿度	M-＊01	M-＊01	M-＊01	M-＊13	M-＊29
MZ	水分或湿度(SIS)③		MZ-＊02	MZ-＊01		MZ-＊30
N	供选用④a	N-＊01	N-＊01	N-＊01	N-＊14	N-＊31
O	供选用④a	O-＊01	O-＊01	O-＊01	O-＊15	O-＊32
P	压力	P-＊01	P-＊01	P-＊01	P-＊16	P-＊33
PD	压差		PD-＊02	PD-＊01		PD-＊34
PF	压力比率		PF-＊03	PF-＊01		PF-＊35
PK	压力变化率		PK-＊04	PK-＊01		PK-＊36
PS	压力安全⑤		PS-＊05	PS-＊01		PS-＊37
PZ	压力(SIS)③		PZ-＊06	PZ-＊01		PZ-＊38
Q	数量	Q-＊01	Q-＊01	Q-＊01	Q-＊17	Q-＊39
QQ	数量累计		QQ-＊02	QQ-＊01		QQ-＊40
R	核辐射	R-＊01	R-＊01	R-＊01	R-＊18	R-＊41
RQ	辐射累计		RQ-＊02	RQ-＊01		RQ-＊42
RZ	核辐射(SIS)③		RZ-＊03	RPZ-＊01		RPZ-＊43
S	速度、频率	S-＊01	S-＊01	S-＊01	S-＊19	S-＊44
SZ	速度(SIS)③		SZ-＊02	SZ-＊01		SZ-＊45
T	温度	T-＊01	T-＊01	T-＊01	T-＊20	T-＊46
TD	温差		TD-＊02	TD-＊01		TD-＊47
TF	温度比率		TF-＊03	TF-＊01		TF-＊48
TK	温度变化率		TK-＊04	TK-＊01		TK-＊49
TS	温度安全⑤		TS-＊05	TS-＊01		TS-＊50
TZ	温度(SIS)③		TZ-＊06	TZ-＊01		TZ-＊51
U	多变量	U-＊01	U-＊01	U-＊01	U-＊21	U-＊52
UZ	多变量(SIS)③		UZ-＊02	UZ-＊01		UZ-＊53

续表

首位字母① 被测变量/引发变量 带和不带修饰词④b		编号方式1	编号方式2		编号方式3	编号方式4
		并列方式②			连续方式②	
		被测变量/引发变量			被测变量/引发变量	
		不带修饰词	带修饰词		不带修饰词	带修饰词
V	振动、机械监视	V-＊01	V-＊01	V-＊01	V-＊22	V-＊54
VZ	振动(SIS)③⑥a		VZ-＊02	VZ-＊01		VZ-＊55
VX	X 轴振动		VX-＊03	VX-＊01		VX-＊56
VY	Y 轴振动		VY-＊04	VY-＊01		VY-＊57
VZ	Z 轴振动		VZ-＊05	VZ-＊01		VZ-＊58
VZX	X 轴振动(SIS)③⑥b		VZX-＊06	VZX-＊01		VZX-＊59
VZY	Y 轴振动(SIS)③⑥b		VZY-＊07	VZY-＊01		VZY-＊60
VZZ	Z 轴振动(SIS)③⑥b		VZZ-＊08	VZZ-＊01		VZZ-＊61
W	重量、力	W-＊01	W-＊01	W-＊01	W-＊23	W-＊62
WZ	重量、力(SIS)③⑥a		WZ-＊02	WZ-＊01		WZ-＊63
WD	重量差		WD-＊03	WD-＊01		WD-＊64
WF	重量比率		WF-＊04	WF-＊01		WF-＊65
WK	重量变化率		WK-＊05	WK-＊01		WK-＊66
WQ	累积重量		WQ-＊06	WQ-＊01		WQ-＊67
WX	X 轴向力		WX-＊07	WX-＊01		WX-＊68
WY	Y 轴向力		WY-＊08	WY-＊01		WY-＊69
WZ	Z 轴向力		WZ-＊09	WZ-＊01		WZ-＊70
WZX	X 轴向力(SIS)③⑥b		WZX-＊10	WZX-＊01		WZX-＊71
WZY	Y 轴向力(SIS)③⑥b		WZY-＊11	WZY-＊01		WZY-＊72
WZZ	Z 轴向力 SIS)③⑥b		WZZ-＊12	WZZ-＊01		WZZ-＊73
X	未分类	X-＊01	X-＊01	X-＊01	X-＊24	X-＊74
Y	事件、状态	Y-＊01	Y-＊01	Y-＊01	Y-＊25	Y-＊75
YZ	事件、状态(SIS)③		YZ-＊02	YZ-＊01		YZ-＊76
Z	位置、尺寸	Z-＊01	Z-＊01	Z-＊01	Z-＊26	Z-＊77
ZZ	位置(SIS)③⑥a		ZZ-＊02	ZZ-＊01		ZZ-＊78
ZX	X 轴		ZX-＊03	ZX-＊01		ZX-＊79
ZY	Y 轴		ZY-＊04	ZY-＊01		ZY-＊80
ZZ	Z 轴		ZZ-＊05	ZZ-＊01		ZZ-＊81
ZZX	X 轴(SIS)③⑥b		ZZX-＊06	ZZX-＊01		ZZX-＊82
ZZY	Y 轴(SIS)③⑥b		ZZY-＊07	ZZY-＊01		ZZY-＊83
ZZZ	Z 轴(SIS)③⑥b		ZZZ-＊08	ZZZ-＊01		ZZZ-＊84
ZD	位置差		ZD-＊09	ZD-＊01		ZD-＊85
ZDX	X 轴位置差		ZDX-＊10	ZDX-＊01		ZDX-＊86
ZDY	Y 轴位置差		ZDY-＊11	ZDY-＊01		ZDY-＊87
ZDZ	Z 轴位置差		ZDZ-＊12	ZDZ-＊01		ZDZ-＊88

① 表中的首位字母和组合形式没有包含所有情况。

② ＊为0～9的数字或多位数字的组合。

③ 安全仪表系统回路的回路标志字母是在变量字母后增加变量修饰字母Z，应整体被认为是被测变量/引发变量，如：FZ、PZ等。在行文中也可使用“SIS”字样作为前缀或后缀予进一步明确，如（SIS）FZ-＊01或FZ-＊01（SIS）。

④ 根据需要，用户可自定义：

a. 供选用字母：N、O。

b. 未定义修饰词的字母A、B、C、E、G、H、I、L、M、N、O、P、R、T、U、V和W。

⑤ 修饰字母“安全（S）”不用于直接测量的变量，而用于自驱动紧急保护一次元件和最终控制元件，只应与“流量（F）”“压力（P）”“温度（T）”搭配。FS、PS和TS应被认为是被测变量/引发变量。

⑥ 被测变量/引发变量“V”“W”和“Z”用于安全仪表系统时：

a. “VZ”“WZ”和“ZZ”不用来表示轴向的被测变量/引发变量。

b. 用轴向的被测变量/引发变量“VZX”“VZY”“VZZ”和“WZX”“WZY”“WZZ”和“ZZX”“ZZY”“ZZZ”表示。

针对不同的被测变量/引发变量，可以有很多的功能要求，这些功能可分为读出功能和输出功能。后续的读出功能/输出功能若有多个要求，早期行业标准中规定能够按IRCTQ-SA（指示、记录、控制、传送、积算、开关或联锁、报警）的顺序标注。2014年标准中没有明确要求，但该标注顺序已经成为行业惯例。

表2-3列出了后续字母读出功能允许组合。

表2-4是后续字母输出功能允许组合。

表 2-3 后续字母读出功能允许组合[1][48]

首位字母[2] 被测变量/引发变量 带和不带修饰词		A			B	E	G	I	L	N	O	P	Q	R	W	X
		绝对报警	功能修饰词	偏差报警	供选用[43]	一次元件	视镜、观察	指示	灯	供选用[43]	孔板、限制	连接或测试点	积算、累计	记录	套管、取样器	未分类
		A	[*][3][46]	AD												
A	分析	AA[*]	[*]:	AAD[*]		AE	—	AI	AL		—	AP	—	AR	AW	AX
AZ	分析(SIS)	AZA[*]	报警和其他	—		AZE	—	AZI	AZL		—	AZP	—	AZR	AZW	—
B	烧嘴、火焰	BA[*]	功能修饰词	BAD[*]		BE	BG	BI	BL		—	BP	—	BR	BW	BX
BZ	烧嘴、火焰(SIS)	BZA[*]	如下：	—		BZE	—	BZI	BZL		—	BZP	—	BZR	BZW	—
C	电导率	CA[*]		CAD[*]		CE	—	CI	CL		—	CP	—	CR	CW	CX
CZ	电导率(SIS)	CZA[*]	无	—		CZE	—	CZI	CZL		—	CZP	—	CZR	CZW	—
D	密度	DA[*]		DAD[*]		DE	—	DI	DL		—	DP	—	DR	DW	DX
DZ	密度(SIS)	DZA[*]	高高	—		DZE	—	DZI	DZL		—	DZP	—	DZR	DZW	—
E	电压(电动势)	EA[*]	HH	EAD[*]		EE	EG	EI	EL		EO	EP	—	ER	—	EX
EZ	电压(电动势)(SIS)	EZA[*]	高	—		EZE	—	EZI	EZL		—	EZP	—	EZR	—	—
F	流量	FA[*]	H	FAD[*]		FE	FG	FI	FL		FO	FP	FQ	FR	—	FX
FF	流量比率	FFA[*]	中间	FFAD[*]		FFE	—	FFI	—		—	—	—	FFR	—	FFX
FQ	累积流量	FQA[*]	M	FQAD[*]		FQE	—	FQI	—		—	—	—	FQR	—	FQX
FS	流量安全	—	低	—		FSE	—	—	—	—	—	—	—	—	—	—
FZ	流量(SIS)	FZA[*]	L	—		FZE	—	FZI	FZL		—	FZP	—	FZR	—	—
G	可燃气体和有毒气体	GA[*]	低低	GAD[*]		GE	—	GI	GL		—	GP	—	GR	—	GX
GZ	可燃气体和有毒气体(SIS)	GZA[*]	LL	—		GZE	—	GZI	GZL		—	GZP	—	GZR	—	—
H	手动	HA[*]		—		HE	—	HI	—		—	—	—	HR	—	HX
HZ	手动(SIS)	HZA[*]	开到位	—		HZE	—	—	—		—	—	—	HZR	—	—
I	电流	IA[*]	O	IAD[*]		IE	IG	II	IL		—	IP	—	IR	—	IX
IZ	电流(SIS)	IZA[*]	关到位	—		IZE	—	IZI	IZL		—	IZP	—	IZR	—	—
J	功率	JA[*]	C	JAD[*]		JE	JG	JI	JL		JO	JP	JQ	JR	—	JX
JQ	功率累计	JQA[*]		—		JQE	—	JQI	JQL		—	JQP	—	JQR	—	JQX
JZ	功率(SIS)	JZA[*]	运行	—		JZE	—	JZI	JZL		—	JZP	—	JZR	—	—
K	时间、时间程序	KA[*]	R	KAD[*]		KE	KG	KI	KL		—	—	KQ	KR	—	KX
KQ	时间累计	KQA[*]	停止	—		KQE	KQG	KQI	KQL		—	—	—	KQR	—	KQX
L	物位	LA[*]	S	LAD[*]		LE	LG	LI	LL		—	LP	—	LR	LW	LX
LZ	物位(SIS)	LZA[*]		—		LZE	—	LZI	LZL		—	LZP	—	LZR	LZW	—
M	水分或湿度	MA[*]	未分类	MAD[*]		ME	—	MI	ML		—	MP	—	MR	MW	MX
MZ	水分或湿度(SIS)	MZA[*]	X	—		MZE	—	MZI	MZL		—	MZP	—	MZR	MZW	—

续表

首位字母[2] 被测变量/引发变量 带和不带修饰词		A			B	E	G	I	L	N	O	P	Q	R	W	X
		绝对报警	功能修饰词	偏差报警	供选用[4][5]	一次元件	视镜、观察	指示	灯	供选用[4][5]	孔板、限制	连接或测试点	积算、累计	记录	套管、取样器	未分类
		A	[*][3][4]	AD												
N	供选用															
O	供选用															
P	压力	PA[*]		PAD[*]		PE	PG(5)	PI	PL		—	PP	—	PR	—	PX
PD	压差	PDA[*]		PDAD[*]		PDE	PDG(5)	PDI	PDL		—	—	—	PDR	—	PDX
PF	压力比率	PFA[*]		PFAD[*]		PFE	—	PFI	—		—	—	—	PFR	—	PFX
PK	压力变化率	PKA[*]		PKAD[*]		PKE	—	PKI	PKL		—	—	—	PKR	—	JPKX
PS	压力安全	—		—		PSE(6)	—	—	—	—	—	—	—	—	—	—
FZ	压力(SIS)	PZA[*]		—		PZE	—	PZI	PZL		—	PZP	—	PZR	—	—
Q	数量	QA[*]		QAD[*]		QE	—	QI	QL		—	—	QQ	QR	—	QX
QQ	数量累计	QQA[*]		—		QQE	—	QQI	QQL		—	—	—	QQR	—	QQX
R	核辐射	RA[*]		RAD[*]		RE	RG	RI	RL		—	RP	RQ	RR	—	RX
RQ	辐射累计	RQA[*]		—		RQE	—	RQI	RQL		—	—	—	RQR	—	RQX
RZ	核辐射(SIS)	RZA[*]		—		RZE	—	RZI	RZL		—	RZP	—	RZR	—	—
S	速度、频率	SA[*]		SAD[*]		SE	SG	SI	SL		—	SP	—	SR	—	SX
SZ	速度(SIS)	SZA[*]		—		SZE	—	SZI	SZL		—	SZP	—	SZR	—	—
T	温度	TA[*]		TAD[*]		TE	TG[5]	TI	TL		—	TP	—	TR	—	TX
TD	温差	TDA[*]		TDAD[*]		TDE	TDG[5]	TDI	TDL		—	—	—	TDR	—	TDX
TF	温度比率	TFA[*]		TFAD[*]		TEE	—	TFI	—		—	—	—	TFR	—	TFX
TK	温度变化率	TKA[*]		TKAD[*]		TKE	—	TKI	—		—	—	—	TKR	—	TKX
TS	温度安全	—		—		TSE[6]	—	—	—		—	—	—	—	—	—
TZ	温度(SIS)	TZA[*]		—		TZE	—	TZI	TZL		—	TZP	—	TZR	TZW	—
U	多变量	UA[*]		—		—	—	UI	—		—	—	—	UR	—	UX
UZ	多变量(SIS)	UZA[*]		—		—	—	UZI	—		—	—	—	UZR	—	—
V	振动、机械监视	VA[*]		VAD[*]		VE	VG	VI	VL		—	VP	—	VR	—	VX
VZ	振动(SIS)	VZA[*]		—		VZE	—	VZI	VZL		—	VZP	—	VZR	—	—
VX	*X* 轴振动	VXA[*]		VXAD[*]		VXE	VXG	VXI	VXL		—	VXP	—	VXR	—	VXX
VY	*Y* 轴振动	VYA[*]		VYAD[*]		VYE	VYG	VYI	VYL		—	VYP	—	VYR	—	VYX
VZ	*Z* 轴振动	VZA[*]		VZAD[*]		VZE	VZG	VZI	VZL		—	VZP	—	VZR	—	VZX
VZX	*X* 轴振动(SIS)	VZXA[*]		—		VZXE	—	VZXI	VZXL		—	VZXP	—	VZXR	—	—
VZY	*Y* 轴振动(SIS)	VZYA[*]		—		VZYE	—	VZYI	VZYL		—	VZYP	—	VZYR	—	—
VZZ	*Z* 轴振动(SIS)	VZZA[*]		—		VZZE	—	VZZI	VZZL		—	VZZP	—	VZZR	—	—

续表

首位字母② 被测变量/引发变量 带和不带修饰词		A			B	E	G	I	L	N	O	P	Q	R	W	X
		绝对报警	功能修饰词	偏差报警	供选用④	一次元件	视镜、观察	指示	灯	供选用④	孔板、限制	连接或测试点	积算、累计	记录	套管、取样器	未分类
		A	[*]③④	AD												
W	重量、力	WA[*]		WAD[*]		WE	WG	WI	WL		—	—	WQ	WR	—	WX
WZ	重量、力(SIS)	WZA[*]		—		WZE	—	—	—		—	—	—	WZR	—	—
WD	重量差	WDA[*]		WDAD[*]		WDE	—	WDI	WDL		—	—	—	WDR	—	WDX
WF	重量比率	WFA[*]		WFAD[*]		WFE	—	WFI	—		—	—	—	WFR	—	WFX
WK	重量变化速率	WKA[*]		WKAD[*]		WKE	—	WKI	—		—	—	—	WKR	—	WKX
WQ	累积重量	WQA[*]		WQAD[*]		WQE	—	WQI	WQL		—	—	—	WQR	—	WQX
WX	X 轴向力	WXA[*]		WXAD[*]		WXE	—	WXI	WXL		—	—	—	WXR	—	WXX
WY	Y 轴向力	WYA[*]		WYAD[*]		WYE	—	WYI	WYL		—	—	—	WYR	—	WYX
WZ	Z 轴向力	WZA[*]		WZAD[*]		WZE	—	WZI	WZL		—	—	—	WZR	—	WZX
WZX	X 轴向力(SIS)	WZXA[*]		—		WZXE	—	WZXI	WZXL		—	—	—	WZXR	—	—
WZY	X 轴向力(SIS)	WZYA[*]		—		WZYE	—	WZYI	WZYL		—	—	—	WZYR	—	—
WZZ	Z 轴向力(SIS)	WZZA[*]		—		WZZE	—	WZZI	WZZL		—	—	—	WZZR	—	—
X	未分类	XA[*]		XAD[*]		XE	XG	XI	XL		—	—	—	XR	—	XX
Y	事件、状态	YA[*]		—		YE	—	YI	YL		—	—	—	YR	—	YX
YZ	事件、状态(SIS)	YZA[*]		—		YZE	—	YZI	YZL		—	—	—	YZR	—	YZX
Z	位置、尺寸	ZA[*]		ZAD[*]		ZE	ZG	ZI	ZL		—	—	—	ZR	—	ZX
ZZ	位置(SIS)	ZZA[*]		—		ZZE	—	ZZI	ZZL		—	—	—	ZZR	—	—
ZX	X 轴位	ZXA[*]		ZXAD[*]		ZXE	ZXG	ZXI	ZXL		—	—	—	ZXR	—	ZXX
ZY	Y 轴位	ZYA[*]		ZYAD[*]		ZYE	ZYG	ZYI	ZYL		—	—	—	ZYR	—	ZYX
ZZ	Z 轴位	ZZA[*]		ZZAD[*]		ZZE	—	ZZI	ZZL		—	—	—	ZZR	—	ZZX
ZZX	X 轴位(SIS)	ZZXA[*]		—		ZZXE	—	ZZXI	ZZXL		—	—	—	ZZXR	—	—
ZZY	Y 轴位(SIS)	ZZYA[*]		—		ZZYE	—	ZZYI	ZZYL		—	—	—	ZZYR	—	—
ZZZ	Z 轴位(SIS)	ZZZA[*]		—		ZZZE	—	ZZZI	ZZZL		—	—	—	ZZZR	—	—
ZD	位置差	ZDA[*]		ZDAD[*]		ZDE	ZDG	ZDI	ZDL		—	—	—	ZDR	—	ZDX
ZDX	X 轴位置差	ZDXA[*]		ZDXAD[*]		ZDXE	ZDXG	ZDXI	ZDXL		—	—	—	ZDXR	—	ZDXX
ZDY	Y 轴位置差	ZDYA[*]		ZDYAD[*]		ZDYE	ZDYG	ZDYI	ZDYL		—	—	—	ZDYR	—	ZDYX
ZDZ	Z 轴位置差	ZDZA[*]		ZDZAD[*]		ZDZE	ZDZG	ZDZI	ZDZL		—	—	—	ZDZR	—	ZDZX

① 表中的“—”表示不应有组合。
② 表中的首位字母和组合形式没有包含所有的情况。
③ 功能修饰字母增加在功能字母后。
④ 根据需要，用户可自定义：
a. 供选用字母：N、O。
b. 未定义读出功能的字母 C、D、F、H、J、K、M、S、T、U、V、Y 和 Z。
c. 未定义修饰词的字母 A、E、F、G、I、J、K、P、Q、T、U、V、Y 和 W。
⑤ 读出功能字母“G”用于表示就地仪表，如视镜、就地液位计、压力表、温度计和位置指示表等。注意，有时读出功能字母“I”也会被用于表示就地仪表。
⑥ 压力爆破片（PSE）和温度熔丝（TSE）用来防止出现压力和温度的紧急情况。

表 2-4 后续字母输出功能允许组合[1][4b]

首位字母[2]		B	C				K	N	S		T			U	V	X	Y	Z
被测变量/引发变量带和不带修饰词		供选用[4a]	控制	指示控制	记录控制	控制阀	操作器	供选用[4a]	开关	功能修饰词	传送（变送）	指示传送/变送	记录传送/变送	多功能	阀风门百叶窗	未分类	辅助设备	驱动器、执行元件
			C[5]	IC[6]	RC[6]	CV[7]			S	[*][3][4c]	T	IT	RT					
A	分析		AC	AIC	ARC	—	AK		AS[*]	[*]：功能修饰词如下： 无 高高 HH 高 H 中间 M 低 L 低低 LL 开到位 O 关到位 C 运行 R 停止 S 未分类 X	AT	AIT	ART	AU	AV	AX	AY	AZ
AZ	分析(SIS)		AZC	AZIC	AZRC	—	—		AZS[*]		AZT	—	—	AZU	AZV	—	AZY	AZZ
B	烧嘴、火焰		BC	BIC	BRC	—	BK		BS[*]		BT	BIT	BRT	BU	BV	BX	BY	BZ
BZ	烧嘴、火焰(SIS)		BZC	BZIC	BZRC	—	—		BZS[*]		BZT	—	—	BZU	BZV	—	BZY	BZZ
C	电导率		CC	CIC	CRC	—	CK		CS[*]		CT	CIT	CRT	CU	CV	CX	CY	CZ
CZ	电导率(SIS)		CZC	CZIC	CZRC	—	—		CZS[*]		CZT	—	—	CZU	CZV	—	CZY	CZZ
D	密度		DC	DIC	DRC	—	DK		DS[*]		DT	DIT	DRT	DU	DV	DX	DY	DZ
DZ	密度(SIS)		DZC	DZIC	DZRC	—	—		DZS[*]		DZT	—	—	DZU	DZV	—	DZY	DZZ
E	电压(电动势)		EC	EIC	ERC	—	EK		ES[*]		ET	EIT	ERT	EU	—	EX	EY	EZ
EZ	电压(电动势)(SIS)		EZC	EZIC	EZRC	—	—		EZS[*]		EZT	—	—	EZU	—	EZX	EZY	EZZ
F	流量，流速		FC	FIC	FRC	FCV	FK		FS[*]		FT	FIT	FRT	FU	FV	FX	FY	—
FF	流量比率		FFC	FFIC	FFRC	—	FFK		FFS[*]		FFT	FFIT	FFRT	FFU	FFV	FFX	FFY	—
FQ	累积流量		FQC	FQIC	FQRC	FQCV	FQK		FQS[*]		FQT	FQIT	FQRT	FQU	FQV	FQX	FQY	—
FS	流量安全		—	—	—	FSV	—		—		—	—	—	—	FSV	—	—	—
FZ	流量(SIS)		FZC	FZIC	FZRC	—	—		FZS[*]		FZT	—	—	FZU	FZV	—	FZY	—
G	可燃气体和有毒气体		GC	GIC	GRC	—	GK		GS[*]		GT	GIT	GRT	GU	GV	GX	GY	GZ
GZ	可燃气体和有毒气体(SIS)		GZC	GZIC	GZRC	—	—		GZS[*]		GZT	—	—	GZU	GZV	—	GZY	GZZ
H	手动		HC	HIC	HRC	HCV	—		HS[*]		—	—	—	HU	HV	HX	HY	HZ
HZ	手动(SIS)		HZC	HZIC	HZRC	—	—		HZS[*]		—	—	—	HZU	HZV	—	HZY	HZZ
I	电流		IC	IIC	IRC	—	IK		IS[*]		IT	IIT	IRT	IU	—	IX	IY	IZ
IZ	电流(SIS)		IZC	IZIC	IZRC	—	—		IZS[*]		IZT	—	—	IZU	—	IZX	IZY	IZZ
J	功率		JC	JIC	JRC	—	JK		JS[*]		JT	JIT	JRT	JU	—	JX	JY	JZ
JQ	功率累计		JQC	JQIC	JQRC	—	JQK		JQS[*]		JQT	JQIT	JQRT	JQU	—	JQX	JQY	JQZ
JZ	功率(SIS)		JZC	JZIC	JZRC	—	—		JZS[*]		JZT	—	—	JZU	—	JZX	JZY	JZZ
K	时间、时间程序		KC	KIC	KRC	—	KK		KS[*]		—	—	—	KU	—	KX	KY	KZ
KQ	时间累计		KQC	KQIC	KQRC	—	—		KQS[*]		—	—	—	KQU	KQV	KQX	KQY	KQZ
L	物位		LC	LIC	LRC	LCV	LK		LS[*]		LT	LIT	LRT	LU	LV	LX	LY	LZ
LZ	物位(SIS)		LZC	LZIC	LZRC	—	—		LZS[*]		LZT	—	—	LZU	LZV	LZX	LZY	LZZ
M	水分或湿度		MC	MIC	MRC	—	MK		MS[*]		MT	MIT	MRT	MU	MV	MX	MY	MZ

续表

首位字母[2] 被测变量/引发变量 带和不带修饰词		B	C				K	N	S		T			U	V	X	Y	Z
		供选用[4]	控制	指示控制	记录控制	控制阀	操作器	供选用[5]	开关	功能修饰词	传送（变送）	指示传送/变送	记录传送/变送	多功能	阀风门百叶窗	未分类	辅助设备	驱动器、执行元件
			C[5]	IC[6]	RC[6]	CV[7]			S	[*][3][4]	T	IT	RT					
MZ	水分或湿度(SIS)		MZC	MZIC	MZRC	—	—		MZS[*]		MZT	—	—	MZU	MZV	—	MZY	MZZ
N	供选用																	
O	供选用																	
P	压力		PC	PIC	PRC	PCV	PK		PS[*]		PT	PIT	PRT	PU	PV	PX	PY	PZ
PD	压差		PDC	PDIC	PDRC	PDCV	PDK		PDS[*]		PDT	PDIT	PDRT	PDU	PDV	PDX	PDY	PDZ
PF	压力比率		PFC	PFIC	PFRC	—	PFK		PFS[*]		—	—	—	PFU	PFV	PFX	PFY	PFZ
PK	压力变化率		PKC	PKIC	PKRC	—	PKK		PKS[*]		—	—	—	PKU	PKV	PKX	PKY	PKZ
PS	压力安全		—	—	—	PSV	—		—		—	—	—	—	PSV7	—	—	—
PZ	压力(SIS)		PZC	PZIC	PZRC	—	—		PZS[*]		PZT	—	—	PZU	PZV	PZX	PZY	PZZ
Q	数量		QC	QIC	QRC	—	QK		QS[*]		QT	QIT	—	QU	QV	QX	QY	QZ
QQ	数量累计		QQC	QQIC	QQRC	—	QQK		QQS[*]		QQT	QQIT	—	QQU	QQV	QQX	QQY	QQZ
R	核辐射		RC	RIC	RRC	—	RK		RS[*]		RT	RIT	RRT	RU	RV	RX	RY	RZ
RQ	辐射累计		RQC	RQIC	RQRC	—	RQK		RQS[*]		RQT	—	—	RQU	RQV	RQX	RQY	RQZ
RZ	核辐射(SIS)		RZC	RZIC	RZRC	—	—		RZS[*]		RZT	—	—	RZU	RZV	RZX	RZY	RZZ
S	速度、频率		SC	SIC	SRC	SCV	SK		SS[*]		ST	SIT	SRT	SU	SV	SX	SY	SZ
SZ	速度(SIS)		SZC	SZIC	SZRC	SZCV	—		SZS[*]		SZT	—	—	SZU	SZV	SZX	SZY	SZZ
T	温度		TC	TIC	TRC	TCV	TK		TS[*]		TT	TIT	TRT	TU	TV	TX	TY	TZ
TD	温差		TDC	TDIC	TDRC	—	TDK		TDS[*]		TDT	TDIT	TDRT	TDU	TDV	TDX	TDY	TDZ
TF	温度比率		TFC	TFIC	TFRC	—	TFK		TFS[*]		—	—	—	TFU	TFV	TFX	TFY	TFZ
TK	温度变化率		TKC	TKIC	TKRC	—	TKK		TKS[*]		—	—	—	TKU	TKV	TKX	TKY	TKZ
TS	温度安全		—	—	—	TSV	—		—		—	—	—	—	TSV7	—	—	—
TZ	温度(SIS)		TZC	TZIC	TZRC	—	—		TZS[*]		TZT	—	—	TZU	TZV	TZX	TZY	TZZ
U	多变量		UC	UIC	URC	—	—		US[*]		—	—	—	UU	UV	UX	UY	UZ
UZ	多变量(SIS)		UZC	UZIC	UZRC	—	—		UZS[*]		—	—	—	UZU	UZV	UZX	UZY	UZZ
V	振动、机械监视		VC	VIC	VRC	—	—		VS[*]		VT	VIT	VRT	VU	—	VX	VY	—
VZ	振动(SIS)		VZC	VZIC	VZRC	—	—		VZS[*]		VZT	—	—	VZU	—	VZX	VZY	—
VX	*X* 轴振动		VXC	VXIC	VXRC	—	—		VXS[*]		VXT	VXIT	VXRT	VXU	—	VXX	VXY	—
VY	*Y* 轴振动		VYC	VYIC	VYRC	—	—		VYS[*]		VYT	VYIT	VYRT	VYU	—	VYX	VYY	—
VZ	*Z* 轴振动		VZC	VZIC	VZRC	—	—		VZS[*]		VZT	VZIT	VZRT	VZU	—	VZX	VZY	—

续表

首位字母② 被测变量/引发变量 带和不带修饰词		B	C				K	N	S		T			U	V	X	Y	Z
		供选用③④	控制	指示控制	记录控制	控制阀	操作器	供选用③④	开关	功能修饰词	传送（变送）	指示传送/变送	记录传送/变送	多功能	阀风门百叶窗	未分类	辅助设备	驱动器、执行元件
			C⑤	IC⑥	RC⑥	CV⑦			S	[*]③④	T	IT	RT					
VZX	X 轴振动(SIS)		VZXC	VZXIC	VZXRC	—	—		VZXS[*]		VZXT	—	—	VZXU	—	VZXX	VZXY	—
VZY	Y 轴振动(SIS)		VZYC	VZYIC	VZYRC	—	—		VZYS[*]		VZYT	—	—	VZYU	—	VZYX	VZYY	—
VZZ	Z 轴振动(SIS)		VZZC	VZZIC	VZZRC	—	—		VZZS[*]		VZZT	—	—	VZZU	—	VZZX	VZZY	—
W	重量、力		WC	WIC	WRC	WCV	WK		WS[*]		WT	WIT	WRT	WU	WV	WX	WY	WZ
WZ	重量、力(SIS)		WZC	WZIC	WZRC	—	—		WZS[*]		WZT	—	—	WZU	WZV	WZX	WZY	WZZ
WD	重量差		WDC	WDIC	WDRC	—	WDK		WDS[*]		WDT	WDIT	WDRT	WDU	WDV	WDX	WDY	WDZ
WF	重量比率		WFC	WFIC	WFRC	—	WFK		WFS[*]		—	—	—	WFU	WFV	WFX	WFY	NA
WK	重量变化速率		WKC	WKIC	WKRC	—	WKK		WKS[*]		WKT	WKIT	WKRT	WKU	WKV	WKX	WKY	WKZ
WQ	累积重量		WQC	WQIC	WQRC	—	WQK		WQS[*]		—	—	—	WQU	WQV	WQX	WQY	WQZ
WX	X 轴向力		WXC	WXIC	WXRC	—	WXK		WXS[*]		WXT	WXIT	WXRT	WXU	WXV	WXX	WXY	WXZ
WY	Y 轴向力		WYC	WYIC	WYRC	—	WYK		WYS[*]		WYT	WYIT	WYRT	WYU	WYV	WYX	WYY	WYZ
WZ	Z 轴向力		WZC	WZIC	WZRC	—	WZK		WZS[*]		WZT	WZIT	WZRT	WZU	WZV	WZX	WZY	WZZ
WZX	X 轴向力(SIS)		WZXC	WZXIC	WZXRC	—	—		WZXS[*]		WZXT	—	—	WZXU	WZXV	WZXX	WZXY	WZXZ
WZY	Y 轴向力(SIS)		WZYC	WZYIC	WZYRC	—	—		WZYS[*]		WZYT	—	—	WZYU	WZYV	WZYX	WZYY	WZYZ
WZZ	Z 轴向力(SIS)		WZZC	WZZIC	WZZRC	—	—		WZZS[*]		WZZT	—	—	WZZU	WZZV	WZZX	WZZY	WZZZ
X	未分类		XC	XIC	XRC	—	XK		XS[*]		XT	XIT	XRT	XU	XV	XX	XY	XZ
Y	事件、状态		YC	YIC	YRC	—	YK		YS[*]		YT	YIT	YRT	YU	YV	YX	YY	YZ
TZ	事件、状态(SIS)		YZC	YZIC	YZRC	—	—		YZS[*]		YZT	—	—	YZU	YZV	YZX	YZY	YZZ
Z	位置、尺寸		ZC	ZIC	ZRC	—	ZK		ZS[*]		ZT	ZIT	ZRT	ZU	ZV	ZX	ZY	ZZ
ZZ	位置(SIS)		ZZC	ZZIC	ZZRC	—	—		ZZS[*]		ZZT	—	—	ZZU	ZZV	ZZX	ZZY	ZZZ
ZX	X 轴位		ZXC	ZXIC	ZXRC	—	ZXK		ZXS[*]		ZXT	ZXIT	ZXRT	ZXU	ZXV	ZXX	ZXY	ZXZ

续表

首位字母② 被测变量/引发变量 带和不带修饰词		B	C				K	N	S		T			U	V	X	Y	Z
		供选用④a	控制	指示控制	记录控制	控制阀	操作器	供选用④a	开关	功能修饰词	传送（变送）	指示传送/变送	记录传送/变送	多功能	阀风门百叶窗	未分类	辅助设备	驱动器、执行元件
			C⑤	IC⑥	RC⑥	CV⑦			S	[*]③④c	T	IT	RT					
ZY	Y 轴位		ZYC	ZYIC	ZYRC	—	ZYK		ZYS[*]		ZYT	ZYIT	ZYRT	ZYU	ZYV	ZYX	ZYY	ZYZ
ZZ	Z 轴位		ZZC	ZZIC	ZZRC	—	ZZK		ZZS[*]		ZZT	ZZIT	ZZRT	ZZU	ZZV	ZZX	ZZY	ZZZ
ZZX	X 轴位(SIS)		ZZXC	ZZXIC	ZZXRC	—	—		ZZXS[*]		ZZXT	—	—	ZZXU	ZZXV	ZZXX	ZZXY	ZZXZ
ZZY	Y 轴位(SIS)		ZZYC	ZZYIC	ZZYRC	—	—		ZZYS[*]		ZZYT	—	—	ZZYU	ZZYV	ZZYX	ZZYY	ZZYZ
ZZZ	Z 轴位(SIS)		ZZZC	ZZZIC	ZZZRC	—	—		ZZZS[*]		ZZZT	—	—	ZZZU	ZZZV	ZZZX	ZZZY	ZZZZ
ZD	位置差		ZDC	ZDIC	ZDRC	—	ZDK		ZDS[*]		ZDT	ZDIT	ZDRT	ZDU	ZDV	ZDX	ZDY	ZDZ
ZDX	X 轴位置差		ZDXC	ZDXIC	ZDXRC	—	ZDXK		ZDXS[*]		ZDXT	ZDXIT	ZDXRT	ZDXU	ZDXV	ZDXX	ZDXY	ZDXZ
ZDY	Y 轴位置差		ZDYC	ZDYIC	ZDYRC	—	ZDYK		ZDYS[*]		ZDYT	ZDYIT	ZDYRT	ZDYU	ZDYV	ZDYX	ZDYY	ZDYZ
ZDZ	Z 轴位置差		ZDZC	ZDZIC	ZDZRC	—	ZDZK		ZDZS[*]		ZDZT	ZDZIT	ZDZRT	ZDZU	ZDZV	ZDZX	ZDZY	ZDZZ

① 表中的“—”表示不应有组合。

② 表中的首位字母和组合形式没有包含所有的情况。

③ 功能修饰字母增加在功能字母后。

④ 根据需要，用户可自定义：

a. 供选用字母：N、O。

b. 未定义输出功能的字母 A、D、E、F、G、H、I、J、L、M、O、P、Q、R 和 W。

c. 未定义修饰词的字母 A、E、F、G、I、J、K、P、Q、T、U、V、W、Y 和 Z。

⑤“控制 C”和首字母的组合用于：

- 被测变量，设定点或输出信号不可视的独立仪表。
- 共享显示、共享控制系统中设置的控制器功能（根据要求，设置指示和记录功能也是可行的）。

⑥ 当一个控制器/功能也提供了指示或记录功能时，“IC”列和“RC”列中的字母组合表明了构成仪表功能标志的字母应当循序的排列顺序。

⑦“CV”列中的字母组合表明了构成自力式控制阀功能标志的字母应当循序的排列顺序。

当字母Y作为后继字母表示继动器、计算器、转换器功能时，需要在有Y的图形符号外标注附加功能符号。表2-5中是常用附加功能符号。

表2-5 常用附加功能符号

序号	功能	符号	数学方程式	说明
1	和	Σ	$M=X_1+X_2+\cdots+X_n$	输出等于输入信号的代数和
2	平均值	Σ/n	$M=\frac{X_1+X_2+\cdots+X_n}{n}$	输出等于输入信号的代数和除以输入信号的数目
3	差	Δ	$M=X_1-X_2$	输出等于输入信号的代数差
4	比	K 1∶1 2∶1	$M=KX$	输出与输入成正比
5	积分	$\int$	$M=\frac{1}{T_i}\int X\mathrm{d}t$	输出随输入信号的幅度和持续时间而变化，输出与输入信号的时间积分成正比
6	微分	d/d	$M=T_D\frac{\mathrm{d}x}{\mathrm{d}t}$	输出与输入信号的变化率成正比
7	乘法	$\times$	$M=X_1X_2$	输出等于两个输入信号的乘积
8	除法	$\div$	$M=X_1/X_2$	输出等于两个输入信号的商
9	方根	$\sqrt[n]{\ }$	$\sqrt[n]{X}$	输出等于输入信号的开方(如平方根、三次方根、3/2次方根)
10	指数	X^n	$M=X^n$	输出等于输入信号的n次方
11	非线性或未定义函数	$f(x)$	$M=f(x)$	输出等于输入信号的某种非线性或未定义函数
12	时间函数	$f(t)$	$M=Xf(t)$ $M=f(t)$	输出等于输入信号乘某种时间函数或仅等于某种时间函数
13	高选	$>$	$M=X_1$ 当 $X_1\geqslant X_2$ $M=X_2$ 当 $X_1\leqslant X_2$	输出等于几个输入信号中的最大值
14	低选	$<$	$M=X_1$ 当 $X_1\leqslant X_2$ $M=X_2$ 当 $X_1\geqslant X_2$	输出等于几个输入信号中的最小值
15	上限	$\ngtr$	$M=X$ 当 $X\leqslant H$ $M=H$ 当 $X\geqslant H$	输出等于输入($X\leqslant H$时)或输出等于上限值($X\geqslant H$时)
16	下限	$\nless$	$M=X$ 当 $X\geqslant L$ $M=L$ 当 $X\leqslant L$	输出等于输入($X\geqslant L$时)或输出等于下限值($X\leqslant L$时)
17	反比	$-K$	$M=-KX$	输出与输入成反比
18	偏置	$\oplus$ $\ominus$ $\pm$	$M=X\pm b$	输出等于输入加(或减)某一任意值(偏置值)

续表

序号	功能	符号	数学方程式	说　明
19	转换	*/*	输入=f(输出)	输出信号的类型不同于输入信号的类型，* 为： E——电压 B——二进制 I——电流 H——液压 P——气压 O——电磁波 声波 A——模拟 R——电阻 D——数字

上述表示继动、运算、转换的图形符号，一般应标注在仪表符号（圆）、模块符号（圆加方框）的右上角，如果图面不方便，也可标注在左上角。

2.2.1.2 仪表位号

构成回路可能会有许多仪表和功能模块，每个仪表和功能模块也需要有一个标识，这主要体现在表 2-1～表 2-5 中，例如某个仪表回路号为 TICA-201，构成该仪表回路的仪表位号分别为：

温度传感器 TE-201、温度控制器 TIC-201、温度报警 TIA-201、电气阀门定位器 TY-201 和温度控制阀 TV-201。若该回路是本质安全仪表回路，则还会有输入型安全栅 TN-201A 和输出型 TN-201B。

从中可总结出，仪表位号的被测变量/引发变量与仪表回路号相同，数字编号与仪表回路号相同，只是后续读出功能和输出功能字母不同。

2.2.2 图形符号

过程检测和控制系统的图形符号，一般来说包括各种测量点（传感器、变送器）、执行器、控制器、指示报警等图形符号，还包括各种连接线（引线、信号线）组成。图 2-2 是一个双闭环比值控制系统的 P&ID 图，其中有各种图形符号。

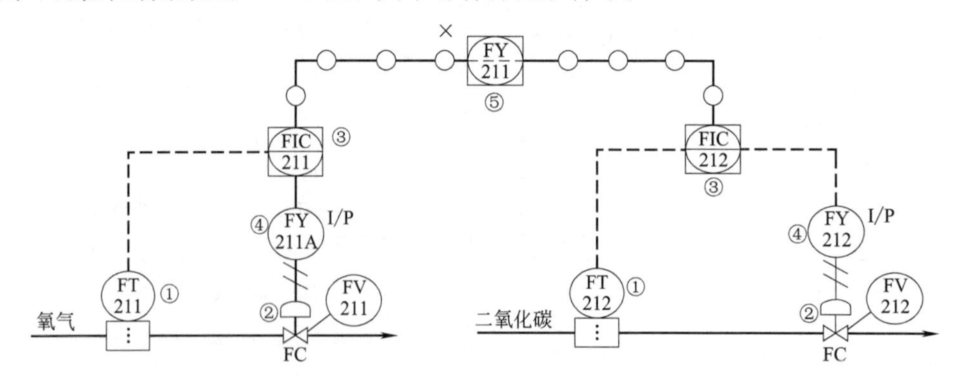

图 2-2 双闭环比值控制系统的 P&ID 图

图 2-2 中，①是一体化流量变送器，其下面为热式质量流量传感器；②是控制阀；③是控制器；④是电气阀门定位器；⑤是计算器（乘法器）。其中还有各种连接线，虚线为电信

号；带小圆的是数据链路；带小斜线的是气动信号。

（1）测量点

测量点包括检出元件、变送器、一体化变送器（传感器与变送器一体化），其作用是将生产过程参数转换为便于处理的信号（标准信号或非标准信号）。

① 一次测量元件与变送器通用图形符号见表 2-6。

表 2-6 一次测量元件与变送器通用图形符号

序号	符号	描 述
1	□E (1a)(2a)(2b) (*)	通用型一次元件(用细实线圆圈表示) (*):元件类型注释标识
2	□T (1a)(2a)(2b)(3) (*)	一体化变送器(用细实线圆圈表示) (*):元件类型注释标识
3	□T (1a)(2a)(2b)(3) □E (*)	变送器与一次元件的分体安装形式(用细实线圆圈表示) (*):元件类型注释标识
4	□T (1b)(3) #	一体化变送器,其一次元件直接安装在工艺过程管线或设备上(用细实线圆圈表示) #:一次元件图形符号
5	□T (1b)(3) #	一体化变送器与一次元件的分体安装形式(用细实线圆圈和一次元件图形符号表示表示) #:一次元件图形符号

① 测量符号通过：

a. 细实线圆圈表示。

b. 细实线圆圈和一次元件图形符号表示。

② 如果出现以下两种情况，这些图形符号应用于过程，设备测量的表示：

a. 一次元件图形符号不存在。

b. 不使用一次元件图形符号。

③ 表中以变送器（T）为例，也可以是控制器（C）、指示仪（I）、记录仪（R）或开关（S）。

② 一次元件类型注释见表 2-7。

表 2-7　一次元件类型注释

项目	注释符号及含义			
分析	CO—一氧化碳 CO_2—二氧化碳 COL—颜色 COMP—易燃 COND—电导 DEN—密度 GC—气相色谱 H_2O—水	H_2S—硫化氢 HUM—湿度 IR—红外 LC—液相色谱 MOIST—湿度 MS—质谱仪 NIR—近红外 O_2—氧气	OP—浊度 ORP—还原氧 pH—氢离子 REF—折射计 RI—折射率 TC—导热性 TDL—可调二极管激光器 UV—紫外线	VIS—可见光 VISC—黏度
流量	CFR—恒定流量调节器 CONE—锥体 COR—科里奥利 DOP—多普勒 DSON—声学多普勒 FLN—流量喷嘴 FLT—流量测量管 LAM—层流 MAG—电磁	OP—孔板 OP-CT—角接取压 OP-CQ—四分之一圆 OP-E—偏心 OP-FT—法兰取压 OP-MH—多孔 OP-P—管道取压 OP-VC—理论取压 PD—容积	PT—皮托管 PV—文丘里皮托管 SNR—声呐 SON—声波 TAR—靶式 THER—热式 TTS—声时传播 TUR—涡轮 US—超声波	VENT—文丘里管 VOR—旋涡 WDG—楔形
物位	CAP—电容 d/p—差压 DI—介电常数 DP—差压	GWR—导波雷达 LSR—激光 MAG—磁性的 MS—磁致伸缩	NUC—核 RAD—雷达 RES—电阻 SON—声波	US—超声波
压力	ABS—绝对 AVG—平均 DRF—风压计	MAN—压力计 P-V—压力-真空 SG—变形测量器	VAC—真空	
温度	BM—双金属 IR—红外 RAD—辐射 RP—辐射高温计	RTD—热电阻 TC—热电偶 TCE—E 型热电偶 TCJ—J 型热电偶	TCK—K 型热电偶 TCT—T 型热电偶 THRM—热敏热电偶 TMP—温差电堆	TRAN—晶体管
其他	燃烧	位	数量	辐射
	FR—火柱 IGN—点火器 IR—红外 TV—电视 UV—紫外	CAP—电容 EC—涡流 IND—感应 LAS—激光 MAG—电磁 MECH—机械 OPT—光学 RAD—雷达	PE—光电 TOG—切换	α—α 射线 β—β 射线 γ—γ 射线 n—核辐射
	速度	重量，力		
	ACC—加速度 EC—涡流 PROX—接近 VEL—速度	LC—负载传感器 SG—应变仪 WS—称重仪		

③ 检出元件或检测仪表可以用一些专门的图形符号表示，表 2-8 给出了一些常用检出元件或检测仪表的图形符号。

表 2-8　常用检出元件或检测仪表的图形符号

序号	图形符号	描　述
1	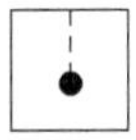	单探头物性、成分等检出元件
2	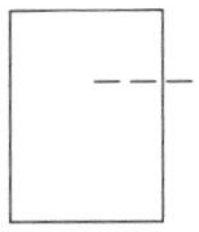	插入式检出元件,也可在设备顶部插入
3		流量孔板
4		同心圆孔板
5	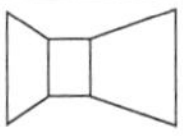	文丘里管
6		喷嘴
7		涡轮流量计
8		漩涡流量计
9		靶式流量计
10	 M	电磁流量计
11	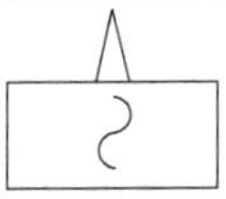	雷达
12	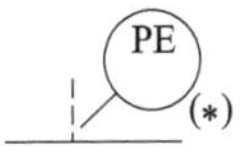 PE (*)	应变或其他电子传感器 (*):元件类型注释标识
13	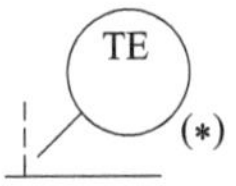 TE (*)	无外保护套管温度传感器 (*):元件类型注释标识

《过程测量与控制仪表的功能标志及图形符号》(HG/T 20505—2014) 还有一些其他的检测图形符号，需要使用时请参考该标准。

(2) 执行器图形符号

流程工业中的执行器大部分都是自动控制阀。控制阀结构分为阀体部分和执行机构部分。表 2-9 是常用控制阀阀体图形符号、风门图形符号。

表 2-9　常用控制阀阀体图形符号、风门图形符号

序号	符号	应　用
1	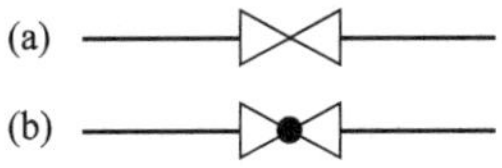 (a) (b)	• 通用型二通阀 • 直通截止阀 • 闸阀

续表

序号	符号	应　　用
2	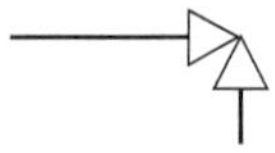	• 通用型二通角阀 • 角形截止阀 • 安全角阀
3	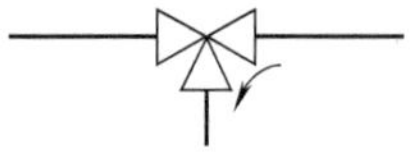	• 通用型三通阀 • 三通截止阀 • 箭头表示故障或未经激励时的流路
4	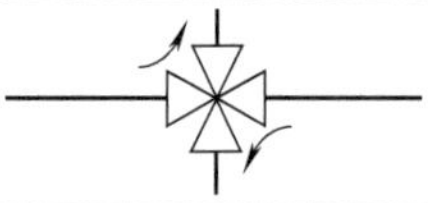	• 通用型四通阀 • 四通旋塞阀或球阀 • 箭头表示故障或未经激励时的流路
5		蝶阀
6	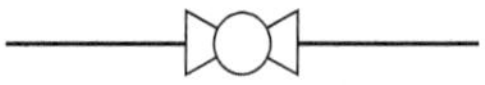	球阀
7	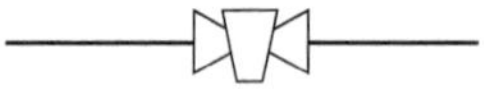	旋塞阀
8	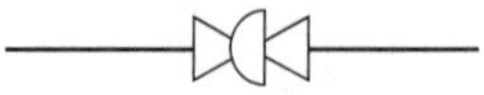	偏心旋转阀
9	(a)  (b) 	隔膜阀
10	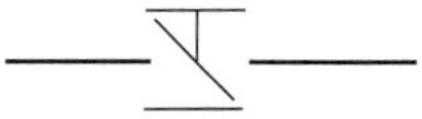	• 通用型风门 • 通用型百叶窗
11	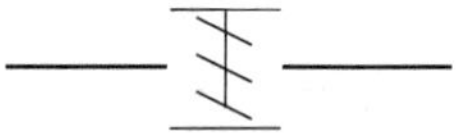	• 平行叶片风门 • 平行叶片百叶窗
12	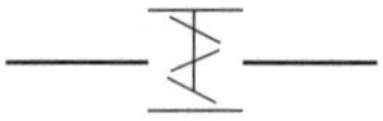	• 对称叶片风门 • 对称叶片百叶窗

注：表中有（a）、（b）两种图形符号的，在工程的相关设计文件，如设计规定、设计说明中，应说明哪些图形符号被选用。阀体与风门，与相应的执行机构组合，用来表示过程控制阀。角阀与相应执行机构组合表示过程控制阀，也可表示安全阀。表中1～4项与电磁执行机构组合构成电磁阀。

表2-10是常用执行机构图形符号。

表 2-10　常用执行机构图形符号

序号	符号	应　　用
1	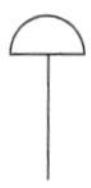	• 通用型执行机构 • 弹簧-膜片执行机构
2		带定位器的弹簧-膜片执行机构
3		压力平衡式膜片执行机构

续表

序号	符号	应 用
4	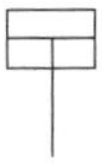	• 直行程活塞执行机构 • 单作用(弹簧复位) • 双作用
5		带定位器的直行程活塞执行机构
6	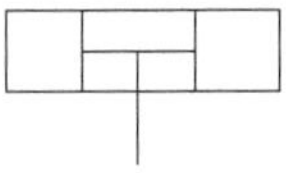	• 角行程活塞执行机构 • 可以是单作用(弹簧复位)或双作用
7	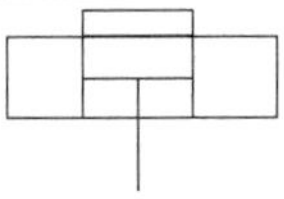	带定位器的角行程活塞执行机构
8	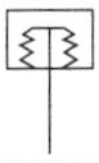	波纹管弹簧复位执行机构
9	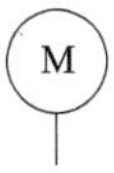 M	• 电动机(回旋电动机)操作执行机构 • 电动、气动或液动 • 直行程或角行程动作
10	 S	• 可调节的电磁执行机构 • 用于工艺过程的开关阀的电磁执行机构
11		带侧装手轮的执行机构
12		带顶装手轮的执行机构
13	 S R	手动或远程复位开关型电磁执行机构

注：表2-10中1～12项与表2-9中的各项相互组合，表示过程控制阀。表2-10中13项与2～4项相互组合，表示电磁阀。

表2-11表示控制阀能源中断时阀位的图形符号。

表2-11 控制阀能源中断时阀位的图形符号

序号	方法A	方法B	定义
1	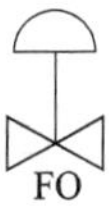 FO	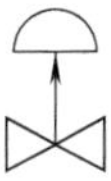	能源中断时，阀开
2	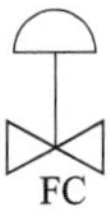 FC	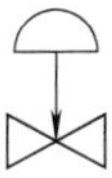	能源中断时，阀关
3	 FL	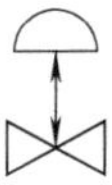	能源中断时，阀保位

续表

序号	方法 A	方法 B	定义
4	FL/DO		能源中断时，阀保位，趋于开
5	FL/DC		能源中断时，阀保位，趋于关

注：表 2-11 中的方法 A 或方法 B，应当在工程相关文件，如设计规定、设计说明等，说明采用哪种表达方法。表 2-11 中的 4～5 项，能源中断时，阀保位，然后缓慢地趋向开位或关位。

（3）仪表设备与功能图形符号

① 基本图形符号。基本图形符号直径为 11 mm 或 12mm（或 10mm）的细实线圆圈，外加与圆圈相切的细实线方框，表示首选或基本过程控制系统，如图 2-3 所示。

基本图形符号边长为 11 mm 或 12mm 的方框，内部是相接的菱形框，表示备选或安全仪表系统，如图 2-4 所示。

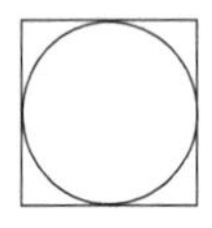

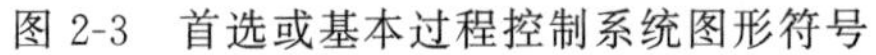

图 2-3　首选或基本过程控制系统图形符号

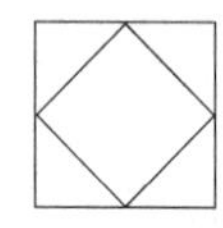

图 2-4　备选或安全仪表系统图形符号

由于石油化工行业大多采用 DCS 实施基本过程控制系统，所以可以将带有方框的圆看作是 DCS 功能。若采用现场总线系统实施基本过程控制系统，现场总线仪表（变送器、控制阀等）可能带有控制功能，可能会出现在现场实现控制功能的情况。例如中间没有细实线带有方框的圆中标有 LC 的图形符号，其含义为在现场实现的液位控制，该控制是基本过程控制系统内容。于是会出现带有控制功能的液位变送器或带有控制功能的液位控制阀，这一点与老的标准有很大不同，因为在《过程测量与控制仪表的功能标志及图形符号》（HG/T 20505—2014）中，带方框而中间无线的圆的功能就难以理解。《过程测量与控制仪表的功能标志及图形符号》（HG/T 20505—2014）中将带方框的圆表示是首选或基本过程控制系统，这样就涵盖了现场总线系统中，控制功能在现场变送器或控制阀上的情况。同样，带方框的菱形表示备选或安全仪表系统，也涵盖了逻辑功能在现场仪表中的情况。由于过程控制工程中首选或基本控制系统大多选用 DCS 系统，所以也可以理解这些图形符号为 DCS 功能。但如果选用现场总线系统做首选或基本控制系统时，需要注意这个定义区别。

计算机系统及软件功能图形为对角线长为 11mm 或 12mm 的细实线六边形，如图 2-5 所示。

单台仪表图形为直径 11 mm 或 12mm 的圆，如图 2-6 所示。

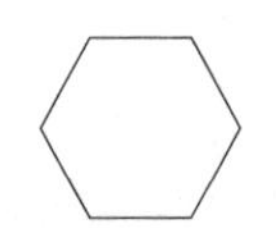

图 2-5　计算机系统及软件功能图形符号

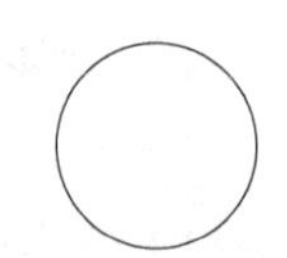

图 2-6　单台仪表图形符号

联锁逻辑系统功能图形为对角线长 11mm 或 12mm 的菱形框，菱形框标注“I（Interlock)”。在局部联锁逻辑系统较多时，应将联锁逻辑系统编号，如图 2-7 所示。

信号处理功能图形为正方形或矩形，如图 2-8 所示。

图 2-7 联锁逻辑系统功能图形符号

图 2-8 信号处理功能图形符号

指示灯功能图形由细实线圆圈与四条细实线射线组成，如图 2-9 所示。

处理两个或多个变量（同一壳体仪表)，或处理一个变量，但有多个功能的复式仪表时，可用相切的细实线圆圈表示，如图 2-10 所示。

图 2-9 指示灯功能图形符号

图 2-10 仪表圆圈相切的表示方式

当两个测量点引到一台复式仪表上，而两个测量点在图纸上距离较远或不在同一张图纸上，则分别用图 2-11 的两个相切的实线圆圈和虚线圆圈表示。

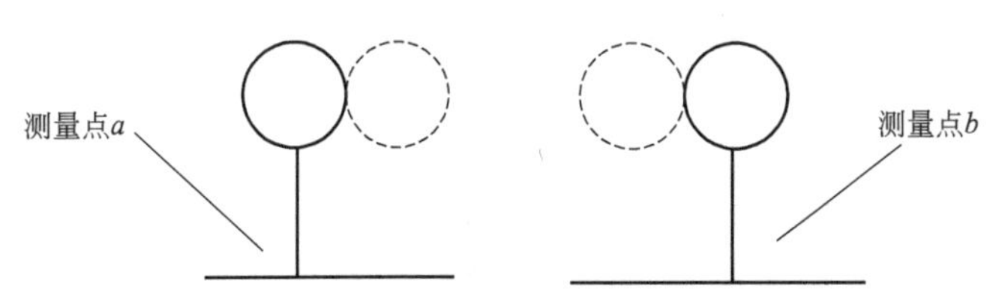

图 2-11 两个相切的实线圆圈和虚线圆圈

② 表示安装位置与可接近性的图形符号。自动化工程中经常采用的有中央控制方式和就地控制方式两种，于是，实现既定控制方式的地点就有了在中央控制室实现和就地实现两种，某些自控工程当中还会有现场控制室（仪表室、分析器室等)，于是有一些功能会安排在现场控制室当中。某些功能需要操作人员经常监视，这就需要在屏幕上是可见的，或者是在仪表盘上可见的；某些功能不需要操作人员监视，例如某些计算功能，此时在屏幕上是不可见，或者在仪表盘背面（里面）实现这些计算。由于有这些不同需求，功能实现或仪表安装位置就会有所不同，表 2-12 所示为仪表安装位置的图形符号。

表 2-12 仪表安装位置的图形符号

<table>
<tr><td rowspan="3">序号</td><td colspan="2">共享显示、共享控制①</td><td>C</td><td>D</td><td rowspan="3">安装位置与可接近性②</td></tr>
<tr><td>A</td><td>B</td><td rowspan="2">计算机系统及软件</td><td rowspan="2">单台(单台仪表设备或功能)</td></tr>
<tr><td>首选或基本过程控制系统</td><td>备选或安全仪表系统</td></tr>
<tr><td>1</td><td></td><td></td><td></td><td></td><td>• 位于现场
• 非仪表盘、柜、控制台安装
• 现场可视
• 可接近性—通常允许</td></tr>
</table>

续表

序号	共享显示、共享控制[1]		C	D	安装位置与可接近性[2]
	A	B			
	首选或基本过程控制系统	备选或安全仪表系统	计算机系统及软件	单台(单台仪表设备或功能)	
2					• 位于控制室 • 控制盘/台正面 • 盘正面或视频显示器可视 • 可接近性—通常允许
3					• 位于控制室 • 控制盘背面 • 位于盘后[3]的机构 • 盘正面或视频显示器不可视 • 可接近性—通常不允许
4					• 位于现场控制盘/台正面 • 盘正面或视频显示器可视 • 可接近性—通常允许
5					• 位于现场控制盘背面 • 位于现场机柜内 • 盘正面或视频显示器不可视 • 可接近性—通常不允许

① 共享显示、共享控制系统包括基本过程控制系统、安全仪表系统和其他具有共享显示、共享控制功能的系统和仪表设备。

② 可接近性指通常是否允许包括观察、设定值调整、操作模式更改和其他任何需要对仪表进行操作的操作员行为。

③ "盘后"广义上为操作员通常不允许接近的地方。例如仪表或控制盘背面，封闭式仪表机架或机柜，或仪表机柜间内放置盘柜的区域。

注：a. 5个或少于5个字符时：

6个或更多字符时：

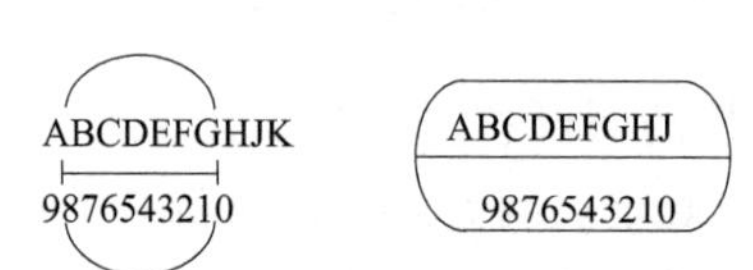

b. 变送器带控制功能的图形符号：

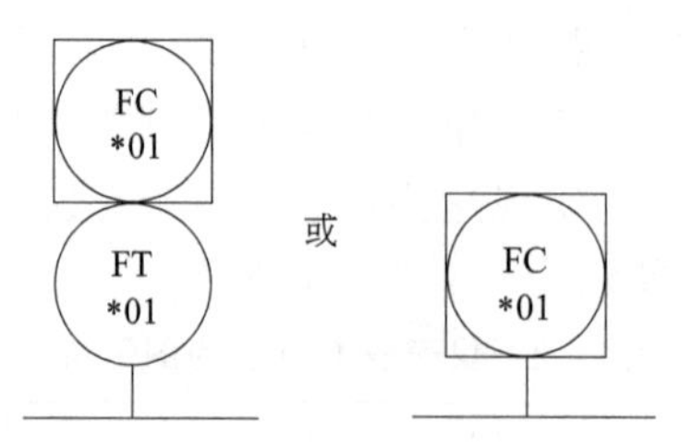

c. 控制阀带控制功能的图形符号：

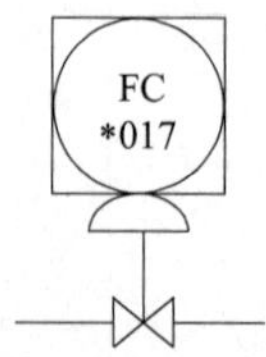

d. 变送器、控制器和控制阀一体的仪表装置图形符号：

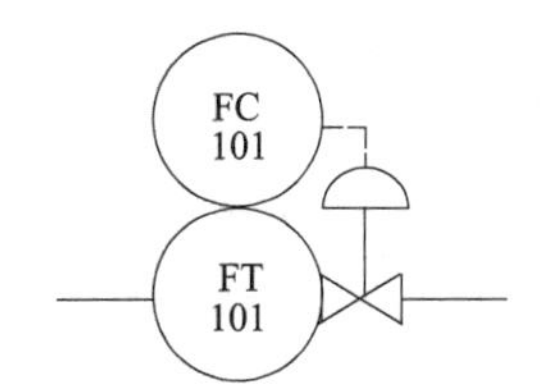

e. 多点记录仪的图形符号示例：

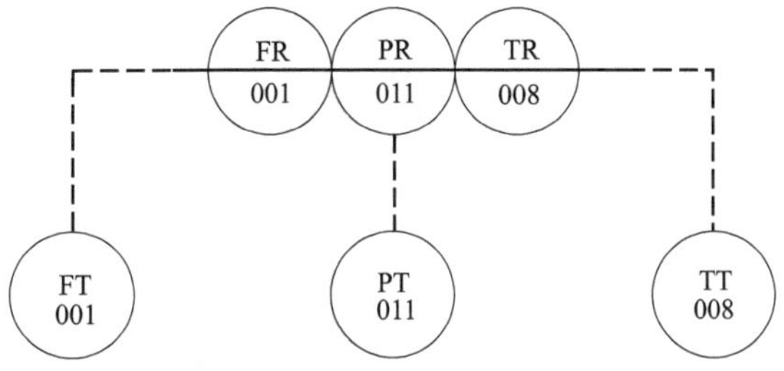

该记录仪位号：FR-001/PR-011/TR-008

③ 连接线图形符号。构成控制系统的各个仪表、功能模块，相互连接才能构成一个完整的控制系统。《过程测量与控制仪表的功能标志及图形符号》（HG/T 20505—2014）中规定了各种信号线的表达符号。表2-13为各种信号线规定及说明。

表2-13 信号线规定及说明

序号	符号	应 用
1	IA————	• 气源 • IA也可换成PA(装置空气)、NS(氮气)或GS(任何气体) • 根据要求注明供气压力，如：PA-70kPa(G)，NS—300kPa(G)等
2	ES————	• 仪表电源 • 根据要求注明电压等级和类型，如：ES-220VAC • ES也可直接用24VDC、120VAC等代替
3	HS————	• 仪表液压动力源 • 根据要求注明压力，如：HS—70kPa(G)
4		• 未定义的信号 • 用于工艺流程图(PFD) • 用于信号类型无关紧要的场合
5		气动信号
6		电子或电气连续变量或二进制信号
7		• 连续变量信号功能图 • 示意梯形图电信号及动力轨
8		液压信号
9		导压毛细管
10		• 有导向的电磁信号 • 有导向的声波信号 • 光缆

续表

序号	符号	应　用
11	或	• 无导向的电磁信号、光、辐射、广播、声音、无线信号 • 无线仪表信号 • 无线通信链路
12		• 共享显示、共享控制系统的设备和功能之间的通信链路和系统总线 DCS、PLC 或 PC 的通信链路和系统总线(系统内部)
13		• 连接两个及以上以独立的微处理器或以计算机为基础的系统的通信链路或总线 • DCS-DCS、DCS-PLC、PLC-PC、DCS-现场总线等的连接(系统之间
14		• 现场总线系统设备和功能之间的通信链路和系统总线 • 与高智能设备的链接(来自或去)
15		• 一个设备与一个远程调校设备或系统之间的通信链路 • 与智能设备的链接(来自或去)
16		机械连接或链接
17	(#) (##) (#) (##) 或 (#) (##) (#) (##)	图与图之间的信号连接,信号流向从左到右 (#):发送或接收信号的仪表位号 (##):发送或接收信号的图号或页码
18	(*)	至逻辑图的信号输入 (*):输入描述,来源或仪表位号
19	(*)	来自逻辑图的信号输出 (*):输出描述,终点或仪表位号
20	(*)	• 内部功能、逻辑或梯形图的信号连接 • 信号源去一个或多个信号接收器 (*):连接标识符 *A*、*B*、*C* 等
21	(*)	• 内部功能、逻辑或梯形图的信号连接 • 一个或多个信号接收器接收来自一个信号源的信号 (*):连接标识符 *A*、*B*、*C* 等

注：以下情况仪表能源连接线图形符号应在图中表示出来。

a. 与通常使用的仪表能源不同时（如通常使用 24VDC，则当使用 120 VDC 时，需要表示出来）。

b. 当仪表设备需要独立的仪表能源时。

c. 控制器或开关的动作会影响仪表能源时。

当有必要标注能源类别时，可采用相应的缩写字标注在能源线符号之上。例如 AS-0.14 为 0.14MPa 的空气源，ES-24VDC 为 24V 的直流电源。

在复杂系统中，当有必要表明信息流动的方向时，应在信号线符号上加箭头。

信号线交叉和信号线的相接图形符号有两种方式，在同一个工程中只能任选一种。图2-12（a）所示为信号线交叉为断线；图2-12（b）所示信号线相接不打点。图2-13（a）所示为信号线交叉不断线；图2-13（b）所示为信号线相接则需打点。

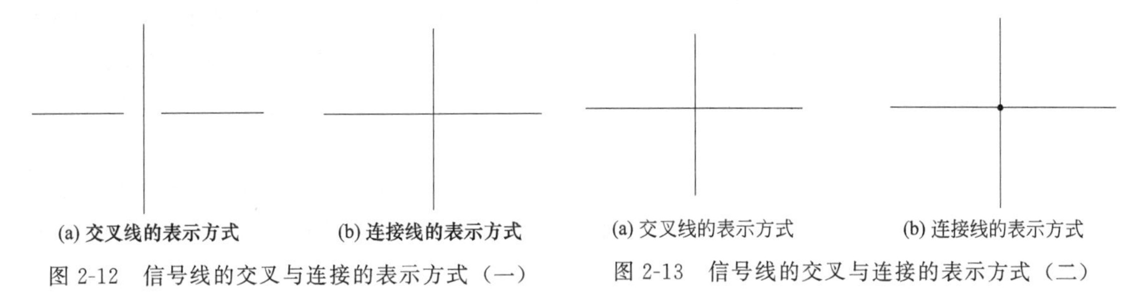

图2-12 信号线的交叉与连接的表示方式（一）　　图2-13 信号线的交叉与连接的表示方式（二）

2.3 管道仪表流程图（P&ID）的绘制

根据工艺专业提出的工艺流程图（PFD），以及有关的工艺参数、条件等情况，按照2.1节的原则，可确定全工艺过程的自控方案。此时，运用2.2节的图例符号的统一规定，在工艺流程图上按其流程顺序标注控制点和控制系统，绘制工艺控制流程图（PCD）。然后，把工艺控制流程图（PCD）提交给系统专业，由系统专业随着工程设计的深入进行，绘制出各版管道仪表流程图。

2.3.1 P&ID的主要内容

管道仪表流程图又称为P&ID（Piping and Instrumentation Diagrams）。P&ID是在PFD的基础上完成的，是工程设计中从工艺流程到施工设计的重要工序。P&ID的设计主要包括以下内容。

（1）设备

① 设备的名称和位号：必须标出每台设备包括备用设备。对于扩建、改建项目，已有设备要用细实线表示，并用文字进行注明。

② 成套设备：成套供应的设备（如快装锅炉、冷冻机组、压缩机组等），要用点画线画出成套供应范围的框线，并加标注。

③ 设备位号和设备规格：应注明设备位号和设备的主要规格和设计参数，如泵应注明流量和扬程；容器应注明直径和长度；换热器要注出换热面积及设计数据等。

④ 接管与连接方式：应详细注明管口尺寸、法兰面形式和法兰压力等级等。

⑤ 零部件：为便于理解工艺流程，需在P&ID中表示出零部件。

⑥ 标高：对安装高度有要求的设备必须标出设备要求的最低标高，如：卧式容器应标明容器内底部标高或到地面的实际距离；塔和立式容器须标明自地面到塔、容器下切线的实际距离或标高。

⑦ 驱动装置：泵、风机和压缩机的驱动装置要注明驱动机类型，有时还要标出驱动机功率。

⑧ 排放要求：如排往大气、泄压系统等，应注明设备的排放去向；如排往下水道，应注明排往生活污水、雨水或含油污水系统等。

(2) 配管

① 管道规格：在 P&ID 中要表示出在正常生产、开车、停车、事故维修、取样、备用、再生各种工况下所需要的工艺物料管线和公用工程管线。管道要注明管径、管道号、管道等级和介质流向。管径一般用公称直径表示，根据工程的要求，也可采用英制（英寸）。若同一根管道上使用了不同等级的材料，应在图上注明管道等级的分界点。一般在 P&ID 上管道改变方向处标明介质流向。对间断使用的管道要注明“开车”“停车”“正常无流量（NNF）”等字样。

② 阀件：所有的阀门（仪表阀门除外）在 P&ID 上都要表示出来，阀门的压力等级与管道的压力等级不一致时，要标注清楚。特殊阀件，如双阀、旁通阀等在 P&ID 上都要标示清楚。

③ 管道的衔接：管道进出 P&ID 中，图面的箭头接到哪一张图及相接设备的名称和位号要交代清楚，以便查找相接的图纸和设备。

④ 两相流管道：两相流管道由于容易产生“塞流”而造成管道振动，因此应在 P&ID 上注明“两相流”。

⑤ 管口：开车、停车、试车用的放空口、放净口、蒸汽吹扫口、冲洗口和灭火蒸汽口等，在 P&ID 上都要清楚地标出来。

⑥ 伴热管：蒸汽伴热管、电伴热管、夹套管及保温管等，在 P&ID 中要清楚地标出来。

⑦ 埋地管道：所有埋地管道应用虚线标示，并标出始末点的位置。

⑧ 管件：各种管路附件，如补偿器、软管、永久过滤器、临时过滤器、异径管、盲板、疏水器、可拆卸短管、非标准的管件等都要在图上标示出来。有时还要注明尺寸，工艺要求的管件要标上编号。

⑨ 取样点：取样点的位置和是否有取样冷却器等都要标出，并注明接管尺寸、编号。

⑩ 成套设备接管：P&ID 中应标示出和成套供应的设备相接的连接点，并注明设备随带的管道和阀门与工程设计管道的分界点。工程设计部分必须在 P&ID 上标示，并与设备供货的图纸一致。

⑪ 扩建管道与原有管道：扩建管道与已有设备或管道连接时，要注明其分界点。已有管道用细实线表示。

⑫ 装置内、外管道：装置内管道与装置外管道连接时，要画“管道连接图”，并列表标出管道号、管径、介质名称；装置内接往哪张图、与哪个设备相接；装置外与装置边界的某根管道相接，这根管道从何处来或去何处。在反应器的催化剂再生时，需除焦的管道应标注清楚。

2.3.2 P&ID 的设计过程

P&ID 的设计过程是从无到有、从不完善到完善的过程。P&ID 的设计，必须待工艺流程完全确定后（但不是工艺流程设计完全结束后）才能开始，否则容易造成大返工。P&ID 的设计一般要经过初步条件版、内部审核版、供建设单位批准版、设计版、施工版和竣工版等阶段后才能完成。

2.3.3 P&ID 设计所需资料

设计 P&ID 的过程中，需要很多资料，包括 PFD、设备资料、自控方案等。

① PFD：P&ID 是在 PFD 的基础上发展起来的。所以，在设计 P&ID 之前，必须有一

份经过有关部门批准的、比较详细的PFD作为P&ID设计的依据。

② 设备：由于在P&ID上要标出有关设备的形式、台数、基础数据和尺寸，所以必须有完整的工艺设备性能要求。在工艺流程中，有不少非定型设备和定型设备。在绘制P&ID的过程中，必须有这些非定型设备的简图和定型设备总图，才能知道管口的尺寸、连接形式、法兰的压力等级和法兰面形式等。这些内容在绘制P&ID时都是必要的。

③ 自控方案：重要的自控方案必须由工艺、自控专业联合提出。

④ 推荐配管材质表：推荐表应能满足工艺对配管材质的要求，应有管道等级等。

⑤ 有关的标准规范：有关的标准规范应包括工程规定（如保温、伴热、配管、仪表方面的规定等）和工程采用的标准、图例等。它关系到整个工程的统一性和工程的水平，须由工程负责人组织有关人员提出。

⑥ 流程介绍：流程应介绍其生产特点及整个生产过程的简要情况。

⑦ 开、停车及装置的操作特点：根据资料应当了解设计中须做哪些特殊考虑和处理。

⑧ 仪表、设备一览表：在开始绘制P&ID时，上述资料不可能全部具备。只要有主要部分就可开展工作，但要在工作过程中将其他部分逐步汇集完全，以保证P&ID设计工作的顺利开展。

2.3.4 P&ID的图面布置和制图要求

P&ID图纸规格一般采用1[#]或0[#]图纸，以便图面布置。具体要求如下。

① 设备在图面上的布置，一般是顺流程从左至右。

② 塔、反应器、储罐、换热器、加热炉等若放在地面上，图面水平中线往上布置。

③ 压缩机、泵布置在图面下部1/4线以下。

④ 中线以下1/4高度供走管道用。

⑤ 其他设备要布置在工艺流程要求的位置，如高位冷凝器流罐的上面，再沸器靠塔放置。

⑥ 对于无高度要求的设备，在图面上的位置要符合流程管道连接。

⑦ 一般工艺管线由图纸左右两侧方向出入，与其他图纸上的管道连接。

⑧ 放空或去泄压系统的管道，在图纸上方或左、右方离开图纸。

⑨ 公用工程物料管道有两种表示方法：一种表示方法同工艺管道，从左右或底部出入图纸，或者就近标出公用工程物料代号及相接图纸号；另一种表示方法是在相关设备附近注上公用工程物料代号，这种表示方法常用于标示泵及压缩机等设备的水冷、轴封油以及冲洗油等公用工程物料管道。

⑩ 所有出入图纸的管道，除可用介质代号表示公用工程物料管道的图纸连接外，都要带箭头，并注出连接图纸号、管道号、介质名称和相接的设备位号等有关内容。

在工艺流程图上标注控制点和控制系统时，按照各设备上控制点的密度，布局上可做适当调整，以免图面上出现疏密不均的情况。通常，设备进出口控制点尽可能标注在进出口附近。有时为照顾图面的质量，可适当移动某些控制点的位置。控制系统可自由处理。对管网系统的控制点最好都标注在最上面一根管子的上面。

图2-14示出了管道仪表流程图的示意图。因为每个工程项目都会有自己设计规定，一般会在设计文件首页对图形符号给出规定，可能会与《过程测量与控制仪表的功能标志及图形符号》(HG/T 20505—2014) 稍有不同，所以该图表达与《过程测量与控制仪表的功能标志及图形符号》(HG/T 20505—2014) 不完全一致。

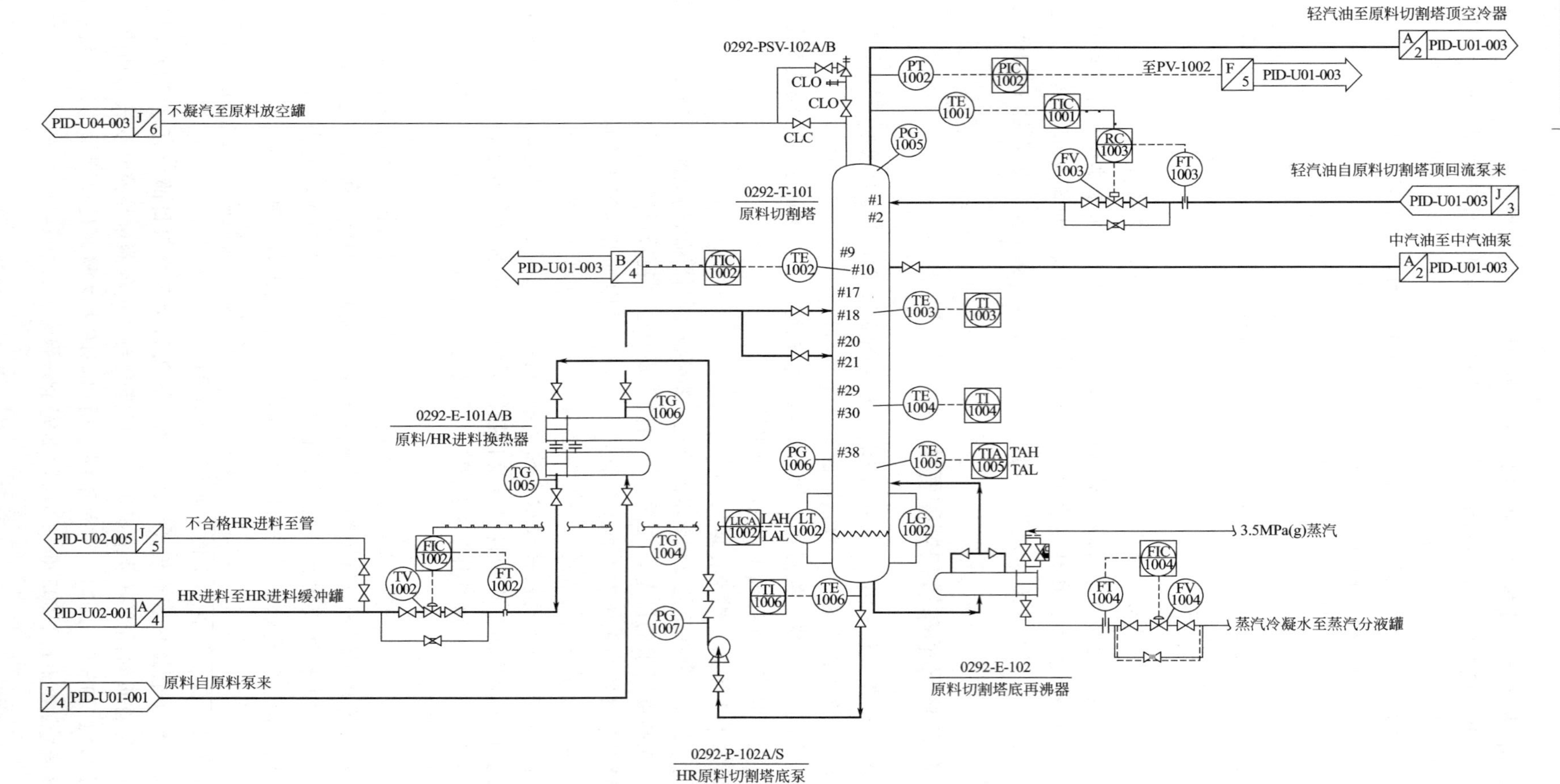

图 2-14 管道仪表流程图的示意图

2.3.5 P&ID 的安全分析

P&ID 的安全分析的目的为：

① 从安全的角度审查设计；

② 确认设计中没有对安全生产考虑不周之处；

③ 对开、停车或者事故处理所需的设备、管道、阀门、仪表在 P&ID 上都应表示；

④ 对任何尚未解决的安全问题进行研究，并找出解决办法；

⑤ 记录有关资料，以备编写操作手册时使用。

当 P&ID 通过安全分析之后若有较大改动时，需请各有关专业人员重新对修改部分进行安全分析。

第3章

信号报警及安全联锁系统设计

信号报警及安全联锁系统是现代生产过程中非常重要的组成部分，是保证安全生产的重要措施之一。其作用是对生产过程状况进行自动监视，当某些工艺参数达到或超过一定数值时，或者生产运行状态发生异常变化时，采用灯光和声音方式提醒操作人员注意，此时生产过程已经处在临界状态或危险状态，必须采取相应措施以恢复正常。如果生产过程出现剧烈变化，操作人员来不及采取措施，工艺参数继续上升（或下降），安全联锁系统必须按照预先设计的逻辑关系自动采取紧急措施，启动（或关闭）某些设备甚至自动停车，从而避免发生更大的事故，保证人身和设备安全。

随着现代工业装置的规模日趋大型化，生产装置的密集度越来越高，系统关联愈发严重，对于操作、控制及安全的要求越来越高。合理地设计信号报警及安全联锁系统是保证生产安全进行的必要条件。另一方面，如果信号报警及安全联锁系统设计不合理，比如信号报警点过多、报警设定值过低（或过高）等，当工艺参数距离危险界限较远时发生多点报警，此时会出现报警泛滥现象，给生产操作带来不必要的麻烦。如果安全联锁系统中信号动作点过多、动作点设定值过低（或过高），工艺参数距离危险界限较远时出现联锁操作，造成一些设备的频繁启动或停车，给生产设备造成损害，严重时甚至造成生产的局部乃至全线停车。对于大型的化工生产线来说，设备和工艺参数之间关联非常强，开车、停车并非易事，所以每次开车、停车都会花费大量的人力物力，因此信号报警、安全联锁系统的设计，必须在满足化工过程的要求的基础上，尽量采用简明的线路，使得中间环节最少。如果信号报警及安全联锁系统设计不合理，这些不必要的停车将会造成很大的生产损失。

3.1 信号报警、安全联锁系统设计原则

信号报警、安全联锁系统的功能可划分为信号报警、安全联锁两种，信号报警功能的作用是，当某些生产参数达到或超过报警界限时，给生产操作人员以声、光等警告，由生产操作人员进行人为干预，使生产恢复正常。安全联锁功能的作用是，当某些生产参数进一步变化，达到或超过安全界限时，给生产操作人员以声、光等警告的同时，自动采取措施对生产进行紧急干预，以确保生产安全。

信号报警系统可在基本过程控制系统内实现，例如在DCS系统中组态实现。安全联锁系统是保证生产安全的，所以其要求更高。生产规模比较小的生产过程，可以在DCS系统中实现，大型生产过程则往往设置独立的安全联锁系统（即SIS系统），此时的报警与安全

联锁功能集成在一个系统内，即集成在信号报警、安全联锁系统中。当生产过程出现报警时，DCS 系统与 SIS 系统同时报警。

信号报警、安全联锁系统设计，目前常采用的标准有《信号报警及联锁系统设计规范》(HG/T 20511—2014)、《石油化工安全仪表系统设计规范》(GB/T 50770—2013)。大多数化工过程要求信号报警、安全联锁系统采用失效安全的原则，使系统或设备在特定的故障发生时转入预定义的安全状态。另外，工业生产装置中的仪表与设备经常会有防腐、防尘、防震、防电磁干扰、防爆等要求。信号报警、安全联锁系统的设计原则如下。

① 信号报警点、联锁点的设置，动作设定值及调整范围必须符合生产工艺的要求。

② 在满足安全生产的前提下，应当尽量选择线路简单、元器件数量少的方案。这是因为当线路复杂、元器件数量多时，信号报警、安全联锁系统本身就越发容易出现故障，容易出现误报警和误动作。此外应当优先选择定型产品或成套产品来构成信号报警、安全联锁系统。

③ 信号报警、安全联锁设备应当安装在振动小、灰尘少、无腐蚀气体、无电磁干扰的场所。

④ 信号报警、安全联锁系统既可采用有触点的继电器线路，也可采用无触点式晶体管电路。前者线路简单、价格低廉，后者逻辑功能多、灵活，可实现较复杂的逻辑功能。安全联锁系统则宜采用有触点的继电器线路。当前控制工程当中常常采用闪光报警器做声、光报警用。

近年随着集散控制系统（DCS）和可编程控制器（PLC）的普及，可采用经权威机构认证的 DCS/PLC 来构造信号报警、安全联锁系统。

⑤ 信号报警、安全联锁系统中安装在现场的检出装置和执行器应当符合所在场所的防爆、防火要求；系统中安装在危险场所的按钮、信号灯、开关等元件应当符合所在场所的防爆、防火要求。

⑥ 信号报警系统供电要求与一般仪表供电等级相同，即由独立的电源回路和保护装置供电；安全联锁系统供电要求应当根据工艺装置的要求而定，为保证重要安全联锁系统稳定、可靠地工作，应当为其配备不间断电源，供电时间根据工艺装置的要求而定，一般不应小于 30min。

⑦ 信号报警、安全联锁系统中各元件间用铜芯塑料导线相互连接，线芯截面积一般为 $1.0\sim1.5\text{mm}^2$。一般情况下电线可采用下列颜色。

信号报警系统：黄色（注意）；

安全联锁系统：红色（危险）；

接地线：绿色（大地）；

交流电源相线：黑色；

交流电源零线：白色。

3.2 信号报警系统设计

3.2.1 信号报警系统的组成

信号报警系统可在 DCS 中实现，也可采用 PLC 构成信号报警系统，近些年来大多采用独立、专用的 SIS 系统。早期的信号报警系统可由常规仪表与继电器构成。

信号报警系统应以声、光形式表示过程参数越限和设备异常状态。一般信号报警系统由发讯器、逻辑控制器、人机接口等组成。当过程控制系统采用 DCS 或 PLC 时，一般信号报警系统应采用 DCS/PLC 实现。重要报警除操作站上显示之外，在辅助操作台上也应设置灯光显示。当过程参数接近联锁设定点，应设置预报警，当过程参数达到联锁设定点，从而产生联锁动作的同时，也应进行报警。

(1) 发讯器

检出元件对生产过程中的某个量进行自动监视，当该参数达到某一特定数值时，向信号报警系统提供一个开关信号，该信号通常是一个接点信号，即该参数达到某一特定值时，该元件的常开接点闭合，常闭接点断开。故检出元件为信号报警系统的输入元件。检出元件大致可分为两类，即开关信号与模拟信号。

① 开关信号。

开关信号应当具有防抖动功能，开关信号可分为四类：

a. 检出开关。

这类检出装置通常由测量敏感元件、连杆机构、刻度标尺、可调设定装置和接点组成。测量敏感元件将生产过程变量的变化转变为一个位移变化，连杆机构将这个位移变化进行放大、变换，与设定装置进行比较，然后将信号传递给接点开关系统，如果变量越限，则接点状态发生变化。刻度标尺的作用是给出一个生产过程变量的指示，通过对可调设定装置的调整，可设定生产过程变量的报警动作点。这一类检出装置通常直接安装在生产设备上，由于它们处在生产现场，当生产现场是危险区域时，应当选择满足现场安全要求的检出装置。这类装置的安全等级一般是隔离防爆类型的。如果隔离防爆不能满足要求，则应当选其他类型的检出装置。这类常用的检出开关有温度开关、压力开关、液位开关、流量开关。

b. 模拟信号报警开关。

这类检出装置接收标准模拟信号，即 4～20mADC、0～10mADC、1～5VDC 和 0.02～0.1MPa，输出报警开关信号。该装置上通常都有刻度标尺和可调设定装置，刻度标尺的作用是给出一个生产过程变量的指示，可调设定装置一般可在全信号范围内调整，通过对可调设定装置的调整，可设定生产过程变量的报警动作点。接点开关系统则在变量越限时则发生状态变化。这类检出装置是一个独立的报警设定装置，接收的是标准模拟信号，因此可以和一般的模拟仪表（变送器）配合使用。一般将它安装在控制室内的仪表盘上，由于检出装置处在安全区域内，所以可以很好地解决防爆、防火问题。常用的电动、气动报警设定器、报警指示仪就属于这类检出装置。

c. 附属的辅助报警开关。

这类报警开关是某些指示、记录仪的附属开关。在这类带有报警开关的指示、记录仪上有一个可调整的报警值设定装置，通过该装置可以设定或改变报警动作点。当生产过程变量越限时，该表的指针就会越过报警设定点，从而带动内部机械机构将报警接点断开或闭合。这类常用仪表有动圈报警指示仪、色带报警指示仪、带报警接点的自动平衡电子电位差计和自动平衡电桥等。由于这类检出装置是指示、记录仪表的附属开关，而这类仪表是安装在控制室内的二次仪表，处在安全区域内，也可较好地解决防爆、防火问题。

d. 无触点报警开关。

这类开关的工作原理是利用一个动金属片与开关端面之间距离的变化来决定是否触发开关动作，实际上是一种接近开关。与上面三种所不同的一点是，上面三种开关信号都是接点的通断，这种开关信号是半导体开关的通断，所以它只能与输入为半导体开关信号的电气元件配合使用。这类报警开关的安全等级有隔离防爆型和本质安全型两种。各种报警检出装置的开关可分为常开（Normal Open，N. O）接点和常闭（Normal Close，N. C）接点两种类型。常开接点定义为非激励（Non-activated）状态下接点是断开的，即接点动作之前是断开的，动作之后接点闭合，所以这类接点也叫作常开动合接点；常闭接点定义为非激励（Non-activated）状态下开关是闭合的，即开关动作之前是闭合的，动作之后开关断开，所以这类接点也叫作常闭动断接点。

信号报警系统的输入开关信号既可采用常开动合接点作为输入，也可采用常闭动断接点作为输入。这两种不同类型的输入信号各有特点，设计人员应当根据生产工艺的具体要求进行选择。

采用常开动合接点作为报警系统输入信号时，当被监视的过程变量越限时，接点闭合，触发相应的报警逻辑发出声光报警。如果所监视的过程变量没有越限则接点不动作，也不会触发相应的报警逻辑。如果检出开关或输入开关出现故障，或者相应电源断电，造成接点不能动作，则该故障不会触发信号报警系统，不会产生误报警。但是，如果检出开关或输入开关出现故障，此时被监视的过程变量发生越限，则信号报警系统的相应报警逻辑不会被触发，也不会发出声光报警。此时极易发生生产事故。

采用常闭动断接点作为报警系统输入信号时，当被监视的过程变量没有越限，则开关处在激励状态，接点是断开的。当被监视的过程变量越限时，开关回到非激励状态，接点闭合，触发相应的报警逻辑发出声光报警。如果检出开关或输入开关出现故障，或者相应电源断电，接点回复非激励状态，接点由断开变为闭合，此时出现声光报警，操作人员可对生产过程进行检查，如果相应的过程变量没有出现越限，则可断定为报警系统故障。所以相对于采用常开动合接点输入的报警系统来说，常闭动断接点输入的报警系统比较“安全”，但是由于在正常情况检出装置一直处在带电的激励状态下，检出装置的寿命可能会缩短。

上述开关信号最好采用无源接点，必要时可采用光电隔离技术或中间继电器进行隔离。

② 模拟信号。

模拟信号通常是指 4～20mA 变送器信号，这一类变送器应当是叠加 HART 信号传输的智能变送器，输出信号宜带故障模式输出。采用 DCS、PLC、SIS 系统实现信号，这一类信号通常是独立的 SIS 系统所要求的。

(2) 逻辑控制器

逻辑控制器是信号报警系统的逻辑运算单元。可由 DCS、PLC 中的逻辑功能实现，独立的 SIS 系统，由其中的各个逻辑功能模块实现。也可由各种逻辑电路搭建而成。

逻辑控制器的运算逻辑，由工艺专业提供的联锁条件表产生，根据确定逻辑运算功能进行组态，采用 PLC 的信号报警系统，可根据逻辑运算要求编程。采用逻辑电路的信号报警系统，根据逻辑运算要求搭建电路并编程。

(3) 人机接口

人机接口是给操作人员提供报警信息的设备。报警信息设备分为两类，即视觉显示器（Visual Display）和非视觉显示器（Non-Visual Display）。视觉显示器包括 LED、液晶屏、

CRT 等，非视觉显示器包括指示灯、闪光灯屏等。

当采用非视觉显示器时，应当符合：

① 当信号报警系统中既有第一报警点又有一般报警点时，其灯光显示单元宜分开排列；

② 应当用红色灯光表示越限报警或异常状态，黄色灯光表示预报警或非第一报警；

③ 应用闪光、平光或熄灭表示报警顺序的不同状态；

④ 应在灯光显示单元上标注报警点名称、报警程度和报警点位号。

当采用视觉显示器时，除符合上述要求之外，还应当符合：

① 报警信息应包括报警参数当前值、报警设定值、文字描述及其他信息；

② 对于重要报警点，宜在辅助操作台上设置灯光显示单元。

发生报警时，还应当声音报警。音响单元的音量应高于背景噪声，在其附近区域应能清晰地听见。音响单元可采用不同声音或音调的音响报警器，通过改变声音振荡频率或振荡幅度，以分不同的报警区域、报警功能以及报警程度。

此外信号报警系统一般都配备有按钮，应根据报警顺序需要选择按钮，如试验按钮、消音按钮、确认按钮、复位按钮和首出复位按钮等。一般确认按钮为黑色，试验按钮为白色，其他按钮可根据具体情况采用合适的颜色。不同的报警顺序需要不同数量的按钮，各按钮的功能也是不一样的，具体如下。

① 确认按钮：表明操作人员确认了一个新的报警。

② 消音按钮：消除音响声音，但不影响灯光显示方式或回铃状态。

③ 复位按钮：如报警系统撤除，按下该按钮使该点恢复到正常状态。

④ 首出复位按钮：按下后，使首出信号的灯光显示与后续信号相同。

⑤ 试验按钮：用以检查音响和全部灯光回路是否完好。

当过程变量出现越限时，信号报警系统便发出声、光信号报警，操作人员得知后按下消音按钮进行确认，音响信号停止，灯光信号变为平光显示，操作人员可根据灯光信号所显示的位号（每个信号灯都有监视变量位号），采取相应的措施来消除故障，待过程变量回到正常状态之后，相应信号灯熄灭。

试验按钮是用来检验信号报警系统工况的，按下试验按钮之后，按钮开关作为试验信号输入到信号报警系统中，此时所有信号灯和音响器都应当动作，发出声、光信号。如果某个信号灯不亮或音响器不响，则说明相应的部件有问题，必须进行检查并排除故障，以保证信号报警系统随时处在良好状态。需要说明的是试验按钮只能确定信号报警器工况是否良好，它不能确定检出装置是否正常。

在同一控制室内，为区分不同装置的信号报警，或是同一装置的不同区域，采用不同音量或音调的音响报警器，能迅速引起操作人员的注意。不同的报警功能与报警级别也应考虑采用类似方法区分开来。

一般有触点的继电器型信号报警装置中的继电器箱和音响器，安装在仪表盘后框架上或仪表盘后面的墙上，信号灯安装在仪表盘盘面上部；无触点型信号报警器（如 XXS-01、XXS-02）安装在仪表盘盘面上部；外接音响器则安装在仪表盘后框架上或墙上，消音按钮和试验按钮应当安装在仪表盘盘面的中下部以便于操作。

采用视觉显示器时，功能按钮宜采用显示于屏幕的“软件按钮”，也可采用操作键盘上的专用按键。按钮功能与采用非视觉显示器时的按钮功能相同。

3.2.2 信号报警系统的功能及动作

（1）一般信号报警系统的功能及动作

① 具有闪光信号的报警系统：当过程参数发生越限时，检出装置检测到这个信号并将它送到信号报警系统，报警系统发出声音报警信号，同时给出闪光或者旋光信号。操作人员得知后按下消音按钮，声音消失，信号灯变为平光指示。当过程参数回到安全范围之内时，灯光熄灭。

② 不闪光信号的报警系统：当过程参数发生越限时，检出装置检测到这个信号，并将它送到信号报警系统，报警系统发出声音报警信号，同时给出不闪动的光信号。操作人员得知后按下消音按钮，声音消失，信号灯仍然保持亮的状态。红色灯光表示越限报警或紧急状态；黄色灯光表示预报警；绿色灯光表示运转设备或过程变量正常。当过程参数回到安全范围之内时，灯光熄灭。

表3-1是一般闪光信号报警系统的功能。

表3-1 一般闪光信号报警系统的功能

过程状态	灯光显示	音响	备注
正常	不亮	不响	
报警信号输入	闪光	响	
按动确认按钮	平光	不响	
报警信号消失	不亮	不响	运行正常
按动试验按钮	亮	响	试验、检查

（2）能区别第一事故原因的信号报警系统

生产过程中有时会在生产设备上设置几个不同的生产过程参数报警，当生产不正常时，为了便于事故原因分析，区分原发性故障即第一原因事故，所以就必须设计一个能够区分第一事故原因的信号报警系统。可区分第一事故原因的信号报警系统也可分为两种，即闪光信号报警系统和不闪光信号报警系统。闪光信号报警系统以闪光方式显示第一事故原因的报警信号；不闪光信号报警系统通常以黄颜色表示报警，以红颜色表示第一事故原因的报警。表3-2是区别第一事故原因的闪光信号报警系统功能。

表3-2 区别第一事故原因的闪光信号报警系统的功能

过程状态	第一信号灯光显示	其他灯光显示	音响	备注
正常	不亮	不亮	不响	
第一信号输入	闪光	平光	响	有其他信号输入
按动消音按钮	闪光	平光	不响	
按动确认按钮	平光	平光	不响	
报警信号消失	亮	不亮	不响	运行恢复正常
按动复位按钮	不亮	不亮	不响	
按动试验按钮	亮	亮	响	试验、检查

（3）能区别瞬时事故原因的信号报警系统

生产过程中参数越限可以分为两种情况，一种是瞬间越限，很短时间内又恢复正常；一种是较长时间的越限。对于第一种情况，如果不采用具有特殊功能的信号报警系统，很有可能操作人员还来不及确认，报警系统就恢复正常了。这不利于生产过程的监视。为此，设计人员应当设计出具有自保持功能，能够区别瞬间原因的信号报警系统。这种信号报警系统也有闪光和不闪光两种类型。表 3-3 是区别瞬时事故原因的闪光信号报警系统的功能。

表 3-3　区别瞬时事故原因的闪光信号报警系统的功能

过程状态		灯光显示	音响	备注
正常		不亮	不响	
报警信号输入		闪光	响	
按动确认按钮	瞬时信号	不亮	不响	
	持续信号	平光	不响	
报警信号消失		亮	不响	无报警信号输入
按动试验按钮		亮	响	试验、检查

信号报警系统有很多成型产品可供选择，同时也有一些成熟的信号报警继电线路。需要时可以查相应的手册或产品样本，此处不再赘述。

3.2.3　用 DCS/PLC 实现的信号报警

采用 DCS/PLC 实现一般信号报警，通常采用视觉显示器（LED、液晶屏等）作为人机界面进行报警显示，视觉显示器显示的报警信息应包括报警程度、报警参数当前值、报警设定值、文字描述及其他信息，并按此顺序排列。对于重要报警点还可设置操作指导画面，帮助操作人员及时、正确地处理问题。

除采用常规方法之外，可在 DCS/PLC 内部通过改变声音振荡频率或振荡幅度的方法区分不同的报警功能或报警程度。消音、确认等功能按钮可采用显示与屏幕的“软开关”，也可采用操作键盘上的专用按钮。对于重要报警点，除采用视觉显示器显示外，还应另外设置独立的灯光显示单元。灯光显示单元可安装在辅助操作台上。

一般的信号报警可选用单独的报警开关，也可选用带输出接点的仪表，或 DCS/PLC 系统的内部接点作为发讯装置。对生产过程影响重大的操作监视点，即使过程控制系统采用了 DCS/PLC，在下列情况下，仍需采用独立的信号报警系统：

① 对于关键的过程参数需要经常监视其状态，或某些能够引起其他参数报警的过程参数；

② 装置停车或 DCS/PLC 失效后仍需监视的参数，如可燃性/毒性气体报警等。

信号报警系统应当配备打印机，尤其是采用 DCS/PLC 时。发生报警时，应当把报警时刻的生产过程参数打印出来。报警信息应包括报警参数标识、报警程度（高、高高、低、低低等）、报警参数当前值、报警设定值、文字描述及其他信息，并按此顺序排列。

3.3　安全联锁系统（SIS）的设计

大型化工生产过程中由于生产流程长、生产设备多、参数多且相互关系复杂，且多是在高负荷条件下生产，使得生产过程变化非常快。又由于对生产过程多是远距离监视和控制，并且监视和控制的变量又非常多，由于这些问题的存在，可能会出现由于操作人员监视不及时，采取措施不果断而引发事故，严重时可能会出现人身安全和设备安全事故。为了解决这个问题，必须有安全联锁系统辅助操作人员对生产过程进行监视，在出现危险情况时自动采取措施，启动或关掉某些设备，防止事故进一步扩大。安全联锁系统（SIS）也称为紧急停车系统（ESD）、安全停车系统（SSD）或安全仪表系统（SIS）。

当生产过程参数越限、机械设备故障、系统自身故障或能源中断时，安全联锁系统能自动（必要时也可手动）产生一系列预先定义的动作，使工艺装置与操作人员处于安全状态。

安全联锁系统动作时，也发出声光报警信号，但是同时还要发出联锁信号到执行机构，启动或关掉某些设备，从而切断或隔离生产过程中的某一部分，使危险尽量维持在较小情况下。

与信号报警系统相比，不同之处在于安全联锁系统对故障检出信号处理之后，还要向生产过程输出信号，对生产过程进行紧急干预，所以安全联锁系统中要有信号输出部分和执行机构，除此之外，其他部分与信号报警系统在结构、功能和要求上是相似的，不同之处在于对联锁系统的可靠性要求更高，这是因为安全联锁系统内部故障会直接对生产过程产生重大影响。

3.3.1 安全联锁系统的基本功能和要求

(1) 保证生产的正常运转、事故联锁

安全联锁系统的设计必须保证装置和设备的正常开、停、运转。在工艺生产过程发生异常情况时，安全联锁系统能够按规定的程序实现紧急操作，自动切换和自动投入备用系统，或安全停车、紧急停车。

保证正常运转，是指安全联锁系统保证生产设备必须在满足安全操作条件下方可按一定的程序开车并保证正常连续地运转；保证生产设备在满足安全操作条件下，按一定的程序停车。例如压缩机的开车条件为：气体入口压力满足开车条件；润滑油压力满足开车条件；润滑油液位满足开车条件；润滑油温度满足开车条件；冷却水压力满足开车条件。为了建立起这些开车条件，安全联锁系统必须按顺序启动冷却系统，启动润滑系统，检测气体入口压力、润滑油压力、润滑油液位、润滑油温度和冷却水压力，满足条件后再打开压缩机入口进气阀，启动压缩机并保持连续运转。正常停车时应当按顺序先使压缩机停车，再关闭压缩机入口进气阀、关闭冷却系统、关闭润滑系统。

在事故状态下，安全联锁系统应当保证生产安全，关闭相应设备使生产处在相对安全的状态下，必要时启动备用系统。由于生产过程的复杂性，有时停掉某些设备对整个生产来说可能是危险的或损失巨大的，这种情况下安全联锁系统应当保证设备在安全条件下运行，或投入备用系统以维持生产。例如压缩机的入口气体压力过低时，安全联锁系统可打开旁路阀，以保证入口气体压力维持在安全数值上，这样就可保证压缩机不停车而在低负荷下保持运转。

事故停车对生产过程影响非常大，所以在设计安全联锁系统时，应当优先考虑保持设备的维持运行，如果不能保持，则应当考虑启动备用系统进行替代，最后再考虑停车。

(2) 安全联锁系统本身的安全、可靠性

由于安全联锁系统是保证安全生产非常重要的系统，其本身的安全、可靠性非常重要。就安全生产来说，安全联锁系统是最后一道安全保障，该系统的安全可靠性比过程控制系统更为重要。所以安全联锁系统应当具有一定的独立性，即安全系统应当尽量独立于过程控制系统，也就是其感测器、执行器是单独设置的，其逻辑判断单元是独立的。这样可保证在过程控制系统失效的时候，还能保证安全联锁系统能发挥安全保障作用。其次安全联锁系统本身应当具有很高的可靠性，必要时安全联锁系统本身应当具有自诊断功能，具有一定的冗余度。

根据不同安全度要求，可选择基本安全联锁系统、带自诊断安全联锁系统、2取1安全联锁系统、带自诊断2取1安全联锁系统、3取2安全联锁系统、双重化2取2带自诊断安全联锁系统。

(3) 安全联锁报警

安全联锁系统动作时应当有声光报警提醒操作人员注意。安全联锁系统声光报警系统可单独设置，也可与信号报警系统共用。一般情况下信号报警与联锁报警应当有明显的区别，以便于操作人员识别。

(4) 联锁动作和投运显示

安全联锁系统动作时，启动或关闭相应的设备，以实现紧急停车、紧急切断、紧急启动或自动投入备用系统。为此安全联锁系统应当设置这些设备的状态指示，通常在正常生产情况下，安全联锁系统不动作，报警灯不亮，表示相应的设备处在正常状态；在事故状态下安全联锁系统动作，报警灯亮，表示相应的设备处在紧急操作状态。

为装置正常开、停、运转设置的安全联锁系统，应当设置安全联锁系统的运行状态指示，显示装置的投运步骤和状态。

一般情况下安全联锁系统应当设置系统的投入和切除装置，并且应当有明显的信号指示这两种状态。一般的安全联锁系统的投入和切除装置安装在仪表盘后面，重要的或者切换频繁的安全联锁系统投入和切除装置可安装在仪表盘盘面上，与相应的投入和切除信号灯布置在一起。

3.3.2 安全联锁系统的附加功能

(1) 安全联锁预报警功能

生产过程中一旦安全联锁系统动作将会给生产造成较大的损失，如果安全联锁系统能在生产条件接近安全联锁动作发生点时，给出报警信号提醒操作人员，采取措施以避免安全联锁动作发生，这样就可避免事故的发生。因此在上述情况下安全联锁系统应当有预报警功能。

(2) 联锁延时

为了防止生产过程因某些不确定因素造成的某些工艺参数的瞬间波动，而不是生产事故状态，造成安全联锁系统动作，可在系统设置延时装置，在规定的延迟时间内安全联锁系统不动作，当参数越限持续一定时间之后，系统才确认生产过程已经处在了事故状态，此时安全联锁系统才产生动作，采取相应的紧急措施。这样可使系统不发出误动作，避免不必要的损失。

(3) 第一事故原因的区别

为了区分引起联锁动作的第一原因，可将安全联锁系统设计成能够区分第一事故原因的系统。

(4) 安全联锁系统的投入和切换

为了方便地将安全联锁系统投入和切换，可在安全联锁系统中设置“投入-切换”装置，并以一定颜色的信号灯表示系统的投入和切换状态。重要的安全联锁系统必须采用钥匙型切换开关作为“投入-切换”装置。

(5) 分级联锁

大型生产过程的联锁系统应当进行分级设计，例如单机联锁、装置级联锁和全厂联锁等，并且应当有相应的切换装置进行级别设定和组合。

(6) 手动紧急停车

重要的安全联锁系统必要时可设置手动紧急停车按钮，按下该按钮之后能够按原系统的规定程序实现紧急停车或切断。

(7) 联锁复位

重要的安全联锁系统应当设置手动复位开关。当生产过程出现故障，安全联锁系统产生动作之后，采取相应措施排除故障，尽管相应参数已经恢复正常后，系统也不能自动复位，只有按下复位开关之后，联锁系统才能恢复到正常运行状态。

国外的类似标准中将过程风险或过程的安全需求进行了分级，如 DIN V19250，根据估计危险的损害程度、危险区域内人员存在的可能性、短时间内防止危险发生的可能性，及出现危险事故的可能性等四个风险参数将过程风险定义为 8 级（AK1～AK8）；IEC 61508 将过程安全所需要的安全度等级划分为 4 级（SIL1～SIL4，Safety Integrity Level，SIL）。ISA-S84.01 根据系统不响应安全联锁要求的概率将安全度等级划分为 3 级（SIL1～SIL3）。安全联锁系统的性能要求见表 3-4。

表 3-4　安全联锁系统的性能要求

安全度等级		SIL1	SIL2	SIL3
安全联锁系统性能要求	平均失效率	$10^{-1}\sim10^{-2}$	$10^{-2}\sim10^{-3}$	$10^{-3}\sim10^{-4}$
	可用度	0.9～0.99	0.99～0.999	0.999～0.9999

鉴于我国目前的实际情况，一般通过对所有事件发生的可能性与后果的严重程度及其他安全措施的有效性进行定性的评估，从而确定适当的安全度等级。

1 级用于事故很少发生。如发生事故，对装置和产品有轻微的影响，不会立即造成环境污染和人员伤亡，经济损失不大。

2 级用于事故偶尔发生。如发生事故，对装置和产品有较大影响，并有可能造成环境污染和人员伤亡，经济损失较大。

3 级用于事故经常发生。如发生事故，对装置和产品将造成严重的影响，并造成严重的环境污染和人员伤亡，经济损失严重。

上述分类方法是在除安全联锁系统外没有其他安全措施的情况下定义的。如果还有其他能防止事件恶化的安全措施并充分考虑其有效性后，对安全联锁系统的安全需求也可能会适当降低。

安全联锁系统包括传感器、逻辑单元和最终执行元件。传感器可分开独立设置和冗余设置。分开独立设置指采用多台仪表将控制功能与安全联锁功能隔离，即安全联锁系统与过程控制系统的实体分离。冗余设置指采用多台仪表完成相同的功能，提高系统的安全性。当安全联锁系统和过程控制系统共用一个传感器时，应采用安全联锁系统供电。最终执行元件可以是安全联锁系统专用的切断阀、与过程控制系统共用的控制阀或是电动机启动器。启动控制阀或切断阀均应带有接收联锁控制信号的电磁阀。安全联锁系统的逻辑单元可由继电器系统、可编程序电子系统构成，也可根据需要由其混合构成。可编程序电子系统可以是可编程序控制器（PLC）、集散控制系统（DCS）或其他专用系统。

在 DCS 中实现安全联锁时，此时信号报警与安全联锁与基本过程控制系统共用操作员站，操作员站的失效不应对安全联锁功能产生任何负面影响。操作员站设置的开关和按钮时应满足下列要求：

a. 应加键锁或口令保护；

b. 开关、按钮的动作应记录，并具有二次确认的操作；

c. 开关状态应显示，并记录。

对于重要的联锁单元，操作员站应提供联锁逻辑回路画面，画面包括输入输出状态、逻辑关系、联锁旁路和设备维护状态、诊断结果等的显示、报警。

安全联锁系统应设置独立工程师站。工程师站应设不同级别的权限密码保护。工程师站应显示安全联锁系统动作和诊断状态。

安全联锁系统应设事件顺序记录站。当安全联锁系统设置了独立的操作员站时，事件顺序记录站宜与操作员站共用。当安全联锁系统没有设置独立的操作员站时，事件顺序记录站可与安全联锁系统的工程师站共用，也可单独设置。

事件顺序记录站记录每个事件的时间、日期、标识、状态等。事件顺序记录站应设密码保护。

工程师站和事件顺序记录站宜设置防病毒等保护措施。

工程师站和事件顺序记录站宜采用台式计算机。

独立设置安全联锁系统时，根据安全要求，选择传感器、逻辑单元和最终执行元件冗余度。设置独立安全联锁系统的操作员站和工程师站。

3.4 信号报警及安全联锁系统的工程表达

3.4.1 信号报警及安全联锁系统的逻辑表达

目前常用的实施信号报警及安全联锁系统的方案有三种，即采用继电器构成系统、利用基于计算机和网络技术的系统（例如 DCS、FCS 等）中相应功能构成系统、采用可编程控制器（Programmable Logic Controller，PLC）构成系统。继电器系统是一种非常经典的系统，具有非常悠久的历史，特点是开关量是用机械开关表达的，但是容易产生接触不良，另外，由于每个继电器的接点数量有限，当逻辑关系比较复杂时，所使用的继电器数量较多，而一个系统所使用的部件越多则越容易出现故障，目前已经很少采用继电器的信号报警及安全联锁系统了。基于计算机和网络技术的系统包括集散控制系统（DCS）、现场总线控制系统（FCS）。而集散控制系统（DCS）、现场总线控制系统（FCS）软件中带有信号报警及联锁功能，通过组态就可实现信号报警和联锁。目前做信号报警及联锁系统使用最多的是可编程控制器（PLC）和继电器。正是像 PLC 的英文含义所示，可编程控制器的特长是处理开关（逻辑）量。可编程控制器是一种微处理器化（Micro-Processor Based）的、非常成熟的控制装置，其工具软件比较成熟，常见的有梯形图（Ladder Chart）、顺控流程图（Sequence Flow Chart，SFC）、编程语言等。

安全联锁系统的执行机构有电磁阀、气缸阀、牵引电磁铁等几种，其作用是根据安全联锁系统装置的信号来改变自己的状态，进而对生产装置的某些量进行控制。由于安全联锁系统在正常工况时是静态的、被动的，系统输出不变，最终执行元件一直保持在原有状态，很难确认最终执行元件是否有危险故障。因此，在符合安全度等级要求下，可采用控制阀及配套的电磁阀作为安全联锁系统的最终执行元件。当安全度等级为 3 级时，可采用一台控制阀和一台切断阀串联连接作为安全仪表系统的最终执行元件。信号报警及安全联锁系统的信号形式可分为干接点开关信号、半导体开关信号、电位信号等几种，应当根据执行装置的信号要求进行选择或进行必要的变换。

安全联锁系统故障有两种：显性故障和隐性故障。当系统出现显性故障时，可立即检出，系统产生动作进入安全状态；当系统出现隐性故障时，只能通过自动测试程序检测出，系统不能产生动作进入安全状态。图 3-1 显示了安全联锁系统的逻辑结构框图。

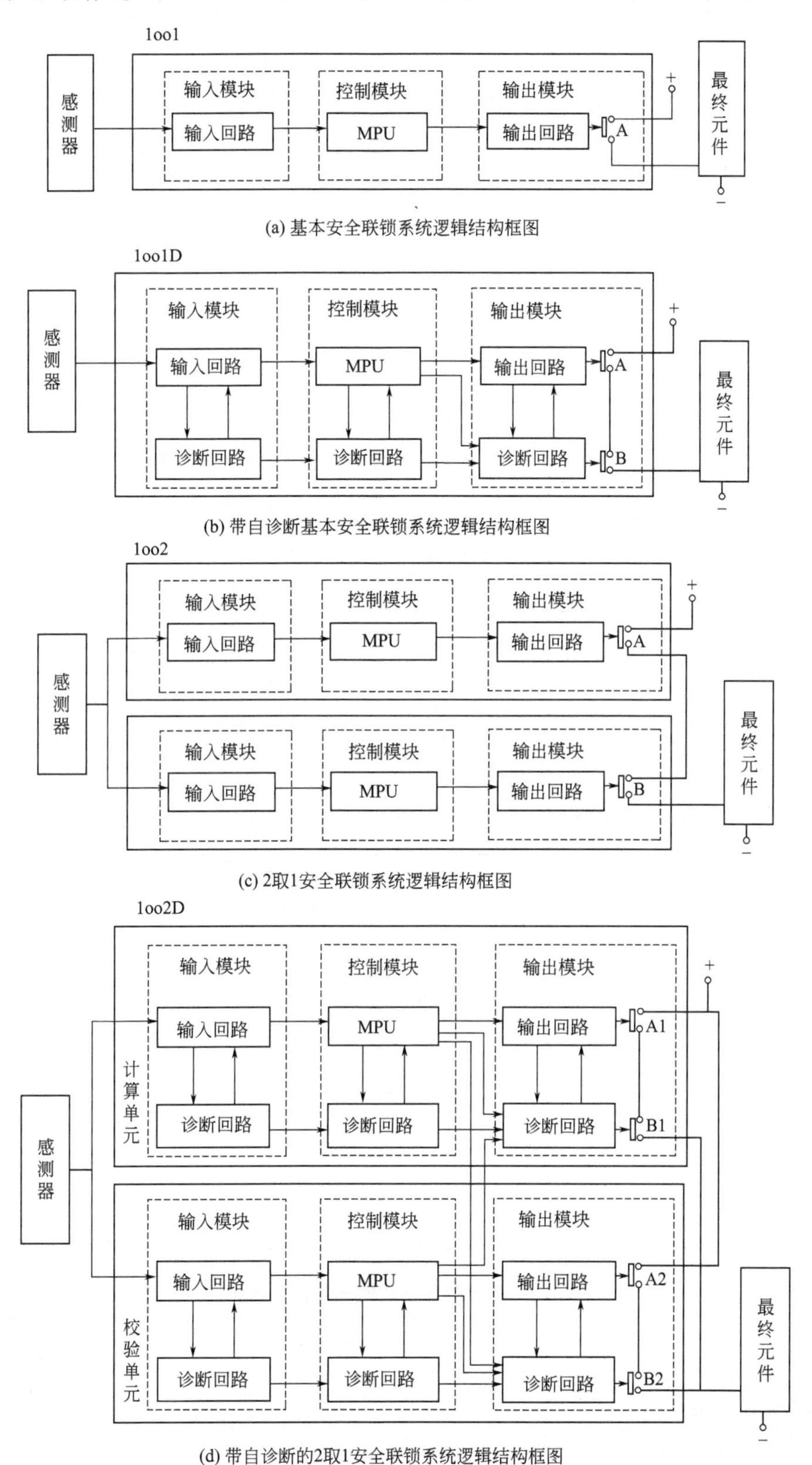

(a) 基本安全联锁系统逻辑结构框图

(b) 带自诊断基本安全联锁系统逻辑结构框图

(c) 2取1安全联锁系统逻辑结构框图

(d) 带自诊断的2取1安全联锁系统逻辑结构框图

图 3-1

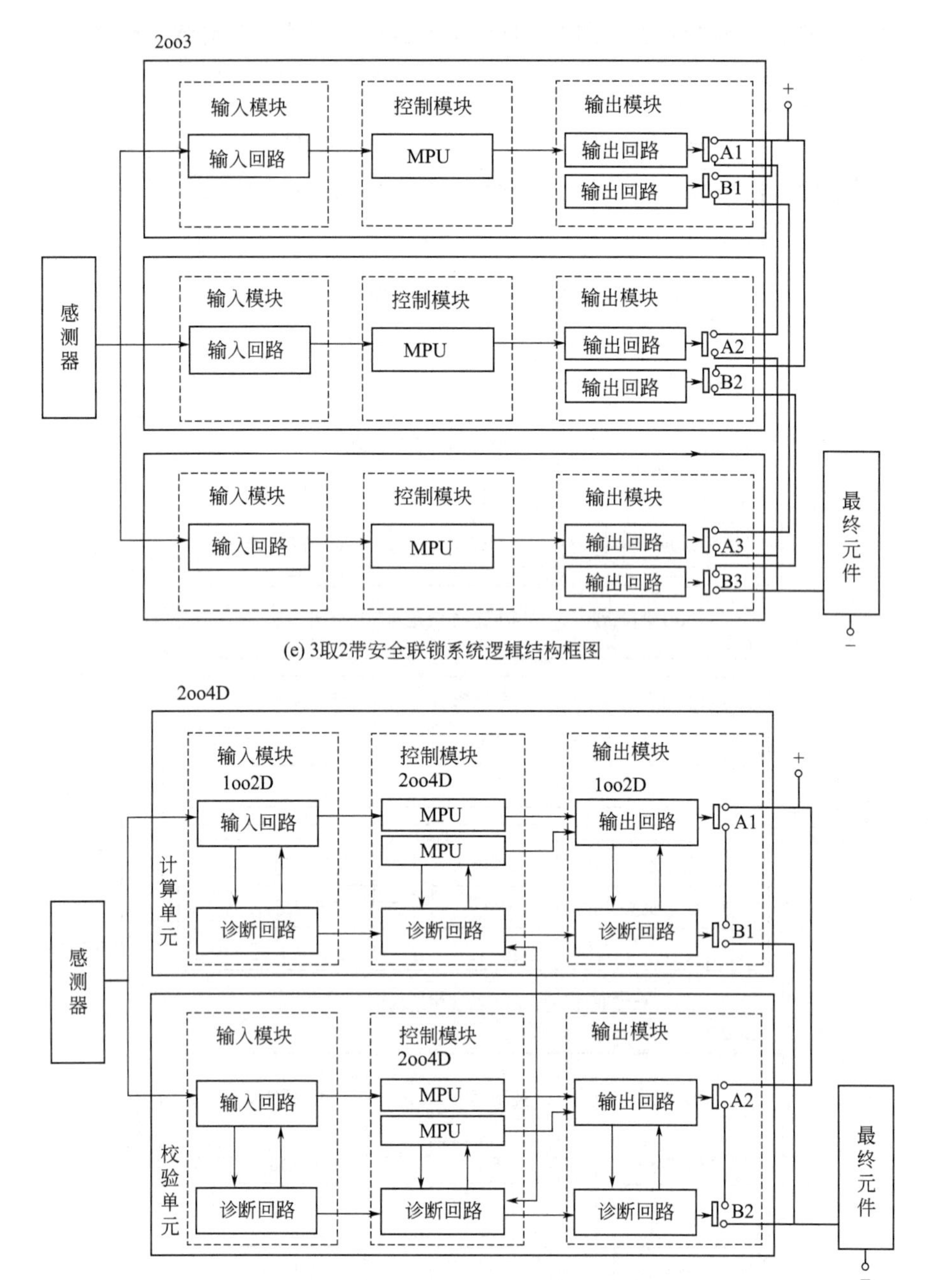

(e) 3取2带安全联锁系统逻辑结构框图

(f) 双重化2取1带自诊断安全联锁系统逻辑结构框图

图 3-1 安全联锁系统逻辑结构框图

各种逻辑结构适用于不同安全度要求，表 3-5 是安全仪表系统的逻辑结构选择。

表 3-5 安全仪表系统的逻辑结构选择

逻辑单元结构	IEC 61508
基本安全联锁系统逻辑结构	SIL1
带自诊断基本安全联锁系统逻辑结构	SIL2
2 取 1 安全联锁系统逻辑结构	SIL2
带自诊断的 2 取 1 安全联锁系统逻辑结构	SIL3
3 取 2 带安全联锁系统逻辑结构	SIL3
双重化 2 取 1 带自诊断安全联锁系统逻辑结构	SIL3

3.4.2 信号报警及安全联锁系统逻辑功能的表达符号

自控工程设计中，根据设计所采用的自控设备不同、标准和规范不同、工程表达也不同。

采用常规仪表的自控工程中，通常采用继电器来构成信号报警及联锁系统，如果采用《自控专业施工图设计内容深度规定》（HG 20506—1992），则应当设计“信号及联锁原理图”“报警器灯屏布置图”“继电器箱正面布置及接线图”“报警回路接线图”。如果采用《化工装置自控工程设计文件深度规范》（HG/T 20638），则应当设计“报警联锁设定值表”“联锁系统逻辑图”“继电器联锁原理图”“闪光报警器灯屏布置图”“继电器箱布置图”。“继电器箱端子配线图”“闪光报警器回路图”。

采用DCS系统（或FCS系统）的自控工程，则应当采用《化工装置自控工程设计文件深度规范》（HG/T 20638）规定，根据该规定中对采用DCS系统自控工程的规定部分，则应当设计“联锁系统逻辑图”以及相应设计文件中报警部分（例如回路图、端子图、监控数据表、工艺流程显示、趋势记录等）。

还有一种情况是在采用常规仪表的自控工程当中使用PLC来构成信号报警及联锁系统，此时应当综合上述两种情况进行工程表达，可考虑用“信号报警及联锁系统梯形图”代替“继电器联锁原理图”，梯形图是从继电器接点图引申出来的，因此具有继电器接点图相类似的特点，只要熟悉了解继电器接点图，就能掌握梯形图表达方法。现在大部分PLC都配备这种编程工具。此外应当用“联锁系统逻辑图”表示出信号报警及联锁系统的逻辑原理。

上面所规定的设计文件中，“联锁系统逻辑图”是表明联锁系统逻辑关系的重要文件，不管采用何种方案都应当设计这张图纸。其他的设计文件都是根据“联锁系统逻辑图”设计出来的，只要掌握相关的知识并了解其表示方法就可进行设计。下面只对“联锁系统逻辑图”进行说明，其他设计文件可参照相应的标准与规范编制。

(1) 逻辑表达符号

逻辑功能图是由一些逻辑符号组成的，与其相互之间的连线共同表达联锁系统逻辑关系的逻辑图。表3-6是《化工装置自控专业工程设计文件的编制规范 自控专业工程设计用图形符号和文字代号》（HG/T 20637.2—2017）第三项中规定的基本逻辑功能符号与电气符号。

表3-6 基本逻辑功能符号与电气符号

序号	符号	说明
1	I1	输入 至逻辑程序的输入信号。I表示输入
2	O1	输出 至逻辑程序的输出信号。O表示输出
3	I1	输入“非”门 当逻辑输入I1呈“1”状态，内部逻辑输入呈“0”状态
4	O1	输出“非”门 当内部逻辑输出呈“1”状态，外部逻辑输出O1呈“0”状态

续表

序号	符号	说明
5	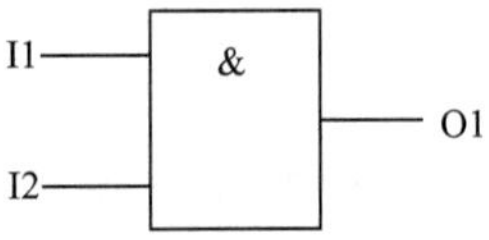 I1, I2, &, O1	基本与门 只有当 I1 与 I2 逻辑输入全部呈“1”状态时，逻辑输出 O1 才呈“1”状态
6	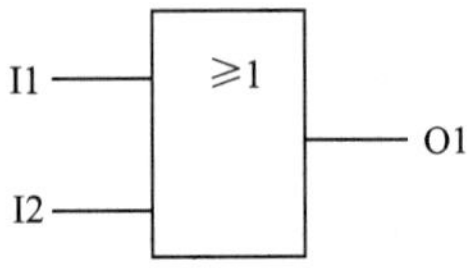 I1, I2, ≥1, O1	基本或门 只有当 I1、I2 逻辑输入中的一个或两个呈“1”状态时，逻辑输出 O1 便呈“1”状态
7	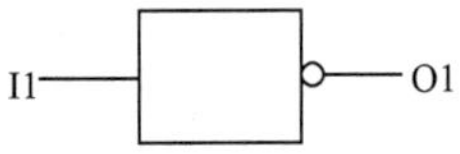 I1, O1	基本非门 只有当逻辑输入 I1 呈“1”状态，逻辑输出 O1 才呈“0”状态
8	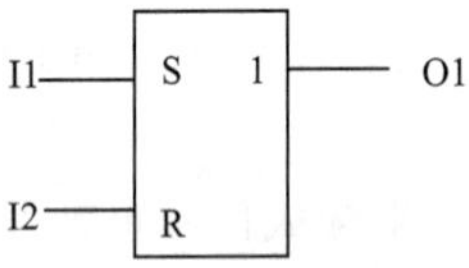 I1, I2, S, R, 1, O1	基本双稳单元 当 I1 逻辑输入呈“1”状态，逻辑输出 O1 立即呈“1”状态。直到逻辑输入 I2 呈“1”状态时，逻辑输出 O1 才呈“0”状态，并继续保持“0”状态，除非输入 I1 再次呈“1”状态，输出 O1 才再次呈“1”状态 若输入 I1 和 I2 同时呈“1”状态，则 I1 取代 I2 使输出 O1 呈“1”状态
9	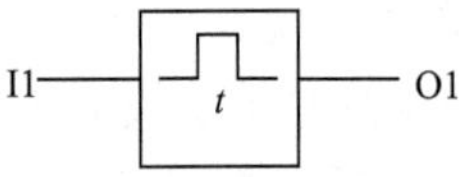 I1, t, O1	可重复触发单稳单元 当逻辑输入 I1 呈“1”状态，逻辑输出 O1 立即呈“1”状态并保持，直到逻辑输入 I1 最后一次呈“1”状态开始，经过时间 t 后，逻辑输出 O1 才呈“0”状态 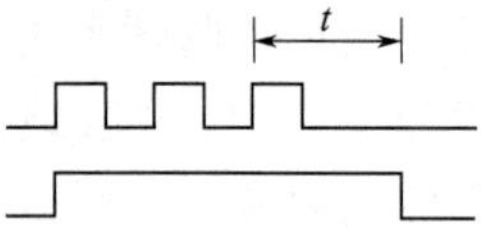 t
10	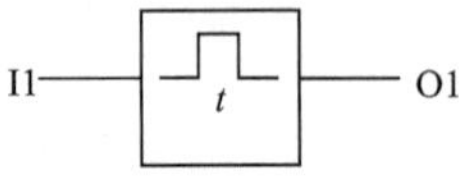 I1, t, O1	单触发单稳单元 当逻辑输入首次 I1 呈“1”状态，逻辑输出 O1 立即呈“1”状态并保持，经过时间 t 后，逻辑输出 O1 呈“0”状态，而不考虑 I1 随后的状态变化 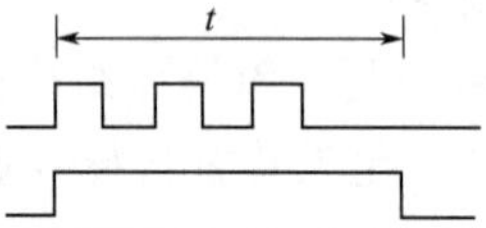 t
11	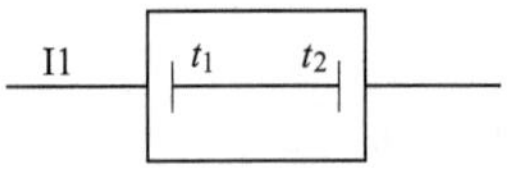 I1, t_1, t_2	时间延迟单元 A 输出端从“0”变到“1”状态，对输入端变为“1”状态的时刻延迟 t_1 时间；输出端从“1”变到“0”状态，对输入端变为“0”状态的时刻延迟 t_2 时间 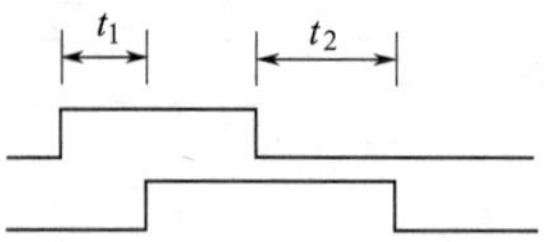 t_1　t_2
12	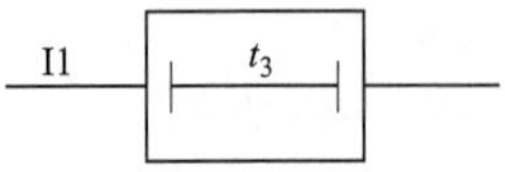 I1, t_3	时间延迟单元 B 输入端变为“1”状态时，输出端立即变为“1”状态，时刻延迟 t_3 时间后输出端从“1”变到“0”状态 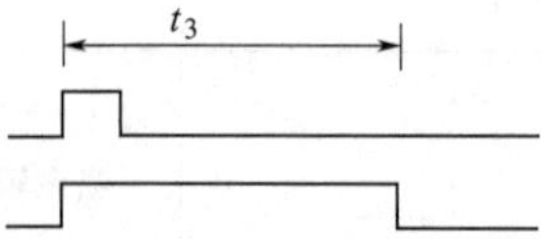 t_3
	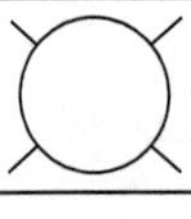	指示灯或报警灯（在仪表盘上）

续表

序号	符　号	说　明
12		开关(在仪表盘上)
		按钮开关(在仪表盘上)
		二位转换开关(在仪表盘上)

注：表中所列为《化工装置自控专业工程设计文件的编制规范　自控专业工程设计用图形符号和文字代号》(HG/T 20637.2) 中基本逻辑符号，还有一些引申符号，需要使用时可查该项标准。

(2) 联锁系统逻辑图

图 3-2 是某个自控工程中的一张“联锁系统逻辑图”。

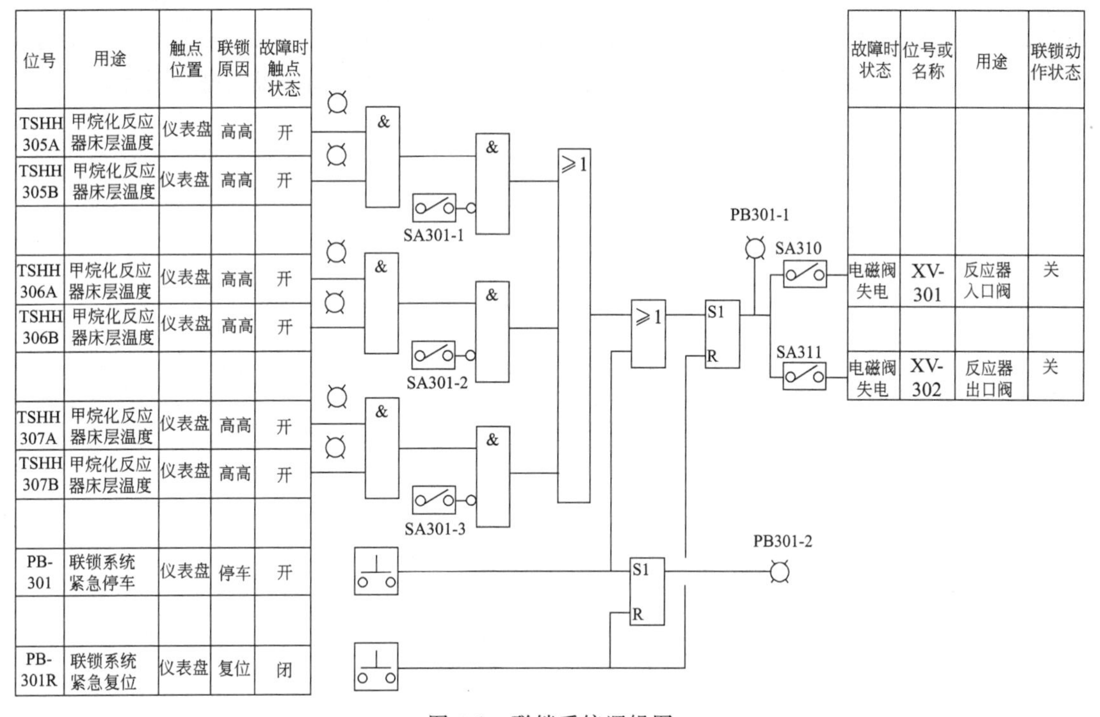

图 3-2　联锁系统逻辑图

图 3-2 分为三部分，左面为联锁系统输入信号表，该表从左至右各列为位号、用途、触点位置、联锁原因和故障时触点状态。例如第一行位号是 TSHH 305A，表示为 305A 号温度的高高限联锁信号；用途为用 305A 号温度表示甲烷化反应器床层温度；联锁原因栏 HH 表示为高高限联锁；故障时触点状态表示当温度超过高高限设定数值时触点的状态为开状态，即采用的是常闭触点。

中间部分是由各种逻辑符号组成的逻辑图，逻辑图中的各个逻辑单元与相互之间的连线一起表达出联锁系统的逻辑关系。

右面是联锁系统所带动的执行器表，该表从左至右各列为故障时状态、位号或名称、用途和联锁动作状态。例如第一行第一列故障时状态为电磁阀失电；第二列位号或名称为XV-301，表示该电磁阀的位号为XV-301；第三列用途为甲烷化反应器入口阀；第四列联锁动作状态为关，表示联锁动作时该电磁阀关断甲烷化反应器入口管路。

(3) 信号及联锁原理图

该设计文件是用图纸方式表示信号及联锁系统的线路原理，在《自控专业施工图设计内容深度规定》(HG 20506—1992) 中该设计文件称为“信号及联锁原理图”，在《化工装置自控工程设计文件深度规范》(HG/T 20638) 中该设计文件称为“继电器联锁原理图”。该设计文件由两部分组成，以继电线路图表示出电路原理，同时以表格形式表示出联锁系统输入开关信号和输出开关信号的位号、用途、触点的开/闭形式等内容。具体绘制方法可参照相应标准中的例图和相应设计资料中的线路。

(4) 梯形图

《自控专业施工图设计内容深度规定》(HG 20506—1992) 和《化工装置自控工程设计文件深度规范》(HG/T 20638) 中没有规定必须出具该设计文件，但是在采用PLC作信号报警及联锁系统时，该设计文件表达的内容与“信号及联锁原理图”和“继电器联锁原理图”具有相同的作用，所以设计结果中应当有该文件。各种不同的PLC产品具有不同的功能单元，梯形图的表达也有所不同，设计过程中应当参照产品的编程说明进行设计。

第4章

顺序控制系统的设计

4.1 顺序控制概述

4.1.1 顺序控制的概念

自动化控制领域通常分为两部分，即过程自动化和机械自动化。表 4-1 是这个领域的一个大致划分。

表 4-1 自动化控制领域的划分

自动化分类	应用部门	处理对象	处理的物理量	典型行业
过程自动化	过程工业	流体	温度、压力、液位、流量	石油、化工、热工
机械自动化	机械工业	固体	位置、方向、角度、速度	自动生产线、机械手

这两种自动化都可分为获得信息、处理信息和输出信息三部分：第一部分是通过测量装置在生产设备上自动获取信息；第二部分是按一定的逻辑关系对所获得的信息进行处理；第三部分通过输出装置输出信息，通过相应的辅助装置送到生产设备上的执行装置上，从而对生产进行控制。

这种信息处理方式就是广义的反馈控制概念，根据控制系统所处理信息形式的不同，可分为：

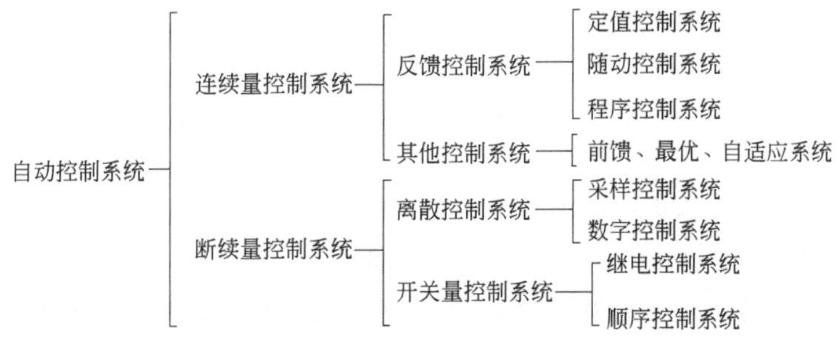

连续量控制系统中反馈控制系统占绝大多数，断续量控制系统中顺序控制系统占绝大多数，因此有时也将自动控制系统分为反馈控制系统和顺序控制系统两类。

这里特别需要说明的是程序控制系统和顺序控制系统的差别，因为这两个名词的汉语含义相近，容易造成一些误解。程序控制的英文为 Program Control，其含义为按照一定的指令去控制被控变量；顺序控制的英文为 Sequence Control，其含义为根据事件的发生顺序去控制被控变量。

对于程序控制系统（Program Control System）来说，本质上是一个给定输入（指令输入）按某一规律变化的反馈随动系统。例如加热炉的控制，可能会要求在某段时间内被控温度等速上升，某段时间内温度保持恒定，另外一段时间内温度等速下降等。所以国际电工委员会（IEC）在电工技术词汇中自动控制部分，将程序控制系统定义为：按时间函数进行控制的控制系统。属于连续量控制系统范畴。

顺序控制系统（Sequence Control System）与程序控制系统相比有两点不同，第一点是顺序控制系统的输入和输出信号都是二值逻辑信号，即开关量；第二点是系统的运动取决于控制条件的成立与否。控制条件可能是根据生产需要预先制订的操作动作顺序，或者根据生产过程中是否满足某些条件来采取相应的操作动作。是否满足某些条件的含义是一个比较广泛的概念，比如液位达到某位置开动搅拌；达到某点温度开始加某种原料；搅拌时间到停止搅拌并打开排出阀等。条件成立不仅仅是某个量达到规定值，时间也是一种条件。

4.1.2 顺序控制系统分类与组成

与连续量控制相似，顺序控制也可分为两类，图 4-1 是这两类顺序控制的示意图。

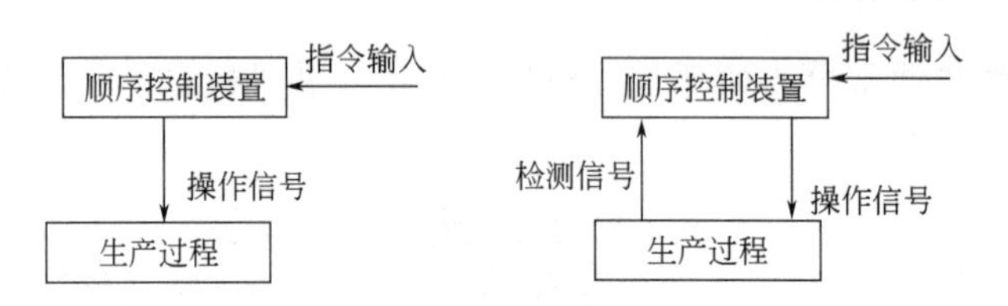

(a) 不需要检测生产过程信号的顺序控制　(b) 需要检测生产过程信号的顺序控制

图 4-1　顺序控制示意图

图 4-1（a）不需要生产过程信号的检测，顺序控制装置直接按预先输入的指令，按操作顺序产生操作信号对生产过程进行操作。图 4-1（b）则需要检测某些生产过程信号，根据这些生产过程信号的情况，根据预先输入的指令，顺序控制装置顺序产生操作信号对生产过程进行操作。

生产实践当中的顺序控制系统常常是这两种形式的组合，既有根据测量信号进行操作的顺控系统，也有根据前后顺序对生产进行操作的顺控系统，所以图 4-1（b）是顺序控制更一般的表达。

与连续量控制系统相似，顺序控制系统也由检测元件、顺序控制装置和执行器三大部分组成。

检测元件的任务是检测生产过程变量，为顺序控制装置提供信号。由于顺序控制装置接收的开关信号，测量部分的输出应当是开关信号或将连续信号变为开关信号。所以测量部分可以分为两类：一类是将生产过程变量的变化直接变为开关信号，例如压力开关、液位开关、行程开关等。这类测量装置通常是直接安装在生产设备上，由导线将信号送到顺序控制装置。这类测量装置的特点是结构简单，价格低廉，便于维护。防爆措施通常是隔爆型的，对于防爆要求较高的场合不适用。另一类提供开关信号的方式是用模拟测量装置对生产变量进行测量，将生产过程变量的变化变为模拟信号（4～20mA、0.02～0.1MPa、0～10mA），将模拟信号传送到控制室，在控制室内通过设定装置转变为开关信号。这种方法的优点是，由于在现场采用普通的模拟测量装置，必要时可选用本质安全型仪表，这样可满足防爆要求较高的应用场所，但是所采用的仪表数量多，价格也较高。

开关信号的形式可分为干接点开关信号、半导体开关信号、电位信号等几种，信号形式应当根据顺序控制装置输入信号的要求进行选择。

顺序控制装置有很多种，根据信号可分为电动的、气动的、液动的（射流技术）、机械式的等。按照用途顺序控制装置可分为两大类，即固定式（专用）顺控装置和可变顺控装置。固定式（专用）顺控装置是为某一类生产装置配套设计的。可变顺控装置则可以根据不同的生产要求组合出不同的顺控系统。目前常用的可变顺控装置有继电-接触器系统、计算机顺控系统、可编程控制器（Programmable Logic Controller，PLC）系统。继电接触器系统是一种非常经典的系统，具有非常悠久的历史，特点是开关量是用机械开关表达的，容易产生接触不良，另外，由于每个继电器的接点数量有限，当逻辑关系比较复杂时，所使用的继电器数量较多，而一个系统所使用的部件越多则越容易出现故障。计算机开关量处理系统包括配有开关量输入/输出卡的普通计算机系统、分散式计算机控制系统（DCS）、现场总线控制系统（FCS）。用带开关量输入/输出卡计算机系统进行顺序控制需要预先进行编程，而分散式计算机控制系统（DCS）、现场总线控制系统（FCS）软件中带有顺序控制功能，通过组态就可实现顺序控制。目前做顺序控制使用最多的是可编程控制器（PLC）。

顺序控制系统的执行机构有电磁阀、气缸阀、牵引电磁铁等几种，其作用是根据顺序控制装置的信号来改变自己的状态，进而对生产装置的某些量进行控制。顺序控制装置的信号形式也可分为干接点开关信号、半导体开关信号、电位信号等几种，应当根据执行装置的信号要求进行选择或进行必要的变换。

4.2　顺序控制系统的逻辑功能设计

4.2.1　顺序控制系统逻辑功能的表达

继电-接触器型顺序控制方案中常采用继电器接点图，这种方法的特点是直观形象、易于掌握，当逻辑关系比较复杂时所用元件数量多、设计难度增大并不易排错。

梯形图是从继电器接点图引申出来的，因此具有继电器接点图相类似的特点，只要熟悉了解继电器接点图就能掌握梯形图表达方法。现在大部分 PLC 都配备这种编程工具。

逻辑功能图、顺控流程图、顺序控制系统时序图是用符号表达出被控对象的动作顺序、逻辑关系以及利用各种功能实现控制要求的顺序图。这是一种原理性图，其特点是顺序关系和逻辑关系表达清晰明了，对编程、调试、检查、排错具有指导作用。对于顺序控制来说，逻辑功能图、顺控流程图、顺序控制系统时序图是逻辑功能设计阶段表达逻辑关系的必要表达手段。

上述这些图并不是《自控专业施工图设计内容深度规定》（HG 20506—1992）和《化工装置自控工程设计文件深度规范》（HG/T 20638）中所规定必须出具的设计文件。但在进行顺序控制系统设计时，这些图是必须使用的工具。

根据《化工装置自控工程设计文件深度规范》（HG/T 20638）中第二项《常规仪表设计文件组成》的规定：“顺序控制系统应当采用表格和图形的形式表示出顺序控制系统的工艺操作、执行器和时间（或条件）的程序动作关系”。此图称为“顺序控制系统时序图”。该图是表达顺序控制系统时序（或条件）关系的原理性设计文件。

（1）逻辑功能图

逻辑功能图是由一些逻辑符号组成的，与其相互之间的连线共同表达顺序控制逻辑关系的逻辑图。逻辑功能的表示符号由《自控专业工程设计用图形符号和文字代号》（HG/T 20637.2—2017）第三项中加以规定。“信号报警及安全联锁系统设计”中已经加以说明，如果设计中需要使用可参见《自控专业工程设计用图形符号和文字代号》（HG/T 20637.2—2017）和有关内容。

（2）顺控系统时序图

下面以一个食用胶提胶罐为例说明顺控系统时序图。该设备要求由操作人员按下启动按钮启动操作，操作结束后自动停车等待下次启动。开始先打开进料阀、进热水阀和进稀胶液阀；当罐内达到第一次提胶液位时关闭进料阀、进热水阀和进稀胶液阀，同时启动搅拌器搅拌；搅拌一定时间后，停搅拌器并打开排胶液阀，此时获得的胶液为第一次提胶液；当胶液排完之后，关闭排胶液阀同时打开进热水阀；当罐内达到第二次提胶液位时关闭进热水阀，同时启动搅拌器搅拌；搅拌一定时间后，停搅拌器并打开排胶液阀，此时获得的胶液为第二次提胶液；当胶液排完之后，关闭排胶液阀同时打开进热水阀；当罐内达到第三次提胶液位时关闭进热水阀，同时启动搅拌器搅拌；搅拌一定时间后，停搅拌器并打开排渣阀，通过液-固分离设备获稀胶液，送入稀胶液罐以备下个批次，操作第一次提胶时注入提胶罐内。图 4-2 是提胶罐顺序控制系统时序图。

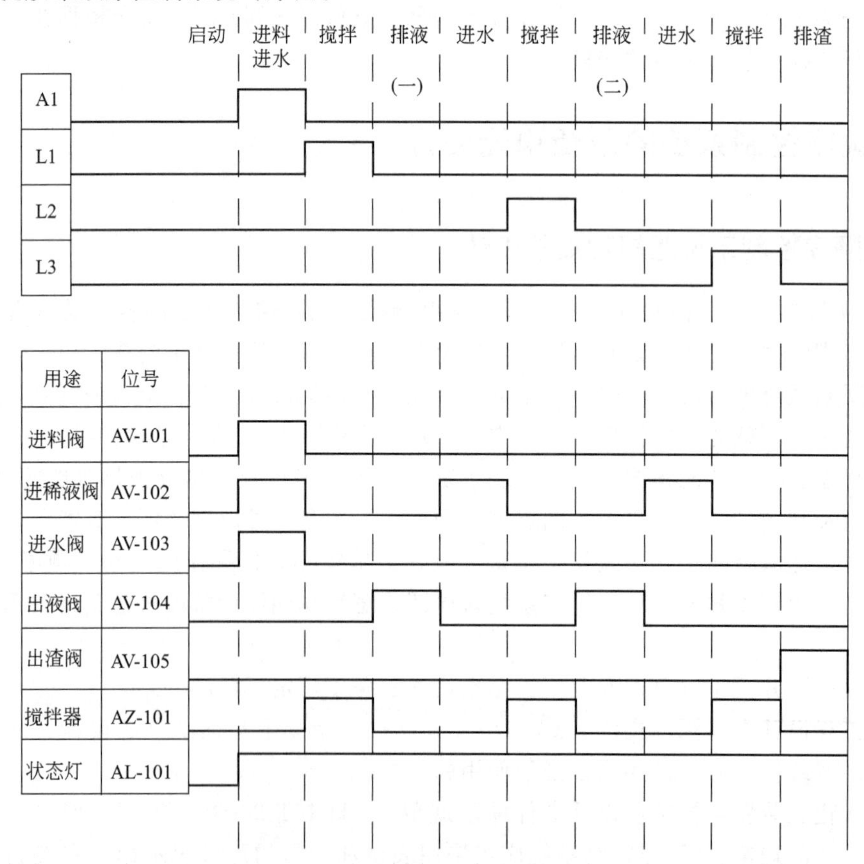

图 4-2 提胶罐顺序控制系统时序图

图 4-2 分为上下两部分，上部分为顺序控制系统的条件，即该系统的输入信号；下部分是该系统的执行器或指示灯的动作，即该系统的输出信号。本例中顺序控制系统的条件既有时间条件，例如搅拌时间；也有液位条件，例如第一次提胶液位。当某个条件成立时，就要发生相应的操作动作。另一方面，某些操作动作又是建立某个条件的前提，例如打开进水阀则是建立液位条件的前提。

本例中输入信号都规定用“1”表示条件成立，对于时间条件来说，则采用常开动合逻辑接点表示“时间到”信号，对于液位条件则使用液位开关的常开动合接点表示“液位到”信号；执行器都采用加电打开、失电关闭型的电磁阀；用常开动合接点控制提胶罐状态指示灯，接点闭合则信号灯亮，接点断开信号灯灭。如果实践中所使用的执行器开闭形式不同，则相应的输出信号逻辑表达相反。

4.2.2　顺序控制系统逻辑功能的实现

根据所选用的顺序控制设备，实现顺序控制系统逻辑功能，可有不同的实现方法，大体上可有三种，即选用专门的顺序控制设备、通过继电线路实现和选用可编程的顺序控制工具。专用顺控设备通常都是为某些专用生产设备配套的，其顺控程序都是预先设计好的，一般不能修改。通过继电线路也可实现顺控功能，但需要精心设计，设计好之后也不能随便更改。现在用可编程 PLC 实现顺控功能越来越多，这种方式比较灵活，功能强大，修改也很方便，是顺控的发展方向。

第5章 计算机监控系统与信息管理系统

随着现代工厂信息自动化进程的加快，企业逐渐将管理、决策、市场信息和现场控制信息结合起来，实现生产经营管理层（Enterprise Resource Planning，ERP）、生产运行管理层（Manufacturing Execution System，MES）、过程控制层（Process Control System，PCS）三层信息一体化的解决方案。同时，企业内部之间以及与外部交换信息的需求也在不断扩大，现代工业企业对生产的管理要求不断提高，这种要求已不局限于通常意义上的对生产现场状态的监视和控制，同时还要求把现场信息和管理信息结合起来，建立一套全集成的、开放的、全厂综合自动化的信息平台，把企业的横向通信（同一层不同节点的通信）和纵向通信（上、下层之间的通信）紧密联系在一起，通过对经营决策、管理、计划、调度、过程优化、故障诊断、现场控制等信息的综合处理，形成一个意义更广泛的综合管理系统。

5.1 计算机监控系统（SCADA）

5.1.1 SCADA系统概述

SCADA（Supervisory Control And Data Acquisition）系统，即监督控制与数据采集系统。它可以是单机形式的，也可以是多机形式的。本章所介绍的SCADA网络化监控系统是一种以总线网连接的多机分布式监督控制与数据采集系统。网络化SCADA监控系统主要用于对安装在远距离场地的设备需要进行集中控制和监视的地方，这种系统可以有各种应用：如对各种机电设备中的速度、位置、电压、电流等的监控；又如对生产过程中的温度、压力、流量等的监控等。这种监督控制系统可以简单到只需通过一对双绞线连接到远端的一个智能设备，也可复杂到通过一个计算机网络连接多台智能设备，此时有许多远程终端智能设备（如PLC、RTU等）与安装在中央控制室的功能强大的微机组成一个计算机网络。

SCADA系统的应用领域很广，它可以应用于电力系统、给水系统、石油、化工等领域的数据采集与监视控制以及过程控制等诸多领域。在电力系统以及电气化铁道上又称远动系统。

SCADA系统是以计算机为基础的生产过程控制与调度自动化系统。它可以对现场的运行设备进行监视和控制，以实现数据采集、设备控制、测量、参数调节以及各类信号报警等各项功能。由于各个应用领域对SCADA的要求不同，所以不同应用领域的SCADA系统发展也不完全相同。

5.1.2 SCADA 系统组成

SCADA 网络化监控系统由作为监控终端上位机和若干与现场设备相连接的下位机（如 PLC、RTU 等）和通信总线组成，图 5-1 所示是一个监控对象分布比较集中的简单 SCADA 系统。一般上位机带有 RS-422/RS-485 串口，下位机是带有 RS-422/RS-485 串口的智能设备，两者用双绞线连接构成了 RS-422/RS-485 总线。各下位机的 RS-422/RS-485 接口是并联在总线上的，下位机个数一般限制小于 32 台。如果下位机多于 32 台则需要加上中继器。这是一种简单的监控网络结构，其工作方式可以是半双工方式（用 RS-485 总线），也可以是全双工方式（用 RS-422 总线）；其通信的波特率一般为 9600bit/s，因此上位机所能监督控制的过程参数不可能太多。

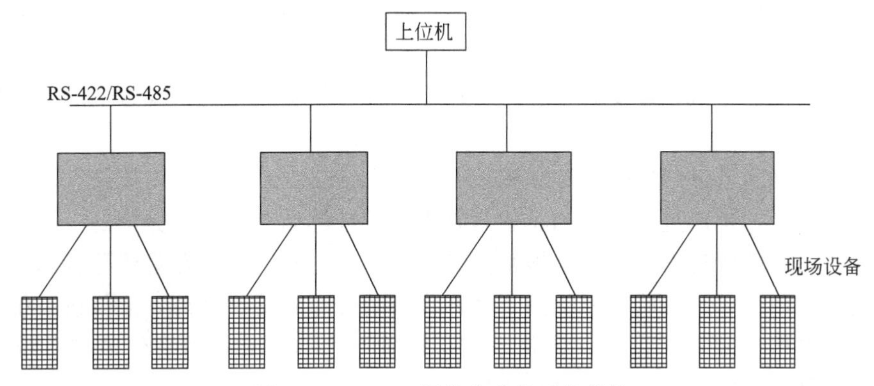

图 5-1 SCADA 网络化监控系统结构

RS-422/RS-485 总线的 SCADA 网络化监控系统作为生产过程管理自动化最为有效的计算机系统之一，它包含两个层次的含义：一是分布式的数据采集系统，即智能数据采集系统，也就是通常所说的下位机；另一个是数据处理和显示系统，即上位机 HMI（Human Machine Interface）系统。

对于监控对象分布距离比较远、数量比较大的 SCADA 系统，可采用有线加无线的以太通信网络，例如气象数据采集系统、长距离管道输送数据监控系统等。

下位机一般意义上通常指硬件层上的，即各种数据采集与控制设备，目前 SCADA 网络化监控系统中的下位机包括各种 PLC、RTU 及各种智能仪器与控制设备等。这些智能设备实时感知设备各种参数的状态，按用户程序完成直接控制，同时将这些状态信号转化成数字信号，总线的数字网络传递到 HMI 系统中。

上位机 HMI 系统在接收到下位机送来的过程数据后，将以适当的形式如声音、图形、图像等方式显示给用户，以达到监视的目的，同时数据经过处理后，告知用户设备各种参数的状态，这些处理后的数据可能会保存到数据库中，也可能通过网络系统传输到不同的监控平台上，还可能与别的系统（如管理信息系统 MIS、地理信息系统 GIS）结合，形成功能更加强大的系统。HMI 还可以接受操作人员的指示，将控制信号发送到下位机中，以达到控制的目的。

5.1.3 SCADA 系统功能

SCADA 网络化监控系统，从传统用户的角度来讲，主要解决以下问题。

（1）被控生产过程与设备各种参数状态数据的采集和控制信息的发送

它有两个含义：一是采集设备参数状态数据，它通常由智能设备生产厂家解决；二是设备生产状态数据传递到上位机系统并进行处理。目前上位机通常通过标准串口 RS-422/RS-485 运行专用的上层数据采集软件，从下位机中实时地采集设备各种参数的数据，必要时还可以向下位机发送控制信息。

（2）各种参数状态表达和报警处理

报警作为监控的一个重要目的，是所有上位机系统必须解决的问题。评价上位机系统可靠性和高效性的一个重要指标是，看它能否不遗漏地处理多点同时报警。

（3）事故追忆和趋势分析

监控的另外一个目的是评价生产设备的运转情况和预测系统可能发生的事故。在发生事故时能快速地找到事故的原因、并能够恢复生产的最佳方法。从这个意义出发，实时历史数据的保留和系统操作情况记录变得非常重要。因而评价一个 RS-422/RS-485 总线的 SCADA 监控系统，其功能强弱最为重要的指标之一就是对实时历史数据记录和查询的准确性和高效性如何。

（4）与管理信息系统（MIS）的结合

在现代企业中，生产过程管理和企业日常事务管理的结合是不可分割的，信息流的分层次流动适合于不同的管理需要，而且地域和行政部门的分布，在企业集团化管理的趋势下变得越来越明显，因此，总线监控系统除了生产设备的分布式管理之外，上位机系统还要能与管理计算机联网构成分布式管控一体化系统。评价一个 SCADA 网络化监控系统功能的强弱，其网络数据库功能将是一个不可缺少的评价指标。

5.1.4 SCADA 系统规划与设计

在自动化工程中，SCADA 系统的规划与设计总体上应当考虑以下几个方面。

（1）SCADA 系统的需求分析及概要设计

SCADA 系统需求分析是非常重要的，它是规划和设计系统的重要依据。

① 设备各种参数状态数据的采集和控制信息的发送。这部分涉及两个含义：一是怎样采集设备参数状态数据，通常由智能设备生产厂家解决，并提供可编程的通信协议和协议处理芯片；二是设备生产状态数据如何传递到上位机系统处理，上位机通常通过标准串口或 I/O 卡运行专用的上层采集模块，从下位机中实时地采集设备各种参数和发送控制信息，上位机可达到平均毫秒级的采集周期；解决问题效率的高低表现在采集周期的长短上，这也是衡量一个系统是否适合于某个行业的一个重要指标。

② 监控参数的图形动画表达和报警处理。报警作为监控的一个重要目的，是所有上位机系统必须解决的问题。如果说各种图形、图像、动画、声音等方式用于表达设备的各种参数运行状态是必不可少的话，那么若上位机系统不能有效地处理设备的报警状态，所有的表现形式都是多余的。评价上位机系统可靠性和高效性的一个重要指标是看它能否不遗漏地处理多点同时报警情况。

③ 事故追忆和趋势分析。监控的另外一个目的是评价生产设备的运转情况和预测系统可能发生的事故。

现代计算机软硬件技术的发展和应用的需要，又使得 SCADA 系统还要能解决以下一些问题。

① 与管理信息系统（MIS）的结合。现代SCADA系统除了生产设备的分布式管理之外，上位机系统的分布式要求变得越来越重要。

② 与地理信息系统（GIS）的结合。SCADA系统应用面临的众多领域中，对地理信息系统的要求越来越高。从这种角度上说，将一个适合于工业和事务管理的地理信息系统嵌套于SCADA系统中，将带来不可估量的效益，从而也是评价SCADA系统的一个重要指标。

根据工程项目的具体情况，综合考虑系统的功能要求。

(2) SCADA的硬件需求与功能设计

SCADA系统的主要功能包括数据采集、本地和远程控制、多种通信介质连接、易于重新配置及本地和远程诊断。

SCADA系统工作过程是：中心站通过组态软件（如工况图、趋势图等）监视现场的工作情况，监控数据来源于中心站定期轮询和RTU的主动突发。而且中心站可以下发控制命令，这时RTU响应中心站的控制命令，其他时候RTU独立地按照自己的程序流程进行数据I/O、发出和响应通信任务、完成逻辑和控制功能。如果中心站和下位机协议不相同时，前端接口单元FIU（Front-End Interface Unit）用来进行协议转换，如果协议相同，则不需要FIU。

它的主要结构包括远程控制单元RTU（Remote Terminal Unit）、通信网络及中心站。

① RTU：RTU的主要作用是进行数据采集及本地控制，进行本地控制时作为系统中一个独立的工作站，这时RTU可以独立地完成联锁控制、前馈控制、反馈控制、PID等工业上常用的控制调节功能；进行数据采集时作为一个远程数据通信单元，完成或响应本站与中心站或其他站的通信和遥控任务。

它的主要配置有CPU模板、I/O（输入/输出）模板、通信接口单元，以及通信机（RADIO）、天线、电源、机箱等辅助设备。

RTU能执行的任务流程取决于下载到CPU中的程序，CPU的程序可用工程中常用的编程语言编写，如梯形图、C语言等。

I/O模板上的I/O通道是RTU与现场信号的接口，这些接口在符合工业标准的基础上有多种样式，满足多种信号类型。I/O模板一般都插接在RTU的总线板槽上，通过总线与CPU相连。这种结构易于I/O模板的更换和扩展。

除I/O通道外，RTU的另一个重要的接口是RTU的通信端口，RTU具有多个通信端口，以便支持多个通信链路。

② 系统的通信网络：主要用于RTU与中心站通信及与其他RTU通信。链路种类有无线、有线、微波、光纤。RTU可支持的通信方式有中心站触发的通信方式和RTU触发的通信方式。

中心站触发的通信方式包括如下。

• 轮询方式。由系统设置一个时间周期，每隔一个时间段系统进行一次查询，收中心站所需要的现场数据。

• 广播方式。由中心站向所有RTU或某分组内的RTU下发命令。

• 控制命令下发方式。如下发开、关控制命令，修改报警及控制权限，在通信上有较高的优先级。

• RTU触发的通信方式。包括事件触发方式、突发传输方式、RTU对RTU的通信。RTU可以在程序中根据现场情况设置条件，以便在非常情况下中心站突发数据，这种突发方式在通信中有较高的传输优先级。RTU 与 RTU 之间也可以进行数据传输，这种数据传输要靠编程来实现。

③ 中心站：中心站是一个局域网，可包含多个工作站和支持网络功能的设备，以完成不同的工作。通过中心站软件管理系统数据库，每个工作站通过组态画面监测现场站点，下发控制命令进行控制，并完成工况图、统计曲线、报表等功能。

标准的 SCADA 系统一般含有几种数据库，可分为状态数据库（Status Data)、模拟量数据库（Analog Data)、累积数据库（Accumulated Data)、应用数据库（Application Data)。对应于现场运行的数据库主要是 YC、YX 状态数据库，YX、YC 转发库，功率总加库，电能计算库，功率因数库，历史数据库，采样周期库等。

SCADA 系统的数据库是非常庞大的，需要有专门的应用程序来管理它，这样就涉及数据库的管理和规划了。

SCADA 系统的数据库规划有两方面：一方面是系统硬件配置及功能规划；另一方面是直接影响系统运行状况和使用值的数据库规划。

SCADA 系统的数据库种类可分类如下。

静态数据：

① 与控制系统硬/软件配置有关的数据；

② 构成电力系统的有关设备参数和运行数据；

③ 与接入系统的 RTU 硬/软件有关的数据及含有信号的 I/O 口数据；

④ 与工程项目有关的参数；

⑤ 系统布置的图元数据。

动态数据：

① 实时采集数据；

② 控制系统实时数据；

③ 计算值和计算等效点有关数据；

④ 历史归档数据；

⑤ 预测估算和研究开发数据。

SCADA/EMS 系统数据库应用总体规划（需要接入 SCADA/EMS 系统的监控点)，根据系统规模和调度原则提出，往往一个 SCADA/EMS 系统能够承受的容量和提供的条件有限，需要协调。其方法为：

① 选择接入方式，综合考虑被监控点的位置；监控点与控制中心及测控点的通道条件；通道间的联系条件；SCADA/EMS 系统所能提供连接方式和使用条件限制。

② 监控点组合，通常使用 MTU（Master Terminal Unit）为一单元进行组合。

③ 编制接入系统地址数据，进行监控点地址编排（包括 MTU 和 RTU 的地址定义）条件是每个 MTU 的出口，应考虑有新的 RTU 接入，应能综合运用各种通道，满足各种类型的监控系统。

(3) SCADA 的软件

最近几年，国内 SCADA 系统用户的水平普遍提高，用户水平的提高导致了系统需求的提升，带动了软件产品的功能和性能的升级，也使得软件开发商及时将一些最新的 IT 技术应用于 SCADA 软件系统，因此需求带动了产品和市场的发展。

对监控软件理解程度、使用水平和应用要求正在逐年提高，除了以前的一些基本 SCA-

DA监控组态功能，现在开始提出统计分析、数据存储等一些高级的功能，并对软件质量提出了较高的要求。

SCADA系统的软件包括通用监控组态软件、控制策略软件以及通信网关软件。软件是SCADA系统的核心与灵魂，包括如下几种。

① 控制站层软件：包括与控制站实时控制有关的全部软件。

② 网络通信层软件：包括现场总线在内的控制站之间、控制站与操作站之间、控制站与外围设备之间的实时网络控制与管理软件，也包括通信网关等软件。

③ 监控层软件：也可称为操作站及工程师站软件，包括上位监控组态软件、先进控制软件等。

④ 调度层软件：是调度、指挥中心用来浏览全局工况，对异常情况做紧急处理的枢纽系统，是体现SCADA系统功能的最上层。

产品结构采用完全分布式的网络体系结构，充分满足各种冗余的网络结构，具有鲜明的特色，增强了系统可靠性。

基于PC机Windows平台的SCADA上位机系统是目前发展的趋势，特别是基于95/98/NT平台的SCADA系统。目前，国际和国内市场上基于以上两种平台，应用比较广泛的SCADA上位机系统有：美国InTouch；德国西门子公司的WinCC；美国iFix；澳大利亚的Citech；北京昆仑通态的MCGS；北京亚控的组态王；北京三维力控的PCAuto；意大利的LogView；GE的Cimplicity；Rockwell的RSView；NI的LookOut；PCSoft的Wizcon和华富计算机公司的Controx2000等，这些系统较好地解决了传统SCADA上位机系统的功能。主要方面表现如下。

① 数据采集与控制信息发送。提供基于进程间通信的数据采集方法（主要表现为开发DDE服务程序)，并且已开发了常用的多种智能数据采集设备的服务程序。

② 报警处理。具有多点同时报警处理功能，提供报警信息的显示、登录，部分提供用户应答功能。

③ 历史趋势显示与记录。提供基于专用实时数据库的监控点数据的记录、查询和图形曲线显示；同时，针对管理和控制的需要，这些系统还提供以下工业过程控制和管理中相当有帮助的功能。

a. 配方管理功能：控制系统按一定的配方完成生产管理。

b. 网络通信功能：提供非透明网络通信机制，可以构筑上位机的分布式监控处理功能。

c. 开放系统功能：提供基于DDE数据交换机制与其他应用程序交换数据，部分提供ODBC与其他系统数据库系统连接。

5.2 计算机信息管理系统

生产过程控制信息与管理信息系统一体化的架构，当前应用得比较多的是由两个网络、一个数据平台、三个层次、四个系统构成。

（1）两个网络

工厂信息化的网络系统分为过程控制网和管理信息网两个网络。过程控制网支持生产过程控制，管理信息网支持MES、ERP等应用，为了确保生产的安全，采用安全隔离措施将两个网络隔离开。网络系统建设与工程建设同步，网络设计遵循统一规划和充分利用工程管道、管架资源，统一布置线路等原则。

（2）一个数据平台

数据平台由实时数据库和关系数据库构成。能够集成工厂所有的生产过程数据、产品质量指标、企业管理等数据，为 MES、ERP 等相关应用系统提供唯一的数据源。

（3）三个层次

① 生产操作控制层（PCS）：生产操作控制层实时监控生产过程、油品储运、公用工程、原料以及成品进出厂、产品质量等全过程。主要包括分散控制系统（DCS），安全仪表系统（SIS），仪表设备维护系统（AMS），先进控制（APC），区域优化系统（OPC），可燃气体、有毒气体检测系统（GS），压缩机组控制系统（ITCC），大型机组监控系统（MMS），仿真培训（OTS），视频监视系统（CCTV），火灾报警系统（FS），电气 SCADA。

② 生产运行管理层（MES）：以生产综合指标为指导，优化生产计划和调度，实现生产过程的优化操作。对生产操作控制层送上来的数据进行必要的处理，形成公司统一的生产数据平台，实时对生产所涉及的物料进行统计，为 ERP 系统提供数据支撑，为准确决策提供依据。生产运行管理层主要包括实时数据库、实验室信息管理（LIMS）、生产计划优化与调度优化（包括生产计划优化和生产调度优化）、操作管理、生产管理（包括生产分析、物料平衡和绩效管理）、设备管理、油品调和/储运自动化、能量管理等系统。

③ 生产经营管理层（ERP）：集成企业的关键信息和数据。应用 ERP 理念、方法和技术，建立以财务为核心、一体化的经营管理平台。以成本控制为中心，实现物流、价值流和信息流的统一，做到信息透明、资源共享。同时，本项目建立工厂数据仓库、电子文档管理、办公自动化、企业信息门户等综合信息管理系统，以进一步提高管理效率和水平。

管理信息系统（Management Information System，MIS）是借助于自动化数据处理手段进行管理的系统，是管理学、经济学、计算机学和通信学等多学科的综合应用。MIS 由计算机硬件、软件、数据库、各种规程和人组成。

（4）四个系统

在设计上，三个层次用四大系统来实现。其中：生产操作控制层（PCS），由生产过程控制系统（PCS 系统）实现；生产运行管理层（MES），由生产运行管理系统（MES 系统）实现；生产经营管理层（ERP），由生产经营管理系统（ERP 系统）和综合信息管理两大系统实现。

5.2.1 ERP 系统

ERP 管理系统主要由以下六大功能目标组成。

① 支持企业整体发展战略的战略经营系统。该系统的目标是在多变的市场环境中建立与企业整体发展战略相适应的战略经营系统。具体地说，就是实现 Intranet 与 Internet 相连接的战略信息系统；完善决策支持服务体系，为决策者提供企业全方位的信息支持；完善人力资源开发与管理系统，做到既面向市场又注重培训企业内部的现有人员。

② 实现全球大市场营销战略与集成化市场营销。这是对市场营销战略的一个扩展。目标是实现在市场规划、广告策略、价格策略、服务、销售、分销、预测等方面进行信息集成和管理集成，以顺利推行基于“顾客永远满意”的经营方针；建立和完善企业商业风险预警机制和风险管理系统；进行经常性的市场营销与产品开发、生产集成性评价工作；优化企业

的物流系统，实现集成化的销售链管理。

③ 完善企业成本管理机制，建立全面成本管理（Total Cost Management）系统。目前，我国企业所处的环境可以说是一个不完全竞争的市场环境，价格在竞争中仍旧占据着重要的地位。ERP中这部分的作用和目标就是建立和保持企业的成本优势，并由企业成本领先战略体系和全面成本管理系统予以保障。

④ 应用新的技术开发和工程设计管理模式。ERP的一个重要目标就是通过对系统各部门持续不断的改进，最终提供给顾客满意的产品和服务。从这个角度出发，ERP致力于构筑企业核心技术体系；建立和完善开发与控制系统之间的递阶控制机制；实现从顶向下和从底至上的技术协调机制；利用Internet实现企业与外界的良好的信息沟通。

⑤ 建立敏捷后勤管理系统。ERP的核心是MRPⅡ，而MRPⅡ的核心是MRP。很多企业存在着供应链影响企业生产柔性的情况。ERP的一个重要目标就是在MRP的基础上建立敏捷后勤管理系统（Agile Logistics），以解决制约新产品推出的瓶颈——供应柔性差，缩短生产准备周期；增加与外部协作单位技术和生产信息的及时交互；改进现场管理方法，缩短关键物料供应周期。

⑥ 实施精益生产方式。由于制造业企业的核心仍是生产，应用精益生产方式对生产系统进行改造不仅是制造业的发展趋势，而且也将使ERP的管理体系更加牢固，所以，ERP主张将精益生产方式的哲理引进企业的生产管理系统，其目标是通过精益生产方式的实施使管理体系的运行更加顺畅。作为企业谋求21世纪竞争优势的先进管理手段，ERP系统所涉及的方面和应当实现的目标是不断扩展的，相信还会有更新的管理方法和管理模式产生。在日趋激烈的市场竞争中，任何管理方法和手段的最终目标只有一个，即开发、保持和发展企业的竞争优势，使企业在竞争中永远立于不败之地。

ERP产品的模块结构，由于各种产品的风格与侧重点不尽相同，因而相差较大。从企业的角度来看，ERP是将企业所有资源进行整合集成管理，即将企业的三大流——物流、资金流、信息流进行全面一体化管理的管理信息系统。功能模块不同于MRP或MRPⅡ的模块。在企业中，一般的管理主要包括三方面的内容：生产控制（计划、制造），物流管理（分销、采购、库存管理）和财务管理（会计核算、财务管理）。这三大系统本身就是集成体，它们互相之间有相应的接口，能够很好地整合在一起对企业进行管理。下面以典型的生产企业为例来介绍ERP的功能模块。

(1) 财务管理模块

企业中，清晰分明的财务管理是极其重要的。所以，在ERP整个方案中它是不可或缺的一部分。ERP中的财务模块与一般的财务软件不同，作为ERP系统中的一部分，它和系统的其他模块有相应的接口，能够相互集成，比如：它可将生产活动、采购活动输入的信息自动计入财务模块生成总账、会计报表，取消了输入凭证烦琐的过程，几乎完全替代以往传统的手工操作。一般的ERP软件的财务部分分为会计核算与财务管理两大块。

(2) 生产控制管理模块

这一部分是ERP系统的核心所在，它将企业的整个生产过程有机地结合在一起，使得企业能够有效地降低库存，提高效率。同时各个原本分散的生产流程的自动连接，也使得生产流程能够前后连贯地进行，而不会出现生产脱节，耽误生产交货时间。

生产控制管理是一个以计划为导向的先进的生产、管理方法。首先，企业确定它的一个总生产计划，再经过系统层层细分后，下达到各部门去执行。

① 主生产计划：它是根据生产计划、预测和客户订单的输入来安排将来的各周期中提供的产品种类和数量，它将生产计划转为产品计划，在平衡了物料和能力的需要后，精确到时间、数量的详细的进度计划，是企业在一段时期内的总活动的安排，是一个稳定的计划，是从生产计划、实际订单和对历史销售分析得来的预测产生的。

② 物料需求计划：在主生产计划决定生产多少最终产品后，再根据物料清单，把整个企业要生产的产品的数量转变为所需生产的零部件的数量，并对照现有的库存量，可得到还需加工多少，采购多少的最终数量。这才是整个部门真正依照的计划。

③ 能力需求计划：它是在得出初步的物料需求计划之后，将所有工作中心的总工作负荷，在与工作中心的能力平衡后产生的详细工作计划，用以确定生成的物料需求计划，是否是企业生产能力上可行的需求计划。能力需求计划是一种短期的、当前实际应用的计划。

④ 车间控制：这是随时间变化的动态作业计划，是将作业分配到具体各个车间，再进行作业排序、作业管理、作业监控。

⑤ 制造标准：在编制计划中需要许多生产基本信息，这些基本信息就是制造标准，包括零件、产品结构、工序和工作中心，都用唯一的代码在计算机中识别。

(3) 物流管理模块

① 分销管理：销售的管理是从产品的销售计划开始，对其销售产品、销售地区、销售客户各种信息的管理和统计，并可对销售数量、金额、利润、绩效、客户服务做出全面的分析。

② 库存控制：用来控制存储物料的数量，以保证稳定的物流支持正常的生产，但又最小限度地占用资本。它是一种相关的、动态的及真实的库存控制系统。它能够结合、满足相关部门的需求，随时间变化动态地调整库存，精确地反映库存现状。

③ 采购管理：确定合理的订货量、优秀的供应商和保持最佳的安全储备。能够随时提供订购、验收的信息，跟踪和催促外购或委外加工的物料，保证货物及时到达。建立供应商的档案，用最新的成本信息来调整库存的成本。

(4) 人力资源管理模块

以往的 ERP 系统基本上都是以生产制造及销售过程（供应链）为中心的。因此，长期以来一直把与制造资源有关的资源作为企业的核心资源来进行管理。但近年来，企业内部的人力资源，开始越来越受到企业的关注，被视为企业的资源之本。在这种情况下，人力资源管理，作为一个独立的模块，被加入到了 ERP 的系统中来，它与传统方式下的人事管理有着根本的不同，主要包括：

① 人力资源规划的辅助决策；

② 招聘管理；

③ 工资核算；

④ 工时管理。

5.2.2 MES 系统设计

(1) MES 系统概念

MES 是处于计划层和车间层操作控制系统之间的执行层，主要负责生产管理和调度执行。图 5-2 是 MES 在生产信息管理中的位置与信息交换示意图。MES 通过控制包括物料、设备、人员、流程指令和设施在内的所有工厂资源来提高制造竞争力，提供了一种系统地在统一平台上集成诸如质量控制、文档管理、生产调度等功能的方式。

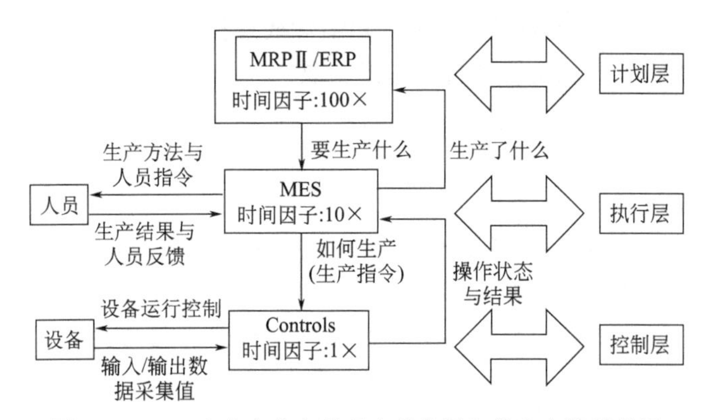

图 5-2 MES 在生产信息管理中的位置与信息交换示意图

MES 的定义强调了三点：

① MES 是对整个车间制造过程的优化，而不是单一解决某个生产瓶颈；

② MES 必须提供实时收集生产过程数据的功能，并做出相应的分析和处理；

③ MES 需要与计划层和控制层进行信息交互，通过企业的连续信息流来实现企业信息集成。

（2）MES 功能模型

MES 本身也是各种生产管理的功能软件集合，MES 通过其各成员的实践归纳了 11 个主要的 MES 功能模块，包括工序详细调度、资源分配和状态管理、生产单元分配、过程管理、人力资源管理、维护管理、质量管理、文档控制、产品跟踪和产品清单管理、性能分析和数据采集。各模块的功能简述如下。

① 工序详细调度：通过基于有限资源能力的作业排序和调度来优化车间性能。

② 资源分配和状态管理：指导劳动者、机器、工具和物料如何协调地进行生产，并跟踪其现在的工作状态和刚刚完工情况。

③ 生产单元分配：通过生产指令将物料或加工命令送到某一加工单元开始工序或工步的操作。

④ 文档控制：管理和分发与产品、工艺规程、设计或工作指令有关的信息，同时也收集与工作和环境有关的标准信息。

⑤ 产品跟踪和产品清单管理：通过监视工件在任意时刻的位置和状态来获取每一个产品的历史记录，该记录向用户提供产品组及每个最终产品使用情况的可追溯性。

⑥ 性能分析：将实际制造过程测定的结果与过去的历史记录和企业制定的目标以及客户的要求进行比较。其输出的报告或在线显示用以辅助性能的改进和提高。

⑦ 人力资源管理：提供按分级更新的员工状态信息数据（工时、出勤等），基于人员资历、工作模式、业务需求的变化来指导人员的工作。

⑧ 维护管理：通过活动监控和指导保证机器和其他资产设备的正常运转，以实现工厂的执行目标。

⑨ 过程管理：基于计划和实际产品制造活动来指导工厂的工作流程。这一模块的功能实际上也可由生产单元分配和质量管理来实现。这里是作为一个单独的系统来实现的。

⑩ 质量管理：根据工程目标来实时记录、跟踪以及分析产品和加工过程的质量，以保

证产品的质量控制和确定生产中需要注意的问题。

⑪ 数据采集：监视、收集和组织人员、机器和底层控制操作数据以及工序、物料信息。这些数据可由车间手工录入或由各种自动方式获取。

5.2.3 MIS系统

(1) 管理信息系统的概念、结构

管理信息系统（Management Information System，MIS）是企业的一种现代化管理工具，是管理科学、计算机科学和信息技术综合应用的一个重要产物，它是一个由人、计算机、网络、数据库，及相应的应用软件组成的能进行管理信息的收集、传递、存储、加工、维护和使用的系统。它输入的是与管理有关的数据，输出的是对管理有用的信息。它能替代管理人员劳动，辅助管理人员决策。

管理信息系统由计算机硬件、操作系统、数据库及应用软件组成。它是一个信息集成系统，它对信息的处理是从整体出发，保证了各子系统能共享同一套企业数据，它的功能覆盖了企业的生产经营活动，在层次上覆盖了厂级（或公司级）的战略决策层、中间管理控制层和底层执行处理层，并把各个职能的各个管理层次的业务集成，沟通上下级之间的联系。例如工厂的生产计划系统与车间的作业计划系统联系在一起。在职能范围上包括了经营决策、计划、生产、设备、物理、人事、财务等各部门的职能，还把同一管理层次的各种职能综合在一起。例如将运行处理层的采购、进货和库存管理系统综合在一起，使底层业务处理一体化。

(2) 管理信息系统硬件组成

① 计算机网络：计算机网络是实现管理信息系统的基础。为了在局域网之间提供快速高带宽信道，实现多平台多种信息服务，使企业计算机网络形成一个完整的系统，需要建立企业内部的主干网。对于大型企业或单位，地理位置分散，一般需要建立多个局域网，再通过主干网把它们连接起来。为了获得不同的网络传输率，主干网主要采用分布式光纤数据接口（FDDI）、交换技术和ATM等不同的网络技术。FDDI是美国国家标准委员会提出的光纤数据传输标准，采用令牌传递环结构，只有获得令牌的站才可发送数据，其他站只能传递数据帧，减少了争用，提高了效率。

交换技术是在源端口和目标端口之间提供直接的、快速且准时的点到点的连接技术。网络交换技术为用户提供独占的带宽，常用于用户的主干网，位于用户网络的核心位置，连接网络主机和HUB。采用交换技术，不仅能够保留现有的布线系统和网络设备，而且能使现有的带宽最大地发挥效力。ATM（异步传输模式）为传输所有信息流并支持每一种数据特性提供一个公共的基础。ATM的特点是采用固定信元传输，采用面向连接技术。ATM能够支持数据、语音及视频传输。

计算机网络的管理包括故障管理、计费管理、配置管理和性能管理等。

② 数据采集系统：数据是建立管理信息系统的基础，数据采集系统与计算机的网络系统密切联系，DCS、PLC、ESD等可通过连接上网实现数据采集。数据采集系统可通过直接上网、通过下位机上网或人工采集的方式与网络连接，进行数据采集。数据采集系统的协议普遍采用TCP/IP协议。

③ 服务器与工作站：选择服务器主要考虑CPU速度、型号、内存速度、容量等，工作站的主要配置是PC，主流操作系统为Windows、Windows NT等。其计算模式有Client/

Server 模式和 Browse/Server 模式。采用 Browse/Server 模式可使企业获得很多好处，适用浏览程序模式，可简化内部信息管理，改善内部通信。Browse/Server 模式的本质还是 Client/Server 模式。

MIS 系统的外设包括打印机、刻盘机、绘图机、扫描仪、大屏幕投影、IC 卡刷卡机和条形码机等，配套设备包括 UPS、计算机网络测试、分析仪等。

(3) MIS 的软件组态

① 数据采集系统软件组态：有效、及时的数据在信息管理系统中起着至关重要的作用。数据采集系统软件实现对企业装置和设备（如 DCS、PLC、ESD 等）的数据自动采集。数据采集系统的组态主要包括如下。

数据采集点定义：主要为数据点名、仪表位号名、报警上下限、工程单位和采集间隔时间等。

流程图制作：利用数据采集软件提供的作图工具，制作包括装置关键数据点的流程图，图上的数据点和动态变化超过报警界限时，颜色变化伴有声光报警。

实时数据库和关系数据库的连接：利用 SQL 编程等方式，将实时数据库数据周期性地转向关系型数据库，为上层管理提供基础数据。

报表制作：制作相关的报表。

② 管理软件组态：企业 MIS 是一个以数据为中心的计算机信息系统。企业 MIS 可粗略地分为市场经营管理、生产管理、财务管理和人事管理 4 个子系统。子系统从功能上说应尽可能地独立，子系统之间通过信息而相互联系。市场经营管理为决策人提供有关市场的各种信息。该子系统的主要数据来源是顾客和企业的生产调查员。生产管理就是按照预先确定的产品数量、质量和完成期限，运用科学的方法，经过周密的计划与安排，按照特定制造过程，生产出合乎标准的产品。生产管理的职能包括预测、计划和控制 3 部分。

5.2.4 信息系统工程实施设计

信息应用系统实施包括自行开发软件、成熟商品化软件及其接口等的实施，主要内容包括：

① 自行开发应用软件（包括二次开发）的详细设计、编码、调试、测试；

② 应用软件试运行；

③ 各分系统/子系统之间的联调和测试；

④ 总系统联调测试、进行系统集成；

⑤ 完善各类文档、编写相关的各种手册。

(1) 信息系统的详细设计

信息系统详细设计的主要任务是在初步设计基础上细化和完善初步设计得出的系统和分系统方案，完善业务过程重组和工作流设计，完成系统界面设计、数据库逻辑设计、计算机网络的逻辑与物理设计。

① 信息系统详细设计的工作内容：信息系统详细设计的工作内容如下：

a. 系统详细需求分析；

b. 规定系统运行环境及限制条件；

c. 确定系统性能指标；

d. 确定各分系统/子系统的详细功能界面、信息界面、资源界面和组织界面；

e. 定义实体的键和属性，建立系统的总体信息模型；

f. 完成数据库的逻辑设计，确定数据类型、共享方式、访问频度和流量，进行数据安全与保密设计，编写全局信息数据字典；

g. 完成网络的逻辑设计与物理设计，确定网络协议及服务；

h. 拟定编码方案，给出代码表；

i. 确定软硬件配置及开发需求；

j. 确定实施计划和要求；

k. 制定系统测试计划和质量保证措施；

l. 编写详细设计报告；

m. 提出实施任务书。

② 信息系统详细设计阶段的工作步骤：信息系统详细设计阶段的工作步骤，见图5-3。

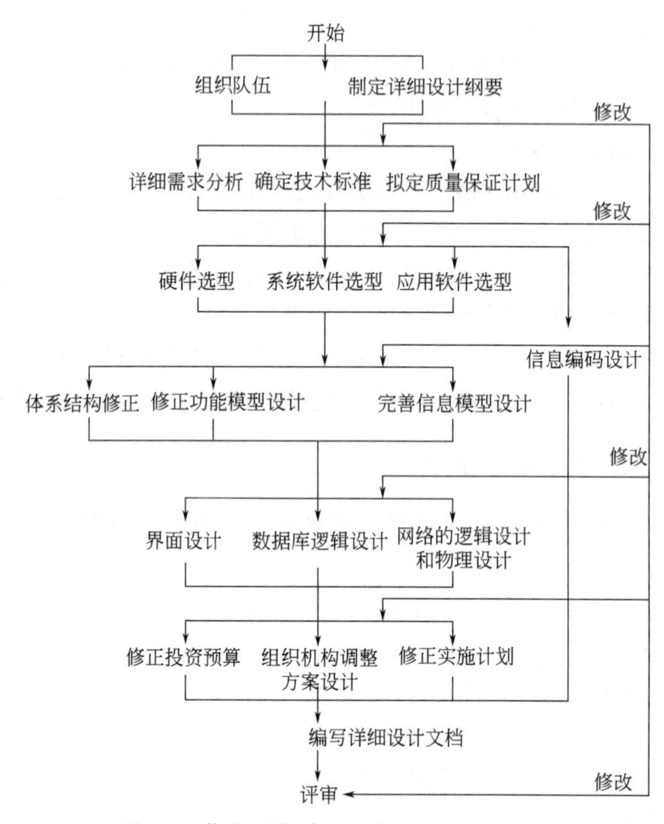

图 5-3 信息系统详细设计阶段的工作步骤

③ 信息系统详细设计说明：详细设计阶段的工作是在初步设计基础上，更深入、更细致地完善和修改系统的总体方案，包括分系统的总体方案，特别在系统界面、接口设计、数据库和计算机网络方面，全面完成系统的集成设计。详细设计完成后各子系统的功能、性能要求、运行环境都应该完全明确。

详细设计阶段的队伍组织基本上和初步设计阶段相同，但可以根据工作内容需要，适当增加技术人员，特别是软件设计开发人员以及企业应用部门的人员。

一般而言，最迟应该在详细设计阶段完成信息系统所需的硬件（包括设备）、软件的造型工作，特别是影响全局的大型硬软件的造型。并根据选定系统，对设计系统的体系结构、功能划分和信息联系、项目投资和进度进行相应的调整和修正。

信息分类编码是信息系统应用工程极其重要的基础工作之一，它涉及面广、相关部门多、工作量繁杂，必须及早组织队伍，抓好落实。

(2) 信息系统实施与测试

① 信息系统实施的任务和工作内容：信息系统的初步设计和详细设计确定了信息系统工程的总体框架、各子系统的功能及子系统间的联系，因此可以按照进度进行分步实施。

系统实施阶段的任务是按照已确定的总体方案进行环境建设，分步实施各子系统，逐级开发、测试和集成。

系统实施工作内容有：

a. 计算机支撑环境的建立、安装和测试，主要包括网络、数据库、计算机等的安装、调试、验收；

b. 应用系统实施。

落实实施信息系统组织机构的工作内容：a. 运行模式的调整；b. 组织机构调整；c. 制定岗位操作规范；d. 人员定岗；e. 各类人员再培训。

② 系统实施与测试的工作步骤：系统实施的工作步骤如图5-4所示。

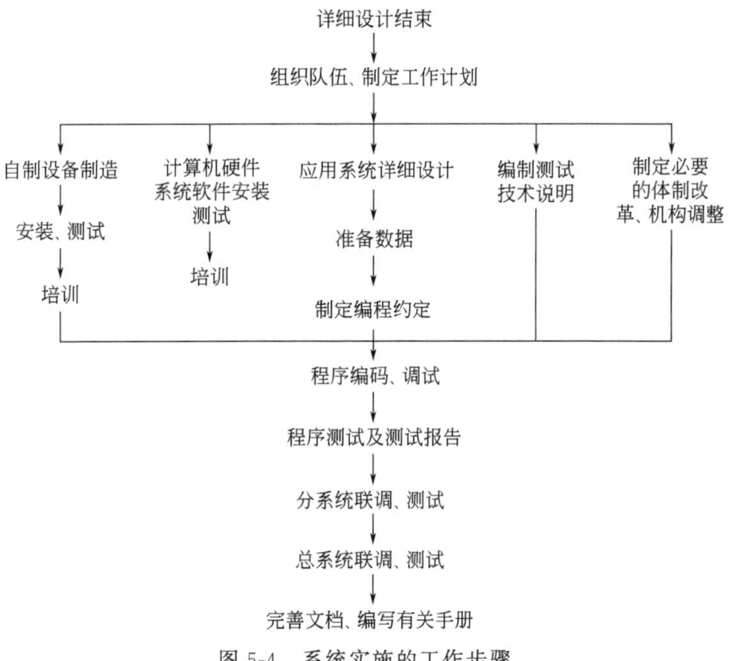

图5-4　系统实施的工作步骤

③ 有关系统实施的补充说明

a. 过程管理。系统实施过程中，应在信息系统工程领导小组领导下，加强总体的技术指导作用；加强各分系统主任设计师对分系统的内部协调和与其他分系统的协调作用，以及对本分系统内各实施课题组的技术指导作用；加强实施过程中的标准化工作，包括制定标准和贯彻标准；加强过程管理以及各分项目实施进度控制，确保整个项目协调有序进行。

b. 关于分步实施。信息系统应用工程是在总体规划下分阶段进行的，因此这里所谓的实施并不是针对信息系统总体方案的全部内容，而是部分内容，即针对有限的阶段目标进行，这包括部分应用系统及相应的计算机支撑环境的建立。

c. 关于企业运行模式的调整。信息系统引入企业，计算机的应用，必然会对企业运行模式产生影响，引起组织机构，部门关系及人际关系的改变。这里，既要积极、及时地对运行模式、组织机构进行调整，以充分发挥新系统作用，提高企业的总体管理水平，又要稳妥，保证不会给日常生产带来大的冲击。

第6章 自控设备的选择

自控设备的选择包括控制计算部分（即控制装置）、测量变送部分、执行器部分的选择。测量变送部分是从生产工艺流程中获得生产信号的仪表，一般安装在现场，大部分与生产介质接触，这部分仪表的选择要考虑到被测参数变化范围、测量精度要求、介质情况、现场条件等诸多因素。控制计算部分是控制的核心，所有控制策略与控制算法都由这部分进行计算。这部分的选择需要考虑到整个系统的规模、控制计算的要求、控制精度与运算速度等。工程过程中的执行器大多是自动控制阀，且以气动、自动控制阀居多。执行器通常安装在现场的管道上，需要考虑流体的最大流量与常用流量、管道阻力情况、流体情况的因素。

6.1 控制装置的选择

一个正确合理的自控方案，不仅要有恰当的测量和控制方案，而且还需正确选择和使用各种自动化仪表，即进行正确的仪表选型。仪表选型中，首先应对控制装置进行合理的选择。

6.1.1 控制装置的类型和特点

（1）基地式仪表

它是发展历史最早的一类仪表，它的输入信号来自检测元件，输出信号直接送至执行器。有些基地式仪表甚至把检测元件或执行器也包括在内，例如自力式调节阀、基地式浮筒液位控制器。它们的功能往往限于单回路控制。这类仪表多用于中小型生产装置，或用于大生产中一些就地控制的场合。虽然这类仪表的使用率已大大下降，但鉴于它的简便、可靠，至今仍有应用。

（2）单元组合式仪表

它这是20世纪50～60年代发展起来的一类仪表，把仪表的功能分散到各自单元，一个测量回路或控制回路，需由许多单元组合而成。此类仪表可分为气动单元组合仪表和电动单元组合仪表。一般对于大、中型生产装置均可应用。其中电动单元组合仪表由于传送距离较长，在防爆问题上又有突破，且与计算机能较方便地连接，因此曾得到广泛应用。如DDZ-Ⅲ型系列、Ⅰ系列、EK系列等电动单元组合仪表。

（3）可编程序数字控制器（单回路控制器）

它是以微处理器为主体，控制算法是数字式的，功能和外形与模拟式控制器相近，它们的控制算法较丰富，每台可有多个输入和输出。使用一台可编程序数字控制器就能实现复杂的控制系统，所以有时又称为单回路控制器。由于它灵活、方便、可靠性高，曾备受人们的欢迎。目前国内这类仪表有 DDZ-S 数字智能仪表、DIGITRONIK 系列单回路数字仪表、YS-100 系列单回路电子控制系统等。

(4) 可编程序控制器 (PLC)

它也是以微处理器为主体的一种数字控制器，主要用于顺序控制、联锁保护、过程控制和管理等场合。目前在国内使用的品种非常繁多。

(5) 分散控制系统 (DCS)

进入 20 世纪 70 年代，大规模集成电路问世，以微处理器为基础，兼顾常规仪表控制和计算机控制系统的优点的新型控制系统——分散控制系统（DCS）出现在工业生产中。带微处理器的控制站可控制几个到几十个回路，由若干控制站组合，能控制整个生产过程，使危险分散。系统各个站通过完全双重化数据高速通信网络连接起来，人机接口采用两台或多台彩色屏幕显示器（CRT）进行监视、操作和管理。因此，分散控制系统能够实现连续控制、批量（间歇）控制、顺序控制、数据采集、先进过程控制等。目前，DCS 系统硬件、系统软件及应用软件已日趋完善，在过程控制领域得到了广泛的应用。国内引进的 DCS 系统的品种很多，其主要厂商及品牌有：

① Honeywell	TDC3000，TPS
② YOKOGAWA	CENTUM-XL，CS1000/3000
③ ABB (Tailor)	MOD300，Advant OCS
④ Fisher-Rosemount	PROVOK-Plus Ⅱ
⑤ SIEMENS	SIMATIC PCS7
⑥ 和利时	HOLLiASMACS，MACS-Smartpro
⑦ 浙大中控	WebField JX-300XP，WebField ECS-700
⑧ 浙大中自	SunyPAS900

(6) 现场总线

20 世纪 90 年代以来，数字控制系统出现了现场总线技术。所谓现场总线是数字化通信网络实用技术，采用了数字多路复用技术，把具有不同地址编码的数字信号通过同一根电缆进行传输，实现现场智能仪表与主控系统之间的信息交换。它可使现场智能仪表管理和控制达成统一，使现场智能仪表完成过程控制，并监视非控制信号。一般说来，现场总线系统由三部分组成：现场智能仪表、现场通信总线和计算机接口。

近年来，世界上出现了多种现场总线的企业集团的制定标准，并有相应的现场总线的产品，从而形成目前多种现场总线共存的局面。归结起来可分成两大类：世界各国公认的现场总线基金会（Fieldbus Foundation，FF）所发布的现场总线；目前较流行的非基金会的现场总线，如 Profibus、Profinet、CAN、LONWORKS、HART、FIP、DE 等。

现场总线控制系统（Fieldbus Control System，FCS）与传统的 DCS 相比显示了许多优点。

① FCS 信号传输实现了全数字化，从最底层现场仪表就实现了通信网络结构，与 DCS 相比，节省大量的模拟信号电缆，投资费用可大量节省。

② FCS 实现了全分散化，将 DCS 控制站的 I/O 单元及功能块全部分散到各个现场仪表。功能块的分散便于用户统一组态和灵活选用。

③ FCS现场仪表按开放型设计已全部实现互操作性和互交换性，而目前DCS的控制层一般是封闭专用的，不同公司的产品既不能互换也不能互操作。

④ FCS实现了全开放式的网络标准，从而实现网络中的数据库的资源共享。

因此，现场总线将对传统的自控系统产生一场大变革和一次概念性的革命，不仅要对传输信号标准、通信标准和自动化设计标准进行一次大的变革，而且也将使自动化仪表的体系结构、自动化系统设计方法以及安装、调试等工作发生重大的变化。

现在有许多采用现场总线技术的DCS系统，一种情况是内部总线采用现场总线，一种是通过现场总线将远端信号集中传送到主控制系统中。

6.1.2 控制装置的选择

6.1.2.1 DCS系统

控制装置的选择首先确定是采用常规仪表控制还是DCS系统、现场总线系统。在过程工业中，特别是石油、化工工业中，目前仍然是以DCS系统为主的基本过程控制系统。某些情况下可考虑选择FCS系统。对于开关量比较多而模拟量比较少的装置也可选择PLC系统。关于信号报警与联锁系统，安全要求不高的情况下，可在DCS系统内部实现，安全要求比较高的场合，采用PLC系统，或者采用独立的SIS系统。

对于大型生产过程或自动化水平要求较高的场合宜采用DCS系统，这也是目前自控领域通常的选择。然后根据投资的情况、生产规模、控制和管理等方面要求，进行可行性研究，编制DCS系统技术规格书，发出DCS的正式询价书，至少向三个DCS供方询价。收到DCS供方报价书后，进行评审。最后，与最终用户共同确定DCS的选型及供方厂商。

采用DCS系统的自动化工程，所依据的标准有：《分散型控制系统工程设计规范》(HG/T 20573—2012)，《石油化工分散控制系统设计规范》(SH/T 3092—2013)。DCS系统的选择与确定是一个生产单位、设计单位、供货商相互交流协商的过程。生产单位、设计单位在确定选用DCS系统之后，首先应当设计控制方案（做出P&ID图）、统计I/O点数、确定工程师站数量、确定操作员站数量、确定控制站数量、冗余条件等内容，据此编制DCS系统技术规格书（是标书的重要文件）。投标厂商根据标书要求，设计DCS系统的网络结构、硬件配置、软件配置等内容。

采用DCS系统的自控工程，设计方在完成仪表设计之后，首先需要提供DCS技术规格书、DCS-I/O表（见表6-1）、DCS监控数据表（见表6-2）。如果有了目标产品，则可提供DCS系统配置图、端子（安全栅）柜布置图等设计文件。在接到DCS供应商的设计资料之后，可进行仪表回路图、控制室布置图、端子配线图、控制室电缆布置图等绘制工作。

表6-1 DCS-I/O表

<table>
<tr><td colspan="2" rowspan="4"></td><td colspan="3" rowspan="3">DCS-I/O表</td><td>项目名称</td><td colspan="2"></td></tr>
<tr><td>分项名称</td><td colspan="2"></td></tr>
<tr><td colspan="3">图号</td></tr>
<tr><td>合同号</td><td colspan="2"></td><td>设计阶段</td><td></td><td>第 张 共 张</td></tr>
<tr><td>位号</td><td>仪表名称</td><td>输入信号</td><td>电源电压</td><td>输入安全栅</td><td>输出信号</td><td>输出安全栅</td><td>备注</td></tr>
<tr><td>FT-121</td><td>差压变送器</td><td>4～20mA</td><td>24VDC</td><td>MTL706+</td><td>—</td><td>—</td><td></td></tr>
<tr><td>LT-123</td><td>液位变送器</td><td>4～20mA</td><td>24VDC</td><td>MTL706+</td><td>—</td><td>—</td><td></td></tr>
<tr><td>TT-125</td><td>温度变送器</td><td>4～20mA</td><td>24VDC</td><td>MTL706+</td><td>—</td><td>—</td><td></td></tr>
<tr><td>TY-125</td><td>电/气阀门定位器</td><td>—</td><td>—</td><td>—</td><td>4～20mA</td><td>MTL728+</td><td></td></tr>
</table>

续表

位号	仪表名称	输入信号	电源电压	输入安全栅	输出信号	输出安全栅	备注
TE-131	铠装热电偶	—	—	—	4～20mA	MTL728＋	

修改	说明	设计	日期	校核	日期	审核	日期

表 6-2　DCS 监控数据表

备注	其他要求					输出信号	输入信号	控制方式			控制作用		报警，联锁设定值				控制设定值	工程单位	测量范围	用途	位号
	报表	记录	流量累积	趋势	信号处理			PID	PI	P	反	正	低低	低	高高	高					

								DCS 监控数据表		项目名称	
										分项名称	
										图号	
修改	说明	设计	日期	校核	日期	审核	日期	合同号		设计阶段	第　张　共　张

DCS 技术规格书请参见附录 2。其他设计文件请参见相应设计规定。

DCS 设计原则包括下列内容。

（1）*必要性与可行性*

对于工艺流程较长，检测、控制回路较多的工艺流程；控制方案复杂、安全可靠要求高的工艺流程；生产操作管理功能要求高，需要进行成本核算、技术经济分析的工艺流程；需要采用 DCS 系统。

工艺生产技术成熟、操作经验丰富的工艺流程；技术能力强、有维护管理水平的操作人员；有足够的资金投入；这些条件是DCS系统运行的保障。

(2) DCS系统功能要求

① 控制要求：过程控制器可以完成基本的调节和先进的控制，控制器至少应能提供以下算法。

• 各种PID控制。
• 平方/开方。
• 加/减/乘/除四则运算。
• 分段线性化。
• 超前/滞后。
• 延时。
• 高/中/低选择。
• 变化率限制。
• 质量流量补偿运算。
• 累积、平均。
• 采样和保持。
• 用户自定义的功能块。
• 硬/软操作器接口。

在离散控制中至少应提供以下算法：

• 开关控制。
• 与、或、非逻辑。
• 计数/计时。
• 用户自定义的功能。

② 画面功能：

• 总貌画面。
• 分组画面。
• 单点画面（调整画面）。
• 趋势画面。
• 报警画面。报警内容包括：报警时间；过程变量名；过程变量说明；过程变量的当前值；报警设定值；过程变量的工程单位；报警优先级别。
• 图形画面。
• 棒图。

③ 硬件要求：DCS的过程控制器应能直接接收或处理以下各种类型的输入和输出信号：

• 模拟量输入：热电偶（TypeJ、K、E、R、S、T、B）；热电阻（RTD）；4～20mADC二线制电流信号；4～20mADC有源电流信号；DC电压信号；脉冲频率信号。
• 数字量输入：标准数字量；事件顺序信号；脉冲信号；接点信号。
• 模拟量输出。
• 数字量输出。

如果有智能仪表需要连接到DCS系统，则需要配备相应的通信卡件（如RS-232/RS-485等）。所有这些I/O要考虑20%的备用量，并提供相应的备用空间、连接电缆等。输入/输出接口应采用光-电隔离。输入/输出信号的分辨率至少为12位。驱动接口应能保证驱动600m范围以内的二线制24VDC变送器。

④ 工程师站、操作员站要求。

• 一套DCS系统宜配备一个工程师站。

• 操作员站的配备可按检测与控制点数进行估算：50个控制点可配备2个；50～100个控制点可配备2～4个；100～150个控制点可配备4～5个；150～200个控制点可配备5～7个；200个控制点以上可根据工艺装置的操作特点配备适量的操作站。

⑤ 冗余要求：

• 操作员站。DCS操作员站CRT应具有独立的电子单元或采用1∶1后备方式，操作员可以从系统内任何一台操作站中访问过程变量和图形。

• 控制和数据处理系统。

控制器应具有高可靠的后备系统，在主控制器故障时，控制器的全部数据和功能将自动地切换到冗余的后备控制器，切换过程应低于1s，同时不应对控制回路产生中断或不应有数据丢失。

在主控制器和后备控制器同时产生故障时，系统输出应保持在最后时刻的输出数值，或者是处在预先设定的故障安全状态。

控制器应具有非易失存储器，在失电后能保存全部的组态数据，或者说，在主电源故障的情况下，电池后备系统能保持存储器的电源至少72h。

• 通信系统。DCS内部通信系统（包括通信总线、通信处理机、每台设备与总线之间的接口）均应为全冗余；如果系统配置有其他的数据总线（如I/O总线等），这些总线也采用冗余配置。

• 电源系统。

控制和数据处理系统的电源和电源转换器都应为冗余配置。

确定使用FCS系统、PLC系统时，其设计内容和流程与DCS系统相似，只是这些系统需要进行网段规划与设计。

常规仪表的选用也倾向于数字化、智能化。常规控制仪表的选择，没有严格的规定，一般可考虑如下因素。

价格因素。通常数字式仪表比模拟仪表贵，新型仪表比老型仪表贵，引进或合资生产的仪表比国产仪表贵，电动仪表比气动仪表贵。因此，选型时要考虑投资的情况、仪表的性能/价格比。

管理的需要。管理上的需要首先应尽可能使全厂的仪表选型一致，有利于仪表的维护管理。此外，对于大中型企业，为实现现代化的管理，控制仪表应选择带有通信功能的，以便实现联网化。

工艺的要求。控制仪表应选择能满足工艺对生产过程的监测、控制和安全保护等方面的要求。对于检测元件和/或执行器处在有爆炸危险的场合时，需考虑安全栅的使用。

6.1.2.2 PLC系统

某些规模比较小、生产装置比较分散、控制要求比较简单的生产装置，例如共用工程、三废处理等装置，可以采用PLC系统实现基本过程控制。对于那些过程控制参数以数字量为主，且控制系统以顺序控制、逻辑控制或电气控制为主的工业生产装置（如压缩、再生/发生、萃取等过程），选择PLC系统是一种比较经济合理的方案。对于那些以模拟量为主的生产过程，优先选择DCS系统。有安全防爆要求的场合，应选择安全型PLC系统。

与DCS系统有所不同，PLC系统是个开放系统。该系统具有丰富的通信协议，能与附和协议的各种设备进行通信。因此系统构成灵活，适应场所广泛。按其I/O控制容量划分成若干个大类，又有名目繁多的各种组件，可以方便地组成各种规模和不同要求的控制系统，其系统可以从小规模的10点至大规模的10000点及其以上。PLC系统采用多层次的抗干扰措施，可在恶劣环境下工作，平均无故障时间可高达20万小时以上。与DCS系统相比，PLC对其安装的环境条件没有特殊要求。

大型PLC系统容量大、速度高、功能多，采用现代数据通信和网络技术形成多层分布控制系统和整个工厂的自动化网络，实现体系结构开放化及通信功能标准化，能满足大型联合装置过程控制的要求。PLC系统人机界面（HMI）种类多，适用于不同操作场合需要。有安装在现场单一任务的专用操作员模块、操作员界面，也有安装在中央控制室负责全厂生产控制操作的工业控制计算机人机界面，能满足现场操作和集中操作的不同需求。PLC的节点反应快，速度高，每条二进制指令的执行时间为0.2～0.4μs。适应控制要求高、反应要求快的控制场合的需要。PLC使用面向控制操作的控制逻辑语言，如逻辑图、梯形图或面向控制的简单指令形式等，便于编程和现场操作人员掌握和应用，便于推广；同时，PLC用程序来执行控制功能，为设计者提供了极其方便的改进和修改原设计的手段，能够满足生产流程频繁变化的要求。

在装置控制参数数字量或电控功能多，模拟控制回路数相对较少的情况下，PLC的性能价格比优于DCS。同时PLC为解决顺序控制、PID调节、联锁保护之间的协调配合提供了便利。随着PLC通信能力的增强，在过程控制中应用PLC将是一种性能价格比较优越的途径。

PLC系统的设计原则、设计过程、设计文件与DCS系统相似。由于PLC系统是一种开放式系统，系统中可接多种总线（如TCP/IP、Profibus、Profinet、CAN、LONWORKS、HART等），系统的监控软件、编程软件可以有多种选择。与DCS系统相比，设计人员在考虑整体过程中需要考虑设计系统的网络结构设计、软件选择、通信要求等内容。

采用PLC系统时，系统结构应当设计为两级体系结构，即应当由控制层级与监控层级构成。控制层级包括直接与检测仪表和执行器相连的各种控制站，如I/O单元、数据采集单元、控制单元（包括远程控制单元）和网络设备等。监控层级包括人机接口设备、编程器、网络设备及外围设备等。

（1）控制站

控制站应能实现批量控制、顺序控制、联锁逻辑控制、连续控制等功能。控制站应当满足被控对象对运算速度的要求。控制站可由过程接口单元、控制单元、数据采集单元构成。控制站卡件应包括各种控制卡件、I/O卡件、辅助卡件、通信接口、安装功能卡件箱以及总线底板等。控制站中还可包括远程I/O站。

控制站的技术要求：

a. 过程I/O接口单元应包括AI、AO、DI、DO、PI等各种类型，还可配备现场总线接口；

b. I/O卡件输入电路应具备电磁隔离或光电隔离等抗干扰措施；

c. 开关量接口容量不能满足负载要求或需将开关量隔离时，应配置隔离设备；

d. I/O卡件应有工作状态的LED指示；

e. 当信号源于I/O卡的信号不匹配时，可配备转换器或隔离器；

f. 环境温度下，I/O卡件中模拟量输入信号精度在±0.01%～±0.5%FS，模拟量输出信号精度应±0.01%～±0.5%FS范围内。

控制单元应是基于带有工业级微处理器的多功能控制器，内存和扫描时间应能满足程序和过程响应时间要求，包括输入输出扫描处理时间在内，其响应时间不宜大于500ms。控制单元可提供多种通信接口，以便于与第三方设备进行通信。

当有冗余需要时，冗余配置应符合：

a. 控制回路I/O卡及重要监测点I/O卡应冗余配置；

b. 控制单元的CPU应1∶1冗余配置，通信接口、电源应1∶1冗余配置；

c. 冗余CPU应保证无扰动切换，切换过程中不应丢失数据、报警信息；

d. 过程接口的备用量，各类控制点、检测点点数应为实际点数的110%～115%；输入输出卡件槽座空间应为实际空间的110%～115%；

e. 控制单元的最大负荷不应超过其能力负荷的60%。

数据采集单元应能完成输入信号的数据处理、报警、记录等功能。监测点扫描周期应根据检测对象整定，扫描周期最长时间不应大于1s。当有冗余需要时，数据采集单元的CPU、通信接口应1∶1冗余配置。

(2) 编程器

编程器宜采用计算机作为编程器。编程器应具备控制系统在线/离线组态、生成应用程序、修改、维护等功能。应具备对系统网络、网络线路、网络上组件进行诊断测试功能。应能获得实时数据并能进行系统修改。编程器可设置保护密码，以防止非法修改控制策略、应用程序和系统数据库。编程器可配备通用高级语言、数据库管理系统、电子表格、网络管理等应用软件和工具软件。编程器应设置防病毒等保护措施。

(3) 操作员站

操作员站由主机（硬盘、光盘驱动器）、显示器、操作员键盘、鼠标、打印机等构成。可针对工艺操作区设置操作员站，重要工段、关键设备、某些专用功能可独立设置操作员站。

操作员站配置数量，可按：

a. 1500以内数字量I/O点数配置1～2台；

b. 1500～3000数字量I/O点数配置2～3台；

c. 3000～5000数字量I/O点数配置3～4台；

d. 5000～8000数字量I/O点数配置4～6台；

e. 8000数字量以上，根据实际需要配置。

模拟量I/O，可按1个AI/AO=8个DI/DO估算。

操作员站应具备画面显示、操作、报表及报表管理、参数调整、实时趋势显示、历史趋势显示、报警显示与报警管理功能。此外还应具有自诊断、口令保护、操作记录、在线调试、文件转存等功能。

采用PLC系统时，应当配备系统软件、工具软件、与第三方通信软件。工程组态软件应包括系统离线数据库组态仿真软件。

PLC供货方提供组态软件应具备如下功能：

a. 硬件组态、通道分配；

b. 过程点组态；

c. 顺序、时序、批量、逻辑及复杂控制组态；

d. 流程图画面；

e. 操作和记录分组；

f. 报警分组和分级；

g. 数据库；

h. 通信程序；

i. 外围设备接口。

采用PLC系统做过程控制时，应当设置维护站。维护站作用是进行PLC系统维护，相当于DCS系统中的工程师站。如有需要，也可再设置独立工程师站。此外PLC系统中应当设置服务器，以便对生产实时数据进行管理，同时管理对PLC系统外数据交换管理。系统应当设置防火墙以防止非法侵入。

与采用DCS系统工程项目相似，采用PLC系统的工程项目，PLC系统供应商提供下列技术文件：

- 系统设计说明；
- 系统设备清单、系统硬件手册；
- 系统软件清单、系统软件手册、系统组态手册；
- 操作员/工程师手册；
- 系统操作手册；
- 设备安装手册、系统维护手册；
- 故障排除、校验及调校指导手册；
- 系统供电系统图、系统接地系统图；
- 机柜布置图、操作台布置图；
- 系统配置图、端子接线图；
- 系统设备散热和功率；
- 标准接线端子的仪表回路图；
- 控制器负荷计算书；
- 通信负荷计算书；
- 外围设备资料；
- 最终软件组态文件。

采用PLC系统的工程项目，详细工程设计阶段应完成下列文件：

- 完成PLC系统技术书；
- PLC监控数据表；
- PLC I/O表；
- 顺序控制图；
- 时序控制图；
- 联锁逻辑图（或联锁说明）；
- 复杂控制回路图；
- 仪表回路图；
- 控制室平面布置图；

• 控制室仪表桥架布置图；
• 辅助操作台布置图；
• 供电系统图；
• 接地系统图；
• 系统配置图（与制造厂配合完成）；
• 管道与仪表流程图（P&ID）。

仪表设计与采用DCS系统工程项目相同。

具体设计内容及深度，请参见《可编程序控制器系统工程设计规定》（HG/T 20700—2014）。

6.1.2.3 仪表

这里所说的"仪表"是指自控工程中，控制室内完成控制、显示、记录、报警、计算等功能的仪表，行业中常常称其为二次仪表，安装在现场的仪表（传感器、变送器、执行器、就地控制仪表等）称为一次仪表。随着计算机技术、网络技术、通信技术的发展，以这些技术为基础的控制装置成为主流，仪表作为控制工具逐渐地退出了主流工具行列。但在一些不太重要的辅助性工艺（如公用工程、水处理、仓储、动力等）中还有应用。

根据工艺条件、工程概预算等选择合适的仪表，如选择单元组合式仪表、智能化仪表、可编程仪表等。二次仪表的选用原则包括：

• 对于比较简单的显示、控制系统，可选用一般的数字式仪表或简易电动仪表；
• 当要求功能丰富、操作灵活、精确、高度可靠时，宜选用带微处理器的智能仪表；
• 对于有复杂控制要求的系统，或有特殊控制计算的系统，应选用带微处理器的可编程仪表；
• 需要与其他系统（DCS、PLC）或仪表通信的，需要选择带有通信功能的仪表；
• 整个二次仪表系统应当具有指示、记录、积算、报警、自动控制、手动操作等功能，如有需要，还要有自动程序控制、计算、转换等功能；
• 指示、记录等仪表应当有清晰、明显、醒目的视觉效果。

6.2 检测仪表（元件）、控制阀的选择

检测仪表（元件）控制阀选型的一般原则如下。

(1) 工艺过程的条件

工艺过程的温度、压力、流量、黏度、腐蚀性、毒性、脉动等因素，是决定仪表选型的主要条件，它关系到仪表选用的合理性、仪表的使用寿命及车间的防火、防爆、保安等问题。

(2) 操作上的重要性

各检测点的参数在操作上的重要性是仪表的指示、记录、积算、报警、控制、遥控等功能选定的依据。一般来说，对工艺过程影响不大，但需经常监视的变量，可选指示型；对需要经常了解变化趋势的重要变量，应选记录式；而一些对工艺过程影响较大的，又需随时监控的变量，应设控制；对关系到物料衡算和动力消耗而要求计量或经济核算的变量，宜设积算；一些可能影响生产或安全的变量，宜设报警。

（3）经济性和统一性

仪表的选型也决定于投资的规模，应在满足工艺和自控要求的前提下，进行必要的经济核算，取得适宜的性能/价格比。

为便于仪表的维修和管理，在选型时也要注意到仪表的统一性。尽量选用同一系列、同一规格型号及同一生产厂家的产品。

（4）仪表的使用和供应情况

选用的仪表应是较为成熟的产品，经现场使用证明性能可靠的；同时要注意到选用的仪表应当货源供应充沛，不会影响工程的施工进度。

6.2.1　温度测量仪表的选型

6.2.1.1　温度测量仪表的类型及特点

常用工业温度计的分类如下。

- 接触式
  - 热膨胀
    - 固体的膨胀：双金属温度计
    - 液体的膨胀：玻璃温度计
    - 气体的膨胀：压力式温度计
  - 热电阻
    - 金属热电阻：铜热电阻、铂热电阻、镍热电阻等
    - 半导体热敏电阻：锗电阻、碳电阻、热敏电阻（氧化物）等
  - 热电偶
    - 廉金属热电偶：铜-康铜热电偶、镍铬-镍硅热电偶、镍铬-考铜热电偶等
    - 贵金属热电偶：铂铑 30-铂铑 6 热电偶、铂铑 10-铂热电偶等
    - 难熔金属热电偶：钨铼系、钨钼系等
    - 非金属热电偶：石墨系、硅化物系、碳化物-硼化物系等
- 非接触式
  - 热辐射
    - 辐射法：辐射温度计、部分辐射温度计
    - 亮度法：光学高温计
    - 比色法：比色温度计

各种温度计的特点如表 6-3 所示。

表 6-3　各种温度计的特点

形　式	温度计种类	优　点	缺　点
接触式仪表	玻璃液体温度计	结构简单,使用方便,测量准确,价格低廉	测量上限和精度受玻璃质量的限制,易碎,不能记录与远传
	压力表式温度计	结构简单,不怕振动,具有防爆性,价格低廉	精度低,测温距离较远时,仪表的滞后性较大
	双金属温度计	结构简单,机械强度大,价格低	精度低,量程和使用范围均有限
	热电阻	测温精度高,便于远距离、多点、集中测量和自动控制	不能测量高温,由于体积大,测点温度较困难
	热电偶	测温范围广,精度高,便于远距离、多点、集中测量和自动控制	需要冷端温度补偿,在低温段测量精度较低
非接触式仪表	辐射式高温计	测温元件不破坏被测物体温度场,测温范围广	只能测高温,低温测量不准,环境条件会影响测量准确度。对测量值修正后才能获得真实温度

各种温度计的测量范围如图 6-1 所示。

6.2.1.2　温度测量仪表的选择

（1）就地温度仪表的选择

双金属温度计：在满足测量范围、工作压力和精确度要求时，应优先选用。

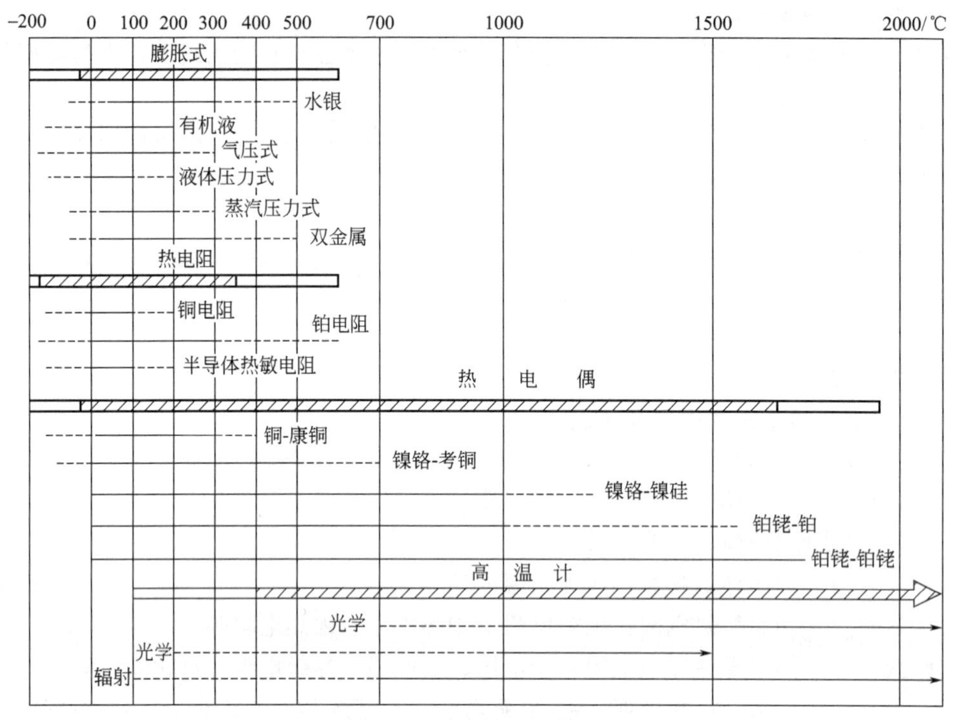

图 6-1 各种温度计的测量范围

压力式温度计：对于－80℃以下低温、无法近距离观察、有振动及精确度要求不高的场合可选用。

玻璃温度计：由于汞有害，一般不推荐使用（除作为成套机械，要求测量精度不高的情况下使用外）。

（2）温度检测元件的选择

热电偶适用一般场合，热电阻适用于无振动场合，热敏电阻适用于要求测量反应速度快的场合。

根据对测量响应速度的要求，可选择：

热电偶 600s、100s、20s 三级；

热电阻 90～180s、30～90s、10～30s、＜10s 四级；

热敏电阻＜1s。

（3）根据使用环境条件选择温度计接线盒

普通式：条件较好的场所。

防溅式、防水式：潮湿或露天的场所。

隔爆式：易燃、易爆的场所。

插座式：仅适用于特殊场合。

（4）连接方式的选择

一般情况下可选用螺纹连接方式，下列场合应选用法兰连接方式：

① 在设备、衬里管道和有色金属管道上安装；

② 结晶、结疤、堵塞和强腐蚀性介质；

③ 易燃、易爆和剧毒介质。

(5) 特殊场合下温度计的选择

① 温度＞870℃、氢含量＞5%的还原性气体、惰性气体及真空场合，选用钨铼热电偶或吹气热电偶。

② 设备、管道外壁和转体表面温度，选用表面或铠装热电偶、热电阻。

③ 含坚硬固体颗粒介质，选用耐磨热电偶。

④ 在同一个检测元件保护套管中，要求多点测温时，选用多支热电偶。

(6) 检测元件插入长度（尾长）的选择

插入长度的选择，应以检测元件插至被测介质温度变化灵敏，且具有代表性的位置为原则。当温度检测元件在满管流体管道上垂直安装或与管壁成45°安装时，温度检测元件末端浸入管道内壁长度不应小于50mm，不宜大于125mm。温度检测元件在设备上安装时，温度检测元件末端浸入设备内壁长度不应小于150mm。

(7) 测温保护管的选择

应根据被测介质的条件正确选用，可参见表6-4。

表6-4 测温保护管的选用

材质	国外对应钢号	最高使用温度/℃	特点	用途
1Cr18Ni9Ti	321	800	不锈钢。抗晶间腐蚀好，焊接性能良好	核动力及反应堆构件、石油化工设备、造纸、制皂、食品加工
GH3030		1100	镍基高温合金。抗氧化性耐腐蚀优良，焊接性能良好	燃烧炉设备、在高温低压力下工作
GH3039		1300	镍基高温合金，抗氧化性比GH3030更好，使用温度更高	
1Cr25Ti	446	1100	抗氧化，抗硫化性能好，焊接性能好	石油化工，冶金、电力、热处理炉、焚烧炉等
0Cr18Ni12Mo2Ti	316Ti	800	耐酸、盐水和腐蚀性工业气氛，焊接性能好	核电站及反应堆、化工、化学制药业
0Cr17Ni12Mo2Ti	316	800	耐酒石酸、磷酸、硫酸腐蚀、抗晶间腐蚀好，焊接性能好	硫酸盐、纸浆、纺织、染料、制皂业、制药业、核电站
00Cr17Ni12Mo2	316L	800	超低碳不锈钢，耐腐蚀性能比316好，焊接性能好	
H62		200	黄铜合金，导热性好，易于焊接	低温无腐蚀场合
0Cr18Ni9	304	400	低碳不锈钢，耐晶间腐蚀性能和焊接性能良好	化工、纺织、造纸、制皂业、食品加工、硝酸工业、核电站
00Cr18Ni10	304L	400	低碳不锈钢，耐腐蚀性能比304好，焊接性能良好	
0Cr21Ni32TiAl	Incocloy800	1100	热稳定性好，氧化皮不易脱落，抗渗碳核渗氮	电站、炉窑、原油和石油化工
1Cr15Ni75Fe	Incone1600	1100	镍铬铁合金，耐腐蚀性能好，高温抗氧化，焊接性能好	核电站、锅炉、炉窑、热处理、造纸业、食品加工
00Cr15Ni60Mo16W	哈氏C-276	700	耐点蚀，抗晶间腐蚀，高温力学性能良好	精细化工、石油化工
1Cr25Ni20	310S	1200	抗腐蚀性能好，耐氯蚀高温抗氧化	锅炉、鼓风炉、水泥炉窑、原油和石油化工、高温硫化床、电站

续表

材质	国外对应钢号	最高使用温度/℃	特点	用途
CYT101		1200	精型高温合金，具有较高的强度和耐磨性能。具有很好的抗硫化能力，抗氧化能力优异，适合在高温腐蚀性气氛中使用，焊接性能、加工性能好	燃烧攻炉、热交换器、锅炉、炉窑、造纸业、高温流化床、电站
CB1	刚玉质	1600	陶瓷保护管。耐高温、耐酸碱，能在腐蚀性介质中使用，但不能承受碰撞，易脆断	高温加热炉等场合
CB2	高铝质	1300	陶瓷保护管，性能与刚玉管相同，但使用温度较低	
$MoSi_2$	二硅化钼	1600	金属陶瓷保护管。耐高温、抗腐蚀、气密性好、耐热冲击、抗冲刷、但脆性大	石油化工、天然气、水泥、冶金、机械行业等高温腐蚀场合
SiC	再结晶碳化硅	1600	非金属陶瓷保护管，高温抗氧化、耐腐蚀、抗热冲击、抗冲刷、但脆性大	冶金、玻璃、水泥等工业炉窑
SiC-Si	新型碳化硅	1400	非金属陶瓷保护管，强度大、耐腐蚀、抗氧化、耐磨损、热导率高，能承受急剧的温度变化	冶金、玻璃、水泥等工业炉窑以及要求耐磨的场合

6.2.2 压力测量仪表的选型

6.2.2.1 压力测量仪表的分类和特点

压力测量仪表按其工作原理可分为液柱式、弹性式、负荷式（活塞式）、压力传感式及压力开关五大类。各类仪表分类、测量范围及用途见表 6-5。

表 6-5 压力测量仪表分类、测量范围及用途

类别	分类		测量范围	用途
			10^5Pa 1 10 10^2 10^3 10^4 10^5	
			10Pa -10^3 -10^2 -10 0 10^2 10^3 10^4	
液柱式压力计	U形管压力计			低微压测量。高精度者可用作基准器
	单管压力计			
	倾斜微压计			
	补偿微压计			
	自动液柱式压力计			
弹性式压力表	弹簧管压力表	一般压力表		表压、负压、绝压测量，就地指示、报警、记录或发信，或将被测量远传，进行集中显示
		精密压力表		
		特殊压力表		
	膜片压力表			
	膜盒压力表			
	波纹管压力表			
	板簧压力表			
	压力记录仪			
	电接点压力表			
	远传压力表			

续表

类别	分　类		测量范围	用　途
			10^5 Pa　1 10 10^2 10^3 10^4 10^5	
			10Pa -10^3 -10^2 -10 0 10^2 10^3 10^4	
负荷式压力计	活塞式压力表	单活塞式压力表		精密测量基准器具
		双活塞式压力表		
	浮球式压力计			
	钟罩式微压计			
压力传感器	电阻式压力传感器	电位器式压力传感器		将被测压力转换成电信号，以监测、报警、控制及显示
		应变式压力传感器		
	电感式压力传感器	气隙式压力传感器		
		差动变压器式压力传感器		
	电容式压力传感器			
	压阻式压力传感器			
	压电式压力传感器			
	振频式压力传感器	振弦式压力传感器		
		振筒式压力传感器		
	霍尔压力传感器			
压力开关	位移式压力开关			位式控制或发信报警
	力平衡式压力开关			

其中常用的液柱式压力计与弹性式压力表的特点比较如下。

(1) 液柱式压力计

优点：①简单可靠；②精度和灵敏度均较高；③可采用不同密度的工作液；④适合低压、低压差测量；⑤价格较低。

缺点：①不便携带；②没有超量程保护；③介质冷凝会带来误差；④被测介质与工作液需适当搭配。

(2) 弹性式压力表

① 弹簧管压力表：

优点：a. 结构简单，价廉；b. 量程范围大；c. 精度高；d. 产品成熟。

缺点：a. 对冲击、振动敏感；b. 正、反行程有滞回现象。

② 膜片压力表：

优点：a. 超载性能好；b. 线性；c. 适于测量绝压、差压；d. 尺寸小，价格适中；e. 可用于黏稠浆液的测量。

缺点：a. 抗震、抗冲击性能不好；b. 测量压力较低；c. 维修困难。

③ 波纹管压力表：

优点：a. 输出推力大；b. 在低、中压范围内使用好；c. 适于绝压、差压测量；d. 价格适中。

缺点：a. 需要环境温度补偿；b. 不能用于高压测量；c. 需要靠弹簧来精细调整特性；d. 对金属材料的选择有限制。

6.2.2.2 压力测量仪表的选择

(1) 量程选择

根据被测压力大小，确定仪表量程。在测量稳定压力时，最大压力值应不超过满量程的

3/4，正常压力应在仪表刻度上限的2/3～1/2处。在脉动压力测量时，最大压力值不超过满量程的2/3。在测量高、中压力（大于4MPa）时，正常操作压力不应超过仪表刻度上限的1/2。

（2）精度等级的选择

根据生产允许的最大测量误差以及经济性，确定仪表的精度。一般工业生产用1.5级或2.5级已足够，科研或精密测量和校验压力表时，可选用0.5级、0.35级或更高等级。

（3）使用环境及介质性能的考虑

环境条件如高温、腐蚀、潮湿、振动等，介质性能如温度高低、腐蚀性、易燃、易爆、易结晶等，根据这两方面的因素来选定压力表的种类及型号。具体分析如下。

① 腐蚀性：稀硝酸、醋酸、氨类及其他一般腐蚀介质用耐酸压力表、氨用压力表、以1Cr18Ni9Ti不锈钢为膜片的膜片压力表。

② 易结晶、黏性强：用膜片压力表。

③ 有爆炸危险：需用电接点信号时用防爆型电接点压力表。

④ 机械振动强的场合：需用船用压力表或耐振动压力表。测脉动压力时需装螺旋性减震器或阻尼装置。

⑤ 带粉尘气体的测量需装除尘器。

⑥ 强腐蚀性、含固体颗粒、黏稠液的介质如稀酸盐、盐酸气、重油类及其类似介质可用膜片或隔膜式压力表。隔离膜盒中的膜片材质按介质要求和现有产品材质选择。

⑦ 在恶劣环境、强大气腐蚀的场所可用隔膜式耐蚀压力表。尽量避免采用充灌隔离液的办法测压力。

⑧ 以下介质需用专用压力表：氧气用氧气压力表；氢气用氢气压力表；乙炔用乙炔压力表；气氨、液氨用氨用压力表；硫化氢用耐硫压力表。

⑨ 用于测量温度＞60℃以上的蒸汽或介质的压力表需装螺旋形或U形弯管。

⑩ 测量易液化的气体时应装分离器。

（4）仪表外形的选择

一般就地盘装宜用矩形压力表，与远传压力表和压力变送器配用的显示表宜选轴向带边或径向带边的弹簧管压力表。压力表外壳直径为ϕ150mm（或ϕ100mm）。

就地指示压力表，一般选用径向不带边的，表壳直径为ϕ100mm（或ϕ150mm）。气动管线和辅助装置上可选用ϕ60mm（或ϕ100mm）的弹簧管压力表。

安装在照度较低、位置较高以及示值不易观测的场合，压力表可选用ϕ200mm（或ϕ250mm）。

（5）应避免的选型

尽量避免选用带隔离液的压力测量。

6.2.3 流量测量仪表的选型

6.2.3.1 流量测量仪表的分类和特性

流量测量仪表的分类可按不同的原则进行，常有以下几种分类。

（1）按测量对象分类

可分为封闭管道流量计和敞开管道流量计两大类，工业过程主要使用封闭管道流量计。

(2) 按测量目的分类

可分为总量测量和流量测量，即为总量表（累积流量）和流量计（瞬时流量）。

(3) 按测量原理分类

流量测量的原理是各种物理原理，因此按测量原理分可依据物理学科来分类，主要有以下几类。

① 力学原理：是流量测量原理中应用最多的，常有应用伯努利定理的差压式、浮子式；应用流体阻力原理的靶式；应用动量守恒原理的叶轮式；应用流体振动原理的涡街式、旋进式；应用动压原理的皮托管式、均速管式；应用分割流体体积原理的容积式；应用动量定理的可动管式、冲量式；应用牛顿第二定律的直接质量式等。

② 电学原理：应用电学原理的电磁式、电容式、电感式和电阻式等。

③ 声学原理：应用声学原理的超声式、声学式（冲击波式）等。

④ 热学原理：应用热学原理的热分布式、热散效应式和冷却效应式等。

⑤ 光学原理：应用光学原理的激光式和光电式等。

⑥ 原子物理原理：应用原子物理原理的核磁共振式和核辐射式等。

(4) 按测量体积流量和质量流量分类

① 体积流量计：常用的有以下几类：差压式流量计、电磁流量计、涡轮流量计、涡街流量计、超声流量计、容积式流量计等。这些流量计的输出信号与管道中流体的平均流速或体积流量成一定关系，是反映真实体积流量的流量计。

② 质量流量计：质量流量计分为两大类：直接式质量流量计和间接式（或称推导式）质量流量计。

a. 直接式质量流量计。流量计的输出信号直接反映流体的质量流量。这类流量计种类繁多，目前较为常用的有科里奥利质量流量计、热式质量流量计、双涡轮式质量流量计，以及差压式质量流量计等。

b. 间接式（推导式）质量流量计。它的检测件的输出信号并不直接反映质量流量，而是通过检测件与密度计组合或者两种检测件的组合而求得质量流量。常用的有动能（ρq_v^2）检测件和密度（ρ）计的组合、体积流量计和密度计的组合、动能检测件和体积流量计的组合等。

(5) 按测量方法和结构分类

这是流量测量仪表的最常用的分类方法，对于封闭管道流量计的分类如图6-2所示。

流量测量仪表的特性将在选型时同时介绍。

6.2.3.2 流量测量仪表的选型

不同类型的流量仪表性能和特点各异，选型时必须从仪表性能、流体特性、安装条件、环境条件和经济因素等方面进行综合考虑。

仪表性能：精确度，重复性，线性度，范围度，压力损失，上、下限流量，信号输出特性，响应时间等。

流体特性：流体温度，压力，密度，黏度，化学性质，腐蚀，结垢，脏污，磨损，气体压缩系数，等熵指数，比热容，电导率，热导率，多相流，脉动流等。

安装条件：管道布置方向，流动方向，上、下游管道长度，管道口径，维护空间，管道振动，防爆，接地，电、气源，辅助设施（过滤、消气）等。

环境条件：环境温度、湿度，安全性，电磁干扰，维护空间等。

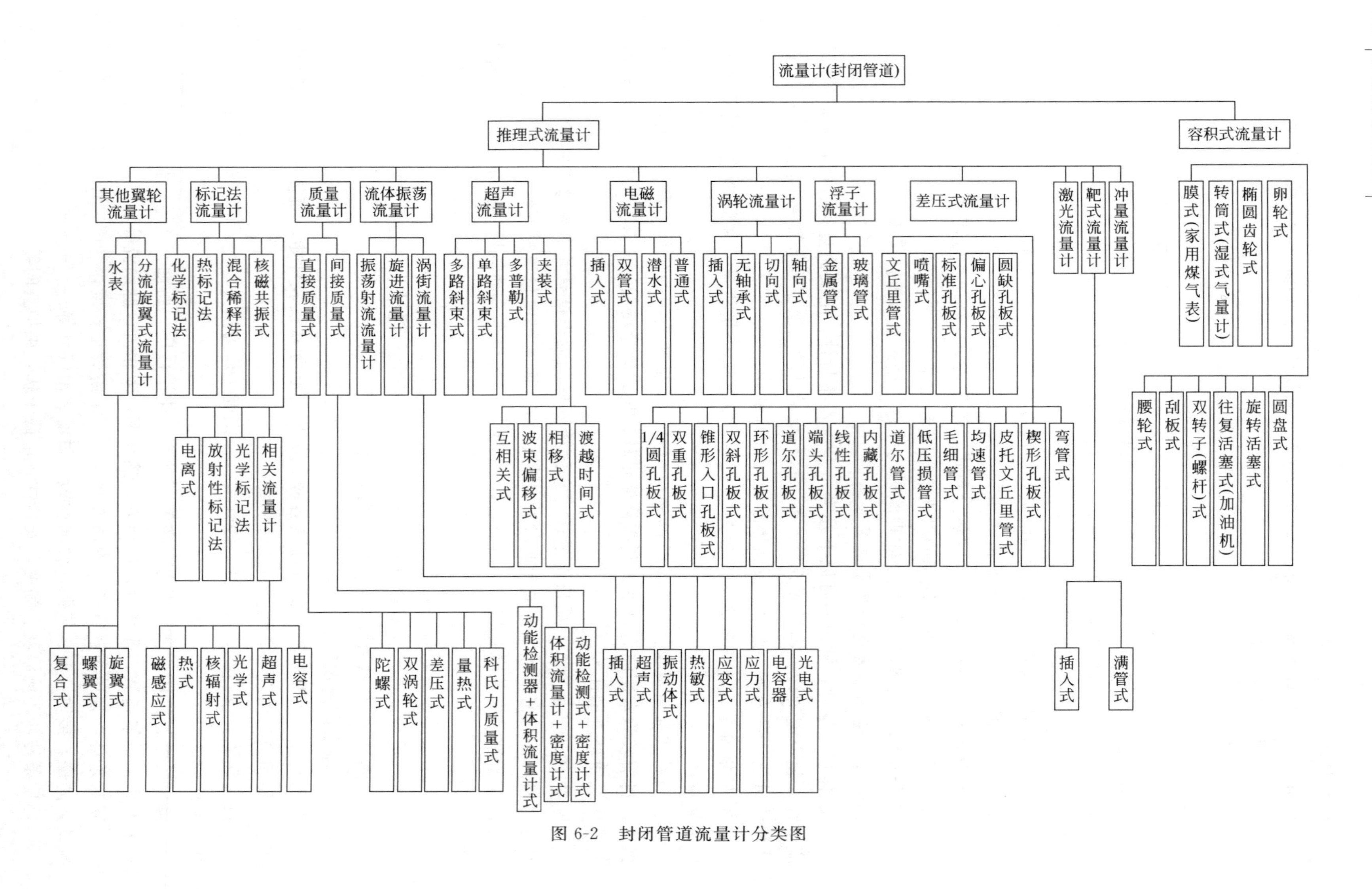

图 6-2 封闭管道流量计分类图

经济因素：购置费，安装费，维修费，校验费，使用寿命，运行费（能耗），备品备件等。

表6-6列出了常用流量测量仪表的性能参考数据，供流量仪表选型时参考。

表6-6　常用流量测量仪表的性能参考数据

名称			精确度(基本误差)(%R或%FS)①	重复性误差(%R或%FS)①	范围度	测量参数	响应时间
差压式	孔板		±(1～2)FS	②	3∶1	Q③	②
差压式	喷嘴		±(1～2)FS	②	3∶1	Q	②
差压式	文丘里管		±(1～2)FS	②	3∶1	Q	②
差压式	弯管		±5FS	②	3∶1	Q	②
差压式	楔形管		±(1.5～3)FS	②	3∶1	Q	②
差压式	均速管		±(2～5)FS	②	3∶1	v_m③	②
浮子式	玻璃锥管		±(1～4)FS	±(0.5～1)FS	(5～10)∶1	Q	无数据
浮子式	金属锥管		±(1～2.5)FS	±(0.5～1)FS	(5～10)∶1	Q	无数据
容积式	椭圆齿轮	液	±(0.2～0.5)R	±(0.05～0.2)R	10∶1	T③	<0.5s
容积式	腰轮			±(0.05～0.2)R	10∶1	T	<0.5s
容积式	刮板	气	±(1～2.5)R	±(0.01～0.05)R	(10～20)∶1	T	>0.5s
容积式	膜式		±(2～3)R	无数据	100∶1	T	>0.5s
涡轮式		液	±(0.2～0.5)R	±(0.05～0.5)R	(5～10)∶1	Q	5～25ms
涡轮式		气	±(1～1.5)R				
电磁式			±0.2R～±1.5FS	±0.1R～±0.2FS	(10～100)∶1	Q	>0.2s
旋涡式	涡街式	液	±R	±(0.1～1)R	(5～40)∶1	Q	>0.5s
旋涡式	涡街式	气	±2R				
旋涡式	旋进式		±(1～2)R	±(0.25～0.5)R	(10～30)∶1	Q	无数据
超声式	传播速度差法		±1R～±5FS	±0.2R～±1FS	(10～300)∶1	Q	0.02～120s
超声式	多普勒法		±5FS	±(0.5～1)FS	(5～15)∶1	Q	无数据
靶式			±(1～5)FS	无数据	3∶1	Q	无数据
热式			±(1.5～2.5)FS	±(0.2～0.5)FS	10∶1	Q	0.12～7s
科氏力质量式			±(0.2～0.5)R	±(0.1～0.25)R	(10～100)∶1	Q	0.1～3600s
插入式(涡轮、电磁、涡街)			±(2.5～5)FS	±(0.2～1)R	(10～40)∶1	v_p③	④

① R为测量值，FS为流量上限值。

② 取决于差压计。

③ Q为流量，T为通过体积，v_m为平均流速，v_p为点流速。

④ 取决于测量头类型。

表6-7主要按被测流体特性，初步选定流量仪表的类型。最终选定尚需根据用户的要求及上述其他几方面的要求。

表6-8～表6-10分别列出了常用流量计的安装要求、环境适应性和经济性，可供最终选型时参考。

表 6-7 流量仪表初选表

项目		流体特性和工艺过程条件																				测量性能							
		液体															气体												
		流体特性									工艺过程条件																		
		清洁	脏污	含颗粒纤维浆	腐蚀性浆	腐蚀性	黏性	非牛顿流体	液液混合	液气混合	高温⑦	低温	小流量	大流量	脉动流	一般	小流量	大流量	腐蚀性	高温⑦	蒸汽	精确度	最低雷诺数	范围度	压力损失	输出特性	高精度流量适用性	高精度总量适用性	公称通径范围/mm
差压式	孔板	√	√①	×	×	△	√③	?	√	△	√	√	△	√	?	√	△	△	△	√	√	中	2×10^4	小	中～大	SR	?	×	50～1000
	喷嘴	√	?	×	×	△	△	?	√	△	√	?	×	√④	?	√	△	△	△	√	√	中	1×10^4	小	小～中	SR	?	×	50～500
	文丘里管	√	△	×	×	△	△	?	√	△	√	?	×	√	?	√	△	△	△	√	√	中	7.5×10^4	小	小	SR	?	×	50～1200(1400)
	弯管	√	△	△	△	△	×	?	√	△	?	?	×	√	?	√	×	×	△	?	?	低	1×10^4	小	小	SR	×	×	>50
	楔形管	√	√	√	√	△	√	?	√	△	△	△	×	×	?	×	×	×	×	×	×	低	5×10^2	小～中	中	SR	×	×	25～300
	均速管	√	×	×	×	△	×	×	√	△	√	√	×	√	?	√	×	√	△	√	√	低	10^4	小	小	SR	×	×	>25
浮子式	玻璃锥管	√	×	×	×	△	△	×	×	×	×	×	√	×	×	√	√	×	△	×	×	低～中	10^4	中	中	L	×	×	1.5～100
	金属锥管	√	×	×	×	△	△	×	×	×	△	×	√	×	×	√	√	×	△	×	√	中	10^4	中	中	L	?	×	10～150
容积式	椭圆齿轮	√	×	×	×	×	△	×	△	×	?	×	√	×	×	×	×	×	×	×	×	中～高	10^2	中	大	L	×	√	6～250
	腰轮	√	×	×	×	×	△	×	△	×	?	×	×	√④	×	√	×	×	×	×	×	中～高	10^2	中	大	L	×	√	15～500
	刮板	√	×	×	×	×	△	×	△	×	×	×	×	×	×	×	×	×	×	×	×	中～高	10^3	中	大～很大	L	×	√	15～100
	膜式	×	×	×	×	×	×	×	×	×	×	×	×	×	×	√	√	×	×	×	×	中	2.5×10^2	大	小	L	×	√	15～100
涡轮式		√	×	×	×	×	?	×	△	△	×	√	×	√④	×	√	×	×	×	×	×	中～高	10^4	小～中	中	L	√	√	10～500
电磁式		√	√	√	√	√	√	√	√	?	×	?	√	√	√	×	×	×	×	×	×	中～高	无限制	中～大	无	L	√	√	6～3000
旋涡式	涡街式	√	△	△	×	?	×	×	△	×	√	√	×	×	×	√	×	√⑥	×	√	√	中	2×10^4	小～大	小～中	L	?	×	50～300
	旋进式	√	×	×	×	×	×	×	×	×	×	×	×	×	×	√	×	×	×	×	×	中	1×10^4	中～大	中	L	?	×	50～150
超声式	传播速度差法	√	×	×	×	×	?	?	△	×	?	?	×	√	√	?	×	×	?	×	×	中	5×10^3	中～大	无	L	?	?	>100(25)
	多普勒法	√	√	√	√	√	×	?	√	△	?	×	×	△	×	×	×	×	×	×	×	低	5×10^3	小～中	无	L	×	×	>25
靶式			√	×	×	×	?	?	√	△	?	×	×	×	?	×	×	×	×	×	×	低～中	2×10^3	小	中	SR	?	×	15～200
热式		×	×	×	×	×	×	×	×	×	×	×	×	×	×	√	×	×	×	×	×	中	10^2	中	小	L	×	×	4～30
科氏力质量式		√	√	△	×	?	√	√	△	?	?	?	×	×	?	?⑤	×	×	?⑤	×	×	高	无数据	中～大	中～很大	L	√	△	6～150
插入式(涡轮、电磁、涡街)		√	②	②	×	②	②	②	②	②	②	②	×	√	②	√	×	√	×	×	×	低	无数据	②	小	L	×	×	>100

① 圆缺孔板。
② 取决于测量头类型。
③ 四分之一圆孔板，锥形入口孔板。
④ 500mm 管径以下。
⑤ 只适用高压气体。
⑥ 250mm 管径以下。
⑦ >200℃。
注：符号说明。√—最适用；△—通常适用；?—在一定条件下适用；×—不适用。输出特性：SR—平方根；L—线性。

表 6-8　常用流量计的安装要求

项目		传感器安装方位和流动方向				测双向流	上游直管段长度要求范围	下游直管段长度要求范围	装过滤器			公称直径范围/mm
		水平	垂直由下向上	垂直由上向下	倾斜任意		D(公称直径)/mm		推荐安装	不需要	可能安装	
差压式	孔板	✓	✓	✓	✓	✓②	5～80	2～8		✓		50～1000
	喷嘴	✓	✓	✓	✓	×	5～80	4		✓		50～500
	文丘里管	✓	✓	✓	✓	×	5～30	4		✓		50～1200(1400)
	弯管	✓	✓	✓	✓	✓③	5～30	4		✓		＞50
	楔形管	✓	✓	✓	✓	✓	5～30	4		✓		25～300
	均速管	✓	✓	✓	✓	×	2～25	2～4			✓	＞25
浮子式	玻璃锥管	×	✓	×	×	×	0	0			✓	1.5～100
	金属锥管	×	✓	×	×	×	0	0			✓	10～150
容积式	椭圆齿轮	✓	?	?	×	×	0	0	✓			6～250
	腰轮	✓	?	?	×	×	0	0	✓			15～500
	刮板	✓	×	×	×	×	0	0	✓			15～100
	膜式	✓	×	×	×	×	0	0		✓		15～100
涡轮式		✓	×	×	×	✓	5～20	3～10			✓	10～500
电磁式		✓	✓	✓	✓	✓	0～10	0～5		✓		6～3000
旋涡式	涡街式	✓	✓	✓	✓	×	1～40	5		✓		50～300
	旋进式	✓	✓	✓	✓	×	3～5	1～3		✓		50～150
超声式	传播速度差法	✓	✓	✓	✓	✓	10～50	2～5		✓		＞100(25)
	多普勒法	✓	✓	✓	✓	✓	10	5		✓		＞25
靶式		✓	✓	✓	✓	×	6～20	3～4.5		✓		15～200
热式		✓	✓	✓	✓	×	无数据	无数据	✓			4～30
科氏力质量式		✓	✓	✓	✓	×	0	0		✓		6～150
插入式(涡轮、电磁、涡街)		✓	①	①	①	①	10～80	5～10	①			＞100

① 取决于测量头类型。
② 双向孔板可用。
③ 25°取压可用。
注：符号说明。✓可用；×不适用；? 有条件下适用。

表 6-9　常用流量计的环境影响适应性比较

项目		温度影响	电磁干扰、射频干扰影响	本质安全防爆适用	防爆型适用	防水型适用
差压式	孔板	中	最小～小	①	①	①
	喷嘴	中	最小～小	①	①	①
	文丘里管	中	最小～小	①	①	①
	弯管	中	最小～小	①	①	①
	楔形管	中	最小～小	①	①	①
	均速管	中	最小～小	①	①	①

续表

项目		温度影响	电磁干扰、射频干扰影响	本质安全防爆适用	防爆型适用	防水型适用
浮子式	玻璃锥管	中	最小	√	√	√
	金属锥管	中	小～中	√	√	√
容积式	椭圆齿轮	大	最小～中	√	√	√
	腰轮	大	最小～中	√	√	√
	刮板	大	最小～中	√	√	√
	膜式	大	最小～中	√	√	√
涡轮式		中	中	√	√	√
电磁式		最小	中	×③	√	√
旋涡式	涡街式	小	大	√	√	√
	旋进式	小	大	×③	×③	√
超声式	传播速度差法	中～大	大	×	√	√
	多普勒法	中～大	大	√	√	√
靶式		中	中	×	√	√
热式		大	小	√	√	√
科氏力质量式		最小	大	√	√	√
插入式(涡轮、电磁、涡街)		最小～中	大～中	②	√	√

① 取决于差压计。
② 取决于测量头类型。
③ 国外有产品。
注：符号说明。√可用；× 不适用；? 有条件下适用。

表 6-10　常用流量计的经济性（相对费用）比较

费用		仪表购置费用	安装费用	流量校验费用	运行费用	维护费用	备件及修理费用
差压式	孔板	低～中①	低～高	最低	中～高	低	最低
	喷嘴	中	中	中	中～高	中	低
	文丘里管	中①	高	最低～高	低～中	中	中
	弯管	低～中①	中	最低	低	低	最低
	楔形管	中	中	中	中	低	中
	均速管	低～中①	中	中～高	低	低	低
浮子式	玻璃锥管	最低	最低	低	低	最低	最低
	金属锥管	中	低～中	低	低	低	低
容积式	椭圆齿轮	中～高	中	高	高	高	最高
	腰轮	高	中	高	高	高	最高
	刮板	中	中	高	高	高	最高
	膜式	低	中	中	最低	低	低
涡轮式		中	中	最低	中	高	高
电磁式		中～高	中	中	最低	中	中
旋涡式	涡街式	中	中	中	中	中	中
	旋进式	中	中	高	中	中	中

续表

费用		仪表购置费用	安装费用	流量校验费用	运行费用	维护费用	备件及修理费用
超声式	传播速度差法	高	最低～中	中	最低	中	低
	多普勒法	低～中	最低～中	低	最低	中	低
靶式		中	中	中	低	中	中
热式		中	中	高	低	高	中
科氏力质量式		最高	中～高	高	高	中	中
插入式(涡轮、电磁、涡街)		低	低	中	低	低～中	低～中

① 取决于差压计费用。

6.2.4　物位测量仪表的选型

(1) 物位测量仪表的分类和特性

按测量方法对物位仪表可分类如下。

① 直接式液位测量仪表：有玻璃管式液位计和玻璃板式液位计。这两种液位计又分反射式和透射式。

② 差压式液位测量仪表：有压力式液位计、吹气法压力式液位计和差压式液位（或界面）计。

③ 浮力式液位测量仪表：有浮筒式液位计、浮球式（包括浮球、浮标式）液位计和磁性翻板式液位计。

④ 电气式液位测量仪表：有电接点式液位计、电容式液位计和磁致伸缩式液位计。

⑤ 超声波式液位测量仪表。

⑥ 放射性液位计。

⑦ 雷达液位计。

常用液位测量仪表的特性简述如下。

① 直接式液位测量仪表：用于就地测量液位，现场显示。因液位计与被测介质直接接触，其材质需适应介质要求，并能承受操作状态的压力和温度。

② 差压式液位测量仪表：以压力和差压变送器来测量液位。在石化生产过程中大量应用差压变送器测量液位，对腐蚀、黏稠介质可采用法兰式及带毛细管的差压变送器。为保证测量的正确，介质的密度应相对稳定。

③ 浮力式液位测量仪表：浮筒式液位计的测量范围有限，一般为300～2000mm，因此适用于液位波动较小，密度稳定，介质洁净的场合。浮标式液位计测量范围较大，也适用于易燃、有毒的介质。

④ 电气式液位测量仪表：电接点式液位计结构简单，价格便宜，可适用于高温、高压的场合。电容式液位计适宜于有腐蚀、有毒、导电或非导电介质的液位测量，对黏稠、易结垢的介质，尚可选择带保护极的测量电极。

⑤ 超声波式液位测量仪表：是运用声波反射的一种无接触式液位测量仪表。声波必须在空气中传播，因此不能用于真空设备。

⑥ 放射性液位计：是真正的不接触测量各种容器的液位或料位，适用于高压、高温、强腐蚀及高黏度介质的场合。但仪表必须由专人管理，保证操作和使用的安全性。

⑦ 雷达液位计：运用高频脉冲电磁波反射原理进行测量，适用于恶劣的操作条件下液位或料位的测量。

(2) 物位测量仪表的选型

物位测量仪表的选型原则如下。

① 应深入了解工艺条件、被测介质的性质，测控系统的要求，以便对仪表的技术性能做出充分评价。

② 液位和界面测量应首选用差压式、浮筒式和浮子式仪表。当不能满足要求时，可选用电容式、电接触式（电阻式）、声波式等仪表。料位测量应根据物料的粒度、物料的安息角、物料的导电性能、料仓的结构形式及测量要求进行选择。

③ 仪表的结构形式和材质，应根据被测介质的特性来选择。主要考虑的因素为压力、温度、腐蚀性、导电性；是否存在聚合、黏稠、沉淀、结晶、结膜、气化、起泡等现象；密度和密度变化；液体中含悬浮物的多少；液面扰动的程度以及固体物料的粒度。

④ 仪表的显示方式和功能，应根据工艺操作及系统组成的要求确定。

⑤ 仪表量程应根据工艺对象的实际需要显示的范围或实际变化范围确定。

⑥ 仪表精度应根据工艺要求选择，但供容积计量用的物位仪表，其精度等级应在 0.5 级以上。

⑦ 用于有爆炸危险场所的电气式物位仪表，应根据防爆等级要求，选择合适的防爆结构形式或其他防护措施。

表 6-11、表 6-12 分别列出了液位、料位、界面测量仪表选型的推荐表和料位测量仪表选型参考表，供物位测量仪表选型时参考。

表 6-11 液位、料位、界面测量仪表选型推荐表

仪表名称	液体		液/液界面		泡沫液体		脏污液体		粉状固体		粒状固体		块状固体		黏湿性固体	
	位式	连续	位式	连续	位式	连续	位式	连续	位式	连续	位式	连续	位式	连续	位式	连续
差压式	好	好	可	可	—	—	可	可	—	—	—	—	—	—	—	—
浮筒式	好	好	可	可	—	—	差	可	—	—	—	—	—	—	—	—
浮子式开关	好	—	可	—	—	—	差	—	—	—	—	—	—	—	—	—
带式浮子式	差	好	—	—	—	—	—	差	—	—	—	—	—	—	—	—
光导式	—	好	—	—	—	—	—	差	—	—	—	—	—	—	—	—
磁性浮子式	好	好	—	—	差	差	差	差	—	—	—	—	—	—	—	—
电容式	好	好	好	好	好	可	好	差	可	可	好	可	可	可	好	可
电阻式(电接触式)	好	—	差	—	好	—	好	—	差	—	差	—	差	—	好	—
静压式	—	好	—	—	—	可	—	可	—	—	—	—	—	—	—	—
声波式	好	好	差	差	—	—	好	好	—	差	好	好	好	好	可	好
微波式	—	好	—	—	—	—	—	好	好	好	好	好	好	好	—	好
辐射式	好	好	—	—	—	—	好	好	好	好	好	好	好	好	好	好
激光式	—	好	—	—	—	—	—	好	—	好	—	好	—	好	—	好
吹气式	好	好	—	—	—	—	差	可	—	—	—	—	—	—	—	—
阻旋式	—	—	—	—	—	—	差	—	可	—	好	—	差	—	可	—
隔膜式	好	好	可	—	—	—	可	可	差	差	差	—	差	—	可	差
重锤式	差	好	—	—	—	—	—	好	—	好	—	好	—	好	—	好

表6-12 料位测量仪表选型参考表

分类	方式	功能	特点	注意事项	适用对象
电气式	电阻式	位式测量	价廉，无可动部件，易于应付高温、高压，体积小	电导率变化，电极被介质附着	导电性物质、焦炭、煤、金属粉、含水的砂等
	电容式	位式测量 连续测量	无可动部件，耐腐蚀，易于应付高温、高压，体积小	电磁干扰，含水率的变化，电极被介质黏附，多个电容式仪表在同一场所相互干扰	导电性和绝缘性物料、煤、塑料单体、肥料、砂、水泥等
	音叉式	位式测量	不受物性变化的影响，灵敏度高，气密性、耐压性良好，无可动部件，可靠性高	电容振动，音叉被介质附着，荷重	粒度100mm以下的粉粒体
	超声波（声阻断式）	位式测量	不受物性变化的影响，无可动部件，在容器所占的空间小	杂音，乱反射，附着	粒度5mm以下的粉粒体
	超声波（声反射式）	连续测量	非接触测量，无可动部件	二次反射，粉尘、安息角、粒度	微粉以下的粉粒体、煤、塑料粉粒
	微波式	位式测量 连续测量	非接触测量，无可动部件	乱反射，自由空间，水蒸气	高温、黏附性大、腐蚀性大、毒性大的颗粒状、大块状物料
	核辐射式	位式测量 连续测量	非接触测量，不必插入容器，可靠性高	需有使用许可证，核放射源的寿命	高温、高压、黏附性大、腐蚀性大、毒性大的粉状、颗粒状、大块状物料
	激光式	连续测量	非接触测量，无可动部件	如果光线太暗，信号衰减过大，物料不能完全透明	高温、真空、粉状、颗粒状、块状物料
机械式	阻旋式	位式测量	价廉，受物性变化影响	由于物料流动引起误动作，粉尘侵入，荷重，寿命	物料比密度在0.2以上的小粒度物料。
	隔膜式	位式测量	在容器所占空间小、价廉	粉粒压力、流动压力，附着	小粒度的粉粒体
	重锤探测式	位式测量 连续测量	大量程，精确度高	索带的寿命，重锤的埋设，测定周期	附着性不大的粉粒体、煤、焦炭、塑料、肥料，量程可达70m

6.2.5 过程分析仪表的选型

6.2.5.1 过程分析仪表的分类及特性

过程分析仪表按工作原理进行分类，能分为热导式分析仪、磁导式分析仪、光学式分析仪、电化学式分析仪、热化学式分析仪、色谱仪、质谱分析仪等。

(1) 热导式分析仪

热导式分析仪是一种应用较为广泛的物理式气体分析仪，品种较多，可用于混合气体中某一组分含量的分析。这类分析仪的测量原理是气体成分的变化引起热导率变化，致使热丝电阻值发生变化，从而测知气体的成分。

(2) 磁导式分析仪

① 热磁式氧分析仪。氧比其他气体的磁化率高，而气体的磁化率与绝对温度的平方成

反比。这是热磁式氧分析仪工作的基本依据。

② 磁力机械式氧分析仪：磁力机械式氧分析仪也是利用氧的强顺磁性来设计的，但在检测方法上与热磁式有所不同。

(3) 光学式分析仪

应用光学方法制成的各种成分分析仪是分析仪表中较为重要的一类。在工业中应用较广的有红外线分析仪、紫外线分析仪、光电比色分析仪等。

① 红外线分析仪：红外线分析仪是根据气体（或液体、固体）对红外线的吸收原理设计的一种物理式的成分分析仪。工业型红外线分析仪的结构形式很多，有分光式及不分光式；直读式及补偿式；单光束式及双光束式等。其中不分光直读式双光束红外线分析仪应用较广。

② 紫外线分析仪：紫外线分析仪的工作原理和红外线分析仪相似，可用来测定气体或液体中某一组分的含量。

③ 光电比色分析仪：光电比色分析仪工作于可见光区域，比色分析法就是根据溶液或气体的颜色深浅来确定其中某种物质的含量。

(4) 电化学式分析仪

电化学式分析仪的种类很多，按工作原理来分有电导式、电位式、库仑式、极谱式等。

① 电导式分析仪：电导式分析仪是通过测量溶液的电导，而间接得知溶液的浓度。它既可用来分析一般的电解质溶液，也可用于分析气体的浓度，只要该气体被电导液吸收即可。

电磁浓度计也是一种电导式浓度计，不过，它是基于电磁感应原理来反映电导的变化的。与带有电极测量部件的电导式分析仪相比较，其测量部件不与待测溶液直接接触，故称为非接触式测量法。对于强腐蚀性、稀泥浆及高电导溶液的浓度测量，运用它是一种较为理想的测量方法。

② 电位式分析仪：电位式分析仪的基本原理是测定插在被测溶液中的两个电极间的电位差，来确定该溶液的浓度。最有代表性的电位式分析仪为 pH 计，也称酸度计。

工业钠度计也是一种电位式分析仪，其工作原理与 pH 计相似。

③ 库仑式分析仪：库仑式分析仪是测量电解过程中所消耗的电量的仪表。测得消耗的电量，可求出被测物质的含量。

④ 极谱式分析仪：根据极谱图对被测物质进行定量和定性的分析。

⑤ 氧化锆分析仪：以氧化锆管为电解质的浓差电池，由测得的电势 E 就可求出被测气体的氧分压，即氧含量，常用于测量烟气中氧含量。

(5) 热化学式分析仪

热化学式分析仪是利用试样中被测组分在催化剂作用下，发生燃烧等化学反应，根据产生的反应热，来测定被测组分的含量。较有代表性的热化学式分析仪为可燃气体检测报警仪。

(6) 色谱仪

色谱仪是先将混合物在色谱柱上进行分离，然后检测分离后的单独组分，测定各组分浓度。色谱仪根据流动相的不同，可分为气相色谱仪和液相色谱仪。

① 气相色谱仪：气相色谱仪是一种间断式分析仪，除了在实验室应用外，由于它的分析速度较快，周期较短，工业上仍把它作为一种连续监测和控制用的分析仪。

② 液相色谱仪：液相色谱仪的组成、测量原理及操作过程等和气相色谱仪相似，不同的是流动相为液相。

（7）质谱分析仪

质谱分析仪是用于测定化合物的组成、结构及含量的仪表。

（8）其他类型分析仪

为了满足不同的分析要求，还有多种类型的分析仪表，诸如核磁共振波谱仪、工业折光仪（光电浓度变送器）、密度式硫酸浓度计、水质浊度计、ORP（氧化还原电势）检测器、热量计等。

6.2.5.2 过程分析仪表的选择

成分分析仪的特点是专用性很强，每一种分析仪的适用范围都是有限的。同一类分析仪，即使有相同的测量范围，但由于待测试样的背景组成不同，并不一定都能适用。因此，在选用时需考虑下列原则。

（1）分析对象的考虑

分析对象是指试样的类型、待测组分和背景组分。试样有气体、液体和固体三类。气体分析仪品种齐全，在过程检测中取得较好的应用。

（2）分析仪性能的选择

① 选择性：选择性是分析仪辨别试样中待测组分与背景组分的能力。应选用对试样中待测组分起响应，而对背景组分不敏感的分析仪表。分析仪的选择性主要取决于仪表的测量原理，此外也与待测试样中各组分的相对浓度、试样状态有关。

② 响应时间：分析仪的响应速度主要决定于分析原理，其次是仪表的结构。通常物理式分析仪响应时间 T_{90}（表示响应达 90%的时间）为几秒到几十秒；而电化学式则是一至数分钟；对于如色谱仪一类周期性的取样分析仪，响应速度取决于每个分析取样周期。

③ 精确度：分析仪的精确度同仪表的工作条件、试样状况、校验情况等有关。仪表的各生产厂家确定的分析仪精度，规定的条件也不同。因此在选用时，尚需考虑实际使用条件与规定条件的差异带来的误差。

在分析仪中引入微处理器或计算机后，使分析仪的精确度大大提高，可高达±(0.5～1)%，一般也能达到±(1～2.5)%，微量分析的分析仪精确度为±(2～5)%，少数的为±10%或更大。

在分析仪性能的选择时，还应考虑到仪表的灵敏度、测量范围等指标。

（3）适应安装现场的环境要求

在选择分析仪的结构形式时，尚需根据安装现场的环境要求，考虑是否采用防爆、防腐、防震及防磁等结构。例如，在爆炸危险场所，应选用防爆型分析仪，或采取相应的防爆措施后，能达到所要求的防爆等级的普通型分析仪。

（4）其他因素

在考虑了以上三点因素外，还应从经济上（性能价格比）、分析仪的操作复杂程度和日常维护工作量等方面综合考虑，选用适宜的分析仪。

表 6-13 所示为过程分析仪的选用简表，供分析仪选择时参考。

表 6-13 过程分析仪选用简表

介质类别	待测组分（或物理量）	含量范围	背景组成	可选用的过程分析仪
气体	H_2	常量，ϕ_{H_2}	Cl_2	热导式氢分析仪
			N_2	
			Ar	
			O_2	
	O_2	常量，ϕ_{O_2}	烟道气	①热磁式氧分析仪 ②磁力机械式氧分析仪 ③氧化锆氧分析仪 ④极谱式氧分析仪
			含过量氢	热化学式氧分析仪
			SO_2	氧化锆氧分析仪
		微量/10^{-6}	Ar，N_2，He	①氧化锆氧分析仪 ②电化学式微量氧分析仪
	Ar	常量，ϕ_{Ar}	N_2，O_2	热导式氩分析仪
	SO_2	常量，ϕ_{SO_2}	空气	①热导式 SO_2 分析仪 ②工业极谱式 SO_2 分析仪 ③红外线 SO_2 分析仪
	CH_4	常量，ϕ_{CH_4} 微量/10^{-6}	H_2，N_2	红外线 CH_4 分析仪
	CO_2	常量，ϕ_{CO_2}	烟道气（N_2，O_2） 窑气（N_2，O_2）	①热导式 CO_2 分析仪 ②红外线 CO_2 分析仪
		微量/10^{-6}	H_2，N_2，CH_4，Ar，CO，NH_3	①红外线 CO_2 分析仪 ②电导式微量 CO_2、CO 分析仪
	C_2H_2	微量/10^{-6}	空气或 O_2 或 N_2	红外 C_2H_2 分析仪
	NH_3	常量/%	N_2，H_2 等	电化学式（库仑滴定）分析仪
	H_2S	微量/10^{-6}	天然气等	光电比色式 H_2S 分析仪
	可燃性气体	爆炸下限/%	空气	可燃性气体检测报警器
	多组分	常量或微量	各种气体	工业气相色谱仪
	水分	微量/10^{-6}	空气或 H_2 或 O_2	①电解式微量水分分析仪 ②压电式微量水分分析仪
			惰性气体	
			CO 或 CO_2	
			烷烃或芳烃等气体	
	热值	800～10000kcal/m^3（标准状态）	燃气、天然气或煤气	气体热值仪
液体	溶解氧	微量/（μg/L）	除氧器锅炉给水	电化学式水中氧分析仪
		微量/（μg/L）	水、污水等	极谱式水中氧分析仪
	硅酸根	微量/（μg/L）	蒸汽或锅炉给水	硅酸根分析仪
	磷酸根	微量/（μg/L）	锅炉给水	磷酸根分析仪
	酸（HCl 或 H_2SO_4 或 HNO_3）	常量，$\phi_{酸(碱)}$	H_2O	①电磁式浓度计 ②密度式硫酸浓度计 ③电导式酸碱浓度计
	碱（NaOH）			

续表

介质类别	待测组分（或物理量）	含量范围	背景组成	可选用的过程分析仪
液体	盐	微量/(mg/L)	蒸汽	盐量计
	Cu	Cu/(mol/L)	铜氨液	Cu光电比色式分析器
	对比电导率	—	阳离子交换器出口水	阳离子交换器失效监督仪
			阴离子交换器出口水	阴离子交换器失效监督仪
	电导率		水或离子交换后的水	工业电导仪
	浊度	微量/(mg/L)	自来水、工业用水	水质浊度计
	pH		各种溶液	工业酸度计(测量电极为玻璃电极)
			不含氧化还原性物质和重金属离子或与锑电极能生成负离子物质的溶液	锑电极酸度计
	钠离子	(4～7)P_{Na}	纯水	工业钠度计
	黏度	0～50000cP	牛顿型液体	超声波黏度计
	折光率(浓度)	—	各种溶液	工业折光计(光电浓度变送器)

注：1cal＝4.1868J。

6.2.6 控制阀的选型

6.2.6.1 控制阀的分类和特性

控制阀如果按其执行机构的驱动能源来分可分为气动、电动、液动三大类。而从阀来分，类型更多。

以执行机构分类如下。

(1) 气动执行机构

气动执行机构可分为气动薄膜执行机构、气动活塞执行机构、气动长行程执行机构、增力型薄膜执行机构（侧装式执行机构）。其中气动薄膜执行机构在石油、化工等生产过程中用得最为广泛。

(2) 电动执行机构

电动执行机构由电动机、减速器及位置发送器三部分组成。

(3) 液动执行机构

液动执行机构在石油、化工等生产过程中很少使用。

以阀分类如下。

阀的类型很多，根据结构形式和用途来分，最常用的是直通单座阀、直通双座阀、蝶阀、角形阀、三通阀、隔膜阀。然而为满足工艺的各种需要，出现了许多新型阀门。如阀体分离阀、波纹管密封阀、低温阀、小流量阀、偏心旋转阀（凸轮挠曲阀）、套筒阀（笼式阀）、O形球阀、V形球阀、高温蝶阀、高压蝶阀、超高压以及低噪声阀等。

① 直通单座阀：直通单座阀阀体内只有一个阀芯和阀座。

② 直通双座阀：其基本组成部件和单座阀相同，只是阀体内有两个阀芯。

③ 角形阀：角形阀除阀体为直角形外，其他结构与直通阀相似。

④ 三通阀：三通阀可分为分流式和合流式两种，可以用于混合两种流体，又可将一种流体分为两股。

⑤ 蝶阀：蝶阀是旋转型阀中最常用的一种。它由阀板在阀体内旋转的角度不一样，使阀的流通面积不一样，从而改变通过阀的流量。

⑥ 隔膜阀：它是由阀杆的位移带动阀芯，使隔膜上、下动作，改变它与阀体堰面间的流通截面，从而使通过阀的流量发生变化。

⑦ 套筒阀（笼式阀）：它是普通单、双座阀的变型，是在一个单座阀体内装入一个圆筒形的套筒，阀芯利用套筒作导向，并在其中自由滑动。阀芯上开有平衡孔，所以不平衡力减小，稳定性好，噪声小。

⑧ 球阀：球阀按结构可分 O 形球阀和 V 形球阀两种，阀芯为一个开孔球体，由阀杆带动在密封座中旋转，使阀以全开到全关。

⑨ 偏心旋转阀（凸轮挠曲阀）：偏心旋转阀的阀芯呈扇形球面状，阀体为直通型，阀芯做偏心旋转运动。

6.2.6.2 控制阀的选择

控制阀的选用主要从下面几个方面来考虑。

(1) 合理选用阀型和阀体、阀内件的材质

这方面主要从被控流体的种类、腐蚀性和黏度、流体的温度、压力（入口和出口）、最大和最小流量及正常流量时的压差等因素来确定。有关控制阀选用可参见表 6-14。阀体组件材料的选择可参见表 6-15。

表 6-14 控制阀选用参考表

序号	名　称	主要优点	应用注意事项
1	直通单座阀	泄漏量小	阀前后压差较小
2	直通双座阀	流量系数及允许使用压差比同口径单座阀大	耐压较低
3	波纹管密封阀	适用于介质不允许泄漏的场合，如氢氰酸、联苯醚有毒物	耐压较低
4	隔膜阀	适用于强腐蚀、高黏度或含有悬浮颗粒及纤维的流体。在允许压差范围内可做切断阀用	耐压、耐温较低，适用于对流量特性要求不严的场合（近似快开）
5	小流量阀	适用于小流量和要求泄漏量小的场合	
6	角形阀	适用于高黏度或含有悬浮物和颗粒状物料	输入与输出管道成角形安装
7	高压阀（角形）	结构较多级高压阀简单，用于高静压、大压差、有气蚀、空化的场合	介质对阀芯的不平衡力较大，必须选配定位器
8	多级高压阀	基本上解决以往控制阀在控制高压差介质时寿命短的问题	必须选配定位器
9	阀体分离阀	阀体可拆为上、下两部分，便于清洗。阀芯、阀体可采用耐腐蚀衬压件	加工、装配要求较高
10	三通阀	在管道压差和温差不大的情况下，能很好地代替两个二通阀，并可用作简单的配比调节	两流体的温差 Δt<150℃
11	蝶阀	适用于大口径，大流量和浓稠浆液及悬浮颗粒的场合	流体对阀体的不平衡力矩大，一般蝶阀允许压差小
12	套筒阀（笼式阀）	适用阀前后压差大和液体出现闪蒸或空化的场合，稳定性好，噪声低，可取代大部分直通阀、双座阀	不适用于含颗粒介质的场合

续表

序号	名　称	主 要 优 点	应用注意事项
13	低噪声阀	比一般阀可降低噪声 10～30dB(A)，适用于液体产生闪蒸、空化和气体在缩流面处流速超过音速且预估噪声超过 95dB(A)的场合	流通能力为一般阀的 1/2～1/3，价格贵
14	超高压阀	公称压力达 350MPa，是化工过程控制高压聚合釜反应的关键执行器	价格贵
15	偏心旋转阀(凸轮挠曲阀)	流路阻力小，流量系数较大，可调比大，适用于大压差、严密封的场合和黏度大及有颗粒介质的场合。很多场合可取代直通单座、双座阀	由于阀体是无法兰的，一般只能用于耐压小于 6.4MPa 的场合
16	球阀(O 形、V 形)	流路阻力小，流量系数较大，密封好，可调范围大，适用于高黏度、含纤维、含固体颗粒和污秽流体的场合	价格较贵，O 形球阀一般做二位调节用。V 形球阀做连续调节用
17	卫生阀(食品阀)	流路简单，无缝隙、死角积存物料，适用于啤酒、番茄酱及制药、日化工业	耐压低
18	二位式二(三)通阀	几乎无泄漏	仅做位式调节用
19	低压降比(低 s 位)阀	在低 s 值时有良好的调节性能	可调比 $R\approx10$
20	塑料单座阀	阀体、阀芯为聚四氟乙烯，用于氯气、硫酸、强酸等介质	耐压低
21	全钛阀	阀体、阀芯、阀座、阀盖均为钛材，耐多种无机酸、有机酸	价格贵
22	锅炉给水阀	耐高压，为锅炉给水专用阀	

表 6-15　控制阀体组件常用材料表

阀 类 型	阀内件名称	材料	使用温度/℃	使用压力/MPa
一般单、双座阀、角形阀、三通阀	阀体、阀盖	HT200	−20～250	1.6
		ZG230-450	−40～250	4.0、6.4
		ZG1Cr18Ni9	−60～250 带散热片	
	阀杆、阀芯、阀座	1Cr18Ni9	60～250	1.6、4.0、6.4
	垫片	2Cr13、1Cr18Ni9 夹石棉板		
	密封填料	V 形聚四氟乙烯		
高温单、双座阀、角形阀、三通阀	阀体、阀盖	ZG1Cr18Ni9、ZG230-450	250～450 阀盖带散热片	4.0、6.4
		ZG1Cr18Ni9	450～650 阀盖加长颈和散热片	4.0、6.4
	阀杆、阀芯、阀座	1Cr18Ni9	450～600	4.0、6.4
	垫片	2Cr13、1Cr18Ni9 夹石棉板		
	密封填料	V 形聚四氟乙烯		
低温单、双座阀	阀体、阀盖	ZG1Cr18Ni9	−60～−250 阀盖加长颈和散热片	0.6、4.0、6.4
	阀杆、阀芯、阀座	1Cr18Ni9		
	垫片	浸蜡石棉橡胶板		
	密封填料	V 形聚四氟乙烯		

续表

阀类型	阀内件名称	材料	使用温度/℃	使用压力/MPa
高压角阀	阀体、阀盖	锻钢(25或40)	−20～250	22、32
		ZG1Cr18Ni9Ti、ZGCr18Ni12Mo2Ti	250～450，阀盖带散热片	
	阀芯	YGbX、YG8可淬钢渗铬，1Cr18Ni9Ti，Cr18Ni12Mo2Ti堆焊钴铬钨合金	−40～450	
	阀杆	2Cr13、1Cr18Ni9		
	阀座	2Cr13、可淬硬钢		
	密封垫料	V形聚四氟乙烯		
蝶阀	阀体、阀板	HT200	−20～250	0.6
		ZG1Cr18Ni9、ZG1Cr13Ni9Ti、ZGCr18Ni12Mo2Ti	−40～−200	
	阀体	ZG2Cr5Mo，阀体外部可采用耐热纤维板	200～600	0.1
	阀板、主轴	12CrMoV、1Cr18Ni9		
	轴承	GH132及GH132渗铬		
	密封垫料	高硅氧纤维(SiO_2 96%以上)		
	阀体	ZG230-450与介质接触的内层为耐热混凝土，外层为硅酸铝纤维或高硅氧纤维	600～800	
	主轴	Cr22Ni4N、Cr25Ni20Si2、Cr25Ni20		
	阀板	Cr19Mn12Si2N		
	主轴	GH132及GH132渗铬		
波纹管密封阀	阀体、阀盖	ZG1Cr18Ni9	−60～150	1.0
	阀杆、阀芯、底座、波纹管	1Cr18Ni9		
	密封填料	V形聚四氟乙烯(加在波纹管上部)		
小流量阀	阀体、阀杆、阀芯	1Cr18Ni9	−60～250	10.0
	垫片	08、10钢		
	密封材料	V形聚四氟乙烯		

(2) 正确确定控制阀的口径

阀的口径确定是根据工艺提供的有关参数，计算出流量系数 k_v（流通能力 C）来确定的。

(3) 选择合适的流量特性

控制阀的流量特性，考虑对系统的补偿及管路阻力情况来确定。自控设计人员在系统设计时应予以考虑。

(4) 控制阀开闭形式确定

开闭形式的确定主要是从生产安全角度出发来考虑。当阀上控制信号或气源中断时，应避免损坏设备和伤害人员。如事故情况下控制阀处于关闭位置时危害较小，则选用气开式，反之，应选用气闭式。

此外，如对控制阀有最大允许的噪声等级要求，则噪声超出允许值时，应合理采取降低噪声的措施或选低噪声阀。

6.3 仪表数据表

自控方案确定和仪表选型后，此时可编制自控仪表规格表。反映自控仪表的型号、规格及在各测量、控制系统中的使用和位置等情况，根据不同的设计体制和设计标准，可以编制成各种形式的仪表规格表。本节将介绍国际通用设计体制《化工装置自控工程设计规定》(HG/T 20636～20639) 对自控仪表规格表的编制方式。

在这个国际通用设计体制中，主要由“仪表索引”“仪表数据表”来表达自控仪表的选型和使用等情况。

“仪表索引”是以一个仪表回路为单元，按被测变量英文字母代号的顺序列出所有构成检测、控制系统的仪表设备位号、用途、名称和供货部门以及相关的设计文件号。表6-16列出了“仪表索引”的示例。

“仪表数据表”是与仪表有关的工艺、机械数据，对仪表及附件的技术要求、型号及规格等。

“仪表数据表”在国际通用设计体制中有三种版本：中英文对照版仪表数据表、中文版仪表数据表和英文版仪表数据表。通常国内工程项目可选用中英文对照版或中文版，出口工程项目或涉外工程项目可选用中英文对照版或英文版。

中英文对照版仪表数据表在《化工装置自控专业工程设计用典型图表 自控专业工程设计用典型表格》(HG/T 20639.1) 中列出了指示调节器、可编程调节器、单针指示仪、双针指示仪、多点温度显示仪、单笔记录仪、双笔记录仪、多笔记录仪、手动操作器（带指示)、比值给定器、指示报警仪、闪光报警器、数字显示仪、积算器和计数器、温度变送器、配电器、配电器（双通道)、安全栅、安全栅（双通道)、报警设定器、加减器、乘除器、电源箱、供电箱、UPS装置、仪表盘、信号分配器、电源分配器、节流装置、差压变送器（流量)、容积式流量计（涡轮、椭圆齿轮、腰轮)、电磁流量计（变送器)、旋涡流量变送器、转子流量计、均速管流量计、水表、整体孔板流量变送器、质量流量计、超声波流量计、浮筒液位变送器、差压变送器（液位)、浮球（子）液位计、气动液位指示调节仪、液位开关、磁性液位计（变送器)、超声波液（料）位计、雷达液（料）位计、射频导纳液（料）位计、罐表、压力表、隔膜压力表、带电接点压力表、压力变送器、气动压力指示调节仪、双波纹管差压计、压力开关、差压变送器、绝对压力变送器、双金属温度计、带电接点双金属温度计、热电阻、热电偶、温度开关、一体化温度变送器、气动温度指示调节器、温度计套管、pH分析器、自动分析器、可燃、毒害气体检测报警器、调节阀、电动调节阀、气动切断阀、自力式调节阀、二通电磁阀、先导电磁阀、转换器、称重仪、接近开关、转速开关等73种典型表格。表6-17列出了中英文对照版仪表数据表（INSTRUMENT DATA SHEET）中压力变送器（PRESSURE TRANSMITTER）的示例。

中文版仪表数据表在《化工装置自控专业工程设计用典型图表 自控专业工程设计用典型表格》(HG/T 20639.1) 中列出了37种典型表格，表6-18所示为中文版表压和绝压变送器的仪表数据表。

英文版仪表数据表在《化工装置自控专业工程设计用典型图表 自控专业工程设计用典型表格》(HG/T 20639.1) 中也列出了37种典型表格，表6-19所示为英文版Instrument Data Sheet Gauge pressure & absolute pressure transmitters。

表 6-16 仪表索引表示例

备注 REMARKS	安装图号 HOOKUP DWG	仪表位置图号 LOCATION DWG	回路图号 LOOP DWG No.	数据表号 SHEET No.	P&ID 号 P&ID No.	供货部门 SUPPLIER	仪表名称 INSTRUMENT DISCRIPTION	用途 SERVICE	仪表位号 TAG No.
	(××××-××-34)	(××××-××-28)	(××××-××-16)	(××××-××-04)					
			P.×					出工段净化气 CO_2 分析	AR-301
	P.×	P.×		P.×			红外线分析器		AT-301
DCS				P.×	××××-×××-×		记录仪		AR-301
			P.×					人 CO_2 吸收塔贫液量	FIC-301
	P.×	P.×		P.×			法兰取压孔板		FE-301
	P.×	P.×		P.×			流量变送器		FT-301
				P.×			安全栅		FN-301A
DCS				P.×	××××-×××-×		指示调节器		FIC-301
				P.×			安全栅		FN-301B
				P.×			电气阀门定位器		FY-301
	P.×	P.×		P.×	××××-×××-×		直通双座控制阀		FV-301
			P.×					气提再生塔	LIA-301
	P.×	P.×		P.×			双法兰式液位变送器		LT-301
				P.×			安全栅		LN-301
DCS				P.×	××××-×××-×		指示报警仪		LIA-301
								人工段变换气	PI-301
	P.×	P.×		P.×			压力变送器		PT-301
				P.×			安全栅		PN-301
DCS				P.×	××××-×××-×		指示仪		PI-301

修改 REV	说明 DESCRIPTION	设计 DESD	日期 DATE	校核 CHKD	日期 DATE	审核 APPD	日期 DATE	设计单位	仪表索引 INSTRUMENT INDEX	项目名称 PROJECT	
										分项名称 SUBPROJECT	
										图号 DWG. No.	
									合同号 CONT. No.	设计阶段 STAGE	第 张 共 张 SHEET OF

注：P.×是该设计文件的页号。

表 6-17 中英文对照版仪表数据表压力变送器示例

<table>
<tr><td rowspan="4">设计单位
Design Department</td><td colspan="2" rowspan="3">仪表数据表
INSTRUMENT DATA SHEET
压力变送器
PRESSURE TRANSMITTER</td><td colspan="2">项目名称
PROJECT</td><td></td></tr>
<tr><td colspan="2">分项名称
SUBPROJECT</td><td></td></tr>
<tr><td colspan="3">图号 DWG. No.</td></tr>
<tr><td>合同号
CONT. No.</td><td></td><td>设计阶段
STAGE</td><td></td><td>第 张 共 张
SHEET OF</td></tr>
</table>

位号 TAG No.	PT-501	PT-503	
用途 SERVICE	入 CO_2 吸收塔压力	再生塔塔顶压力	
P&ID 号 P&ID No.	××××-×××-×	××××-×××-×	
管道编号/设备位号 LINE No. /EQUIP. No.	PG-66810	CO-66801	
操作条件 OPERATING CONDITIONS			
工艺介质 PROCESS FLUID	低变气	CO_2	
操作压力 OPER. PRES. (G)/MPa	1.85	0.14	
操作温度 OPER. TEMPER. /℃	90	98	
最大压力 MAX. PRESS. (G)/MPa	—	—	
变送器规格 TRANSMITTER SPECIFICATION			
型号 MODEL	1751GP7E12$M_1B_3D_2I_9$	1751GP5E12$M_1B_3D_2I_9$	
测量范围 MEAS. RANGE/MPa	0～2.0	0～0.08	
精度 ACCURACY/%	0.25	0.25	
输出信号 OUTPUT SIGNAL/mA DC	4～20	4～20	
测量原理 MEAS. PRINCIPLE	电容式	电容式	
测量元件材质 MEASURING ELEMENT MATERIAL	316SS	316SS	
本体材质 BODY MATERIAL	304SS	304SS	
终端接头规格 END CONN. SIZE	1/2″NPTF	1/2″NPTF	
电气接口尺寸 ELEC. CONN. SIZE	1/2″NPTF	1/2″NPTF	
防爆等级 EXPLOSION-PROOF CLASS	EXib Ⅱ CT5	EXib Ⅱ CT5	
防护等级 ENCLOSURE PROOF	IP65	IP65	
安装形式 MOUNTING TYPE	支架	支架	
安装图号 HOOK-UP No.	××××-×××-36	××××-×××-36	
附件 ACCESSORIES	带安装支架	带安装支架	
输出指示表 OUTPUT INDICATOR			
毛细管长度 CAPILLARY LENGTH	—	—	
毛细管材料 CAPILLARY MATERIAL	—	—	
毛细管填充材料 CAP. FILL FLUID	—	—	
密封膜片材质 DIAPHRAGM MATERIAL	—	—	
法兰标准及等级 FLANGE STD. & RATING	—	—	
法兰尺寸及密封面 FLANGE SIZE & FACING	—	—	
法兰材质 FLANGE MATERIAL	—	—	
制造厂 MANUFACTURER	×××	×××	
备注 REMARKS			

修改 REV.	说明 DESCRIPTION	设计 DESD	日期 DATE	校核 CHKD	日期 DATE	审核 APPD	日期 DATE

表 6-18 中文版仪表数据表表压和绝压变送器示例

设计单位	仪表数据表 表压和绝压变送器	项目名称		
		分项名称		
		图号		
		设计阶段		第　页共　页

1	测量	□表压		□绝压	
2	测量元件	形式：	□隔膜	□波纹管　□____	温度极限　____℃
3	材料	本体：	□碳钢镀	□316 SS　□____	测量元件：□316L SS　□__
4		其他接液件：		□316 SS　□____	垫　片：□PTFE　□__
5	连接	过程：	□1/2″NPT	□1/4″NPT□____	
6		电气：	□ZG 1/2″	□________	气　动：□1/4″NPT　□__
7	形式	电　动：	□4～20mA	□________	气动：□0.02～0.1MPa
8		测量原理：	____________		
9	动力	供电：	□24V DC	□__最大负荷__Ω	供气：□0.14MPa　□__
10	外壳	保护等级	□IP54	电气结构：□Exi __□Ex. d□__组__温度等级__	
11			□____	合格证________ No. ________标准________	
12	安　装	□支架		□____________	
13	精　度	□±0.5%FS		□________	
14	隔膜密封	材料：本体____隔膜____毛细管及铠装保护：______			图1
15		法兰连接：　*DN*　　*PN*			
16		尺寸____额定压力____法兰面____			
17		毛细管长度：□1.5m □____ m		填充液____	图2　图3
18		插入件：直径□____ mm 长度□150mm□____ mm			
19	其他	A——输出信号指示器(刻度：0～100%)		B——过滤减压器及压力表(刻度：　　)	
20		C——脉冲阻尼器		D——零点迁移	
21		E——		F——	

行	位号	操作条件				测量范围	标定范围	最大静压/MPa	隔膜密封(图)	其他	型号	采购数据	备注
		介质	温度正常/℃	压力/MPa									
				正常	最大								
22													
23													
24													
25													
26													
27													
28	备注：												

修改	说明	设计	日期	校核	日期	审核	日期

注：1in=0.0254m。

表 6-19 英文版 Instrument Data Sheet Gauge pressure & absolute pressure transmitters

Design Department	Instrument Data Sheet Gauge pressure & absolute pressure transmitters	Project		
		Sub. Project		
		Dwg No.		
		Stage		Sheet of

1	Measure	□Gauge pressure		□Absolute pressure	
2	Measuring element	Type:	□Diaphragm	□bellows □___	Temperature limit ___℃
3	Materials	Body:	□Cadmium plated C. S.	□316SS □___	Measuring element:□316L SS □__
4		Other wetted parts:		□316SS □___	Gaskets:□PTFE □__
5	Connections	Process:	□1/2″NPT	□1/4″NPT□___	
6		Electrical:	□ZG 1/2″	□______	Pneumatic:□1/4″NPT □__
7	Type	Electronic:	□4～20mA	□______	Pneumatic:□0. 02～0. 1MPa
8		Measuring principle: ___________			
9	Supply	Electrical:	□24V DC	□__ Max. load __ Ω	Pneumatic:□0. 14MPa □__
10	Housing	Degree of:	□IP 65	Electrical construction:□Ex. i __□Ex. d□__ GR. __	
11		Protection:	□___	Temp. class __ Certificate ____ No. Standard ____	
12	Mounting	□Yoke		□__________	
13	Accuracy rating	□±0. 5%Span		□_______	
14	Diaphragm seal	Materials:Body ___ Diaphragm ___ Capillary & Prot armor:_____			Fig.1 Fig.2 Fig.3
15		Flanged connections: DN PN			
16		Size ___ Rating ___ Facing ___			
17		Capillary length:□1. 5m □___ m□		Fill liquid ___	
18		Extension:Diameter□___ mm Length□150mm□___ mm			
19	Options	A——Output signal indicator(Scale:0～100L)		B——Filter-regulator with gauge(Scale:)	
20		C——Pulsation dampener		D——Zero elevator	
21		E——		F——	

No.	Tag No.	Operating conditions: Fluid	Tem. Norm. /℃	Pressure/MPa Norm.	Pressure/MPa Max.	Measuring range	Calibration	Max static pressure	Diaphragm seal (Figure)	Options	Model No.	Purch. data	Notes
22													
23													
24													
25													
26													
27													
28													
29													
30	Notes:												

Rev.	Description	Design	Date	Chkd	Date	Appd	Date

表 6-20 自控设备表（一）

设计单位			工程名称		自控设备表(一)	编制			图号
设计单位			设计项目		自控设备表(一)	校核			第 页 共 页
设计单位			设计阶段	施工图	自控设备表(一)	审核			第 页 共 页

控制系统名称			石灰窑底压力指示调节					控制点位号	PIC-201
仪表位号			PT-201	PIC-201	PX-201	PV-201			
仪表及其附件	数量		1	1	1	1			
仪表及其附件	名称		压力变送器	IDE 调节器	IDE 配电器	气动调节阀	附：		
仪表及其附件	名称						电气阀门定位器		
仪表及其附件	型号		1151GP4E12MJB3102	5341-3502/A2	5367-6001/A2	ZMAP-16K	EPP-2000		
仪表及其附件	规格		0～25kPa	刻度 0～25kPa	（双回路）		输入：4～20mA		
仪表及其附件	规格		输出：4～20mA	正作用	电源：～220V		输出：20～100kPa		
仪表及其附件	规格		本体/膜片	PI	50Hz				
仪表及其附件	规格		CS/316SS	电源：～220V					
仪表及其附件	规格			50Hz					
	介质及重度		空气			空气			
	介质及重度		129						
	温度/℃		常温						
	表压/MPa		0.014						
	流量或液位	最大							
	流量或液位	正常							
	流量或液位	最小							
安装地点			PA2102-600-COF1	2IP	2IR	PA2102-600-COF1			
安装图号			HK08-31 HK02-16-201	××××-29					
备注					与 LX-203 共用				

表 6-21　自控设备表（二）

设计单位	工程名称		自控设备表(二)	编　制			图号	
	设计项目			校　核			第　页	共　页
	设计阶段	施工图		审　核				

仪表位号	检测点名称	仪表名称及规格	型号	数量	安装地点	安装图号	操作条件				备注
							介质及重度	温度/℃	表压/MPa	流量或液位	
TI-223		数字式温度仪指示	XMZ-101	1	1IP						
		分度号 K									
		0～1200℃									
TS-223		多点切换开关	SW182-G	1							
		热电偶输入　60 点	TG6003								
TE-223-	一段转化炉	单支热电偶	WRN-123	11	炉膛上部	HK01-36	烟道气	910	微负压		
1～11	上部温度	分度号 K　$L=1000$									
		测温范围:0～1200℃									
		高铝质									
TE-223-	一段转化炉	同转化炉上段	WRN-123	5	炉膛中部	HK01-36	烟道气	910	微负压		
12～16	中部温度										
TE-223-	一段转化炉	同转化炉上段	WRN-123	11	炉膛下部	HK01-36	烟道气	910	微负压		
17～27	下部温度										
TE-223-	进上烟道气温度	同转化炉上段	WRN-123	6	上烟道	HK01-36	烟道气	910	微负压		
28～33											

需注意到在“仪表数据表”中，对于某些现场安装的仪表，如表6-17所示的压力变送器，其中有一栏反映该仪表安装要求的“安装图号”是指在《自控安装图册　上下册》(HG/T 21581) 中采用哪种具体形式。这方面的内容在后面有关章节中介绍。

通过“仪表索引”和“仪表数据表”两种表格的配合，能清楚地表达出在自控工程设计项目中，选用了哪些仪表，这些仪表的型号、规格、位号、用途，在检测、控制系统中的位置，安装方式等情况，把整个工程项目中选用仪表的重要信息清晰地反映出来。

6.4 自控设备表

在自控工程设计的过渡设计标准《自控专业施工图设计内容深度规定》(HG 20506—1992) 中用“自控设备表”来表达自控仪表的选型和使用等情况。

“自控设备表”分为表（一）、表（二）两种表格。通常，所有控制系统（包括就地调节系统）以及传送到控制室进行集中检测的仪表（不包括温度）均填写在自控设备表（一）上，并按信号流向依次填写。集中检测的温度仪表、就地检测仪表、仪表盘（箱）、半模拟盘、操纵台、保温（护）箱、报警器及控制室气源总管用的大型空气过滤器、减压阀、安全阀等均填写在自控设备表（二）上，显示仪表排列在前。根据各设计单位的具体情况，也可全部采用表（一）或表（二）。

表6-20、表6-21分别示出了自控设备表（一）和自控设备表（二）的内容。

在“自控设备表”中“安装图号”一栏，与“仪表数据表”相同，是指在《自控安装图册　上下册》中的选用图号。

第7章 控制室的设计原则

7.1 概述

过程工业常常采取集中控制方式，即所有现场信号都进入到中央控制室内。一部分信号经过控制计算返回到生产装置上以干预、调整生产过程，一部分信号在中央控制室内进行显示、趋势记录、报警。

这里所说控制室，包括控制室、中心控制室、现场控制室和现场机柜室。控制室是装置级控制室，是指位于装置或联合装置内，对生产过程进行操作、过程控制、先进控制与优化、安全保护、仪表维护的建筑物。中心控制室是全厂级控制室，是指位于工厂内，对生产过程进行操作、过程控制、先进控制与优化、安全保护、仪表维护、仿真培训、生产管理及信息管理的综合性建筑物。现场控制室位于化工工厂内公用工程、储运系统、辅助单元、成套设备的现场，具有生产操作、过程控制、安全保护等功能的建筑物。现场机柜室位于化工工厂现场，用于安装控制系统机柜及其他设备的建筑物。

控制室是生产操作人员运用自动化工具（DCS、FCS、PLC、智能仪表）对生产过程实行集中监视、控制的核心岗位。进行控制室设计时，不仅要为自动化工具正常地运行提供良好的条件，还要为生产操作人员提供良好的工作环境。

对于新项目，自控专业负责向土建专业、暖通专业、电气专业提出中央控制室设计要求，由相关专业做出设计。如果是技术改造项目，则需要自控专业根据给定的房屋情况，提出相应的改造方案。

控制室设计时，应遵守《控制室设计规范》（HG/T 20508—2014）、《化工厂控制室建筑设计规定》（HG/T 20556—1993）、《石油化工控制室设计规范》（SH/T 3006—2012）等规定。

本章以DCS控制室的设计为主，兼顾常规仪表控制室设计并进行讨论。

7.2 采用DCS系统的控制室设计

7.2.1 位置选择

控制室设计的一般要求有如下几个方面：控制室的位置选择；控制室的面积；控制室的

建筑要求；控制室的采光、照明；控制室的空调和采暖；控制室的进线方式及电缆、管缆敷设；控制室的供电及安全保护等。在此把主要问题概述如下。不同装置规模的控制室位置选择应符合下列条件：

a. 控制室宜位于装置或联合装置内，应位于爆炸危险区域外；

b. 中心控制室宜布置在生产管理区。

对于含有可燃、易爆、有毒、有害、粉尘、水雾或有腐蚀性介质的工艺装置，控制室宜位于本地区全年最小频率风向的下风侧。

控制室不宜靠近运输物料的主干道布置。

控制室应远离高噪声源。

控制室应远离振动源和存在较大电磁干扰的场所。

控制室不应与危险化学品库相邻布置。

控制室不应与总变电所相邻。

控制室不宜与区域变配电所相邻，如受条件限制相邻布置时，不应共用同一建筑物。

中心控制室不应与变配电所相邻。

设计时可参阅行业标准《控制室设计规范》(HG/T 20508—2014)、《化工厂控制室建筑设计规定》(HG/T 20556—1993)、《石油化工控制室设计规范》(SH/T 3006—2012)。在此把主要问题概述如下。图 7-1 为控制室位置选择示例。

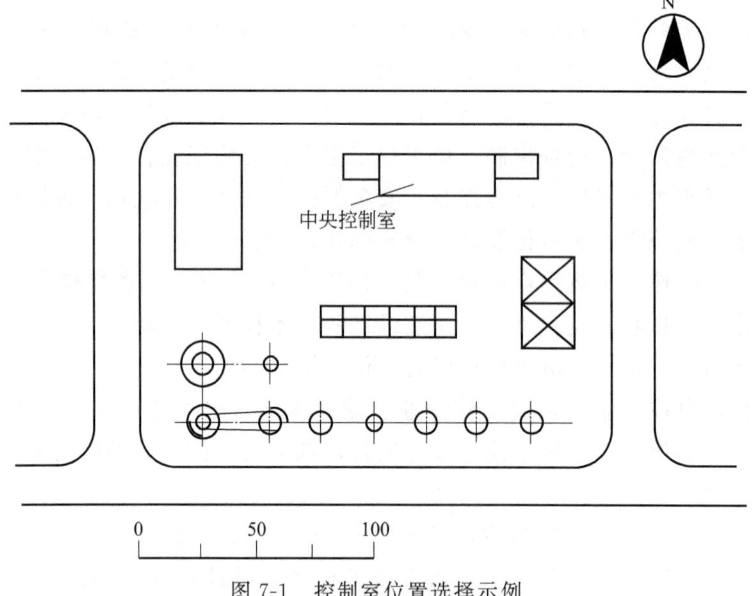

图 7-1 控制室位置选择示例

控制室位置应位于安全区域内，选择在接近现场和方便操作的地方。允许开窗的中央控制室的坐向宜坐北朝南，其次是朝北或朝东，不宜朝西，如不能避免时，应采取遮阳措施。对于高压和易爆的生产装置，宜背向装置，要避免接近振动源和电磁干扰的场所。对易燃、易爆和有毒及腐蚀性介质的生产装置，控制室应在主导风向的上风侧，或选在全年下风侧概率最小一侧。

中央控制室宜单独设置。当组成综合建筑物时，中央控制室宜设在一层平面，并且应为相对独立的单元，与其他单元之间不应有直接的通道。控制室不宜与高压配电室毗邻布置，如与高压配电室相邻，应采取屏蔽措施。中央控制室不宜靠近厂区交通主干道，如不可避免时，控制室最外边轴线距主干道中心的距离不应小于 20m。

7.2.2 布局和面积

（1）*布局*

根据生产管理模式，控制室应设置功能房间和辅助房间。

控制室功能房间宜设置操作室、机柜室、工程师室、空调机室、不间断电源装置（UPS）室、备件室等。根据需要，辅助房间可设置交接班室、会议室、更衣室、办公室、资料室、休息室、卫生间等。

中心控制室与控制室类似，功能房间设置操作室、机柜室、工程师室、空调机室、不间断电源装置（UPS）室、电信设备室、打印机室、网络服务器室、备件室、安全消防监控室等。根据需要，辅助房间可设置交接班室、生产调度室、会议室、更衣室、办公室、资料室、休息室、培训室、急救设备间、卫生间等。

房间布置的位置应符合下列要求：

a. 操作室与机柜室、计算机室、工程师站室应相邻设置，并应有门直接相通；

b. 机柜室、计算机室、工程师站室与辅助用房间毗邻时，不得有门相通；

c. UPS 电源室单独设置时，宜与机柜室相邻；

d. 空调机室不得与操作室、机柜室直接相通。如相邻时必须采取减振和隔音措施。

机柜室内机柜布置，应按功能相近、方便配线原则进行布置：

a. 安全栅柜、端子柜、继电器柜宜靠近信号电缆入口侧布置；

b. 配电柜应布置在靠近电源电缆入口侧；

c. 应避免机柜室连接电缆过多交叉。

（2）*面积与间距*

操作室面积确定可做这样的估算，两个操作站（台）的操作室，其建筑面积宜为 40～50m^2，每增加一个操作站台再增加 5～8m^2，尚应符合下列要求：

a. 操作室的面积还应根据其他硬件和仪表盘的数量以及布置方式等加以修正；

b. 操作站（台）前面离墙的净距离宜为 3.5～5m，操作站（台）后面离墙的净距离宜为 1.5～2.5m；

c. 操作站（台）侧面离墙的净距离宜为 2m；

d. 多排操作站之间的净距离不小于 2m；

e. 设置大屏幕显示器时，操作站背面距离大屏幕的水平净距离不小于 3m。

机柜室面积应根据机柜的尺寸及数量确定，并符合下列规定：

a. 成排机柜之间净距离宜为 1.6～2.0m；

b. 机柜距墙（柱）净距离宜为 1.6～2.5m。

图 7-2～图 7-5 示出了几个 DCS 控制室的平面布置。

采用中央集中控制方式时，接收现场信号/传送到现场信号的机柜都设置在控制室内。这样往往造成信号传输距离较长，可能会出现信号衰减，也容易在信号线路上出现干扰信号。随通信技术的发展，将机柜室设置在现场变为可能。由现场机柜室到控制室/中心控制室间的信号联系，由通信线路实现。现场机柜室不具备日常的正常生产操作功能，但需要具备系统调试 、装置开/停车、日常维护与非正常情况下的生产操作。当机柜室设置在现场时，应符合下列要求：

a. 现场机柜室应尽量靠近相关工艺装置和系统单元。设置位置应考虑电缆敷设情况，应尽量减少电缆敷设长度；

b. 现场机柜室应位于爆炸危险区域之外，现场机柜室地板下地面应高于室外地面不小于600mm；

c. 现场机柜室应单独设置；

d. 抗爆结构的现场机柜室不应超过两层；

e. 现场机柜室应设置机柜室、工程师室、UPS室和空调机室；

f. 现场机柜室不宜设置卫生间。

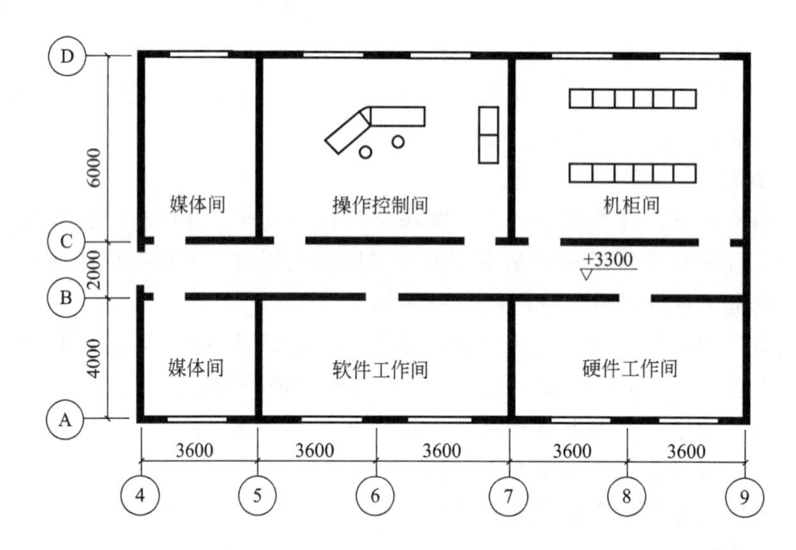

图 7-2　DCS控制室平面布置示例（一）

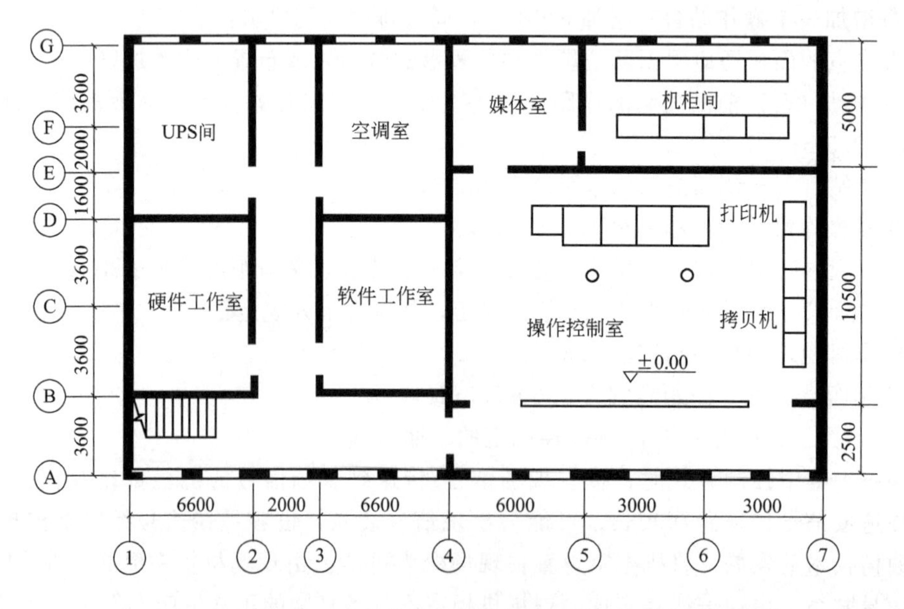

图 7-3　DCS控制室平面布置示例（二）

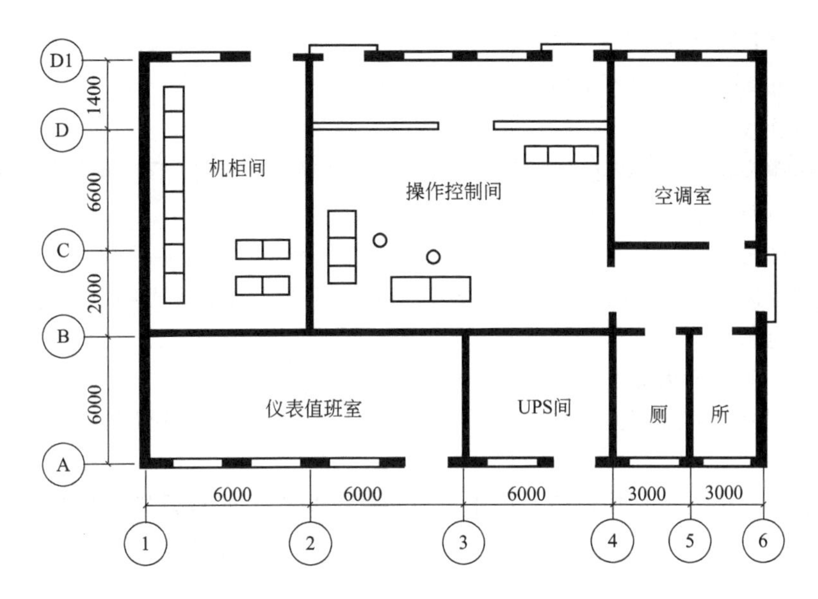

图 7-4　DCS 控制室平面布置示例（三）

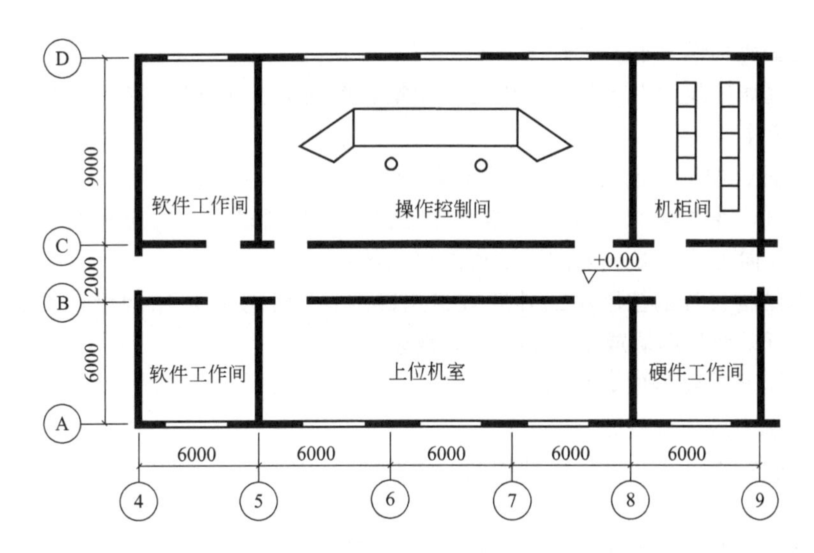

图 7-5　DCS 控制室平面布置示例（四）

7.2.3　环境条件

（1）温度、湿度的要求

DCS 及计算机系统对温度、湿度及其变化率的要求如下：

DCS　温度：(20±2)℃（冬季），(26±2)℃（夏季），温度变化率：<5℃/h；

相对湿度：50%±10%，相对湿度变化率：<6%/h。

计算机　温度：(22±1)℃，温度变化率：<2℃/h；

相对湿度：40%～50%，相对湿度变化率：<6%/h。

使用计算机系统的 DCS 控制室按计算机要求设计。

(2) 空气净化的要求

尘埃<200μg/m^3（粒径<10μm）；$H_2S<10\times10^{-9}$；$SO_2<50\times10^{-9}$；$Cl_2<1\times10^{-9}$。

(3) 振动要求

机械振动频率在14Hz以上时，振幅在0.5mm（峰-峰值）以下，操作状态振动频率在14Hz以上时，加速度在0.2g以下。

(4) 防静电措施

控制室设计需考虑防静电措施，室内相对湿度应符合上述要求，控制室地面宜用防静电地板或防静电地毯。

(5) 噪声、电磁干扰要求

控制室的噪声应限制在55dB（A）以下，控制室的朝向、布置与高度应有利于隔声要求。

DCS设备的电磁场条件按制造厂要求。功率在5W以上的步话机，离开DCS设备至少在3m以外，在正常操作时，室内不使用步话机。室内宜使用集中的通信设备并安装室外天线。

7.2.4 建筑要求

(1) 控制室的抗爆要求

对于存在爆炸危险的工艺装置，中心控制室、控制室、现场控制室建筑物的抗爆结构设计应符合如下要求：

a. 联合装置的控制室建筑物应采用抗爆结构设计；

b. 单一的工艺装置，根据存在的爆炸危险程度，控制室建筑物应采取相应的抗爆结构设计措施，如面向工艺装置一侧的墙采用防爆墙等；

c. 非抗爆结构设计的控制室的外墙宜采用砖墙；对于按抗爆结构设计的墙，根据不同的抗爆要求，可采用配筋墙或钢筋混凝土防爆墙；

d. 控制室为抗暴结构时，应设计为一层；

e. 中心控制室应为单独建筑物；

f. 现场控制室不宜与变配电所共用同一建筑。

(2) 防火标准

控制室应按防火建筑物标准设计，耐火等级不低于二级。

(3) 控制室的吊顶和顶封、层高、地面、墙面、门、窗及色彩要求

控制室一般宜有吊顶，但需考虑敷设风管、电缆管的吊顶层应有充足的空间。设有半模拟盘和仪表盘为框架式的大、中型控制室可做封顶。采取自然通风的控制室不宜做封顶。

控制室层高吊顶下净空高度：有空调装置时，宜为3.0～3.3m；无空调装置时，不宜小于3.3m。

控制室地面应平整和不起灰尘，可采用水磨石地面，盘后为敷设电缆可用活动木板。地坪标高应高于室外地面300mm以上，当控制室处于爆炸危险场所内，则应高出室外地面0.5～0.7m。

控制室墙面应平整、不易积灰，易于清扫和不反光。

控制室门的大小由控制室内设备的最大尺寸来确定。控制室的门应向外开，大、中型控

制室宜采用双向弹簧门，其门应通向无危险的场所。大、中型控制室与寒冷地区宜设门斗，控制室长度超过 12m，宜设置两个门。盘前通向盘后的门，大、中型控制室宜设两个，小型只设一个。盘后不宜设置单独通向室外的门。

控制室开窗面积应按自然采光面积确定。窗一般也应开向无危险的场所，对处于危险的场所，开窗应符合防火、防爆的有关规定。不采用空调时，盘前区宜大面积开窗。采用空调或正压通风的控制室，宜装密闭的固定窗或两层玻璃窗。

控制室的墙面、地面、顶棚和封顶等的色调应柔和明快，并与仪表盘和半模拟盘的颜色协调。

7.2.5 照明及其他

① 控制室的采光和照明。抗爆结构控制室全部，非抗爆结构控制室内的操作室、机柜室和工程师室宜采用人工照明，其他区域可采用自然采光。距地面 0.8m 工作面上不同区域照度应符合：

a. 操作室、工程师室 250～300lx（勒克斯）；

b. 机柜室 400～500lx；

c. 其他区域为 300lx。

照明方式和灯具布置应使工作面光线柔和，不应出现阴影。

② 控制室的空调主要用于采用电子式仪表为主的大、中型控制室和仪表设备对湿、温

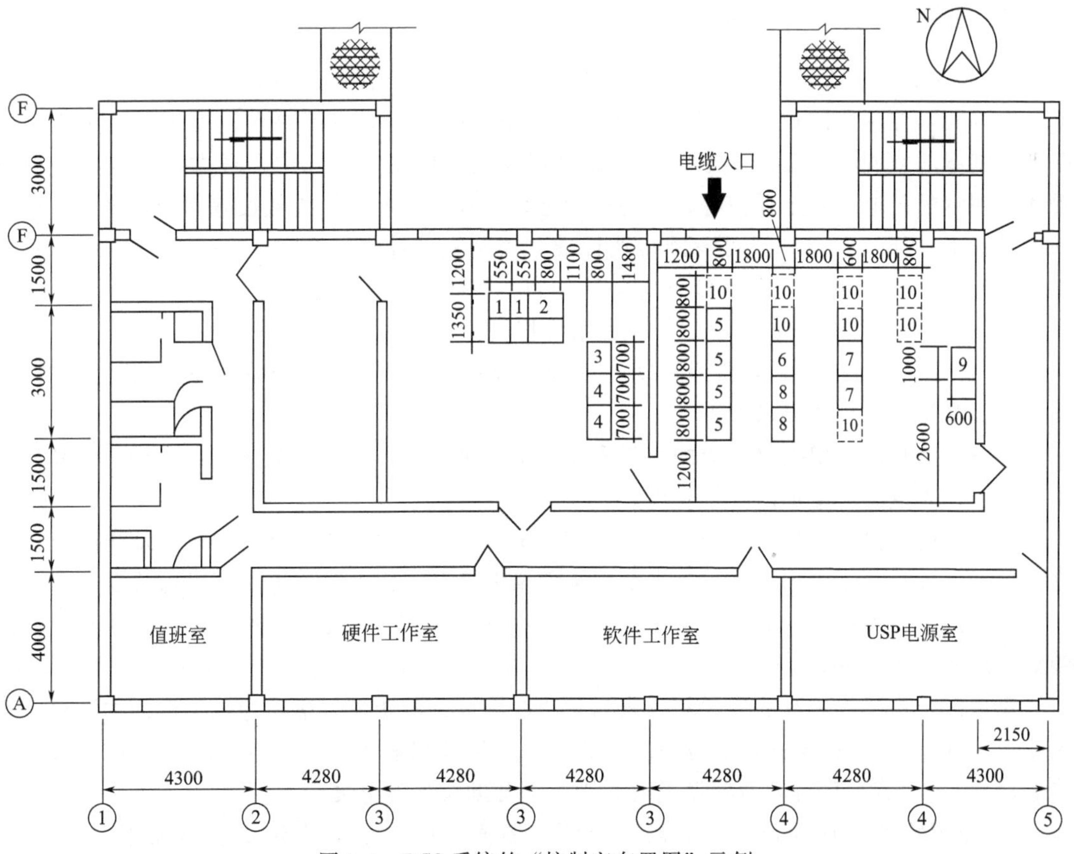

图 7-6　DCS 系统的“控制室布置图”示例

度有较高要求的场合。冬季室外采暖计算温度≤0℃的地区需设置采暖。

③ 控制室的进线方式和电缆、管缆的敷设方式。常用的有架空进线和地沟进线两种方式。进线方式应优先采用架空进线方式，若不得不采用地沟进线方式，地沟进线室内沟底应高出室外沟底300mm以上，并考虑排水。进线密封问题需慎重考虑，电缆、管缆的敷设应符合《仪表配管配线设计规定》(HG/T 20512—2014)。

④ 控制室的供电及安全保护措施。供电与接地应分别符合《仪表供电设计规定》(HG/T 20509—2014)、《仪表系统接地设计规定》(HG/T 20513—2014) 的标准。控制室有可能出现可燃、有毒气体时，应设置可燃或有毒气体泄漏报警器。当位于火灾、爆炸危险场所时，宜采用正压通风，在所有通道关闭时，能维持30～50Pa压力，当未采用空调时，换气次数不应小于6次/h。

DCS控制室设计后，根据《化工装置自控工程设计规定》的要求，需绘制“控制室布置图”。图7-6所示为采用DCS系统的“控制室布置图”的示例。

7.3 常规仪表控制室的设计

现在过程工业生产过程，大多采用DCS、PLC等基于计算机、网络技术的工具，来实现生产过程的控制，考虑到某些小规模生产过程、某些中试生产过程等，可能还会采用常规仪表控制，所以下面简要介绍一下常规仪表控制室的设计。

7.3.1 控制室设计的一般要求

与DCS系统控制室设计一样，采用常规仪表的自控工程，其控制室设计一般要求有以下几个方面：控制室的位置选择；控制室的面积；控制室的建筑要求；控制室的采光、照明；控制室的空调和采暖。由于采用的是常规仪表，控制室设计中要考虑：仪表盘平面布置；控制室的供电及安全保护等；控制室的进线方式及电缆、管缆敷设等问题，这些与采用DCS系统有所不同。设计时可参阅行业标准《控制室设计规定》(HG 20508—2014)、《化工厂控制室建筑设计规范》(HG 20556—1993)。在此把主要问题概述如下。

① 控制室的位置的选择与采用DCS系统相同。

② 控制室的面积主要考虑到长度、进深以及盘前、盘后区大小的分配，以便于安装、维修及日常操作。具体要求如下。

控制室的长度：根据仪表盘的数量和布置形式来确定。如仪表盘为直线形排列，其长度一般等于仪表盘总宽度加门屏的宽度。

控制室的进深：有操纵台时不宜小于7.5m；无操纵台时不宜小于6m；大型控制室长度超过20m时，进深宜大于9m；小型控制室仪表盘数量较少时，进深可适当减少。

盘前区：不设操纵台时，盘面至墙面距离一般不小于3.5m；有操纵台时操纵台至盘面距离一般取2.5～4m。

盘后区：包括仪表盘的进深和仪表盘后边缘至墙面的距离。盘后边缘至墙面的距离一般不小于1.5m。采用框架式仪表盘可取1.5～2m；屏式仪表盘宜取1.5～2.5m；通道式仪表盘宜取0.8m。若盘后有其他辅助设备，则要加辅助设备的宽度。

③ 控制室的吊顶和顶封、层高、地面、墙面、门、窗等建筑要求与采用DCS系统相同。由于采用常规的二次仪表，控制室内要布置若干块仪表盘和半模拟盘，控制室

内墙面、地面、顶棚和封顶等的颜色、色调应柔和明快，并与仪表盘和半模拟盘的颜色协调。

④ 控制室的采光和照明。采用自然采光的控制室，采光面积和盘前区地面面积比不应小于 1/5，一般取 1/3～1/4。自然采光不应直射仪表盘上，不要产生眩光，应有遮阳措施。人工照明的照度标准为：盘面及操纵台台面不小于 300lx（勒克斯），盘后区不小于 200lx，控制室外通道、门廊不应小于 100lx。对于事故照明，盘前区不低于 50lx，盘后区不低于 30lx。照明方式和灯具布置应使仪表盘盘面和操纵台得到最大照度，光线柔和，操作人员近盘监视仪表时，不应出现阴影。

⑤ 控制室内的环境要求与采用 DCS 系统相似，应当依据所采用仪表的技术要求进行设计。

⑥ 控制室的进线方式和电缆、管缆的敷设方式、控制室的供电及安全保护措施。与采用 DCS 系统相似，由于采用的是常规仪表，控制室内电缆相对会多一些，且不会出现通信电缆。

7.3.2 控制室的平面布置

控制室内仪表盘的平面布置的形式很多，图 7-7 所示为几种常用的布置情况，可分为两类。

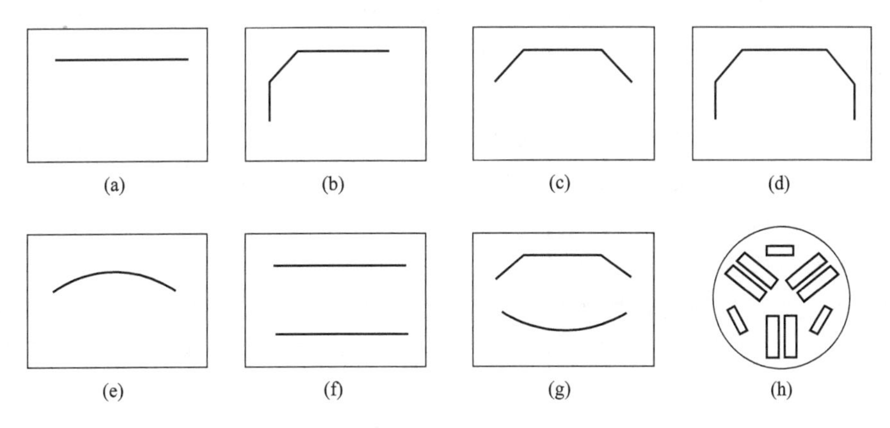

图 7-7　控制室内仪表盘的平面布置形式

图 7-7 中的（a）～（e）为单面布置，而图 7-7 中的（f）～（h）为多面布置。其中图 7-7（a）这种直线形布置，适用于仪表盘较少的场合。对于工艺流程长的一些生产装置，仪表盘用量较多，此时仪表盘的排列可采用 Γ 形、折线形、Π 形以及弧线形等形式。分别如图 7-7 中的（b）～（e）所示。当使用仪表盘较多时，也可采用图 7-7 中的（f）～（h）等多面布置的方式。

在确定了仪表盘的布置形式后，根据《化工装置自控工程设计规定》的要求，绘制常规仪表设计文件中的“控制室布置图”。图 7-8 所示为控制室布置图示例。

7.3.3 仪表盘的设计

采用常规仪表的自控工程，由于二次仪表采用的是常规仪表，这些仪表需要安装在仪表盘上，所以还需要进行仪表盘设计。

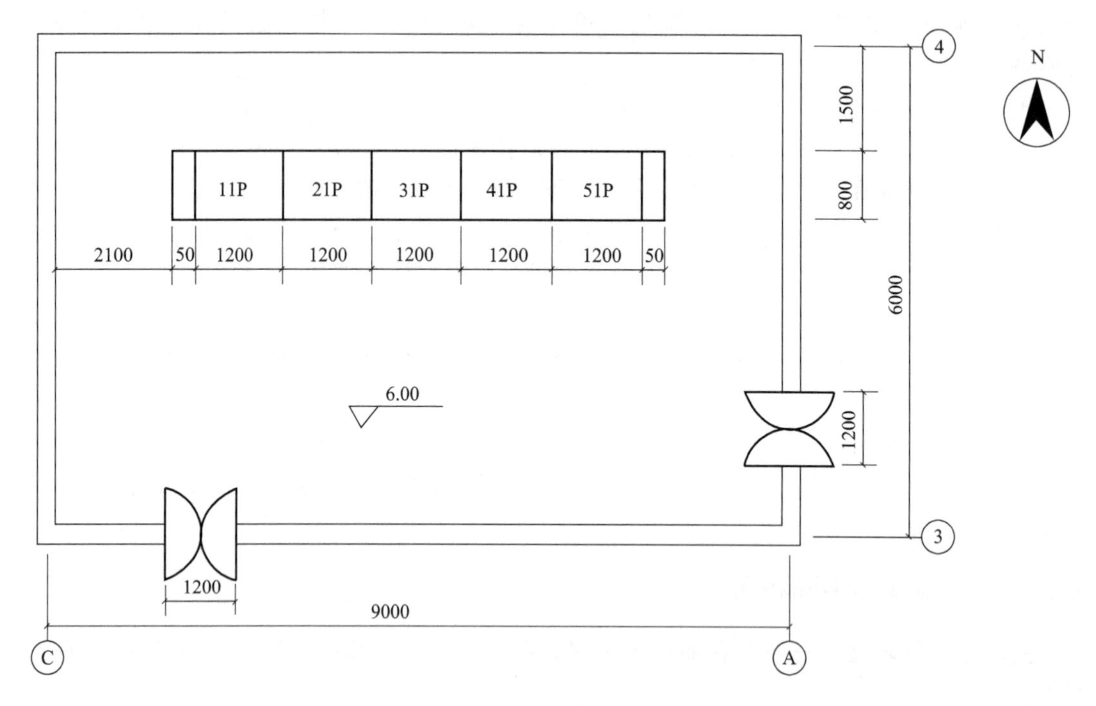

图 7-8　控制室布置图示例

仪表盘的设计主要是仪表盘的选型、仪表盘的正面布置、盘后仪表的布置，并确定是否采用半模拟盘及考虑半模拟盘的设计。此外还需考虑仪表盘内配线、配管，操纵台的设置及仪表盘的安装等问题。本节侧重介绍仪表盘的选型、仪表盘的正面布置及半模拟盘的设计等内容。其他内容在后面有关章节讨论。

(1) 仪表盘的选型

常用仪表盘有框架式仪表盘（KK）、柜式仪表盘（KG）和通道式仪表盘（KA）及其变型品种。根据工程设计的要求应选用定型仪表盘，有特殊要求时也可采用非定型仪表盘。

下面是常用的通道式仪表盘和框架式仪表盘的基本结构。图 7-9 是两侧敞开的通道式仪表盘（KA-33）基本结构，图 7-10 是两侧敞开的框架式仪表盘（KK-33）的基本结构。

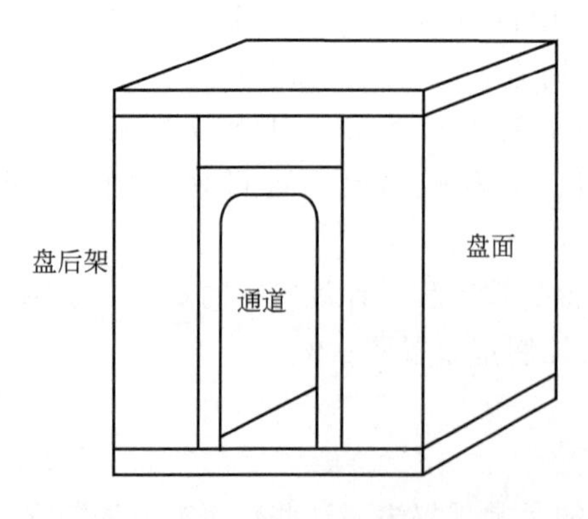

图 7-9　通道式仪表盘的基本结构

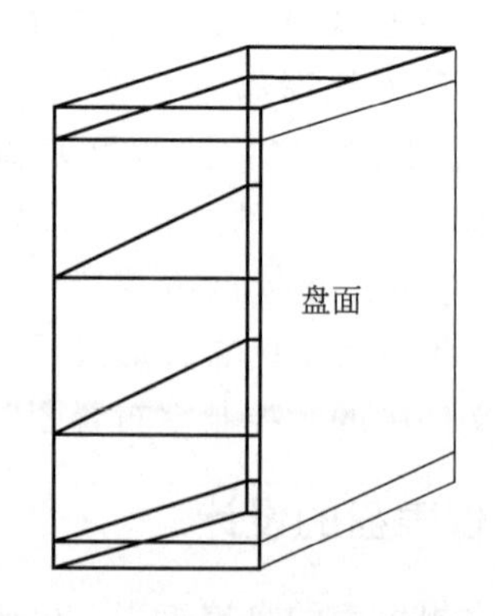

图 7-10　框架式仪表盘的基本结构

框架式仪表盘是用型钢（角钢、U形钢和扁钢）构成一个框架，然后在其正面加上一块钢板组成框架式仪表盘。框架式仪表盘的左右侧面有各种不同的机构变化，可以是钢板封闭的侧面，可以是带门的侧面，也可以是敞开的侧面。框架式仪表盘强度较高，价格适中，防护性能差，自然通风性能好。该种仪表盘可安装在中央控制室或清洁的现场控制室内，可在其上安装重量较重的仪表并且可以高密度安装仪表，盘后面可以安装架装仪表、电源箱以及电源装置等设备。该种仪表盘是使用最多的一种仪表盘。

通道式仪表盘由两部分组成，即盘前部和盘后部，前后两部分都是用型钢构成一个框架，再将这两部分连接在一起，前面用钢板作为盘面，有时盘后部的前面也加装钢板作为盘后部的盘面。与框架式仪表盘相似，左右侧面可以是钢板封闭的侧面，可以是带门的侧面，也可以是敞开的侧面。通道式仪表盘强度高，价格较高，防护性好，自然通风性能差，占用控制室面积大。该种仪表盘通常安装在中央控制室，一般不在现场安装使用。这种仪表盘上可安装重量较重的仪表并且可以高密度安装仪表，盘前部的后面、盘后部的前面和后面都可以安装架装仪表、电源箱以及电源装置等设备。一般大中型生产装置的中央控制室内多采用这种仪表盘。

柜式仪表盘是用钢板做成封闭式的柜，面板上安装仪表，柜后面或侧面设有门以便于进行仪表维护。这种仪表盘强度较好，防护性能好，价格适中，但自然通风性能不好。该种仪表盘可安装在中央控制室、现场控制室内以及现场室外。该种仪表盘的应用场合与框架式仪表盘相似，其上可安装重量较重的仪表并且可以高密度安装仪表，盘内可以安装架装仪表、电源箱等，由于其自然通风性能不好，通常不将电源装置等易发热设备安装其内。

(2) 仪表盘的正面布置

仪表盘上仪表的排列顺序，应按照工艺流程和操作岗位进行排列。仪表的布局应方便于操作，盘上仪表可采取高密度安装。对于相同的生产工序或多条生产线，盘上仪表的布置应一致。在一个控制室内，仪表盘之间的排列顺序，同样应按工艺流程顺序，从左到右进行。

盘面上仪表可分以下三段布置。

① 上段仪表：距地面标高在1700～2000mm范围内，宜布置比较醒目的供扫视类的仪表，如指示仪表（色带、光柱指示仪）、闪光报警器、信号灯等。

② 中段仪表：距地面标高在1100～1700mm范围内，宜布置需经常监视和调整的一类重要仪表，如记录仪表、控制仪表等。

③ 下段仪表：距地面标高在850～1100mm范围内，宜布置操作类仪表，如操作器、遥控板、切换器和开关、按钮等。

在整个仪表盘组的盘面上，一定要注意同类仪表相互位置的对应关系。仪表排列要尽量成排成行，可按中心线取齐，也可按仪表外壳边缘取齐。总之，一定要在实用的基础上注意整齐、美观。

装置中的复杂控制回路，如串级、比值、选择性等控制系统，应让同一回路的仪表排在一起，并按其自然顺序加以组合排列。

盘面上仪表的排列，疏密程度要适度，应留有增加仪表的位置，甚至配备无表空盘，供今后技术改造的需要。

根据上述盘面排列的基本原则，可以绘制“仪表盘布置图”（“仪表盘正面布置图”），在绘制中尚需注意以下规定。

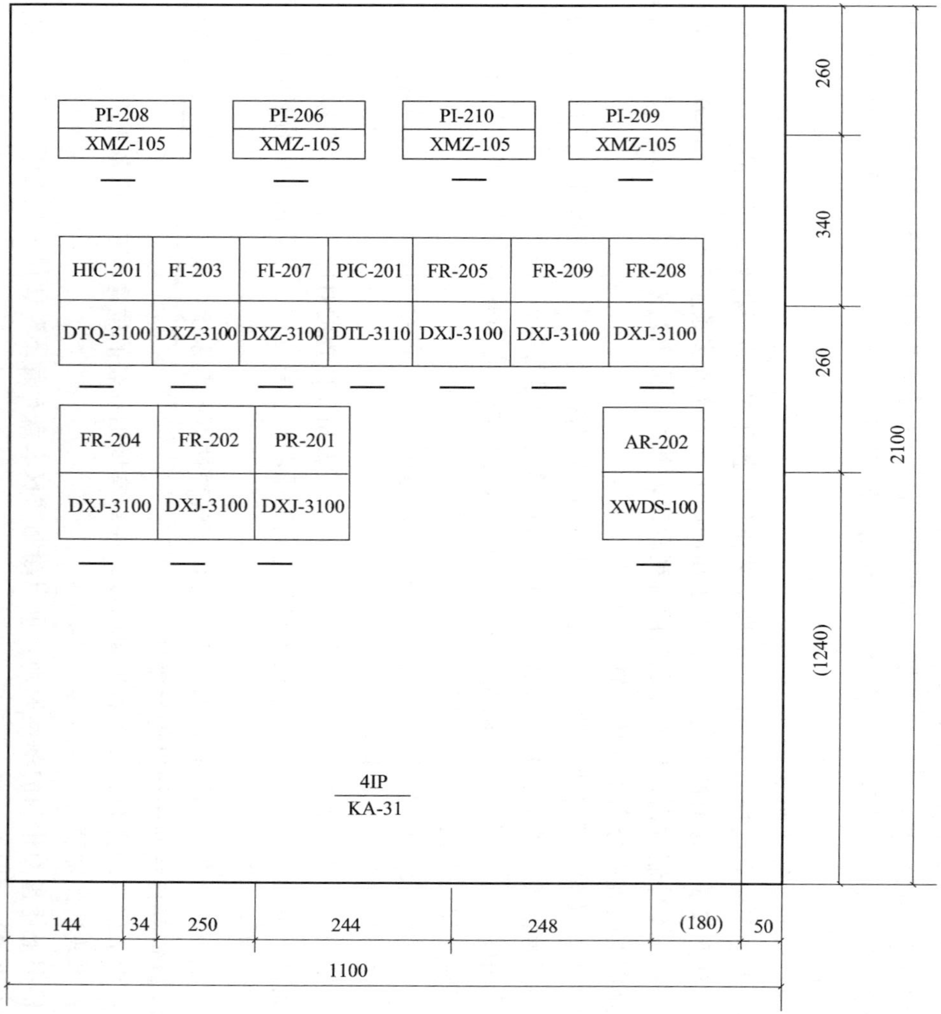

PI-208 XMZ-105　PI-206 XMZ-105　PI-210 XMZ-105　PI-209 XMZ-105

HIC-201 DTQ-3100　FI-203 DXZ-3100　FI-207 DXZ-3100　PIC-201 DTL-3110　FR-205 DXJ-3100　FR-209 DXJ-3100　FR-208 DXJ-3100

FR-204 DXJ-3100　FR-202 DXJ-3100　PR-201 DXJ-3100　AR-202 XWDS-100

4IP/KA-31

260　340　260　(1240)　2100

144　34　250　244　248　(180)　50　1100

附注：

仪表盘盘面为苹果绿色。

序号	位号或符号	名称及规格	型　号	数量	备　注
17		小铭牌框		16个	
16	AR-202	数学显示记录仪0～100%	XWDS-100	1	
15	PR-201	记录仪0～0.04MPa	DXJ-3100	1	
14	FR-202	记录仪0～1600m³/h	DXJ-3100	1	
13	FR-204	记录仪0～16000m³(V_n)/h	DXJ-3100	1	
12	FR-208	记录仪0～16m³/h	DXJ-3100	1	
11	FR-209	记录仪0～500m³/h	DXJ-3100	1	
10	FR-205	记录仪0～10000m³(V_n)/h	DXJ-3100	1	
9	PIC-201	调节器0～0.04MPa	DTL-3110	1	
8	FI-207	指示仪0～16m³/h	DXZ-3100	1	
7	FI-203	指示仪0～250m³/h	DXZ-3100	1	
6	HIC-201	手动操作器	DTQ-3100	1	
5	PI-209	数字显示仪0～40kPa	XMZ-105	1	
4	PI-210	数字显示仪0～4MPa	XMZ-105	1	
3	PI-206	数字显示仪0～1MPa	XMZ-105	1	
2	PI-208	数字显示仪0～0.04MPa	XMZ-105	1	
1	4IP	通道式仪表盘2100×1100×2400	KA-31	1	

设　备　表

图 7-11　单块仪表盘的“仪表盘布置图”示例

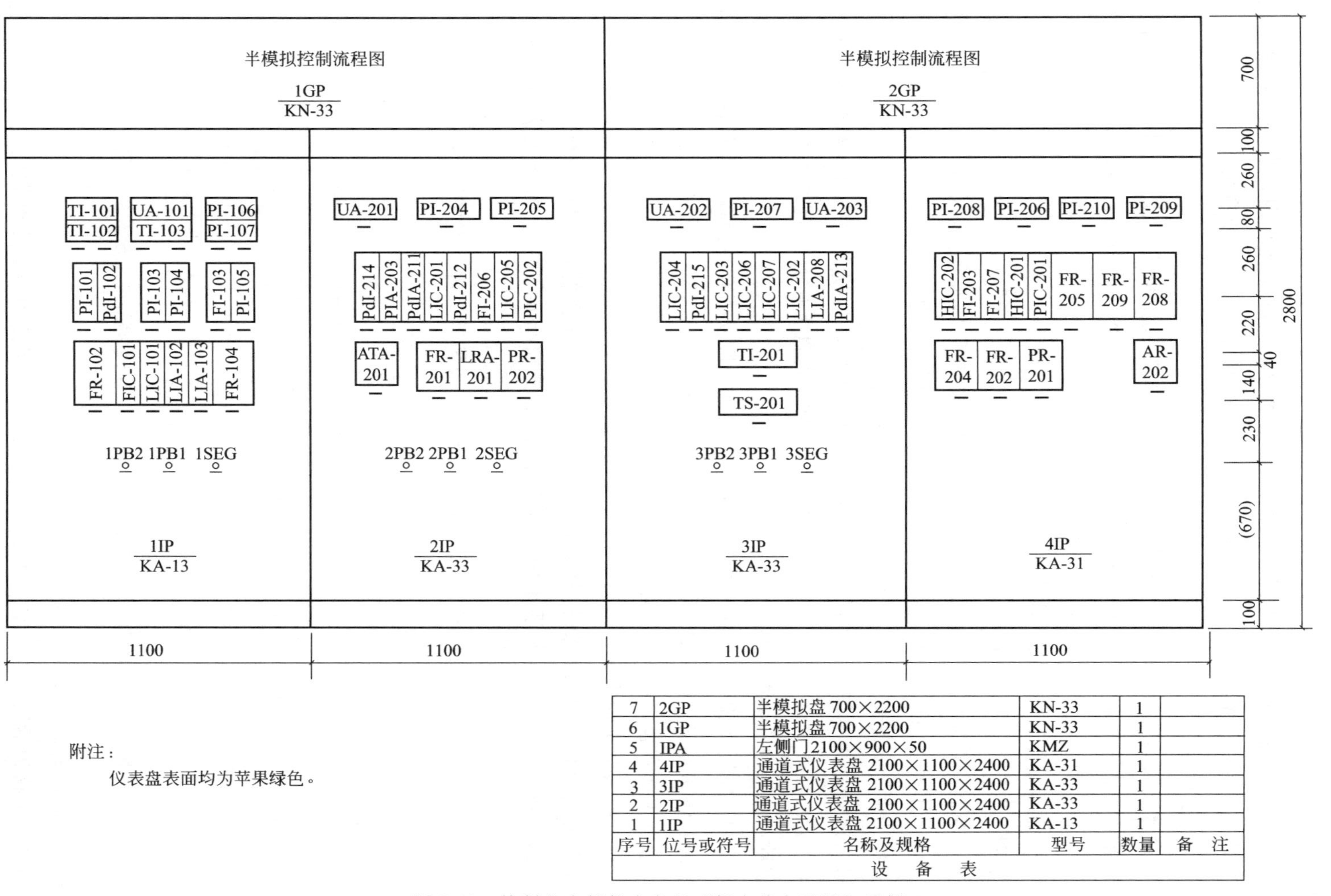

附注：

仪表盘表面均为苹果绿色。

序号	位号或符号	名称及规格	型号	数量	备注
7	2GP	半模拟盘 700×2200	KN-33	1	
6	1GP	半模拟盘 700×2200	KN-33	1	
5	IPA	左侧门 2100×900×50	KMZ	1	
4	4IP	通道式仪表盘 2100×1100×2400	KA-31	1	
3	3IP	通道式仪表盘 2100×1100×2400	KA-33	1	
2	2IP	通道式仪表盘 2100×1100×2400	KA-33	1	
1	1IP	通道式仪表盘 2100×1100×2400	KA-13	1	

设 备 表

图 7-12 控制室全部仪表盘的“仪表盘布置图”示例

① 一般用1∶10的比例绘制，布置图应以盘上仪表、电气设备、元件的正视最大外形尺寸画出，对于外形不规则的取近似几何形状。需注意，不是仪表的开孔尺寸，也就是说正面布置图不是开孔图。

② 仪表盘正面尺寸线一般应在盘外标注，必要时也可标注在盘内。横向尺寸线应从盘的左边向右边或中心线向两边标注；纵向尺寸线应自上而下标注。所有尺寸线均不封闭（封闭尺寸应加注括号）。

③ 盘上安装的所有仪表、电气设备、元件，需要在其图形内（或外）中心线上标注仪表位号或电气设备、元件的编号，中心线以下标注仪表、电气设备、元件的型号，当仪表型号过长，可酌情简化。另均需绘出铭牌框。

④ 仪表盘需要装饰边时，应在图上绘出。

⑤ 图上线条表示方法：仪表（包括仪表盘）、电气设备、元件—粗实线；尺寸线—细实线。

⑥ 当控制室内安装的仪表盘多于4块时，还应绘制包括所有仪表盘的“仪表盘布置图”（或“控制室仪表盘正面布置总图”）。此图可不标注仪表、电气设备、元件的型号，尺寸线只注主要尺寸，设备表也只列仪表盘、半模拟盘及侧门。

图7-11所示为单块仪表盘的“仪表盘布置图”示例，是按上述的原则和要求绘制而成的。可以看出在图中设备表上，列出了仪表盘以及仪表盘上所有仪表的名称、规格、型号，以及数量，也列出了铭牌框的数量。

图7-11的那块仪表盘（4IP）所在控制室，共有4块仪表盘，因此还需绘制控制室全部仪表盘的总体布置图。图7-12所示即为该控制室的全部仪表盘的“仪表盘布置图”（或“控制室仪表盘正面布置总图”）示例。

(3) 报警器灯屏的布置

如果工艺流程中设有参数越限报警，还需绘出“闪光报警器灯屏布置图”（或“报警器灯屏布置图”），在图中表示出闪光报警器各报警窗口的排列、报警仪表位号和注字内容。

图7-13所示为“闪光报警器灯屏布置图”（或“报警器灯屏布置图”）示例。

进0#蒸汽包 蒸汽压力高 PAH-318	丁醇平衡器 液位高 LAH-304	丁醇-水分离器 温度高 TAH-316	一丁塔釜 液位高高 LAHH-307	再生液预热器 出口压力高 PAH-319
进0#蒸汽包 蒸汽压力低 PAL-318	丁醇平衡器 液位低 PAL-318		一丁塔釜 液位高 LAH-307	再生液预热器 出口压力低 PAL-319

图7-13 “闪光报警器灯屏布置图”（或“报警器灯屏布置图”）示例

(4) 半模拟盘的正面布置图

当采用半模拟盘时，需绘制“半模拟盘流程图”，在图中应画出装置的主要流程，包括主要工艺设备、管道和检测控制系统的图示。根据需要，设置动设备和控制阀运行状态的灯光显示装置。图7-14所示为“半模拟盘流程图”（或“半模拟盘正面布置图”）示例。

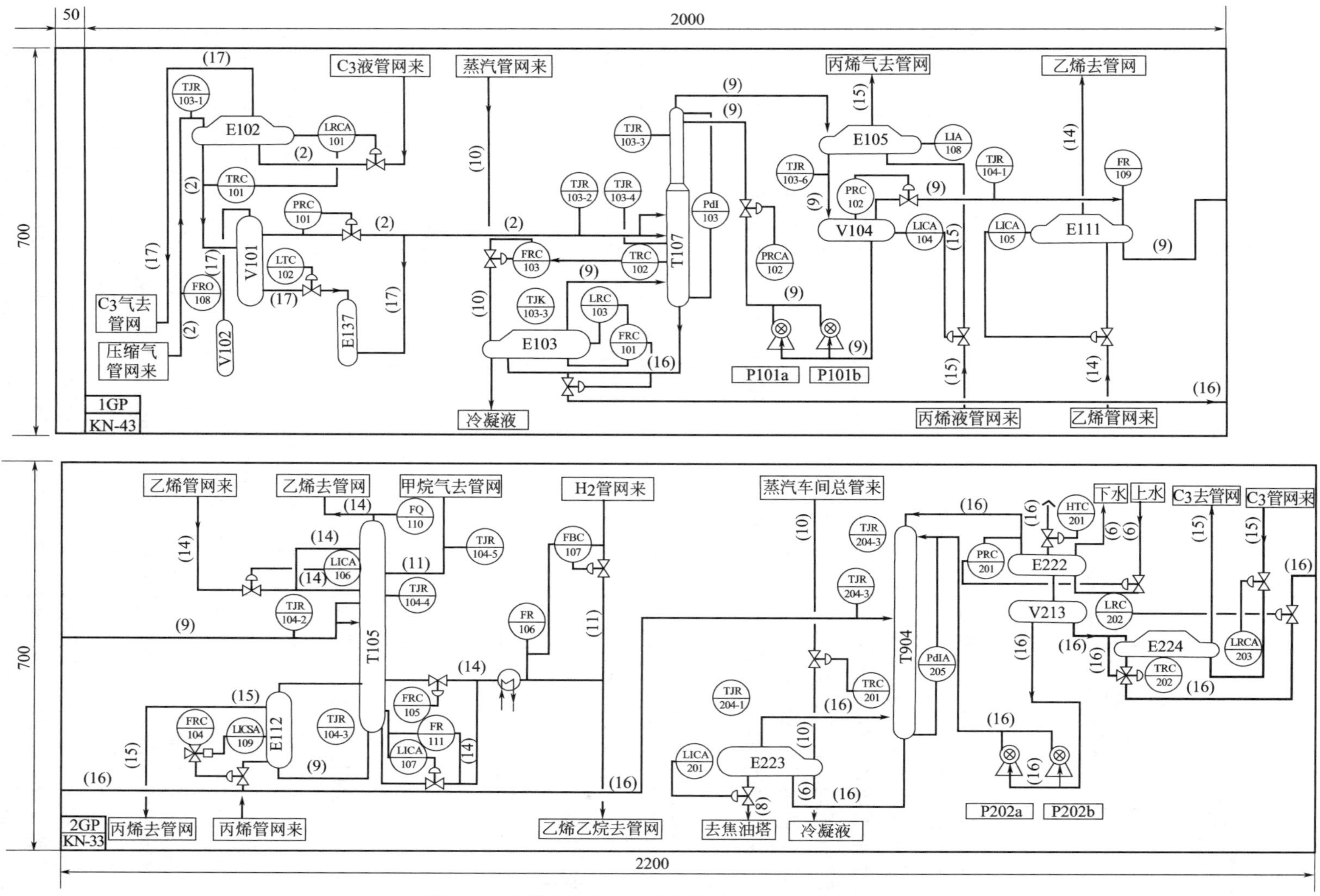

图 7-14　半模拟盘流程图或半模拟盘正面布置图示例

第8章

系统连接

自控工程设计中，除了确定恰当的控制方案、选择合适的控制工具（测量仪表、常规二次仪表、DCS 系统、FCS 系统、PLC 系统与各种执行机构)、正确安装仪表之外，还要正确连接各个控制单元来构成控制系统。

控制系统各个单元之间的信号是通过相互连接的通信电缆、信号电缆进行传递的，连接正确则可正确地传递信号，各个单元可按部就班地协调工作，完成预想的设计目的。如果连接错误，则信号传输错误，相应的接收单元不能接收到相应的信号，此时各单元不能协调工作，也就不能达到预想的设计目的。因此，仪表的正确连接是自动控制系统对生产过程实行控制的前提。

仪表连接的内容除了各个单元之间信号的连接之外，还包括仪表工作时所需能量的连接，即还需要进行仪表电源的连接。要保证控制系统和仪表的正常工作，仪表连接过程中还需要考虑抗干扰和使用安全问题，因此仪表连接还包括信号电缆屏蔽层接地、仪表接地端子接地等内容。

8.1 系统的整体连接

控制系统的整体连接，即组成控制系统的各个单元的连接。根据各个单元的安装位置的不同大致可分为两部分，即控制室内的相互连接、现场仪表与控制室仪表的相互连接。

8.1.1 采用 DCS 系统的整体连接

采用 DCS 系统的自控工程，控制室内各个单元之间通常是通过总线（通信电缆）相互传递信息的，控制器等二次仪表是 DCS 内的虚拟仪表（功能块)，这些单元之间是通过组态实现连接的，例如串级控制系统中，主控制器的输出需要连接到副控制器的给定输入，这个信号是在 DCS 控制系统组态时实现的，是 DCS 内部数据的传递，不需要电缆或电线来连接这个信号。图 8-1 是采用 DCS/FCS/PLC/PCS 系统整体连接示意图。

控制室仪表与现场仪表相互连接时必须采用电缆连接。根据工程的具体情况，可采用多芯电缆将若干个信号送到现场或将多个现场仪表信号送到控制室内。采用本质安全仪表的防爆的自控工程，控制室与现场连接时要遵循相互隔离的原则，即本安信号与非本安信号不可共用同一根电缆，并且本安电缆与非本安电缆应当分开敷设或采取适当的隔离措施进行隔离。

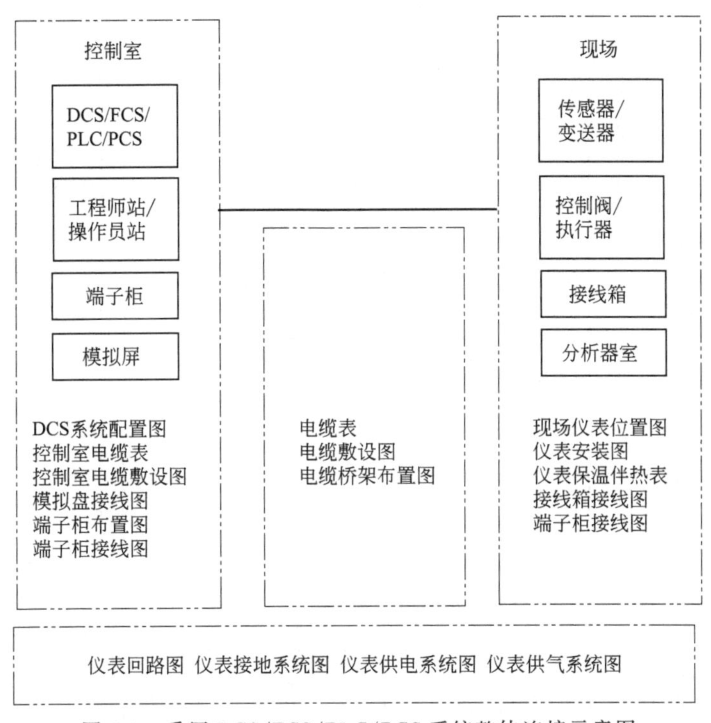

图 8-1 采用 DCS/FCS/PLC/PCS 系统整体连接示意图

采用 DCS 系统的自控工程，现场信号与控制室之间的连接，首先要连接到端子（安全栅）柜，不可直接连接到 DCS 控制柜内的 I/O 模块上，即便是非防爆工程亦是如此。

（1）系统配置图

系统配置图给出了该系统的硬件配置和连接情况。当招投标过程结束，确定供货商之后，供货商应当提供 DCS 系统配置图，该设计文件中应当给出操作员站数量、工程师站数量、现场控制站数量、端子柜（安全栅柜）数量，表明这些硬件挂接在哪些网络之上（不同厂家有不同的通信网络)。图 8-2 是某一厂家 DCS 系统配置图。该设计中有两个现场控制站，两个端子（安全栅）柜，现场控制站挂接在冗余通用控制网络上；两组 4 台操作员站，一台工程师站，一台通用站。这些站挂接在冗余局部控制网络上。两个网络之间是通过网络接口模块连接的。

（2）端子配线图

自控工程中，一般是以信号端子排为界，接线到内部（包括端子柜内安全栅或控制站 I/O 模块）的一侧称为内侧；接线到外部（包括现场仪表和其他盘、柜）的一侧称为外侧。图 8-3 是这种划分的示意图。

接线设计时注意端子排两侧不能混用。对应于图 8-3 来说，既不能从端子排下面引线到内部，也不能从端子排上面引线到外部。在某些分包工程中，信号端子常常是工程的划分界面。

端子排是若干个端子组装在一起形成的，端子的基本功能是导线连接。图 8-4 是端子基本结构的示意图。

有各种不同结构形式的端子，有的可在连接电路中串接电阻，有的可与相邻端子短接，有的带有测试接线柱。用户可根据需要选择各种结构形式的端子。

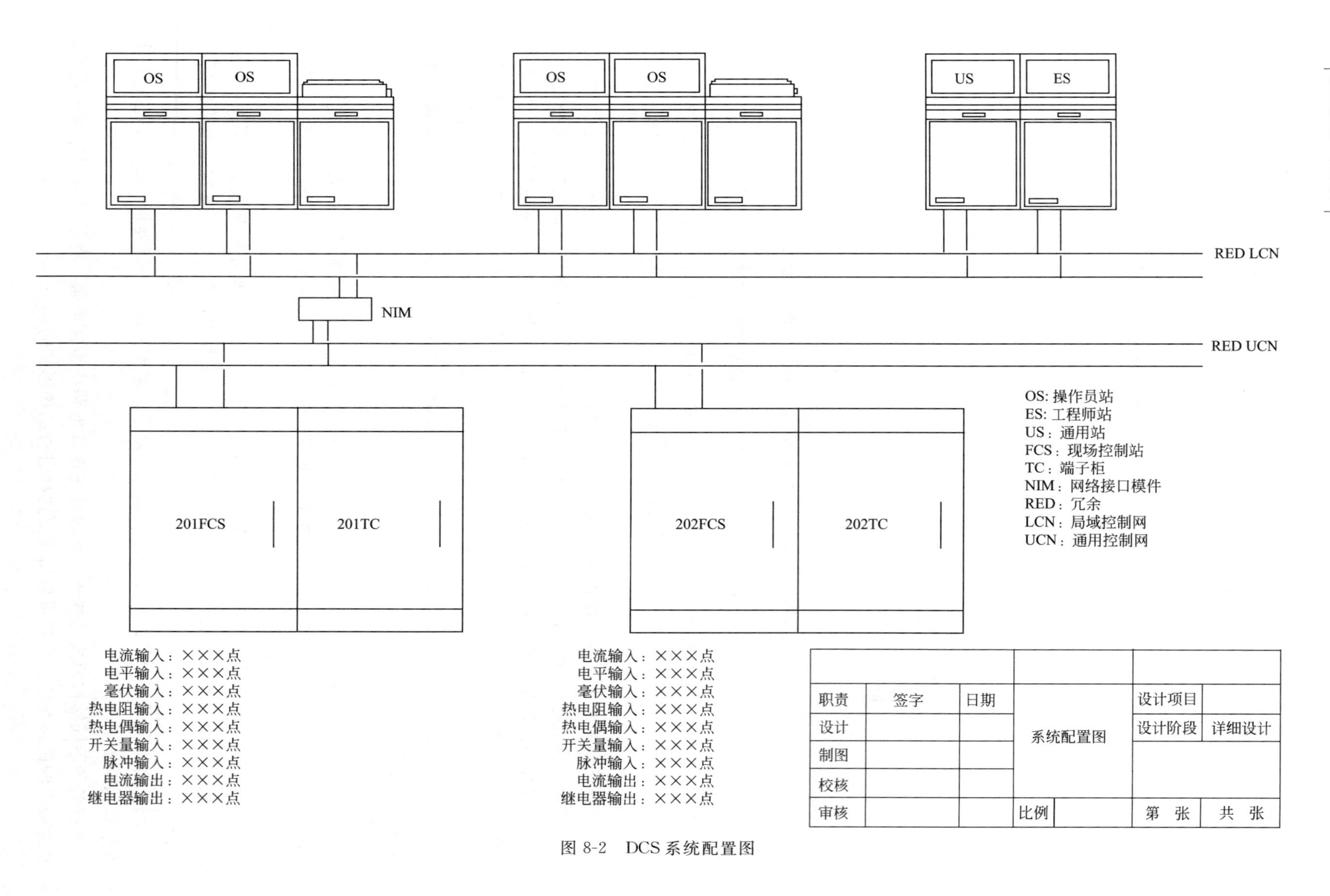

图 8-2　DCS 系统配置图

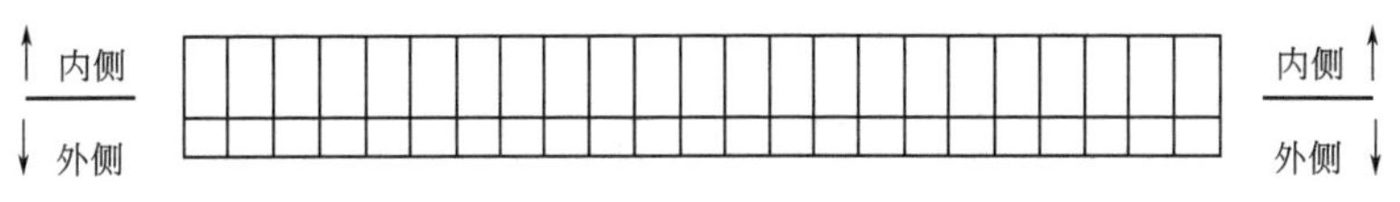

图 8-3　信号端子排的盘内侧、外侧分界图

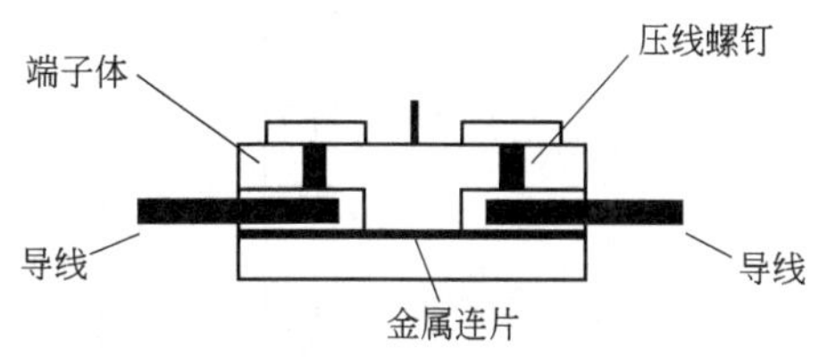

图 8-4　端子基本结构示意图

确定 DCS 供货商之后，供货商应当提供端子（安全栅）柜的布置图和端子图。设计方根据这些设计文件可进行端子配线图设计。该设计文件表明现场信号是如何连接到端子（安全栅）柜的，完成该设计文件之后，就可以确定回路接线图中的端子号了。

图 8-5 是一个端子（安全栅）柜的布置图示例。该图中有两种端子排，即有两个本安端子排和两个非本安端子排，分别竖直布置在端子（安全栅）柜的两侧。两个本安端子排通常一个是连接来自现场的本安信号，另一个是连接送到现场的本安信号。两个非本安端子排，通常一个是连接送到控制站的信号，另一个连接来自控制站的信号。端子（安全栅）柜中间布置的安全栅，一端连接本安端子，一端连接非本安端子。系统整体连接设计时，要遵循本安信号与非本安信号隔离的原则，即本安信号不能连接到非本安端子，非本安信号不能连接到本安端子。如果工程中既有本安信号又有非本安信号，则应当分别设置端子柜和端子（安全栅）柜。如果工程规模比较小，非本安信号也可以进入端子（安全栅）柜，然后直接连接到非本安端子。

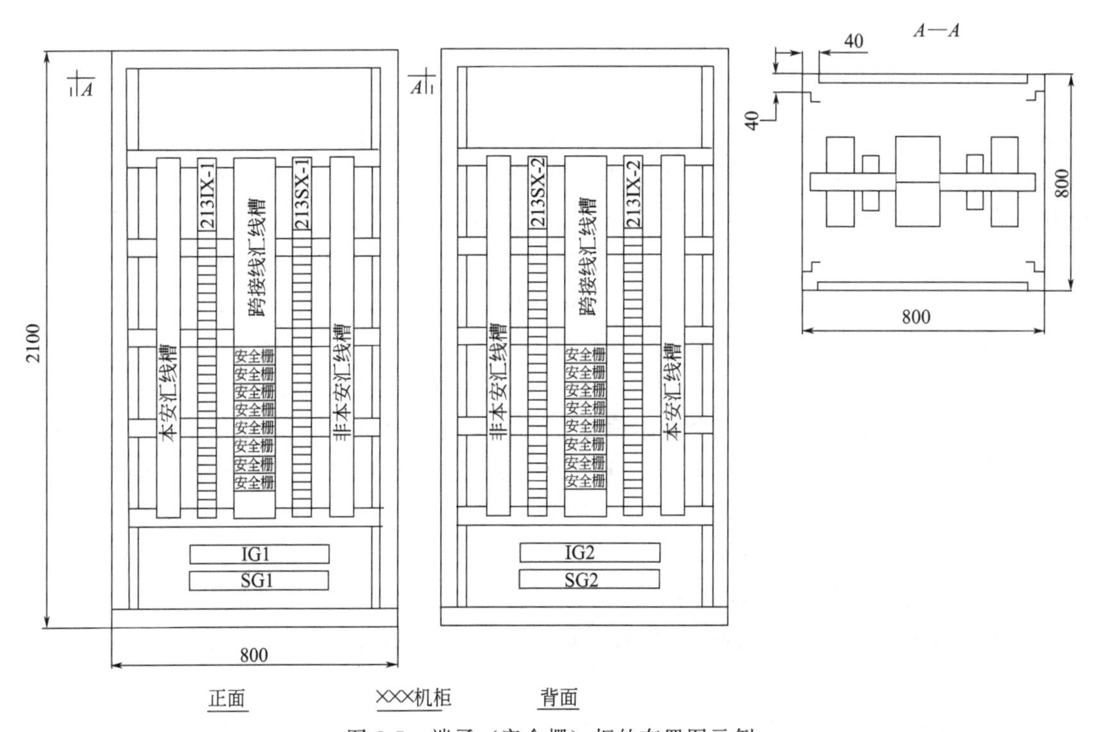

图 8-5　端子（安全栅）柜的布置图示例

获得端子（安全栅）柜的布置图之后，就可以确定各个端子的位置及编号，就可以绘制回路接线图了。图 8-6 是端子配线图示例。该图中画出了两个端子排，一个是本安端子排

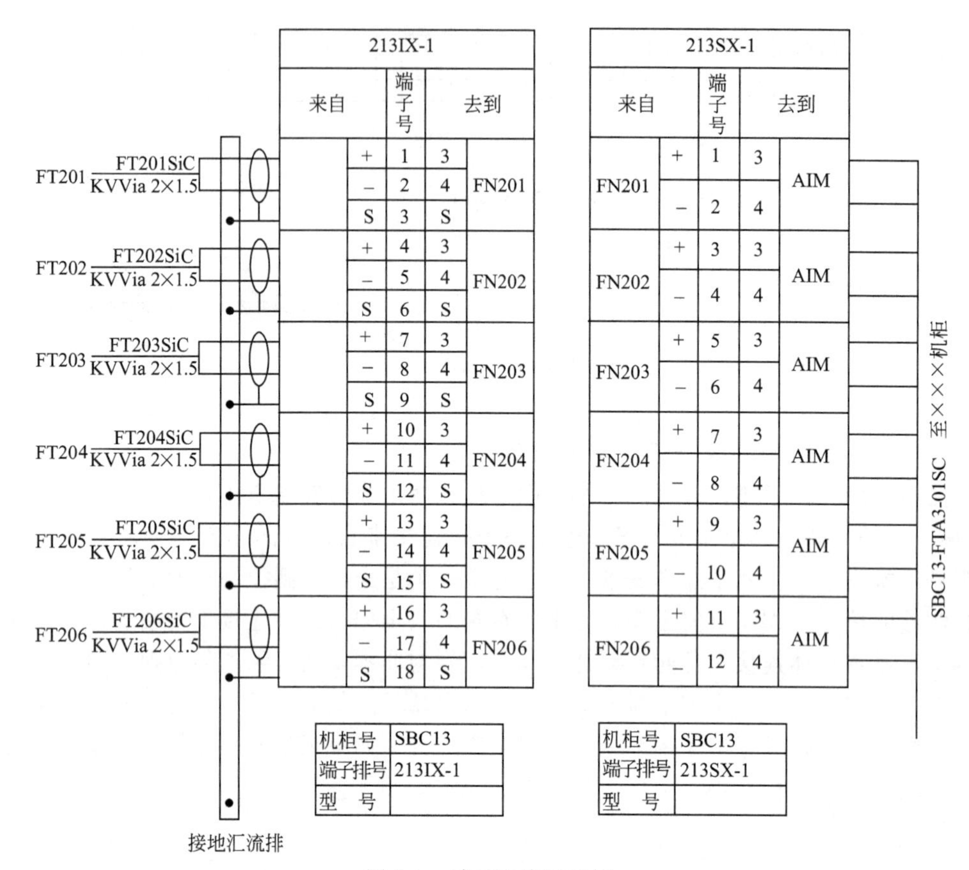

图 8-6 端子配线图示例

213IX-1，一个是非本安端子排 213SX-1。本安端子排 213IX-1 负责接入来自现场的信号电缆，从而完成现场信号的连接；非本安端子排 213SX-1 将经过安全栅隔离后的信号，通过连接电缆接入到控制站的模块。如现场的流量变送器 FT201 信号，通过信号电缆 FT201SiC 连接到端子排 213IX-1 上的第 1、2 号端子左侧，该电缆的屏蔽接到 3 号端子左侧。213IX-1 上的第 1、2、3 号端子右侧分别接到输入安全栅 FN201A 输入的 3、4、S 端子，安全栅 FN201 输出的 1、2 号端子接到非本安端子排 213SX-1 左侧的 1、2 号端子，非本安端子排 213SX-1 的 1、2 号端子右侧通过连接电缆接到模拟量输入模块（AIM）上。如果该流量需要控制，则经过控制计算产生一个输出信号，该信号通过模拟量输出模块（AOM）连接到非本安端子排 213SX-2 右侧，其左侧连接到输出安全栅 FN201B 输入端，输出安全栅 FN201B 输出端连接到本安端子排 213IX-2 左侧，其右侧通过电缆连接到现场控制阀上。

（3）回路接线图（系统连接图）

关于系统连接的工程表达，原国家石油和化学工业局标准《化工装置自控工程设计文件深度规范》（HG/T 20638）规定，“仪表回路图”应用仪表回路图图形符号，表示一个检测或控制回路的构成，并标注该回路的全部仪表设备及其端子号和接线。对于复杂的检测、控制系统，必要时另附原理图或系统图、运算式、动作原理等加以说明。这里所说的“仪表”既包括真实的仪表，也包括 DCS 系统内部的虚拟仪表（功能模块）。该表达方式中仪表回路接线图给出了一个系统（包括控制室内仪表和现场仪表）整体清晰的连接关系，所以有时也称为系统连接图。图 8-7 是仪表回路图示例。

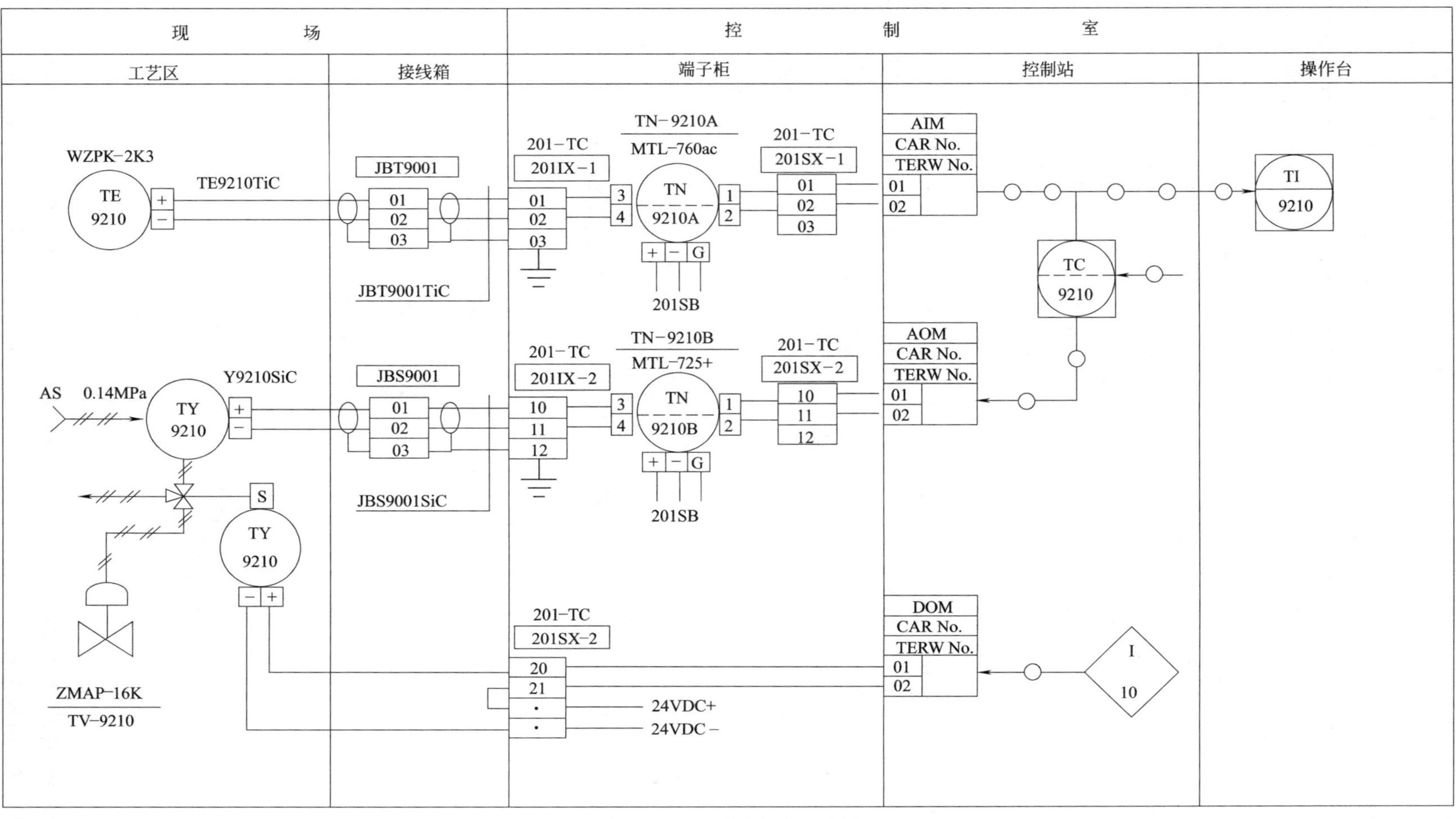

图 8-7　DCS 系统仪表回路图

采用DCS系统的自控工程，自动化装置可分为两部分，第一部分是测量变送仪表与执行器，第二部分是DCS系统。其中DCS系统包括了传统仪表中所有二次仪表的功能，所有过程参数都在CRT上显示，所有过程参数都记录在系统中的硬盘上，二次仪表功能在DCS系统中由相应的软件模块所取代。由于不存在物理意义上的仪表，所以也不存在其物理意义上的连接，这些模块之间只存在数据上的联系。采用DCS系统的自控工程在控制室内通常没有仪表盘，只有端子（安全栅）柜、控制站和操作员站三部分。

仪表回路图中，将仪表位置划分为两个大区域，一部分是现场部分，一部分是控制室部分。现场部分又划分为两个区域，即工艺区和接线箱。变送器、传感器、控制阀等测量仪表、执行机构安装在工艺区内。这些仪表符号需要画在该区域内。接线箱是现场集中或分散信号用的，其作用是将测量信号线集中为电缆送到控制室，或将控制室控制信号电缆分散到各个执行器上。现在工程上通常的做法是，即便没有分接需要，也会使用现场接线箱，这是因为现场接线箱不但提供电缆分接，同时还提供现场信号检查。关于现场接线箱的配线，参见相应章节。

采用DCS系统的自控工程，控制系统内部既有传统的模拟4～20mADC信号、1～5VDC信号、热电偶（mV）、热电阻（Ω）等信号，同时还存在着数字信号，构成控制系统各单元之间的信号联系可能是模拟信号，也可能是数字信号，因此在该仪表回路图中引用一种线型来表示数据链路。该种线型所表示的是相应功能模块之间的数据联系。但在模拟量输入模块中模拟信号被转换为数字信号（或数据），在模拟量输出模块中数字信号（或数据）被转换为模拟量，在这些地方既有数据联系又有仪表连接，因此，在该模块的数据联系一侧用一根数据链路线表达出数据联系关系，在该模块的模拟信号一侧用相应的线型与端子号一起表达出模拟信号的连接关系。

过程自动化工程中所采用的执行器通常是气动控制阀，因此还会有气动信号的连接，这些气动信号是通过气动管线连接的，气动管线连接中密封是非常重要的，密封不好会造成信号传输失真。气动信号管线连接中有四种常用的密封方式，图8-8是这四种密封连接方式示意图。

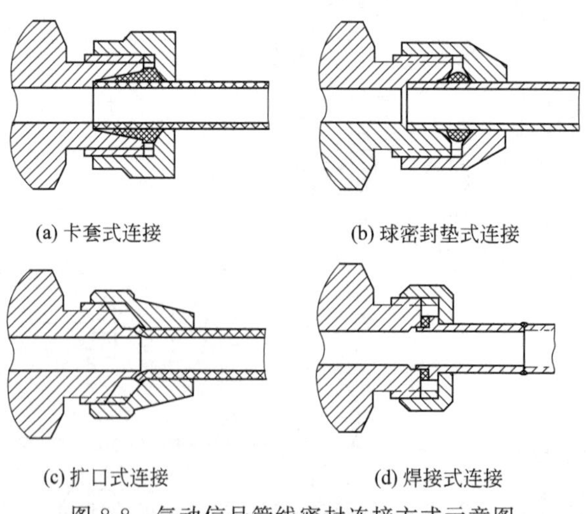

图8-8 气动信号管线密封连接方式示意图

气动管线包括气源管线和信号管线。仪表气源根据仪表气源空视图或仪表气源系统图实施，控制阀气动信号连接，一端连接到电气阀门定位器信号输出端，一端连接到控制阀信号输入端。

由于DCS系统用一些软件模块取代了相应的计算仪表功能，用CRT显示取代了指示和记录仪表，因此引入了一些新的符号来表示这些“虚拟仪表”，有关表示这些“虚拟仪表”的图例符号，请参考《过程测量与控制仪表的功能标志及图形符号》(HG/T 20505—2014)和《自控专业工程设计用图形符号和文字代号》(HG/T 20637.2)规定。

上述文件中，所有电缆都应编号并指出来自何处或去到何处。关于电缆的工程设计，请参见电缆敷设章节。

对于设计人员比较熟悉的DCS系统，也有另外一种详细的表达方式，这种方式将回路接线图分为两个设计文件，两个设计文件以端子柜端子排为分界，现场到端子柜端子排输入端为一个设计文件，端子柜端子排输出端到DCS为另外一个设计文件。此外为了便于工程实施，有时还会绘制PCD (Process Control Diagram) 文件，PCD画出DCS控制站上模块后面的组态连接关系。

8.1.2　采用常规仪表系统的整体连接

采用常规仪表的自控工程，其外部连接与采用DCS系统的自控工程相同，所不同的是控制室内所采用的是常规仪表（二次仪表）。控制室内的二次仪表是安装在仪表盘上的，这些仪表之间需要用导线实现相互之间的信号连接。即从信号端子排出来的信号必须接到相应的仪表上，然后仪表盘上其他实现控制功能的各种仪表之间，通过导线相互连接。关于仪表连接的工程表达，原化工部标准《自控专业施工图设计内容深度规定》(HG 20506—1992)规定，可采用“仪表盘端子图＋仪表回路接线图”或“仪表盘背面电气接线图＋仪表回路接线图”表达电动仪表的连接关系。该表达方式中仪表回路接线图给出了一个系统（包括控制室内仪表和现场仪表）整体清晰的连接关系。

8.1.2.1　仪表盘端子图的绘制

采用常规仪表的自控工程，控制室内会有若干块仪表盘，每块仪表盘内后框架上部安装架装仪表（安全栅、温度变送器、信号分配器、信号转换、电源箱等）。每一块仪表盘都会有信号端子排（本安端子排和非本安端子排），这些端子排通常都安装在仪表盘下部。这些端子排是该盘对外连接的界面，包括现场连接和盘间连接都要通过该端子排。由于采用常规仪表，仪表盘端子排内侧接线需要连接到具体的二次仪表，所以该端子排内侧需要指出连接目标是哪里。端子排外侧除了连接现场信号之外，还有可能连接到其他仪表盘、操纵台等去处，所以也需要指出连接目标。图8-9是一个仪表盘框架布置图示例。该图中下部布置有本安端子排4IX，非本安端子排4SX，电源箱4E，本安接地排4IG。框架中部安装有安全栅和配电器，上部安装有供电箱。两侧是汇线槽。

工程设计过程中，每块仪表盘都需要有端子图（包括本安端子排和非本安端子排）。端子图中需表达出信号电缆来源及连接端子号，盘内连接去向。图8-10是一个端子图示例。

仪表盘端子图中的接线表示方式是在图中某个端子处画一条直线，在直线上标明接线的目标点。在需要连线短接的端子（或短接型端子）上画一个小实心圆，用直线将它们连起来表示短接。以图8-10为例加以说明。

① 图8-10中的第19号端子上部画出一条直线，直线上标注的接线目标点为UAR-302-7，这表明该端子要接线到本仪表盘内的UAR-302仪表的第7号端子上。

② 图8-10中的第3号、第4号端子，其上部分别引出接线，接线目标为TJI-335-2＋和

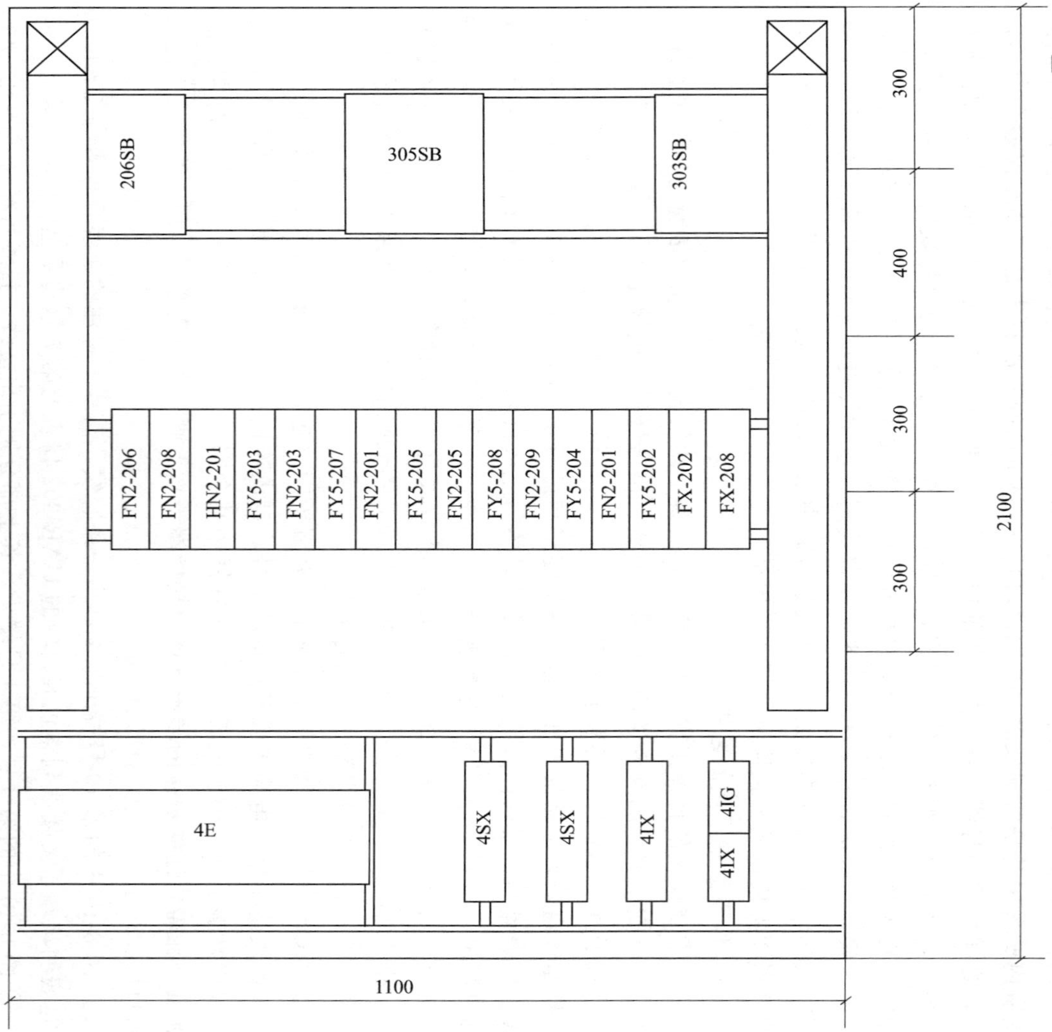

图 8-9　仪表盘框架布置图

附注：

1.电源箱、供电箱、铭牌框的安装可根据实际情况酌情处理。
2.各排仪表及各排端子间的汇线槽未画，安装时请注意处理。

设　备　表

序号	位号或符号	名称及规格	型号	数量	备注
21		铭牌		16个	
20	303SB	供电箱	PBI-016	1	
19	206SB	供电箱	PBI-016	1	
18	205SB	供电箱	PBI-010	1	
17	4E	电源箱 10A	DDX-3010	1	
16	FX-208	脉冲信号发生器	DFM-3000	1	
15	FX-202	脉冲信号发生器	DFM-3000	1	
14	FY5-202	开方器	DJK-3110	1	
13	FN2-201	安全保持器	DAB-3210	1	FN2-202
12	FY5-204	开方器	DJK-3110	1	
11	FN2-209	安全保持器	DAB-3210	1	
10	FY5-208	开方器	DJK-3110	1	
9	FN2-205	安全保持器	DAB-3210	1	FN2-208
8	FY5-205	开方器	DJK-3110	1	
7	FN2-201	安全保持器	DAB-3210	1	
6	FY5-207	开方器	DJK-3110	1	
5	FN2-203	安全保持器	DAB-3210	1	FN2-207
4	FY5-203	开方器	DJK-3110	1	
3	HN2-201	安全保持器	DAB-3210	1	HN2-202
2	FN2-208	安全保持器	DAB-3210	1	FN2-209
1	FN2-206	安全保持器	DAB-3210	1	FN2-210

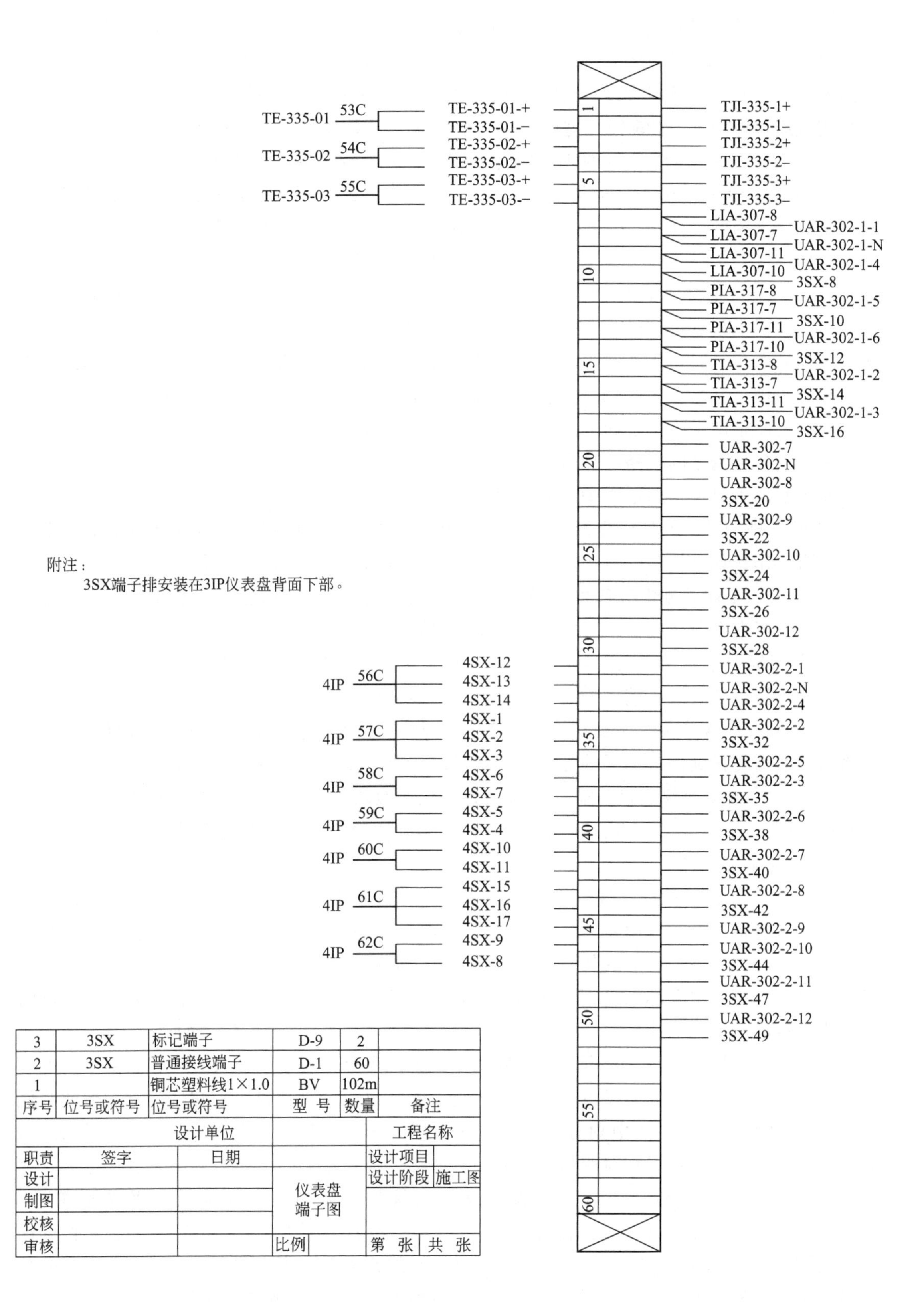
TE-335-01 53C
TE-335-01-+
TE-335-01-−
TE-335-02 54C
TE-335-02-+
TE-335-02-−
TE-335-03 55C
TE-335-03-+
TE-335-03-−
TJI-335-1+
TJI-335-1−
TJI-335-2+
TJI-335-2−
TJI-335-3+
TJI-335-3−
LIA-307-8
LIA-307-7
LIA-307-11
LIA-307-10
PIA-317-8
PIA-317-7
PIA-317-11
PIA-317-10
TIA-313-8
TIA-313-7
TIA-313-11
TIA-313-10
UAR-302-1-1
UAR-302-1-N
UAR-302-1-4
3SX-8
UAR-302-1-5
3SX-10
UAR-302-1-6
3SX-12
UAR-302-1-2
3SX-14
UAR-302-1-3
3SX-16
UAR-302-7
UAR-302-N
UAR-302-8
3SX-20
UAR-302-9
3SX-22
UAR-302-10
3SX-24
UAR-302-11
3SX-26
UAR-302-12
3SX-28
UAR-302-2-1
UAR-302-2-N
UAR-302-2-4
UAR-302-2-2
3SX-32
UAR-302-2-5
UAR-302-2-3
3SX-35
UAR-302-2-6
3SX-38
UAR-302-2-7
3SX-40
UAR-302-2-8
3SX-42
UAR-302-2-9
UAR-302-2-10
3SX-44
UAR-302-2-11
3SX-47
UAR-302-2-12
3SX-49
1
5
10
15
20
25
30
35
40
45
50
55
60
附注：
3SX端子排安装在3IP仪表盘背面下部。
4IP 56C
4SX-12
4SX-13
4SX-14
4IP 57C
4SX-1
4SX-2
4SX-3
4IP 58C
4SX-6
4SX-7
4IP 59C
4SX-5
4SX-4
4IP 60C
4SX-10
4SX-11
4IP 61C
4SX-15
4SX-16
4SX-17
4IP 62C
4SX-9
4SX-8
3 3SX 标记端子 D-9 2
2 3SX 普通接线端子 D-1 60
1 铜芯塑料线1×1.0 BV 102m
序号 位号或符号 位号或符号 型 号 数量 备注
设计单位 工程名称
职责 签字 日期 设计项目
设计 设计阶段 施工图
制图 仪表盘端子图
校核
审核 比例 第 张 共 张

图 8-10　仪表盘端子图

TJI-335-2－，表示接线到本仪表盘内的 TJI-335 仪表的 2＋和 2－端子处。同时在第 3 号、第 4 号端子的下部分别画出一条直线，在直线上标注出 TE-335-02-＋和 TE-335-02-－，然后两条直线合并为一条粗实线，此处的粗实线表示是一条电缆。同时在粗实线上标注 54C，在粗实线线端标注 TE-335-02。这些内容表示：这是一条电缆，电缆编号为 54C，信号来自现场的 TE-335-02，电缆芯线的现场端分别接 TE-335-02-＋和 TE-335-02-－端子（接线目标），控制室仪表盘一侧则接信号端子排的 3 号和 4 号端子，该信号通过信号端子排后，分别接到仪表盘内的 TJI-335 仪表的 2－和 2＋端子处（该端子上部的接线）。

③ 图 8-10 中 31、32、33 号端子，上部分别接到 UAR-302-2-1、UAR-302-2-N、UAR-302-2-4，下部分别接到 4SX-12、4SX-13、4SX-14，电缆编号为 56C，电缆接线目标为 4IP。这些内容说明本仪表盘内的 UAR-302 仪表的第 2 号信号，该信号 1 号、N 和 4 号端子分别接到本信号端子（3SX）的 31、32、33 号端子上，通过端子分别接到 4 号仪表盘（4IP）上的信号端子排（4SX）上的 12、13、14 号端子上，接线是通过编号为 56C 的电缆实现的。

仪表盘端子图中除了上面的主要内容之外，还应当说明该端子排的安装位置，在设备材料表中列出各种端子的规格、型号、数量；导线的规格、型号、数量。

在绘制仪表盘端子图过程中需要注意以下几点。

① 端子排的端子数量应当留有一定备用余量，如端子损坏则可转接到好端子上，系统还可正常工作。如果技术改造中需增加仪表，这些备用端子可做扩展之用。

② 如果一个端子排中有各种不同功能的端子段，例如一般信号段、本安信号段、接地端子段，应当在各段之间留一些空端子，做各段隔离之用。

③ 如果需要某些端子之间短接（如接地端子），相邻端子可选短接型端子。如果不相邻端子需要短接，则应当在端子排的盘内侧进行跨线短接。

④ 如果仪表盘上某些仪表（如多路信号报警器、多点记录仪等）有剩余未用信号通道，应将这些通道连接到信号端子的盘内侧，信号端子盘外侧空置（开路或短接）。

⑤ 工程中有多块仪表盘时需分别绘制各个仪表盘端子图。如果一块仪表盘有多个信号端子排（例如 2SX-2、2SX-1、2IX、2PG 等），则必须分别绘制各个端子图。

8.1.2.2 仪表回路图

图 8-11 所示仪表回路接线图是电动仪表的整体连接关系的表达。工程实践中，仪表盘盘内仪表（包括仪表盘盘面安装仪表和仪表盘盘后框架安装仪表）之间采用单根电线相互连接，仪表盘与现场仪表、与其他仪表盘内的仪表之间相互连接。仪表盘与现场接线箱以及现场接线箱之间则采用多芯电缆相互连接。仪表回路接线图所要表达的是连接关系，因此该图中并未表示出哪些是电线连接，那是有关电缆连接设计文件中所要表达的内容。

在仪表回路接线图中，根据仪表的安装位置不同可分为现场安装仪表和控制室室内安装仪表，控制室室内安装仪表又可分为仪表盘盘面安装仪表（盘装仪表）和仪表盘盘后架装仪表（架装仪表）。因此，图中划分了三个区域，即现场仪表区、架装仪表区和盘装仪表区，将所连接的仪表分别置于相对应的区域内。

各区内的仪表符号与位号表达按《过程测量与控制仪表的功能标志及图形符号》（HG/T 20505—2014）和《化工装置自控专业工程设计文件的编制规范　自控专业工程设计用图形符号和文字代号》（HG/T 20637.2）规定绘制，同时在该仪表附近标示出其型号。为了表达出仪表之间的相互连接，应当绘制出该仪表相应的接线端子，不用的端子可不绘出。

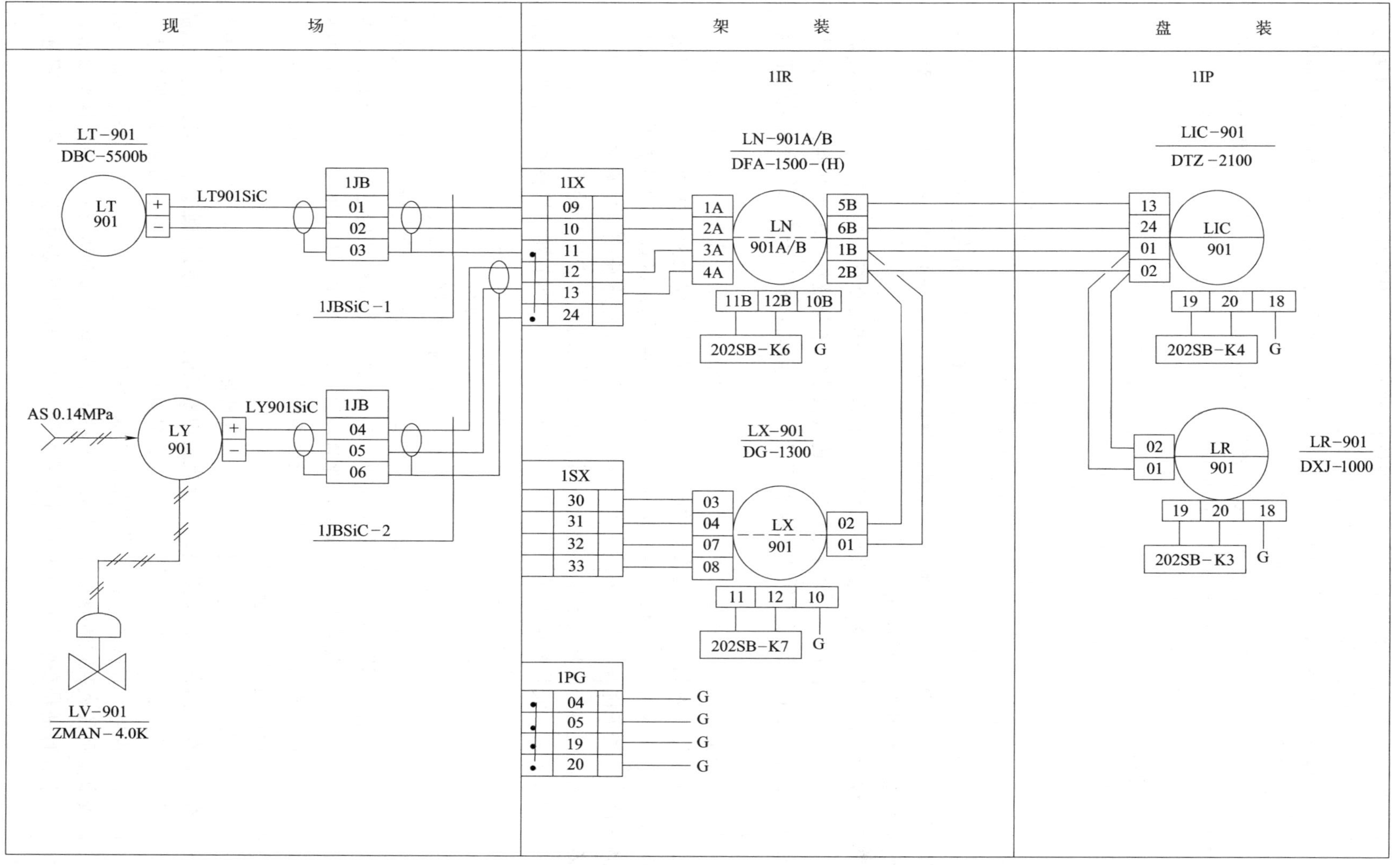

图 8-11　仪表回路接线图

如果现场仪表采用接线箱连接，则在现场仪表区内，在现场仪表的右侧绘制出接线箱，标上接线箱编号和接线箱端子编号。接线箱端子编号只绘制与该表连接有关的端子，包括该表的屏蔽与接地连接端子，其他与该表接线无关的端子则不必绘制。接线箱端子左侧与现场仪表连接，右侧与控制室内仪表连接。

现场仪表区内的检测仪表通常是变送器或各种传感器。采用变送器进行过程变量测量的通常采用的是两线制连接，加上连接电缆的屏蔽层连线，共有三根连线。如果是用热电阻测温，则三根热电阻连线加上一根连接电缆的屏蔽层连线，共有四根连线。如果是用热电偶测温，则两根热电偶连线加上一根连接电缆的屏蔽层连线，共有三根连线。如果现场变送器/传感器需要连接电源，则需要绘制电源连接端子（包括接地端）。现场仪表区内的执行器通常是带有电气阀门定位器的调节阀，电气阀门定位器的连接有电气接线和气动管线连接两种，这两种连接都需要用不同类型的连线表示在图纸中，其连线类型按《过程测量与控制仪表的功能标志及图形符号》（HG/T 20505—2014）和《化工装置自控专业工程设计文件的编制规范　自控专业工程设计用图形符号和文字代号》（HG/T 20637.2）规定绘制。电气阀门定位器的电气接线共有两根信号线加一根连接电缆的屏蔽层连线共有三根连线。

架装仪表区内安装的仪表是多种多样的，通常是一些安全栅、配电器、信号分配器、各种计算单元、可安装在框架上的变送器等。这些仪表除了与现场仪表相互连接，与盘装仪表相互连接之外，还有可能与其他架装仪表相互连接，因此，相对于现场仪表的接线来说，稍显复杂一些。

由于控制室内的盘装仪表和架装仪表与现场仪表或其他仪表盘上的仪表连接时都要通过端子排相互连接，因此，需要在该图的架装仪表区绘制出该仪表上的接线端子排。仪表盘盘后的端子排通常有两个，即信号端子排（SX）和接地端子排（PG），在小规模自控工程中，有时将这两个端子排合并为一个端子排（SX）。如果是采用本质安全防爆技术的自控工程，还需要单独设置本安信号端子排，因此，图中还需要绘制出本安信号端子排（IX）。

盘装仪表区内安装的仪表通常是一些记录仪、指示仪、调节器、报警器、按钮、切换开关等。这些仪表通常只与架装仪表、仪表盘上的端子排、本盘上的其他盘装仪表发生连接关系，个别场合也会与现场仪表发生直接连接，这种情况比较少。

在该图中现场仪表区、架装仪表区和盘装仪表区内，绘制出相关仪表和端子之后，按照各仪表说明书中的端子定义，按构成该回路的要求，将各仪表的相应端子用相应的线型连接起来，即绘制完成该回路的仪表回路接线图。绘制仪表回路接线图的过程中，有时需要从一个端子上引出多根线连接到其他仪表上，此时需注意，一个端子上引出线不可过多，通常可引出两根，一般不能超过三根，如果确需较多引线时可考虑采用短接型端子进行分接。

8.1.2.3 仪表盘背面电气接线图

前面所介绍的“仪表盘端子图+仪表回路接线图”表达的连接关系中，仪表盘端子图表达的是本仪表盘进出信号的连接关系，仪表盘内各仪表的连接则需阅读相应各回路（控制回路和测量点）的仪表回路图。也可采用“仪表盘背面电气接线图+仪表回路接线图”表达方式，仪表盘背面电气接线图是在一张图纸上将整个仪表盘上的所有仪表（包括该盘上的端子、仪表盘盘面仪表和仪表盘盘后架装仪表）的连接关系全部表达出来。由于这些优点，工程实践当中，特别是在中小项目中使用仪表盘背面电气接线图表达连接关系的情况还是较多的。

（1）连接关系的表达

仪表盘背面电气接线图表达方法有三种，即直接接线法、单元接线法和相对呼应接线法。

① 直接接线法的连接表达最为简单，即将需要连接的点用直线（折线）连接起来即可。这种表达方法的优点是直观，其缺点是图面线条较多，不可避免出现线条交叉点，这对图纸阅读是不利的，特别是图中连接点较多时更是如此。因此这种表达方法只适用于盘上仪表不多、连接点较少的情况。

② 单元接线法又称单元图束接线法。该方法是将仪表盘上有联系且安装位置相互靠近的仪表划分为一个单元，以虚线将它们框起来，并给予一个单元编号。每个单元内部的连接不必表达出来，而每个单元与其他单元或接线端子排的连接则以一条短线表示，并在短线上画一个小圆圈，圆圈内注明该单元连接束的电线根数。短线上还需注明对方连接点的标号。

这种表达方法的特点是图面连线简洁，但不能直接表达出仪表间的连接关系，只有熟悉了解各台仪表接线要求的专业技术人员，才能根据图纸完成接线。

③ 相对呼应接线法要求，首先将仪表盘上的端子排、仪表盘盘面仪表和仪表盘盘后架装仪表进行编号，绘制出其各个端子并标上端子号，在相应端子上画一短线，在短线上标出对方连接点的编号（一呼），同时在对方连接点上标上本方的编号（一应）。这就是相对呼应法的由来。这种方法使用最多，《自控专业施工图设计内容深度规定》（HG 20506—1992）中就规定使用这种表达方法。

图 8-12 是一个仪表盘背面电气接线图的示例。

（2）仪表盘背面电气接线图

一般一张图纸上绘制一块仪表盘的仪表盘背面电气接线图。

仪表盘背面电气接线图上各个仪表（包括开关、端子排等）应当按照相应布置图绘制其轮廓，即仪表盘盘面安装的仪表按正面布置图的背面（正面布置图的立轴镜向反转）视图绘制，仪表盘盘后架装仪表按仪表盘后框架正面布置图绘制。绘制过程中可不按比例绘制仪表轮廓，但应当遵循“相对位置准确”和“轮廓表达准确”的原则。“相对位置准确”原则即是该仪表的位置应当与在仪表盘上的位置相对应，不能将仪表盘下部的仪表画到上面、将仪表盘正面左侧的仪表画在仪表盘背面的左侧。“轮廓表达准确”原则即是该仪表的外形轮廓应当准确，即不能将正方形仪表画成长方形，将圆形仪表画成方形。

仪表盘背面电气接线图上各个仪表，应当按接线面进行布置，即处在同一接线平面内的仪表（开关、端子排等）应当绘制在一个区域内。例如所有安装在仪表盘盘面上的仪表是一个接线平面，所有安装在仪表盘后框架上的仪表是另一个接线平面。有些自控工程中，某些变送器安装在控制室仪表盘盘后区中独立的框架上，这又是另一个接线平面。有时也将仪表盘盘面仪表和仪表盘盘后框架仪表划分为一个接线平面。如果出于绘图方面的考虑，某些仪表、端子排和电气元件不能按接线平面布置，则可在图面上的适当位置绘制出这些仪表、端子排和电气元件，用虚线框起来，然后用文字注明安装位置。

仪表盘上的仪表，包括盘面仪表和盘后架装仪表，都需注明其仪表位号和型号。如果仪表型号较长可注明其型号的主要部分。

所有仪表都应当为其指定一个中间编号，一般采用 A1、A2……符号。中间编号应当按从左到右、从上到下顺序分配给各个仪表。一般是一块仪表盘用一个英文字母+顺序号表示。第一块仪表盘用 A，第二块仪表用 B，这样可对 26 块仪表盘上的仪表进行编号。一个

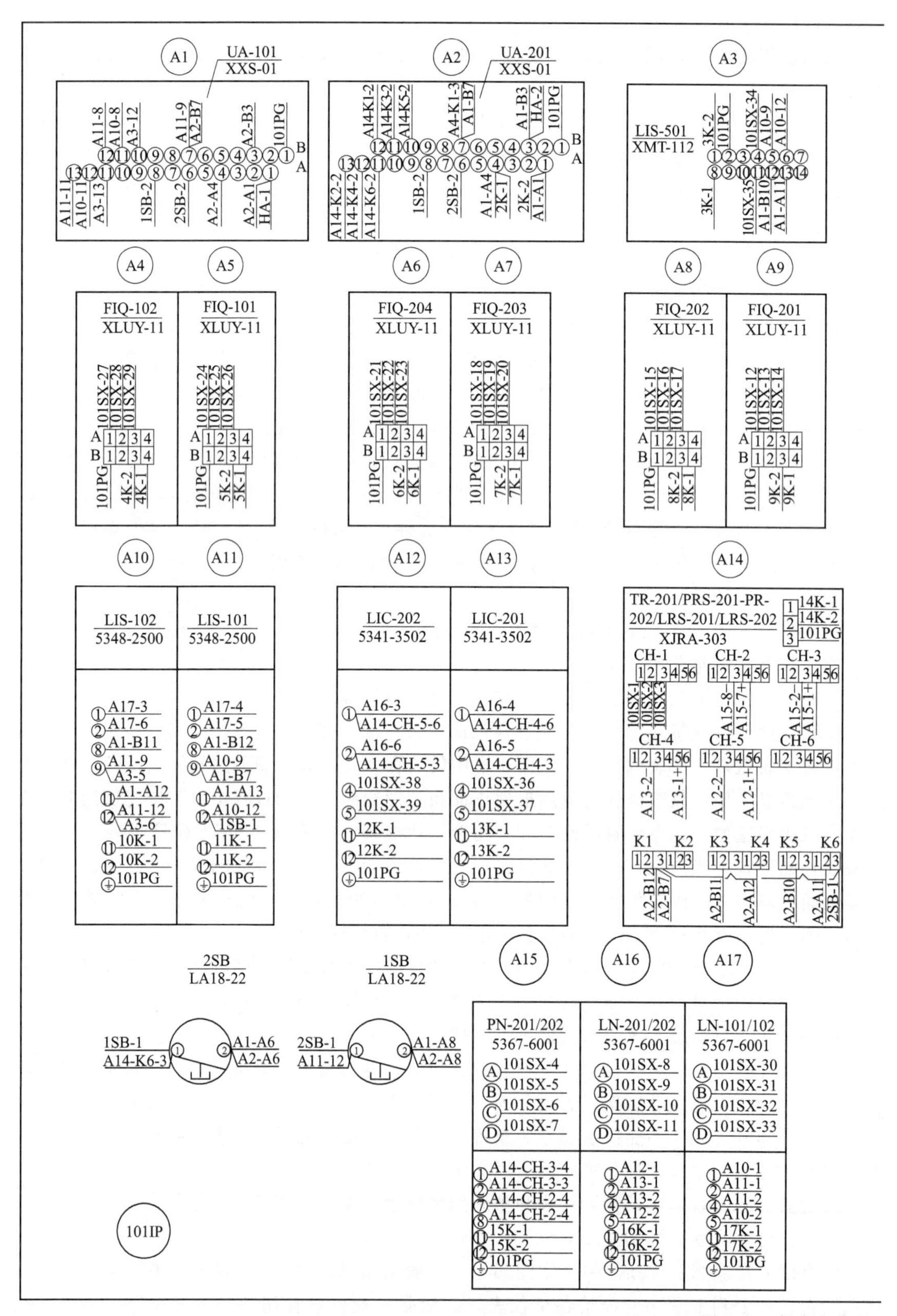
A1
UA-101
XXS-01
A2
UA-201
XXS-01
A3
LIS-501
XMT-112
A4
FIQ-102
XLUY-11
A5
FIQ-101
XLUY-11
A6
FIQ-204
XLUY-11
A7
FIQ-203
XLUY-11
A8
FIQ-202
XLUY-11
A9
FIQ-201
XLUY-11
A10
LIS-102
5348-2500
A11
LIS-101
5348-2500
A12
LIC-202
5341-3502
A13
LIC-201
5341-3502
A14
TR-201/PRS-201-PR-202/LRS-201/LRS-202
XJRA-303
CH-1
CH-2
CH-3
CH-4
CH-5
CH-6
K1
K2
K3
K4
K5
K6
2SB
LA18-22
1SB
LA18-22
A15
A16
A17
PN-201/202
5367-6001
LN-201/202
5367-6001
LN-101/102
5367-6001
101IP

图 8-12　仪表盘背面

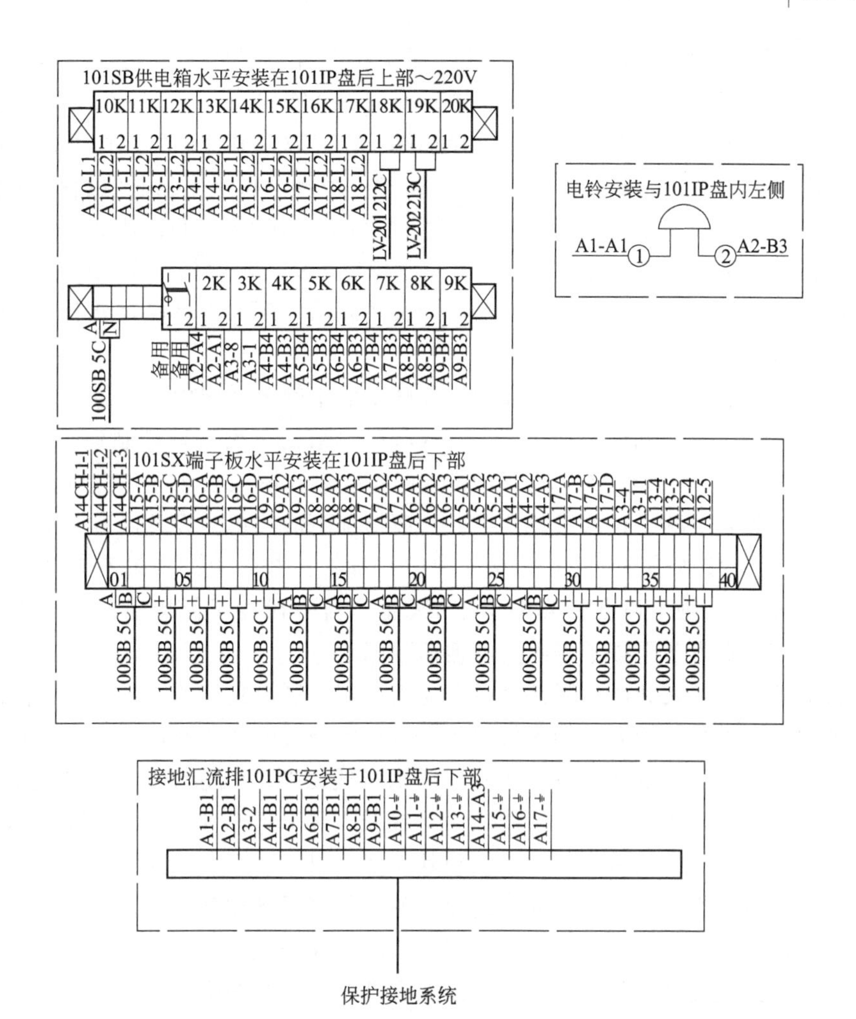

8		铜芯塑料软线1×1.5	BVR	50m	接地支线
7	101PG	接地汇流排		1个	20个接线柱
6		铜芯塑料线1×1.0	BV	300m	
5	HA	电铃$\phi3''$	SWS-03	1	
4	101SB	供电箱～220V	YXG-120-25/3	1	分开关熔断丝 1A
3	101SX	标记型端子	D-9	2	
2	101SX	带可调电阻型端子5Ω	D-6	3	
1	101SX	一般型接线端子	D-1	42	
序号	位号或符号	名称及规格	型　号	数　量	备　注

设计单位				工程名称	
职责	签字	日期	仪表盘背面电气接线图(101IP)	设计项目	
设计				设计阶段	施工图
制图					
校核					
审核			比例	第　张	共　张

电气接线图

自控工程中仪表盘数量通常不会超过这个数，如果出现第 27 块仪表盘则可采用 AB1、AB2……编号。该中间编号应当标在该仪表轮廓外面的小圆圈内。

仪表盘上的信号端子排、电源箱端子排、接地端子排，以及其他电气元件可按《过程测量与控制仪表的功能标志及图形符号》（HG/T 20505—2014）和《化工装置自控专业工程设计文件的编制规范　自控专业工程设计用图形符号和文字代号》（HG/T 20637.2）规定进行编号。例如信号端子排用 SX 表示，电源箱端子排用 PX 表示，按钮用 AN 表示。如果一块仪表盘上有多个相同的端子排，可采用加后缀方法表示，例如 3 号仪表盘上有两个信号端子排，可分别表示为 3SX-1 和 3SX-2。

仪表盘背面电气接线图的图面布置，通常是在图纸的中间大区域内布置各个仪表、电器设备等，在图纸的上面区域绘制电源箱端子排 PX，在图纸的下面区域绘制信号端子排 SX 和 IX。如果图面布置不下，可将 PX、SX 和 IX 端子排绘制在图纸右侧设备材料表上面区域内，并且要用文字注明各个端子排的安装位置。一般情况下应当单独设置接地端子排（接地汇流排），将各个仪表的接地端连接在接地端子排（接地汇流排）上。如果不宜单独设置接地端子排（接地汇流排），则可以在信号端子排 SX 上安排一段端子做接地连接之用，但是需要在该接地段的两端空出若干端子以隔离其他信号端子段。

绘制出仪表盘上各个仪表和电气元件之后，应当如实绘制出它们的接线端子并标出其相应的端子号。不用的端子可不绘制。绘制仪表端子时也应当遵循“相对位置准确”原则。

图中用粗实线绘制仪表、电气设备、元件，用细实线绘制电气接线，引出该盘的电线、电缆用粗实线绘制。该图采用相对呼应接线法表达接线关系，呼应编号不应超过 8 个字符，超过 8 个字符时应当采用加中间编号的方法控制其长度。引入、引出该盘的电缆（电线）应当标明去向。盘间接线应当使用电缆，并应当通过各自的端子排相互连接。

最后需要编制设备材料表，设备材料表中需统计出该仪表盘上所使用的所有仪表和电器设备。注意，凡是在其他设计文件中（例如在该仪表盘正面布置图中）统计过的内容，此处不再统计。

8.2 电缆的连接

控制系统各个组成部分之间的连接，大致可分为两部分，即控制室内的相互连接与控制室与现场仪表之间、现场仪表与现场仪表之间的相互连接。采用 DCS 系统的自控工程，其控制室内的电缆通常是通信电缆，电缆数量比较少，通常是敷设在抗静电地板下面。现场信号电缆一般都是连接到端子（安全栅）柜内的端子排上，端子（安全栅）柜连接到控制站的电缆通常是供货商提供的通信专用电缆，这些是由供货商负责连接的，业主方或施工方通常只需负责提供条件、进行施工配合。

现场仪表所处的工作环境就比较恶劣，引向这些现场仪表的导线就需要有一定的防护措施。防护措施主要从两个方面加以考虑，即连接导线的电气防护措施与机械损伤防护措施。同时，控制室和现场之间的距离一般都比较长，如果每个信号都使用单芯的电线进行连接，则势必增加电线的敷设工作量，造成工程费用开支加大。如果控制室和现场之间相对集中的信号采用多芯电缆进行连接，则可大大减少电线的敷设工作，所以从控制室引向现场和从现场引向控制室的信号都需使用电缆。

8.2.1 电缆表

电缆表采用表格的形式表达出整个工程中所使用的电缆的整体连接关系。根据所采用的标准不同所表达的方式也略有不同。《自控专业施工图设计内容深度规定》(HG 20506—1992) 中只需绘制电缆表，表达出控制室与现场之间的电缆连接关系，控制室内电缆连接则没有规定相应的设计文件。而《化工装置自控工程设计文件深度规范》(HG/T 20638) 中则规定得比较详细，除了规定必须绘制电缆表之外，还需绘制控制室内电缆表和电缆分盘表。

工程实践当中，一般电缆都是从控制室引出，有些直接连接到现场仪表上，有些则需要在现场再进行分接，即一根电缆到达现场某一位置后再分接成若干条电缆，由这些电缆再连接到现场仪表上。一般称从控制室引到现场某一位置的电缆为主电缆，从该位置引到现场仪表的电缆称为分电缆。电缆的分接需要使用专用的接线箱，接线箱内采用端子排进行分接。电缆在穿越不同空间时，有时需要穿保护管进行保护，通常使用水煤气管作保护管。

电缆表中所表达的主要内容为所使用的电缆型号与规格、长度、连接的起点和终点、主电缆和分电缆的分接关系、电缆保护套管的规格型号、电缆保护套管的长度等情况。

《自控专业施工图设计内容深度规定》(HG 20506—1992) 和《化工装置自控工程设计文件深度规范》(HG/T 20638) 的电缆表在表达内容上大同小异。表 8-1 是一电缆表的示例。表按列分为两部分，主电缆部分和支电缆部分，而每部分都分为电缆部分和保护管部分。主电缆部分中包括电缆号、型号、规格、长度、起点和终点各项。支电缆部分中只有型号、规格、长度和终点各项，因为进行电缆分接时主电缆的终点就是支电缆的起点，即接线箱中支电缆一侧的分接端子即为支电缆的起点，因为表中已经表达出主电缆终点端子的情况，所以没有必要再表达出支电缆的起点。如果电缆直接从控制室接到现场仪表上，则不存在电缆分接，也就没有支电缆。

自控工程中所有电缆都必须为其指定一个电缆号，电缆号用字母 C 表示，前面加上一个序号。电缆号必须是唯一的，既不能将一个电缆号指定给两条电缆，也不能出现一条电缆有两个电缆号。下面针对表 8-1 中各部分做一个简单介绍。

表 8-1 中主电缆部分中电缆号即为该电缆的电缆号，例如图中的 201C。

电缆型号部分表示该条电缆的型号，表 8-1 中 201C 电缆为 KVV 型电缆，该型号为聚氯乙烯绝缘聚氯乙烯护套控制电缆，适合敷设在有腐蚀性介质、无机械外力作用的室内或隧道内。

电缆规格，如 14×1.5，表示 201C 电缆是 14 芯电缆，每条芯线的载流截面积为 1.5mm^2。

电缆长度，表 8-1 中 201C 电缆起点与终点之间的长度为 32m。

电缆的起点是指电缆从什么地方引出的，一般情况下电缆的起点都是控制室内的仪表盘，例如 201C 电缆的起点是控制室内的 4 号仪表盘 (4IP)，标注仪表盘盘号的同时还需要标出该盘上端子排的端子号，这些端子号即是该电缆各芯线的接线点。如果电缆留有一定数量的备用芯线，则应当绘制出相应的备用端子。

采用 DCS 系统的自控工程，其电缆起点为控制站，在起点这一栏应当填写控制站号和控制站内端子排号，例如 4TC (4 号控制站)、4IX1-＊＊(1 号本安端子排上的＊＊号端子)。

电缆的终点有两种情况，一种是将电缆连接到现场的接线箱上，然后再由支电缆将现场接线箱与现场仪表连接起来，一种是直接通过电缆将控制室与现场仪表连接上。表 8-1 中 201C 电缆的终点是现场接线箱，而 213C 和 214C 电缆的终点即为现场仪表。所有连接到现场的接线箱上的电缆，在其起点处都要绘制出各个电缆芯线相对应的仪表盘接线端子，在其

表 8-1 电缆表

设计单位	工程名称		电缆表	编制			图号	
	设计项目			校核			第 页	共 页
	设计阶段	施工图		审核				

序号	主电缆								保护管		支电缆					保护管		备注
	电缆号	型号	规格	长度/m	起点		终点		规格	长度/m	型号	规格	长度/m	终点		规格	长度/m	
					盘号	端子号												
1	201C	KVV	14×1.5	32	4IP	4SX-29	201JB (MFX-12B) +6.00m 平面	1	1″	5	VV	2×1.5	21	LT-202	+	1/2″	21	
						4SX-30		2							−			
						4SX-31		3			VV	2×1.5	24	LV-202	+	1/2″	24	
						4SX-32		4							−			
						4SX-33		5			VV	2×1.5	5	FT-202	+	1/2″	5	
						4SX-34		6							−			
						4SX-35		7			VV	2×1.5	5	FV-202	+	1/2″	5	
						4SX-36		8							−			
						4SX-37		9			VV	2×1.5	6	LT-203	+	1/2″	6	
						4SX-38		10							−			
						4SX-39		11			VV	2×1.5	12	LV-203	+	1/2″	12	
						4SX-40		12							−			
2	202C	KVV	7×1.5	26	4IP	4SX-23	202JB (MFX-12B) +6.00m 平面	1	3/4″	3	VV	2×1.5	6	LT-201	+	1/2″	6	
						4SX-24		2							−			
						4SX-25		3			VV	2×1.5	12	LV-201	+	1/2″	12	
						4SX-26		4							−			
						4SX-27		5			VV	2×1.5	12	TV-201	+	1/2″	12	
						4SX-28		6							−			
								7										
3	203C	KVV	4×1.5	26	4IP	4SX-45		8	3/4″	2	VV	2×1.5	26	LT-204	+	1/2″	26	
						4SX-46		9							−			
						4SX-47		10			VV	2×1.5	6	PdT-205	+	1/2″	6	
						4SX-48		11							−			
								12										
4	213C	KC-GBVP	2×1.5	25	4IP	TJR-204-1	TE-204-1	+	3/4″	2								
						TJR-204-2		−										
5	214C	KC-GBVP	2×1.5	30	4IP	TJR-204-3	TE-204-2	+	3/4″	4								
						TJR-204-4		−										

终点处绘制出各个电缆芯线相对应的接线箱接线端子。如果是直接到现场仪表的电缆，则在电缆终点处标出连接的仪表信号。

所有分接后的支电缆没有电缆号。表 8-1 中电缆 213C 和 214C 是没有通过仪表盘端子而是直接接到多点温度记录仪 TJR-204 上。

电缆敷设过程中，有些地段需要穿保护管对电缆进行保护，所以电缆表中应当将保护管的情况表达清楚。表 8-1 中主电缆部分对各个电缆的保护管情况一一作了交代，例如电缆 201C，由于该电缆是一条 14 芯电缆，电缆直径较粗，所以选择了直径为 1″的保护管，所需长度为 5m。

支电缆的表达与主电缆相似，其起点为现场接线箱，终点为现场仪表。例如主电缆 201 的第一条分支电缆，其起点为现场接线箱 201JB 中的端子 1 和端子 2，终点是控制阀 LT-202 的＋与－端子。电缆型号为 VV，该型号为铜芯聚氯乙烯绝缘聚氯乙烯护套电力电缆，适合敷设在无机械外力作用的室内、隧道内或管道内等场所。电缆为 2 芯电缆，每条芯线截面积为 $1.5mm^2$，电缆长度为 21m。电缆保护管直径为 1/2″，长度为 21m。

自控工程中，需要对电缆进行分接时一定要采用接线箱分接，不能剥开电缆直接将支电缆对应接到芯线上。尤其是电缆不能这样做。图 8-13 是接线箱的分接图。

由图 8-13 可知，采用接线箱分接时，除了分接功能之外，该分接方法还具有固定和密封功能。

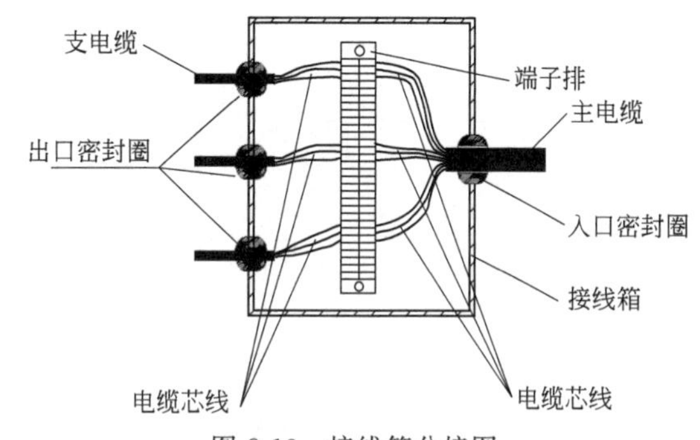

图 8-13 接线箱分接图

8.2.2 外部系统连接图

除了电缆表表达电缆连接方式之外，设计人员还可根据工程的具体情况选择“电缆、电线外部系统连接图”方式来表达外部系统的连接。图 8-14 是电缆、电线外部系统连接图示例。

外部系统连接图是采用系统图的方式表达电缆的连接关系。与电缆表相比，这种表达方式更加直观，可直接表达出电缆之间的连接关系。

图中绘制出各个仪表盘、接线箱与电源箱，并用粗实线表达出相互之间电缆的连接。电缆型号、规格、长度、保护管等情况直接标注在相应的电缆之上。电缆型号、规格、长度、保护管等各项内容与电缆表中的表示相同。

与电缆表相比，外部系统连接图中有以下一些不同。

① 连接接线箱的电缆只绘制到接线箱，由接线箱到现场仪表的连接不画，这部分内容由接线箱接线图表达。

② 电缆表中只表达信号电缆的连接关系，而外部系统连接图中还要表达出电源电缆的连接。

③ 电缆、电线外部系统连接图中还表达出采用接线盒进行电缆分接的情况。接线盒是电缆分接所用的另外一种设备，接线盒中没有端子排，电缆的分接是在接线盒中将对应芯线直接对接的。这种分接方式主要用于多芯电缆与多芯电缆的分接，各支电缆再用其他设备进行分接。而接线箱则用于多芯电缆到单根电线或两芯电缆的分接，分接后的电线/电缆则直接接到现场仪表上。

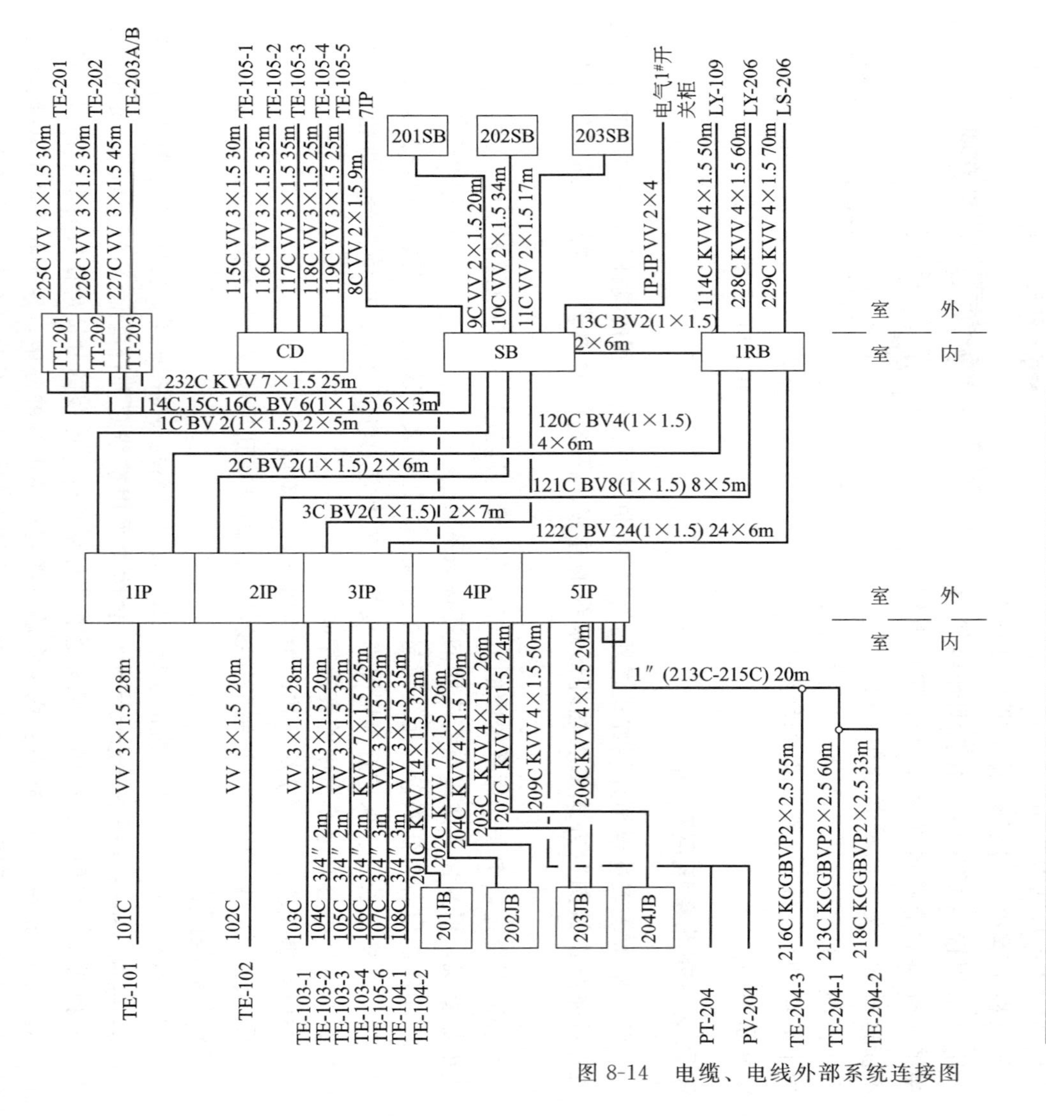

序号	位号或符号	名称及规格	型号	数量	备注
13					
12		三通串线盒G1/2″-G1/2″-G3/4″	YHX-T	2	
11		三通串线盒G3/4″-G3/4″-G1″	YHX-T	1	
10		铜芯塑料线 1×1.5	BV	326m	
9		补偿导线 2×2.5	KCGPVP	241m	
8		控制电缆 14×1.5	KVV	83m	
7		控制电缆 10×1.5	KVV	60m	
6		控制电缆 7×1.5	KVV	180m	
5		控制电缆 4×1.5	KVV	335m	
4		电力电缆 3×1.5	VV	741m	
3		电力电缆 2×1.5	VV	110m	
2		镀锌焊接钢管 1/2″ Q235A		241m	
1		镀锌焊接钢管 3/4″ Q235A		27m	

设计单位				工程名称	
职责	签字	日期		设计项目	
设计			电缆、电线外部连接系统图	设计阶段	施工图
制图					
校核					
审核			比例	第 张	共 张

图 8-14 电缆、电线外部系统连接图

采用接线盒进行电缆分接，除了分接功能之外，接线盒还起到固定电缆、分接头密封的功能。由于接线盒内没有端子排，所有对接芯线的接头必须有牢靠的绝缘保护措施。图 8-15 是接线盒分接示意图。

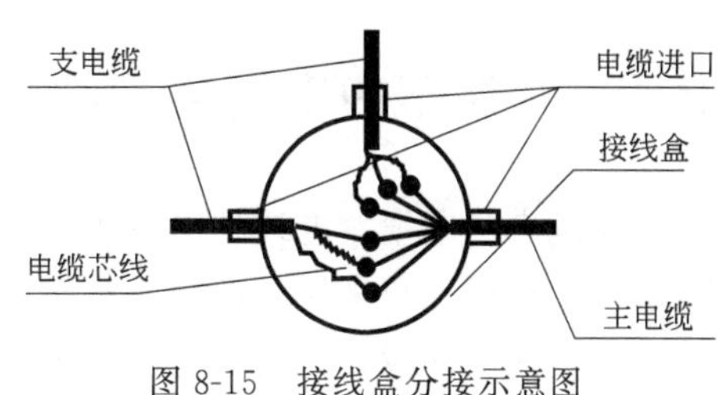

图 8-15　接线盒分接示意图

采用 DCS 系统的自控工程，该图中仪表盘的位置处应当是控制站，要标出控制站站号。

8.2.3　接线箱接线图

采用接线箱的自控工程，除了用电缆表或电缆、电线外部系统连接图表达系统的整体连接之外，还需要绘制接线箱接线图表达出各个接线箱的连接关系。图 8-16 为接线箱接线图示例。

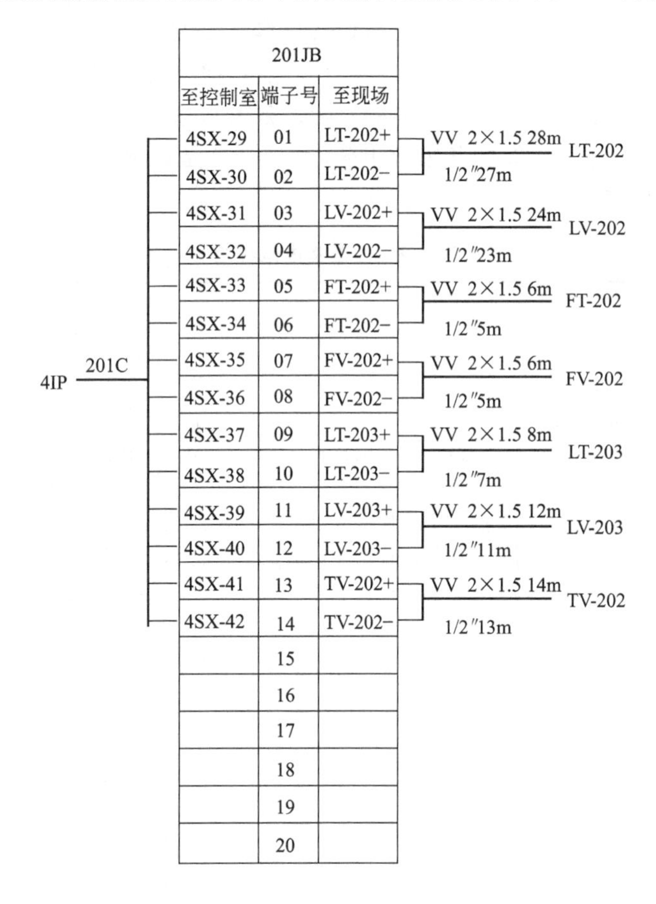

设计单位			日期		工程名称	
职责	签字	日期	接线箱接线图 (201JB)		设计项目	
设计					设计阶段	施工图
制图						
校核						
审核			比例		第　张	共　张

图 8-16　接线箱接线图

8.3 控制室内电缆连接的表达

电缆表与电缆、电线外部系统连接图表达的内容是控制室与现场之间的电缆连接关系。对于一个自控工程来说，控制室内的仪表柜（盘、台）之间也会有许多信号电缆连接关系，作为一个完整的设计，对这些内容也必须有所交代。在老设计体制中，《自控专业施工图设计内容深度规定》（HG 20506—1992）没有做出规定。具体做法可在电缆表中添加控制室内仪表柜（盘、台）相互连接的电缆内容，或者在电缆、电线外部系统连接图中交代控制室内仪表柜（盘、台）相互连接的电缆内容。

在国际通用体制下，《化工装置自控工程设计文件深度规范》（HG/T 20638）中则规定了需采用“控制室内电缆表”和“电缆分盘表”表达出控制室内电缆的连接关系。该标准中规定“控制室内电缆表”应包括控制室内敷设的电缆的编号、型号、规格和长度、柜（盘、台）编号、端子排号和端子号。“电缆分盘表”应包括电缆分盘的盘号、电缆的名称、型号、规格和总长度，以及该盘内每个编号电缆的实际、备用和总长度，所有电缆的备用量总和应与“仪表安装材料表”中的电缆的备用量相符合。表 8-2 是控制室内电缆表的一个示例，表 8-3 是电缆分盘表的一个示例。

表 8-2 控制室内电缆表

设计单位	控制室内电缆表		项目名称		
			分项名称		
			图号		
	合同号		设计阶段		第 张共 张

电缆					自柜(盘)号:		至柜(盘)号:	
序号	编号	型号	规格	长度/m	端子排号	端子号	端子排号	端子号
1	CD01-IP01-1	KVV	14×1.0	50	101SX	11	1SX	1
						12		2
						13		3
						14		4
						15		5
						16		6
						17		7
						18		8
						19		9
						20		10
						21		11
						22		12

修改	说明	设计	日期	校核	日期	审核	日期

表 8-2 中的主要内容是电缆的起点和终点内容的交代，与电缆表中的内容相似，电缆起点处应当表达出起点端子排标号和各个端子的编号；电缆终点处应当表达出终点端子排标号

和各个端子的编号。由于控制室内不需要电缆穿保护管进行保护，所以没有电缆保护管的内容。其他内容与电缆表中的相关内容相同。

电缆分盘表的主要内容是表达出现场信号接入哪块仪表盘，表 8-3 中所示为 101 号仪表盘所接入的信号电缆。该电缆名称为集散型仪表信号电缆，电缆型号为 IYP_L（S），规格为 7×3×1.5，总长度为 1000m。其后所列为各个接入该盘的信号。

表 8-3 电缆分盘表

设计单位	电　缆　分　盘　表		项目名称		
			分项名称		
			图号		
	合同号		设计阶段		第　张 共　张

盘号	101	盘号	
名称	集散型仪表信号电缆	名称	集散型仪表信号电缆
型号	IYP_L(S)	型号	
规格	7×3×1.5	规格	
总长度/m	1000	总长度/m	

序号	编号	长度/m			序号	编号	长度/m		
		实际	备用	总计			实际	备用	总计
1	PT-101SiC	150	—	150					
2	PT-102SiC	200	10	210					
3	FT-101SiC	170	10	180					
4	FT-102SiC	150	—	150					
5	LT-102SiC	300	10	310					

修改	说明	设计	日期	校核	日期	审核	日期

采用《自控专业施工图设计内容深度规定》(HG 20506—1992) 标准时可选择电缆表表达连接关系，也可选择电缆、电线外部系统连接图表达连接关系。采用《化工装置自控工程设计文件深度规范》(HG/T 20638) 标准时则用电缆表、控制室电缆表与电缆分盘表表达这种连接关系。具体到电缆是如何从起点引到终点的，终点处的接线箱或现场仪表具体在现场的什么位置，则需要用电缆敷设图进行表达。还需要同时或单独表达出仪表的现场位置。所以有关自控工程中仪表系统的连接是一个复杂的表达过程，涉及的内容比较多，设计过程中需要全面了解工艺设备、土建、电气等各个专业的相关设计内容，并且需要各个专业密切配合，才能完成这些工作。

第9章

电缆的敷设与仪表的安装

9.1 电缆的敷设

完成自控工程方案、仪表整体连接等设计之后，还需要对电缆敷设进行设计。电缆敷设设计部分是对仪表系统整体连接的具体实现，该部分设计内容也是影响自控工程质量的重要部分。电缆敷设设计与仪表整体连接设计是紧密相连的两个部分，每个部分的设计改动都将影响到另外一个部分，因此设计时应当通盘考虑，即设计仪表整体连接时要考虑电缆敷设的可实现性，同样电缆敷设设计时也应当考虑对仪表整体连接的影响。

9.1.1 电缆敷设所要解决的问题

完成仪表整体连接设计之后，例如设计完成了若干张仪表回路图之后，从仪表回路图中可以得到各个仪表端子、端子排端子、接线箱端子相互之间是如何对应连接的信息，但这只是概念上的连接，仅凭这些内容是无法施工的。这是因为具体到某根连线，它到底是用单根的电线完成连接，还是用某条电缆中的某条芯线来完成连接呢？根据前面所介绍的电缆表或者电缆、电线外部系统连接图内容，可以解决这些具体的连接问题。但是，这些电缆、电线到底是通过什么样的途径引到目标点的呢？所经过的路径上有没有强电磁干扰？有没有高温、强振动等其他不利因素存在？此外，路途中电缆如何固定也是一个重要的问题等。

由于具体到某个工程，情况可能是各种各样的，对自控工程的要求也不尽相同。电缆敷设过程中主要考虑几个方面的问题，即电缆的铺设固定、电缆铺设的路径选择、什么样的信号共用一条电缆、什么情况下选用接线箱。这些问题涉及生产流程的建筑情况、生产流程设备的布置情况、现场仪表的安装位置布局以及生产流程中电气设备的布置情况等。

（1）电缆敷设的设计原则

① 电缆敷设的距离应当尽量短，这样可避免信号的过量衰减，减少引入干扰的可能性，减少建设费用。

② 电缆敷设的路径应当尽量避开高温、高粉尘场所，温度过高会影响信号的传递，粉尘在电缆表面的沉积会影响电缆的散热。

③ 电缆敷设的路径应当尽量避开强振动场所以及存在较大机械损伤可能性的场所，以避免对电缆产生的机械损害。

④ 电缆敷设的路径应当尽量避开大功率用电设备，大功率用电设备周围存在较强的电

磁场，会对电信号产生较强的干扰。

⑤ 如果必须在强电磁干扰场所敷设电缆，或不能避开产生机械损伤可能性的场所，则电缆应当穿保护管敷设。为避免电磁干扰而穿保护管，则保护管应当按接地原则进行接地。

⑥ 如有可能，电缆应当尽量敷设在建筑物内。

⑦ 如果现场仪表的位置相对集中，可以考虑其信号共用一条电缆。

⑧ 共用电缆时，现场应当设置接线箱进行信号分接。如果现场仪表的安装位置不便于仪表维护，尽管不与其他信号共用电缆，也应当设置接线箱以方便仪表检修。

⑨ 不同类型的信号（如电流与毫伏信号、模拟信号与开关信号）一般不共用一条电缆。

⑩ 不同性质的信号（如本安信号与非本安信号）不能共用一条电缆。

⑪ 强电信号与弱电信号不能共用一条电缆。

⑫ 不同性质的电缆（如本安信号与非本安信号）一般不敷设在同一条电缆桥架内，如果不能避免则需要采取相应的隔离措施。

⑬ 需要穿保护管时，一般一条电缆穿一条保护管，不能多条电缆穿在一条保护管内。

⑭ 电缆敷设时应当尽量避免穿越建筑物的伸缩缝，避免从地下穿越公路、河流等，如果不能避免则应当采取相应的保护措施。

（2）电缆的铺设

在自动化工程中，仪表的电缆敷设常常采用埋设和架空两种敷设方法。当多芯长电缆需要穿越建筑物和道路时，或者现场不具备架空敷设时常常用埋设方法进行敷设，这种敷设比较坚固安全，但是不便于电缆的检修、更换操作。架空敷设是将电缆在空间的一定高度上进行敷设，这种敷设需要对电缆进行支护，汇线桥架则是自动化工程中仪表电缆架空敷设的重要设备。除了电缆的架空敷设之外，还有一种在电缆沟内架空敷设的方法，这种方法是上两种方法的结合，采用这种敷设方式也需要使用汇线桥架。图 9-1 是架空敷设和电缆沟敷设的示意图。

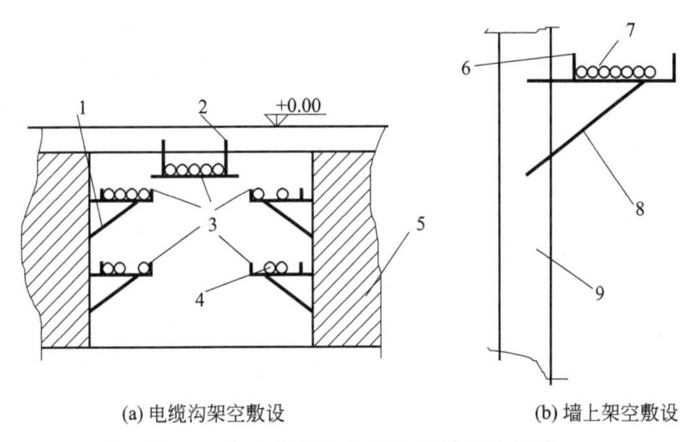

图 9-1　架空敷设和电缆沟敷设的示意图

1,8—支架；2—吊架；3,6—汇线桥架；4,7—电缆；5—电缆沟；9—墙体

所有汇线桥架都是钢结构，其结构可分为两个主要部分：托架和支架。

① 托架：托架是放置和固定电缆用的，仪表专业人员一般称托架为桥架。托架有三种类型，即梯级式托架、托盘式托架和槽式托架。连接方式有铰链式连接和直接板连接两种，托架表面处理有三种，即喷漆、镀锌和粉末静电喷涂。梯级式托架的外形像梯子一样，由两

根边条和中间的若干根横条组成，电缆就敷设在横条之上。托盘式托架由花钢板与边框组成，电缆敷设在花钢板上。槽式托架由冲压成槽形的钢板和一些附件组成。这三种托架都配有盖板，盖板上装有卡扣可将盖板与托架扣在一起。有时需要在同一个托架内敷设不同种类的电缆，而又需要将这些电缆隔离，三种电缆托架都可装一个隔板进行隔离。图 9-2 是这三种托架的结构示意图。

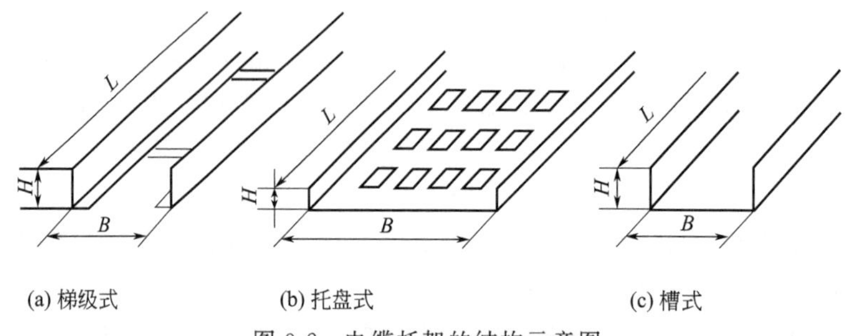

图 9-2 电缆托架的结构示意图

托架有三个几何尺寸，宽度 B、高度 H 和长度 L。梯级式和托盘式托架的宽度有 200mm、300mm、400mm、500mm、600mm、800mm 六种，高度有 60mm、100mm、150mm 三种；槽式托架的宽度有 100mm、150mm、200mm、250mm、300mm、400mm、500mm、600mm 八种，高度有 50mm、75mm、100mm、150mm、200mm、250mm、300mm、400mm 八种。用户可根据敷设电缆的数量选择不同的宽度。

如果需要在托架内加装隔板则需要指定隔板两侧的宽度，图 9-3 为加装隔板的托架。

除了上面所介绍的托架之外，还有一些托架连接件，连接件包括托架三通、四通、水平弯头、垂直弯头和变宽头等。图 9-4 是各种电缆托架连接件。

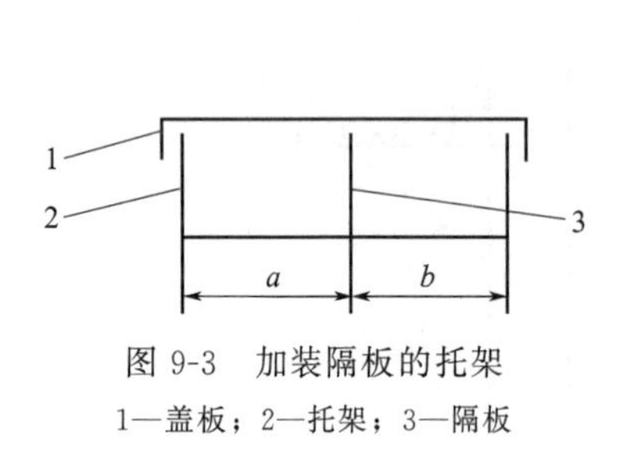

图 9-3 加装隔板的托架

1—盖板；2—托架；3—隔板

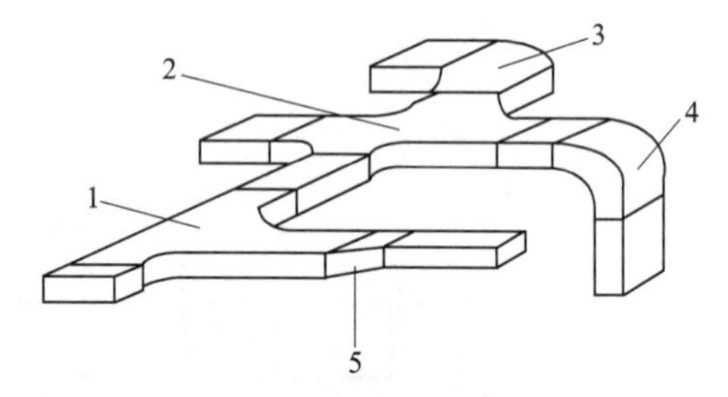

图 9-4 各种电缆托架连接件

1—三通；2—四通；3—水平弯头；4—垂直弯头；5—变宽头

② 支架：支架是托架的支撑架，根据托架的安装要求可分为墙架、柱架和吊架。墙架的安装方式通常是在墙体内预埋钢板或螺栓，然后将墙架焊接在预埋钢板上，或用螺母将墙架固定在预埋螺栓上。

柱架是安装在水泥柱子上的支架，其安装方法有两种，其一是在水泥柱子内预埋钢板，然后将支架焊接在钢板上；另一种方法是用螺栓将支架压紧固定在水泥柱子上。

吊架是在天花板上采用吊装方式安装支架。支架可分为吊杆式架和吊架式架两种。吊杆式架由两根吊杆将支架吊装在楼板上，两根吊杆上都装有松紧节，可分别调整两个吊杆的长度。吊架式架则是由一根花角钢吊在楼板上。这两种吊架都有单层和多层结构，将单层托架或多层托架一起吊装在天花板上。

图 9-5 是几种支架的示意图。

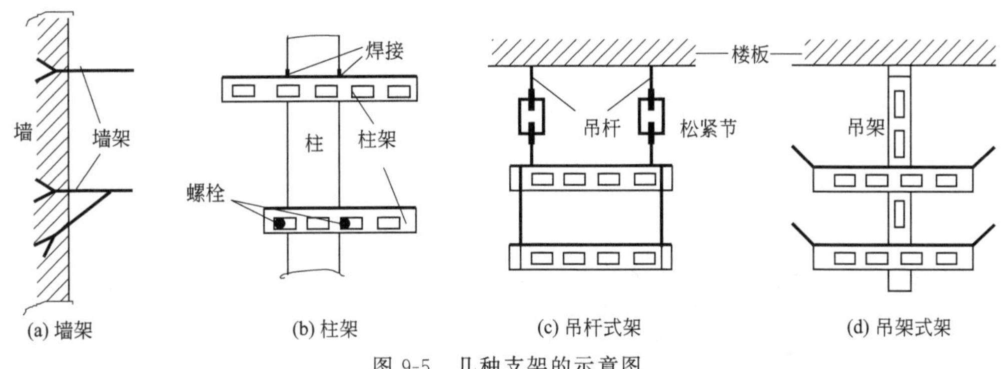

图 9-5　几种支架的示意图

③ 支柱：除了上面所介绍的托架和支架外，电缆敷设中还有一类支撑设备，即支柱。这类支撑设备有工字钢支柱、T 形钢支柱和角钢支柱。支柱上面布满花孔供固定支架或托架之用。与支柱相配套的有支柱固定底座，可将支柱固定在地板或天花板上。支柱安装在具有一定倾斜角度的天花板上时，可以选用倾斜底座。使用这种支柱为桥架安装提供了极大的方便。

④ 电缆固定件：电缆固定件的作用是将电缆固定在支架或托架上。电缆固定件主要有 U 形螺栓、电缆卡、电缆夹、绑扎带、冲孔托盘等几类。用户可根据所使用的支架和托架形式，根据一排固定电缆的数量选择相应的固定件。

9.1.2 电缆敷设图

电缆敷设所需要表达的内容为两部分，即控制室内的电缆敷设与控制室外的电缆敷设。由于控制室内的工作环境比较好，电缆敷设的空间也不大，相对比较简单一些。控制室外的电缆敷设相对比较复杂，敷设的空间范围比较大，电缆可能经过各种各样的场所，因此考虑的因素要多一些。

对于控制室内的电缆敷设，《自控专业施工图设计内容深度规定》(HG 20506—1992) 中规定用“控制室电缆、管缆平面敷设图”表达，《化工装置自控工程设计文件深度规范》(HG/T 20638) 中规定用“控制室电缆（管缆）布置图”表达。这两个标准中都用同一张图作为例图，相应的具体规定也相似，设计可查用该例图。

控制室外部的电缆敷设，不同的标准有不同的规定。《自控专业施工图设计内容深度规定》(HG 20506—1992) 中规定采用“电缆、管缆平面敷设图”表达。而《化工装置自控工程设计文件深度规范》(HG/T 20638) 中规定用“仪表电缆桥架布置总图”“仪表电缆（管缆）及桥架布置图”和“现场仪表配线图”三个设计文件表达。

(1) 电缆、管缆平面敷设图

图 9-6 是电缆、管缆平面敷设图示例。电缆、管缆平面敷设图中，所采用的字母代号如表 9-1 所示。

表 9-1 中字母“C”表示电缆（同时也表示电线），前面的字母表示不同的信号类别，例如“R”表示热电阻，“S”表示标准信号，信号类别后面如果有小写字母“i”则表示是本质安全信号。工程实际应用当中，还需要在前面加上前缀加以区分，例如 TE110RC 表示连接热电阻温度传感器 TE110 的热电阻信号电缆；TV201SiC 表示连接控制阀 TV110 的标准信号本安电缆；JBS1001RC 表示连接现场端子箱 JBS1001 的标准信号电缆。

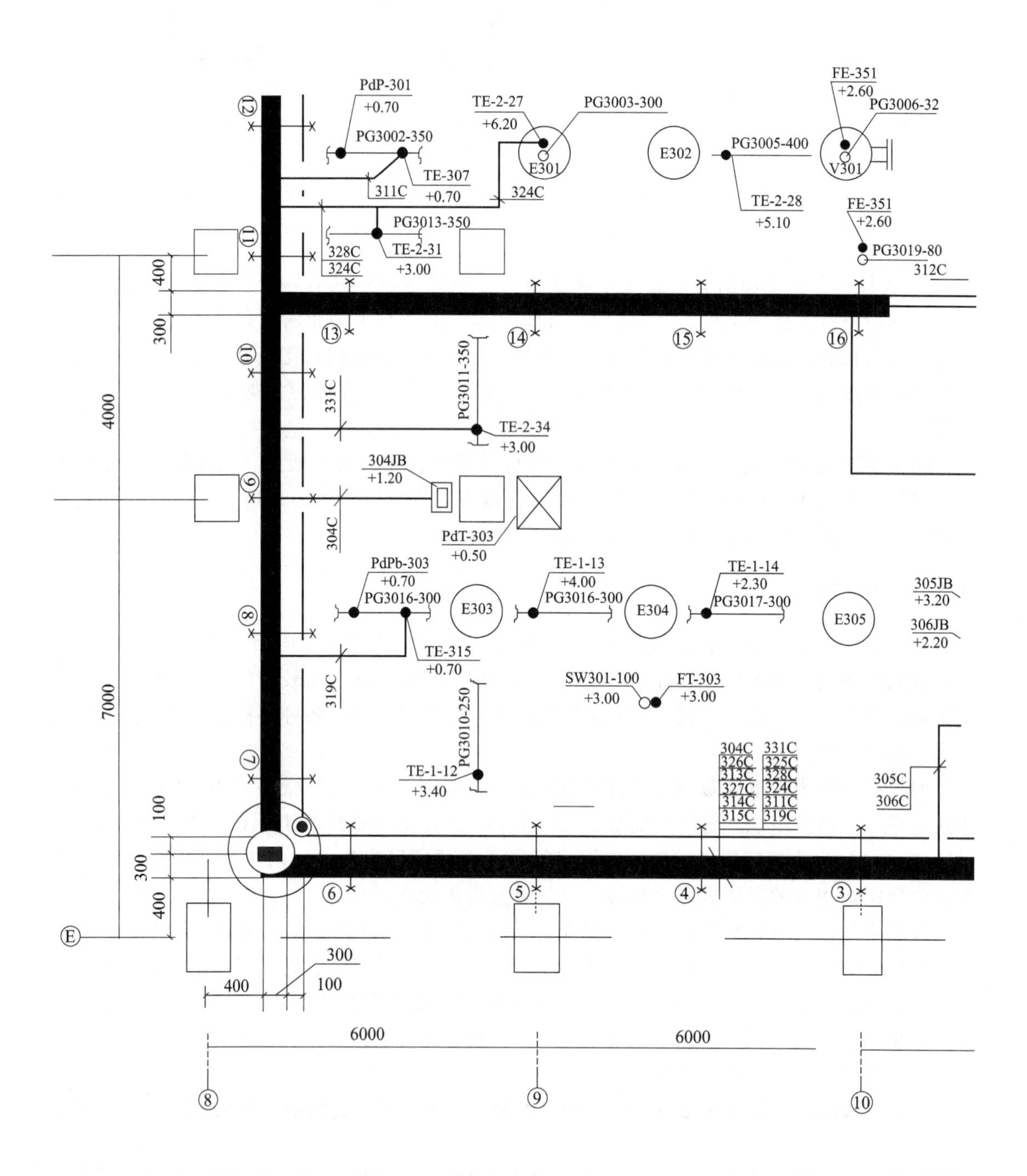
PdP-301
+0.70
PG3002-350
TE-2-27
+6.20
PG3003-300
E301
E302
PG3005-400
FE-351
+2.60
PG3006-32
V301
311C
TE-307
+0.70
324C
TE-2-28
+5.10
FE-351
+2.60
PG3013-350
328C
324C
TE-2-31
+3.00
PG3019-80
312C
400
300
4000
7000
PG3011-350
331C
TE-2-34
+3.00
304JB
+1.20
304C
PdT-303
+0.50
PdPb-303
+0.70
PG3016-300
E303
TE-1-13
+4.00
PG3016-300
E304
TE-1-14
+2.30
PG3017-300
E305
305JB
+3.20
306JB
+2.20
TE-315
+0.70
319C
SW301-100
+3.00
FT-303
+3.00
PG3010-250
TE-1-12
+3.40
304C 331C
326C 325C
313C 328C
327C 324C
314C 311C
315C 319C
305C
306C
100
300
400
E
300
400
100
6000
6000

图 9-6 电缆、管缆

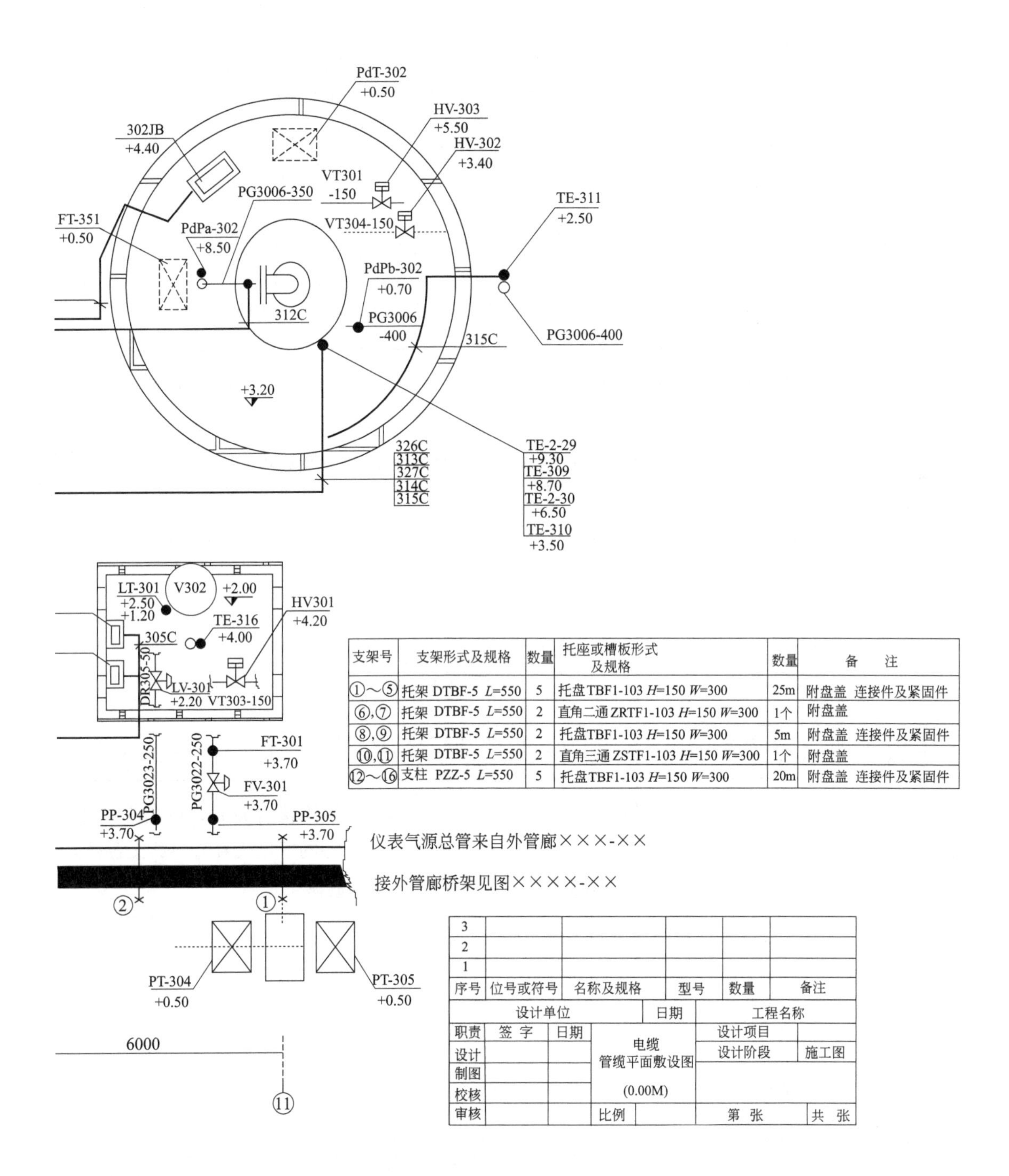

支架号	支架形式及规格	数量	托座或槽板形式及规格	数量	备　注
①～⑤	托架 DTBF-5 L=550	5	托盘 TBF1-103 H=150 W=300	25m	附盘盖 连接件及紧固件
⑥,⑦	托架 DTBF-5 L=550	2	直角二通 ZRTF1-103 H=150 W=300	1个	附盘盖
⑧,⑨	托架 DTBF-5 L=550	2	托盘TBF1-103 H=150 W=300	5m	附盘盖 连接件及紧固件
⑩,⑪	托架 DTBF-5 L=550	2	直角三通 ZSTF1-103 H=150 W=300	1个	附盘盖
⑫～⑯	支柱 PZZ-5 L=550	5	托盘TBF1-103 H=150 W=300	20m	附盘盖 连接件及紧固件

平面敷设图

表 9-1 电缆、管缆字母代号及中英文解释

字母代号	名称	
	中文	英文
CC	接点信号电缆(电线)	CONTACT SIGNAL CABLE(WIRE)
CiC	接点信号本安电缆	CONTACT SIGNAL INTRINSIC-SAFETY CABLE
EC	电源电缆(电线)	ELECTRIC SUPPLY CABLE(WIRE)
GC	接地电缆(电线)	GROUND CABLE(WIRE)
PC	脉冲信号电缆(电线)	PULSE SIGNAL CABLE(WIRE)
PiC	脉冲信号本安电缆	PULSE SIGNAL INTRINSIC-SAFETY CABLE
RC	热电阻信号电缆(电线)	RTD SIGNAL CABLE(WIRE)
RiC	热电阻信号本安电缆	RTD SIGNAL INTRINSIC-SAFETY CABLE
SC	标准信号电缆(电线)	SIGNAL CABLE(WIRE)
SiC	标准信号本安电缆	SIGNAL INTRINSIC-SAFETY CABLE
TC	热电偶补偿电缆(导线)	T/C COMPENSATING CABLE(CONDUCTOR)
TiC	热电偶补偿本安电缆	T/C COMPENSATING INTRINSIC-SAFETY CABLE

气动管线、液压管线的表示比较简单，表 9-2 为气动仪表外部接头与管路字母代号及中英文解释。

表 9-2 气动仪表外部接头与管路的字母代号及中英文解释

字母代号	名称	
	中文	英文
I	输入	INPUT
O	输出	OUTPUT
RS	设定(远距离)	REMOTE SETTING
AS	气源头	AIR SUPPLY
AP	空气源管路	AIR SUPPLY PIPELINE
HP	液压管路	HYDRA-PIPELINE
MP	测量管路	MEASUING PIPELINE
NP	氮气源管路	NITROGEN SUPPLY PIPELINE
TB	管缆	TUBE BUNDLE

自控工程当中还会用到一些辅助设备，这些设备大多是与系统连接有关的，在相应设计文件当中需要用字母将这些设备表示出来，表 9-3 给出了仪表辅助设备的字母代号与中英文解释。

表 9-3 仪表辅助设备的字母代号及中英文解释

字母代号	名称	
	中文	英文
AC	辅助柜	AUXILIARY CABINET
AD	空气分配器	AIR DISTRIBUTOR
CB	接管箱	CONNECTING PIPE BOX
CD	操作台(独立)	CONTROL DESK(INDEPENDENT)
BA	穿板接头	BULKHEAD ADAPTOR
DC	DCS 机柜	DCS CABINET
GP	半模拟盘	SEMI-GRAPHIC PANEL
IB	仪表箱	INSTRUMENT BOX
IC	仪表柜	INSTRUMENT CABINET
IP	仪表盘	INSTRUMENT PANEL
IPA	仪表盘附件	INSTRUMENT PANEL ACCESSORY
IR	仪表盘后框架	INSTRUMENT RACK
IX	本安信号接线端子板	TERMINAL BLOCK FOR INTRINSIC-SAFETY SIGNAL

续表

字母代号	名称	
	中文	英文
JB	接线箱(盒)	JUNCTION BOX
JBC	触点信号接线箱(盒)	JUNCTION BOX FOR CONTACT SIGNAL
JBE	电源接线箱(盒)	JUNCTION BOX FOR ELECTRIC SUPPLY
JBG	接地接线箱(盒)	JUNCTION BOX FOR GROUND
JBP	脉冲接线箱(盒)	JUNCTION BOX FOR PULSE SIGNAL
JBR	热电阻接线箱(盒)	JUNCTION BOX FOR RTD SIGNAL
JBS	标准信号接线箱(盒)	JUNCTION BOX FOR STANDARD SIGNAL
JBT	热电偶接线箱(盒)	JUNCTION BOX FOR T/C SIGNAL
PB	保护箱	PROTECT BOX
MC	编组接线柜	MARSHALLING CABINET
PX	电源接线端子板	TERMINAL BLOCK FOR POWER SUPPLY
RB	继电器箱	RELAY BOX
RX	继电器接线端子板	TERMINAL BLOCK FOR RELAY
SB	供电箱	POWER SUPPLY BOX
SBC	安全栅柜	SAFETY BARRIER CABINET
SX	信号接线端子板	TERMINAL BLOCK FOR SIGNAL
TC	端子柜	TERMINAL CABINET
UPS	不间断电源	UNINTERRUPTABLE POWER SUPPLY
WB	保温箱	WENTERIZING BOX

《自控专业施工图设计内容深度规定》(HG 20506—1992)中规定如下。

① 按比例绘出工艺设备的平面位置(只画主要设备,次要的无检测点的设备可以不画),注出设备位号,绘出与自控专业有关的建筑物,并注出墙、柱号和相关尺寸。

② 绘出与控制室有关的变送器、执行器、接线(管)箱、现场供电箱、空气分配器等的位置,并注出位号(或编号)和标高。在工艺管道上安装的检测元件或检测取源点、执行器等,还应注出所在工艺管道的管段号。

③ 电缆分别画至接线箱。箱到检测点(取源部件)一般不画连线,由施工单位酌情敷设,但必要时(由检测元件或检测点不经接线箱直接引到控制室),应将电缆(线)、管缆画至仪表检测点处。

④ 绘出线、缆集中敷设的汇线桥架,并注出标高和平面坐标尺寸,支架位置、编号,汇线桥架上敷设的电缆的编号、走向。必要时应当画出局部详图。

⑤ 列表注出所选用的汇线桥架,支架的型号、规格、数量。在特殊情况下应绘出管架图。地下敷设的管、线、缆,应绘出敷设方式和说明保护措施。

⑥ 工艺装置为多层布置时要相应画出几个平面图。如有的平面上检测点和仪表较少或较集中时,可只绘局部图,也可用多层投影的方式画在一张图上。

⑦ 如一个车间(装置)有几个工段(工区),应绘一张各工段(工区)与控制室之间的布置布线图,或用电缆表表示各工段(工区)的连接关系。

电缆平面敷设图中,表达电缆、电缆束敷设的图形符号如表9-4所示。

表9-4 电缆、电缆束图形符号

序号	平面符号	空间视图	说明	
1			单根电缆	无分支,无高程变化

续表

序号	平面符号	空间视图	说明	
1			电缆束	无分支，无高程变化
2			单根电缆	有分支，无高程变化
		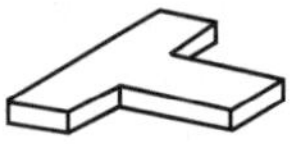	电缆束	
3			单根电缆	无分支，从左至右高程抬高（同平面内）
		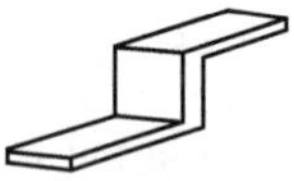	电缆束	
4			单根电缆	无分支，从左至右高程降低（同平面内）
		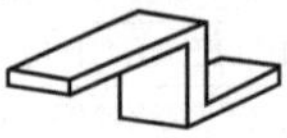	电缆束	
5			单根电缆	有分支，从左至右高程抬高（同平面内）
		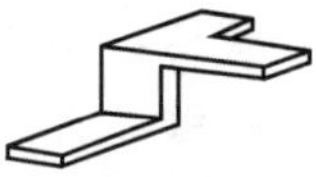	电缆束	
6			单根电缆	有分支，从左至右高程降低（同平面内）
			电缆束	
7			单根电缆	从左至右高程抬高（不同平面）
		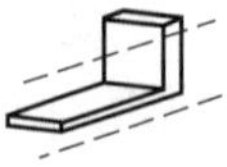	电缆束	
8			单根电缆	从左至右高程降低（不同平面）
		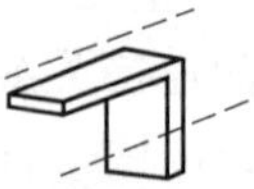	电缆束	

绘制该图的过程中，可采取一些措施以节省工作量。例如某条工艺管道上装有一个控制阀，则只要绘制出该管道上装有一个控制阀一段即可，而不必画出全段管道。在一个建筑物上，某些空间内没有任何仪表，绘制时可采用断裂线将其断开，省掉没有仪表的部分。

绘图过程中可能会遇到这样的问题，从某个点观察会有一些设备重叠在一起，而这些设备上又都装有仪表，此时一般可采用下面三种方法进行标注。下面以三个例子加以说明。

① 在某个塔器一侧同一位置从上到下装有 3 个热电偶，如果从上面观看则这 3 个热电偶是重叠在一起的，可在该位置处标出三个热电偶的不同标高即可。图 9-7 是同一位置相互重叠仪表的标注方法。

② 如果在某个设备下面安装仪表，而该设备上也有仪表，则可将该设备断裂开，露出下面装有仪表的设备。图 9-8 是被另一设备遮挡仪表的标注方法。

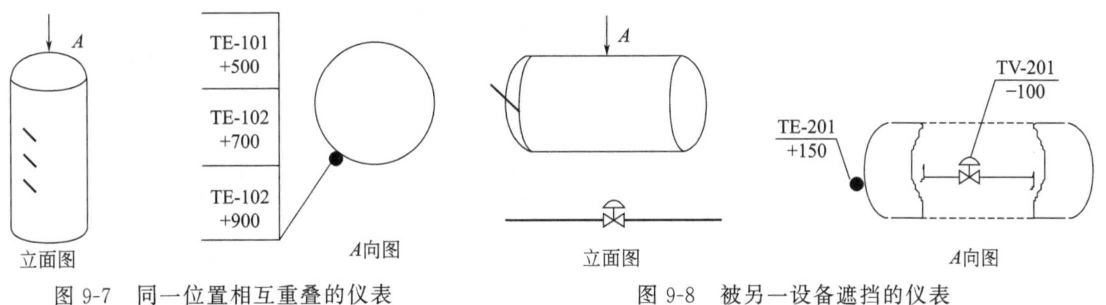

图 9-7　同一位置相互重叠的仪表　　　图 9-8　被另一设备遮挡的仪表

③ 化工生产过程中，管道常常是沿着管廊铺设的，这就难免出现上面的管道遮挡住下面的管道，如果在某个管段上都装有仪表，可采用②项中所述方法，但是因为相互重叠的设备是管道，所以在表达上有一些不同。如图 9-9 所示。

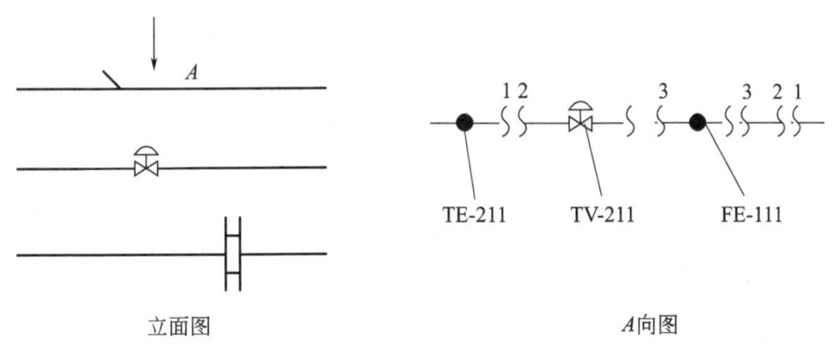

图 9-9　重叠管道上仪表的表达

④ 某些自控工程中，由于电缆较多需要敷设多层电缆桥架，而一般是沿同一路径架设电缆桥架，为了表达清楚，可采用类似③中方法表达，如图 9-10 所示。

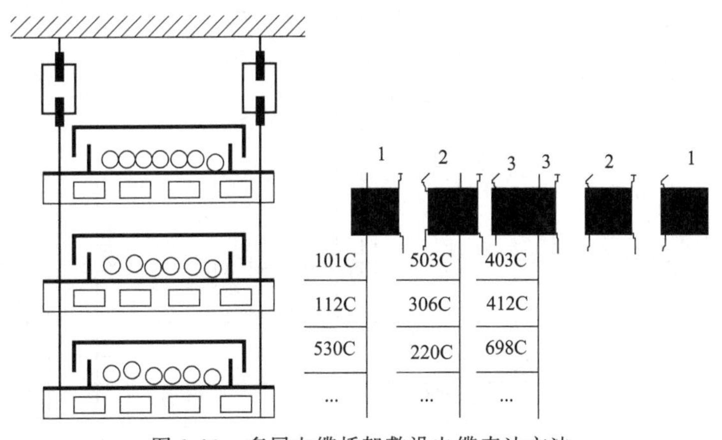

图 9-10　多层电缆桥架敷设电缆表达方法

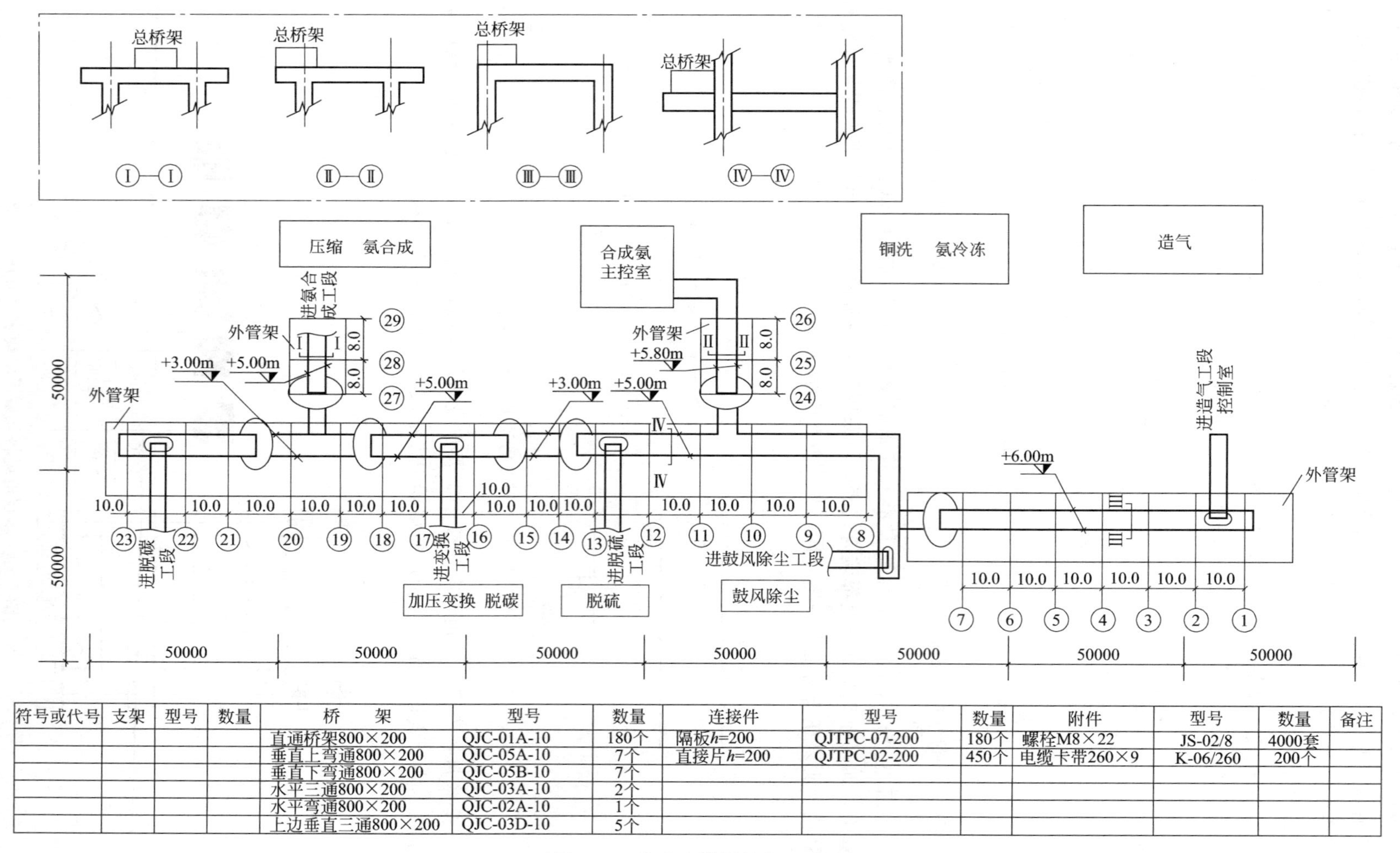

符号或代号	支架	型号	数量	桥　架	型号	数量	连接件	型号	数量	附件	型号	数量	备注
				直通桥架800×200	QJC-01A-10	180个	隔板h=200	QJTPC-07-200	180个	螺栓M8×22	JS-02/8	4000套	
				垂直上弯通800×200	QJC-05A-10	7个	直接片h=200	QJTPC-02-200	450个	电缆卡带260×9	K-06/260	200个	
				垂直下弯通800×200	QJC-05B-10	7个							
				水平三通800×200	QJC-03A-10	2个							
				水平弯通800×200	QJC-02A-10	1个							
				上边垂直三通800×200	QJC-03D-10	5个							

图 9-11　仪表电缆桥架布置总图

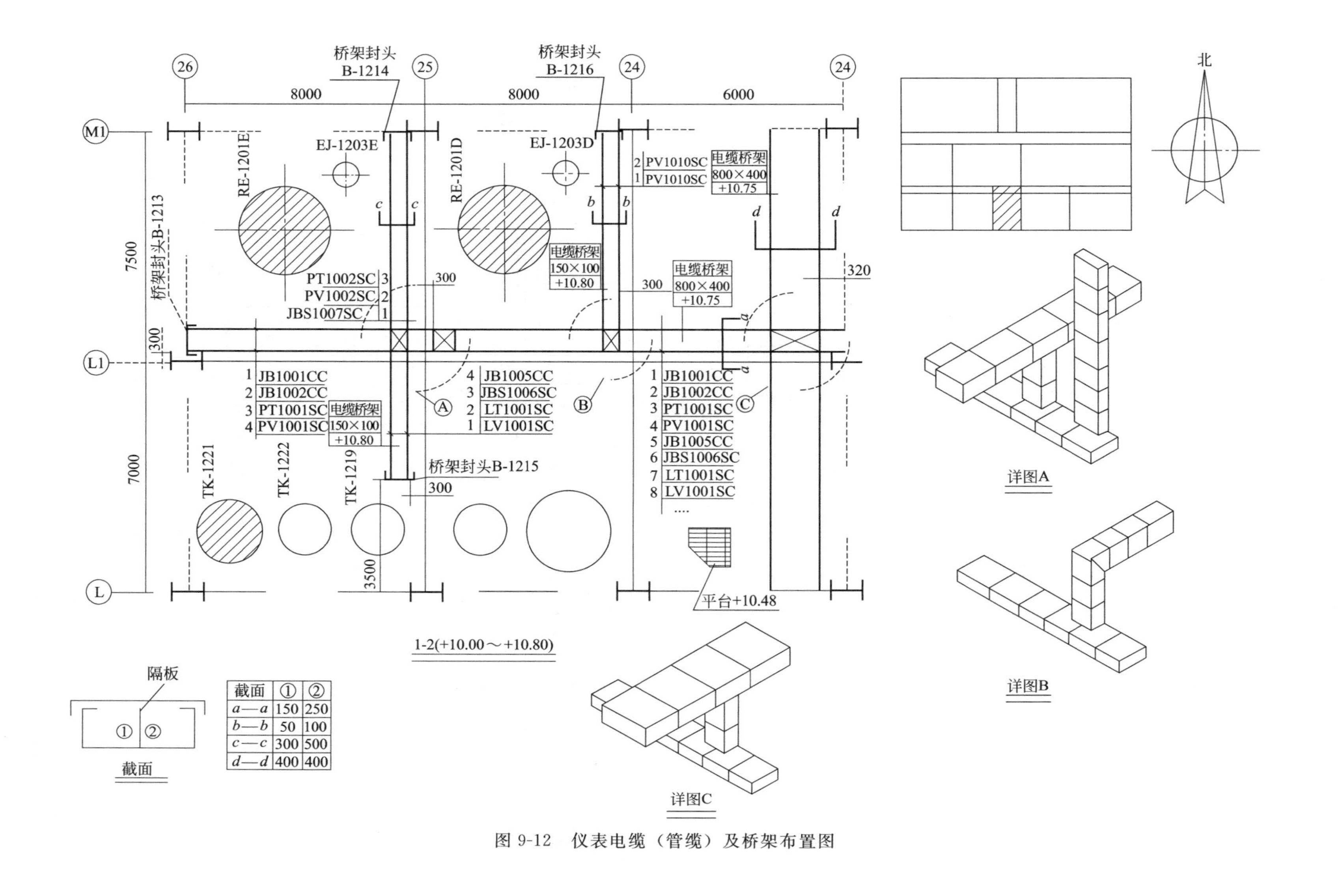

截面	①	②
a—a	150	250
b—b	50	100
c—c	300	500
d—d	400	400

图 9-12　仪表电缆（管缆）及桥架布置图

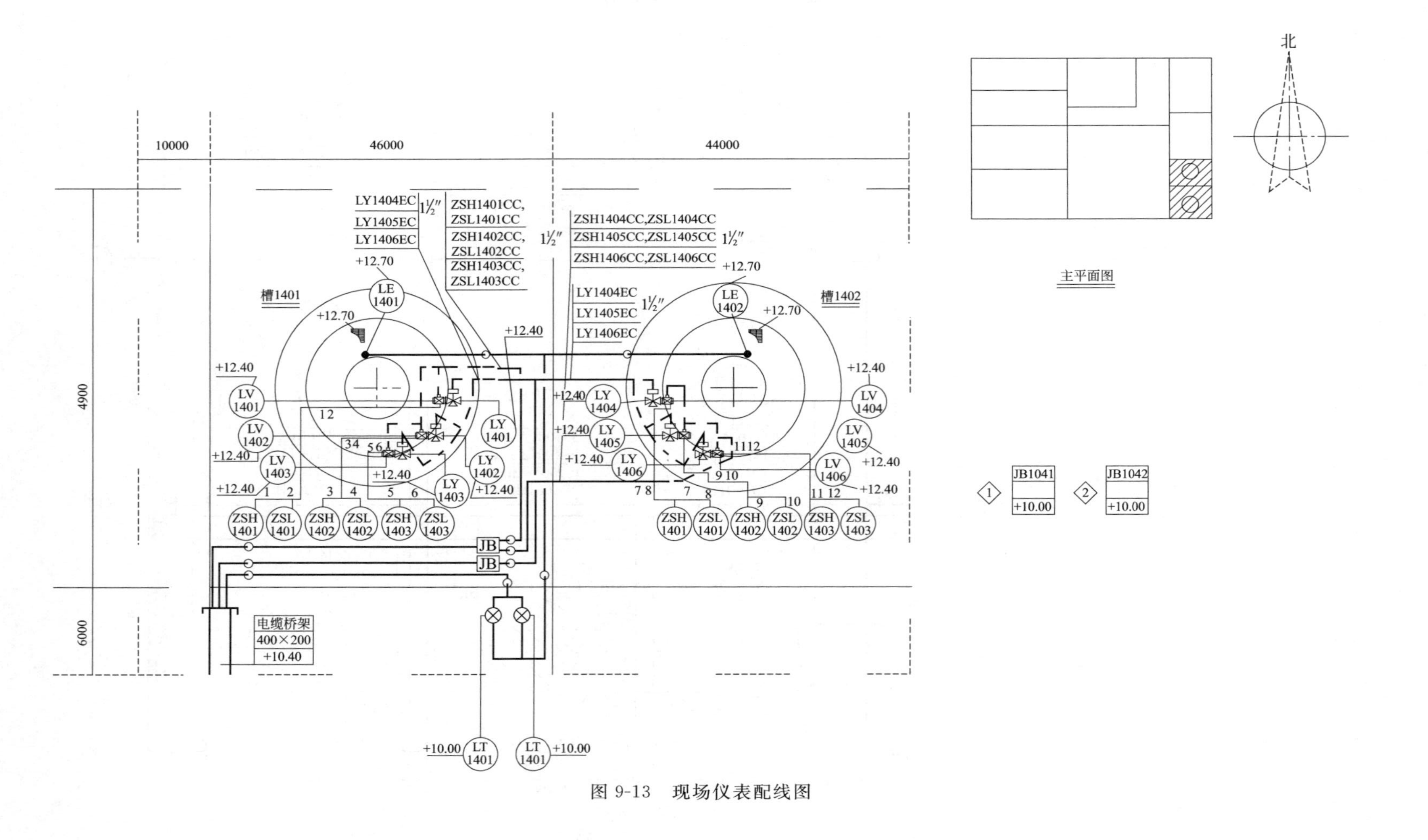

图 9-13 现场仪表配线图

（2）仪表电缆桥架布置总图/仪表电缆及桥架布置图/现场仪表配线图

采用《化工装置自控工程设计文件深度规范》（HG/T 20638）标准时，根据该标准的规定需要绘制“仪表电缆桥架布置总图”“仪表电缆（管缆）及桥架布置图”和“现场仪表配线图”。对照《自控专业施工图设计内容深度规定》（HG 20506—1992）标准，国际通用设计体制将这部分内容细化为三部分，尤其是规定了“现场仪表配线图”这个设计文件，使得工程设计更加严谨，为施工单位提供了具体的施工依据。

对于中小规模的自控工程，如果中央控制室与生产设备处在相对比较集中的空间内，电缆桥架不敷设在管廊上，也可只绘制“仪表电缆（管缆）及桥架布置图”和“现场仪表配线图”。

图9-11是仪表电缆桥架布置总图，图9-12是仪表电缆（管缆）及桥架布置图，图9-13是现场仪表配线图示例。

在老设计体制下，这三个设计文件是集中在“电缆、管缆平面敷设图”中一并表达的，在国际通用设计体制下电缆敷设的表达方法，在图面的绘制、符号表达、绘图技巧等内容上与老设计体制是相同的。

9.2 仪表的安装

仪表的安装必须由专业人员进行。仪表的安装可分为两部分，即控制室仪表的安装和现场仪表的安装。

9.2.1 控制室仪表的安装

采用以计算机网络技术为基础的控制工具的自控工程，可分为计算机系统的安装和控制室仪表的安装两部分。计算机系统的安装包括控制柜、端子柜、操作站、工程师站、打印机等设备，控制室仪表部分通常是一些位于控制室内的变送器、信号转换器等仪表。

对于控制室内仪表的安装，采用常规仪表的自控工程，可分为仪表盘盘面安装仪表和仪表盘盘后安装仪表，盘后安装仪表又称为架装仪表。

如果自控工程中采用DCS与常规仪表双套系统，则控制室内的安装内容既包括DCS系统，也包括常规仪表的安装内容。

（1）DCS系统

DCS系统的安装，主要是一些机柜、操作台的安装就位，其安装条件和要求比较严格，一般系统资料中都会有“机柜、操作台安装就位”文件，用户应当严格按要求去做。因为各种DCS系统的安装就位条件和要求各异，具体到某个DCS系统，可参照相应的系统资料进行安装就位。

（2）常规仪表

控制室内安装的仪表，仪表盘盘面安装仪表一般是各种控制器、记录仪、指示仪表等。这类仪表的安装方式都是在仪表盘上开一个孔，将仪表尾部从仪表盘正面插入，然后用随仪表带来的卡夹将其固定。图9-14是盘面安装仪表安装示意图。

与控制室内仪表盘盘面安装仪表有关的设计文件为“仪表盘正面布置图”，如果所使用的仪表为新型仪表或非定型产品，则需要绘制仪表盘开孔图。

控制室内的架装仪表安装示意图见图 9-15，与之有关的设计文件为“仪表盘后框架正面布置图”。控制室内的非盘装仪表还包括一些安全栅、非架装的盘后仪表等，其具体安装方式请参照该产品的说明书。

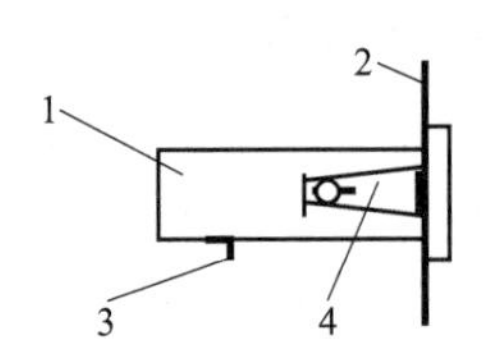

图 9-14 盘面安装仪表安装示意图

1—仪表；2—仪表盘；3—支撑条；4—卡夹

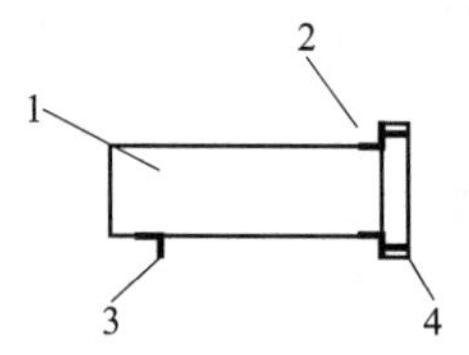

图 9-15 架装仪表安装示意图

1—仪表；2—仪表盘后框架；3—支撑条；4—固定螺钉

9.2.2 现场仪表的安装

现场仪表安装需要确定两方面内容，即仪表的安装位置和仪表的安装方式。

(1) 现场仪表安装位置

现场仪表的安装，首先应当确定其安装位置。仪表位置就是用规定的符号，将现场仪表的位置、标高表达出来。

国际通用设计体制《化工装置自控专业工程设计文件的编制规范　自控专业工程设计用图形符号和文字代号》(HG/T 20637.2) 中规定，现场仪表所用的符号如下。

检测点（包括检测元件、取样点）：

保温箱（包括其中的变送器）：正面

保护箱（包括其中的变送器）：正面

热电阻：

热电偶：

敞开安装的变送器：

气动调节阀：薄膜式；活塞式

老设计体制《自控专业施工图设计内容深度规定》(HG 20506—1992) 中，并没有规定一个独立的文件表达仪表位置，仪表位置是在电缆平面敷设图中表达出来的。可参见本书中“电缆、管缆平面敷设图”示例。

在“电缆、管缆平面敷设图”中，根据《自控专业施工图设计内容深度规定》(HG 20506—1992) 的规定，现场仪表所用的符号如下。

检测点（包括检测元件、取样点）：

保温箱、保护箱（包括其中的变送器）：正面

敞开安装的变送器：

气动调节阀：薄膜式；活塞式

图 9-16 是仪表位置图示例。

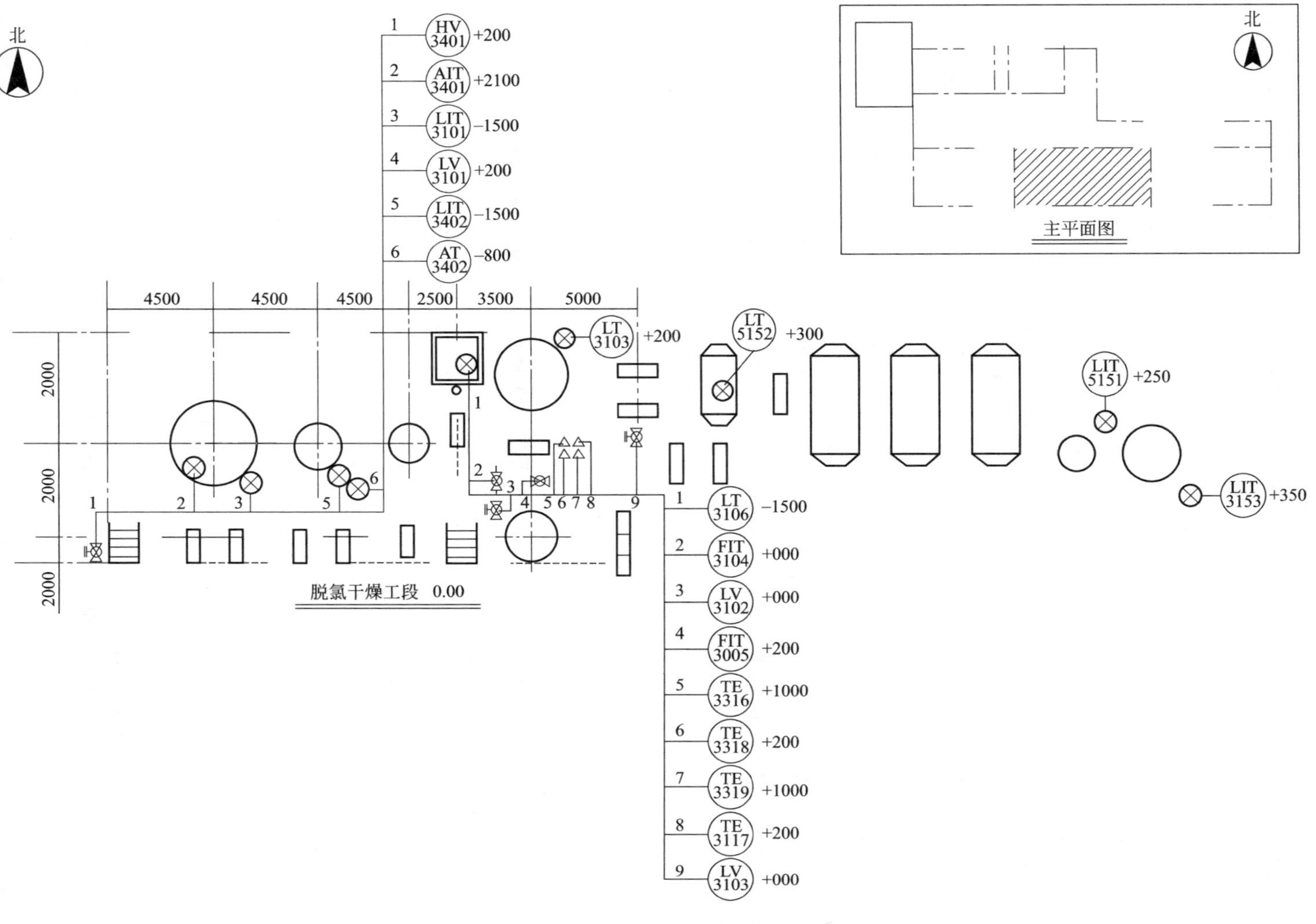

图 9-16　仪表位置图示例

现场仪表安装位置的决定，对于仪表的工作状况是非常重要的。因为仪表安装位置的选择，可能会影响到仪表工作的稳定性、仪表的精确度、仪表的工作寿命。

仪表工作的场所是各种各样的，现场仪表的种类又非常多，要求也各不相同，所以对于现场仪表安装位置的选择也不能一概而论。根据工程经验，可总结出下面一些现场仪表安装位置的选择原则。

① 现场仪表应当尽量安装在便于日常维护、保养的地方。

② 现场仪表应当尽量安装在环境温度稳定的地方，以提高仪表的稳定性。如果环境温度变化比较剧烈，则应当将现场仪表安装在仪表保温箱内。

③ 现场仪表应当尽量安装在无机械振动的地方。

④ 现场仪表安装位置应尽量避开大型用电设备，避免强电磁场对仪表产生干扰。

⑤ 现场仪表应当尽量安装在仪表保护箱内，这样可避免坠落物对仪表的损伤。

⑥ 对于热电偶、热电阻等测温元件，应当尽量选择环境温度稳定的场所，以避免因环境温度变化所引起的测温误差。

⑦ 用导压管将信号引到变送器，对液位、压力、流量（差压）进行测量的，变送器应尽量靠近测量点，这样可缩短导压管的长度，可提高测量的快速性，提高测量精度。

⑧ 现场仪表的安装位置应当满足测量要求。例如孔板、调节阀等节流元件，其上、下游应当有满足一定长度的直管段，例如对温度的测量，测量元件的敏感点应当插入到设备的温度灵敏点处。

现场仪表安装位置的选择与工艺专业、设备专业密切相关，例如设备上哪些点更能代表生产过程的运行状态，选择哪些点进行测量更为合理，所选测点在设备上开孔是否可行，所选位置在空间上是否可容纳该仪表等，所有这些问题都需要自控、工艺、设备等各专业共同协商解决。

决定了现场仪表的安装位置之后，另一个重要问题是选择仪表的安装方式。

（2）现场仪表安装方式

表达仪表安装方式的设计文件为“仪表安装图”。仪表安装图中需要交代仪表的测量管路的连接和仪表的安装固定方式等内容。

由于现场仪表的种类非常多，而每一种仪表的安装方式都不相同，如果所选用的现场仪表数量多的话，这部分绘图工作非常大也非常烦琐，为此 2012 年颁布了一套《自控安装图册　上下册》（HG/T 21581—2012）。该标准中绘制出各种现场仪表的标准安装图，例如热电偶、热电阻的安装，还可分为在钢管道上的安装、在搪瓷内衬层管道上的安装、在小口径管道上的安装、在弯管处的安装等内容。其他现场仪表也有各种情况下的安装图，用户可根据具体的仪表进行选择。

这套《自控安装图册　上下册》（HG/T 21581—2012）还有一套 AutoCAD 计算机图可供用户选购，用户只要打开相应的安装图，在右上角的表格中填出相应的仪表位号即可，使得采用 AutoCAD 进行绘图的用户使用起来更加方便。

《化工装置自控工程设计文件深度规范》（HG/T 20638）标准中虽然没有安装图例图，但是规定一个完整的工程设计中应当包括“仪表安装图”。

图 9-17～图 9-21 是五个具有代表性的现场仪表安装图的示例。

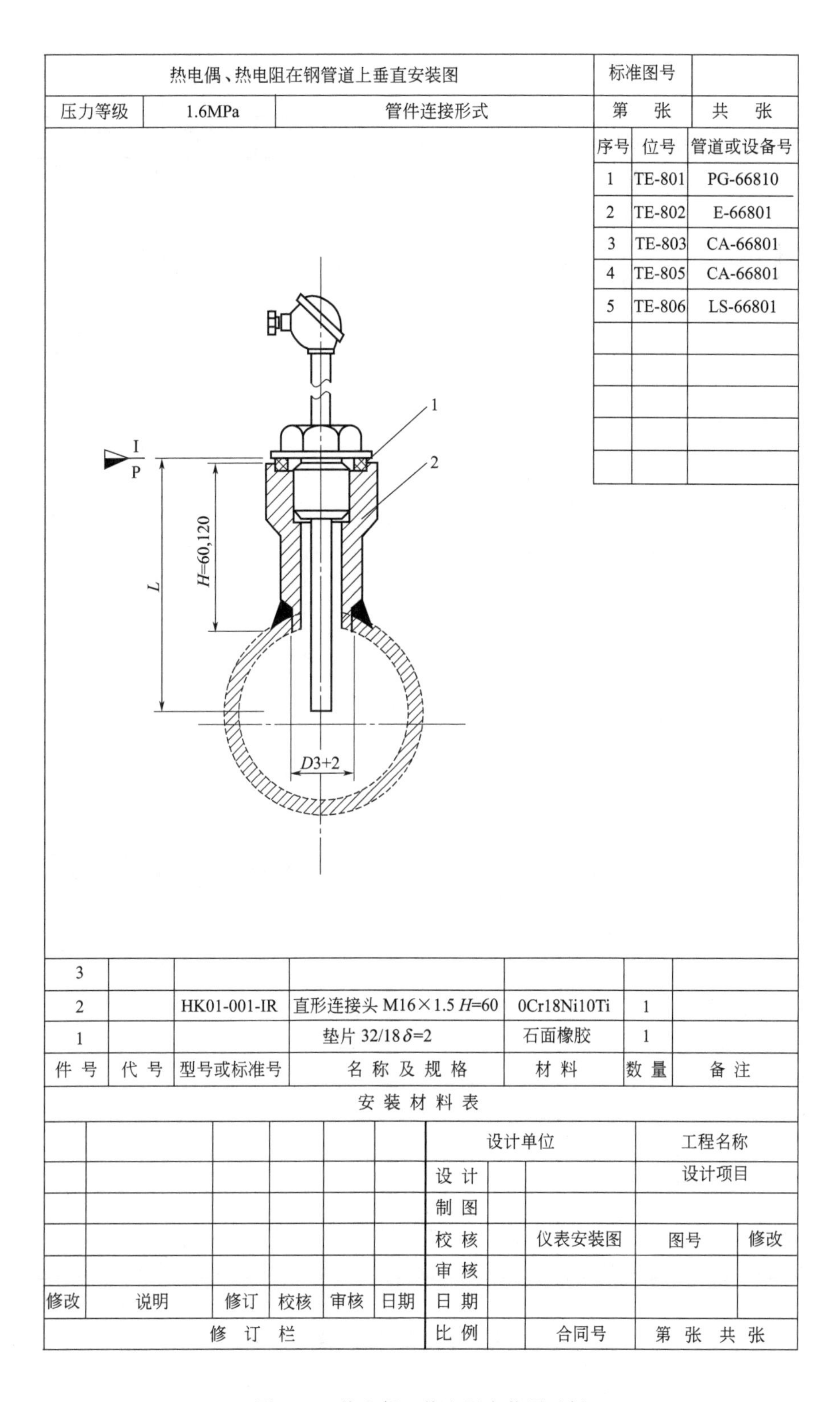

热电偶、热电阻在钢管道上垂直安装图
标准图号
压力等级
1.6MPa
管件连接形式
第　张
共　张
序号
位号
管道或设备号
1
TE-801
PG-66810
2
TE-802
E-66801
3
TE-803
CA-66801
4
TE-805
CA-66801
5
TE-806
LS-66801
1
2
I
P
L
H=60,120
D3+2
3
2
HK01-001-IR
直形连接头 M16×1.5 H=60
0Cr18Ni10Ti
1
1
垫片 32/18 δ=2
石面橡胶
1
件 号
代 号
型号或标准号
名 称 及 规 格
材 料
数 量
备 注
安 装 材 料 表
设计单位
工程名称
设 计
设计项目
制 图
校 核
仪表安装图
图号
修改
审 核
修改
说明
修订
校核
审核
日期
日 期
修 订 栏
比 例
合同号
第 张 共 张

图 9-17　热电偶、热电阻安装图示例

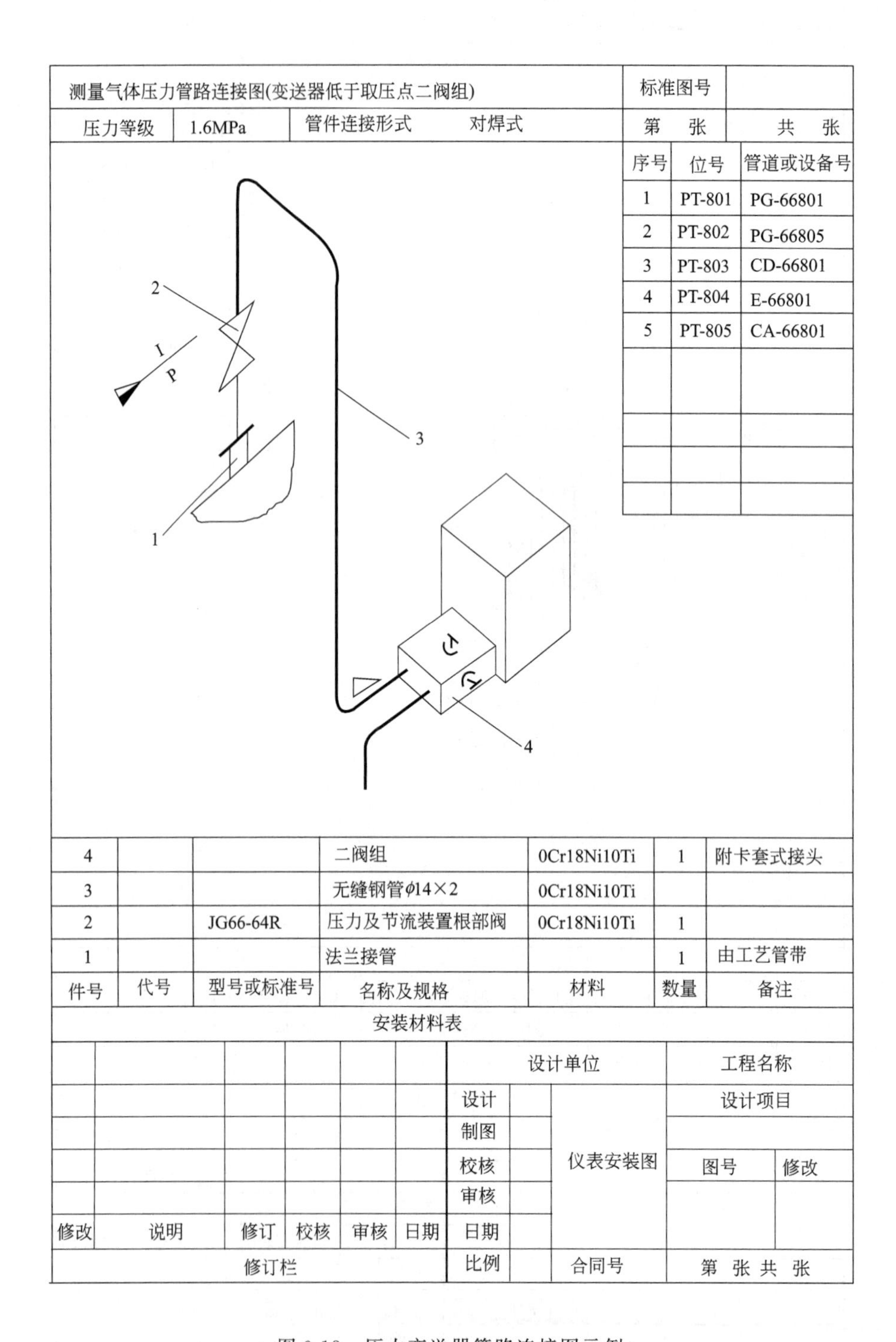

测量气体压力管路连接图(变送器低于取压点二阀组)				标准图号	
压力等级	1.6MPa	管件连接形式	对焊式	第 张	共 张

序号	位号	管道或设备号
1	PT-801	PG-66801
2	PT-802	PG-66805
3	PT-803	CD-66801
4	PT-804	E-66801
5	PT-805	CA-66801

4			二阀组	0Cr18Ni10Ti	1	附卡套式接头
3			无缝钢管$\phi 14\times 2$	0Cr18Ni10Ti		
2		JG66-64R	压力及节流装置根部阀	0Cr18Ni10Ti	1	
1			法兰接管		1	由工艺管带
件号	代号	型号或标准号	名称及规格	材料	数量	备注
安装材料表						

						设计单位			工程名称	
						设计		仪表安装图	设计项目	
						制图				
						校核			图号	修改
						审核				
修改	说明	修订	校核	审核	日期	日期				
修订栏						比例		合同号	第 张 共 张	

图 9-18 压力变送器管路连接图示例

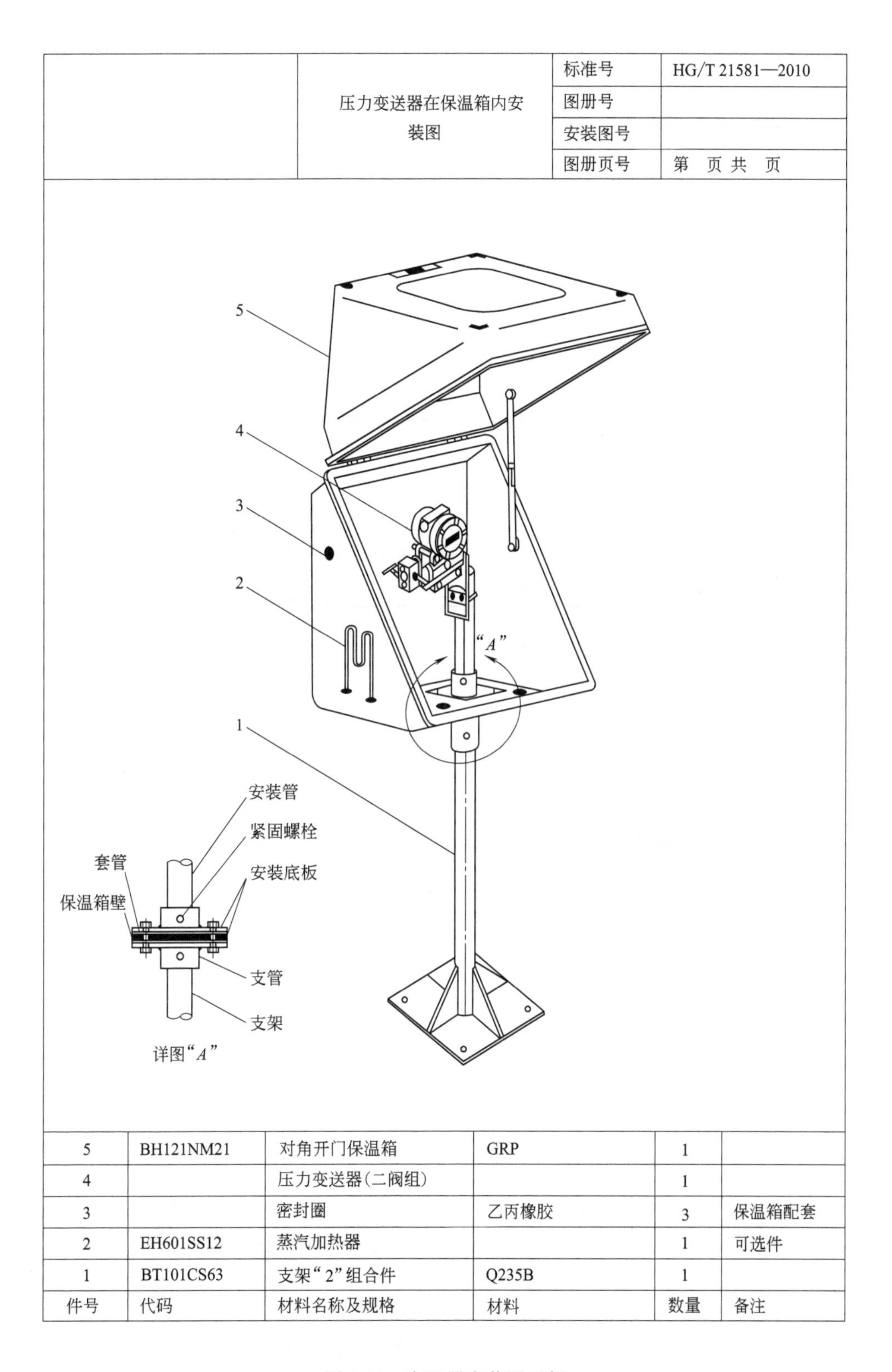

	压力变送器在保温箱内安装图	标准号	HG/T 21581—2010
		图册号	
		安装图号	
		图册页号	第 页 共 页

5	BH121NM21	对角开门保温箱	GRP	1	
4		压力变送器(二阀组)		1	
3		密封圈	乙丙橡胶	3	保温箱配套
2	EH601SS12	蒸汽加热器		1	可选件
1	BT101CS63	支架“2”组合件	Q235B	1	
件号	代码	材料名称及规格	材料	数量	备注

图 9-19 变送器安装图示例

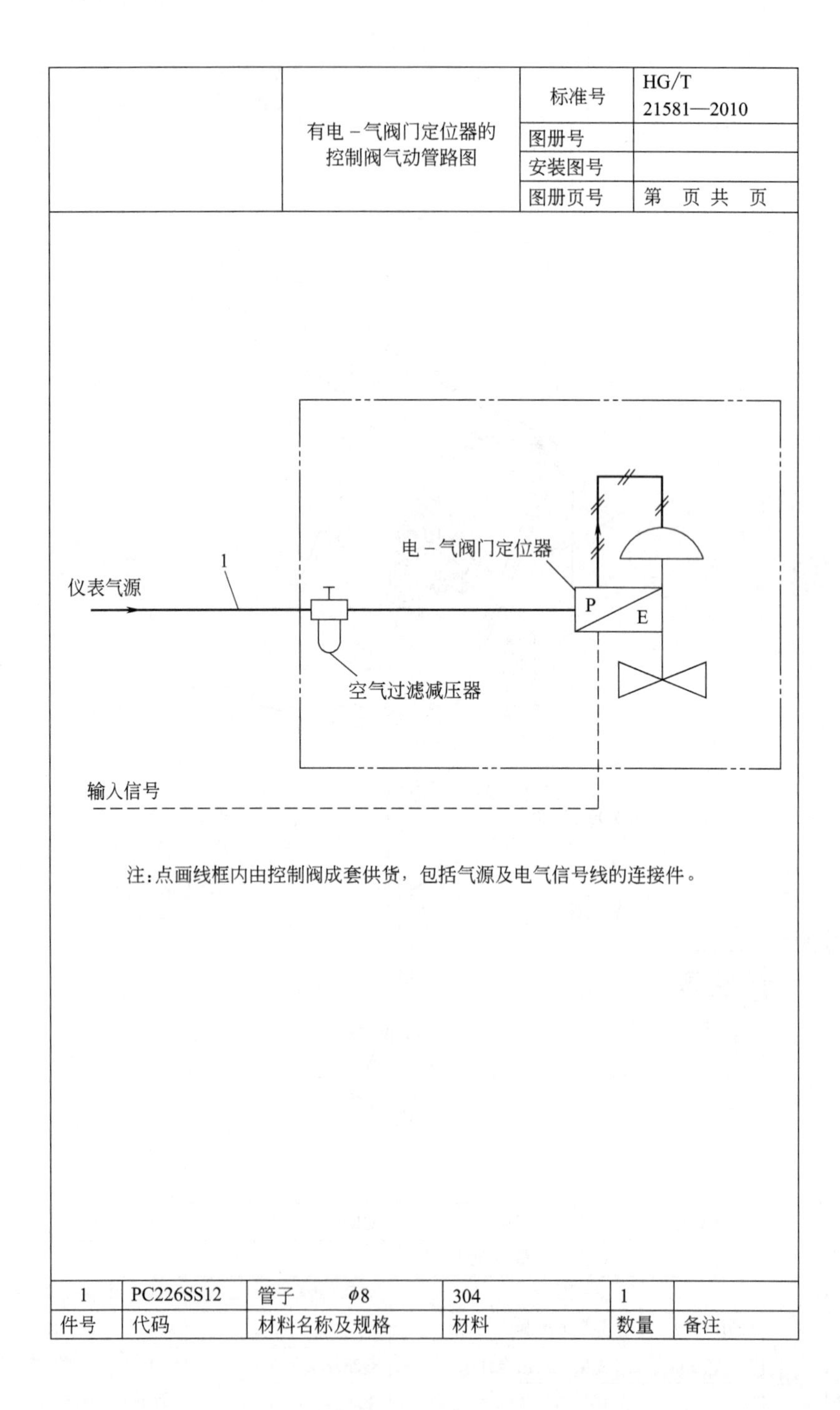

	有电－气阀门定位器的控制阀气动管路图	标准号	HG/T 21581—2010
		图册号	
		安装图号	
		图册页号	第　页共　页

注：点画线框内由控制阀成套供货，包括气源及电气信号线的连接件。

1	PC226SS12	管子　　$\phi 8$	304	1	
件号	代码	材料名称及规格	材料	数量	备注

图 9-20　控制阀气动管路连接图示例

调节阀电缆保护及连接图(断开式 钢管)			标准图号	
压力等级		管件连接形式	第　张	共　张

序号	位号	管道或设备号
1	PV-503	PG-66801
2	LV-504	DR-66801

电缆进线口

1

2

3

3		GB 3091—2015	镀锌焊接钢管	Q235A		
2			护线帽	Q235A	1	
1			防爆密封接头	Q235A	1	
件号	代号	型号或标准号	名称及规格	材料	数量	备注
安装材料表						

						设计单位			工程名称	
						设计		仪表安装图	设计项目	
						制图				
						校核			图号	修改
						审核				
修改	说明	修订	校核	审核	日期	日期				
修订栏						比例		合同号	第　张 共　张	

图 9-21　调节阀电缆连接图示例

第10章

仪表供电、供气系统设计

自动控制系统工作时，需要能源为其提供能量。能源质量是自动控制系统正常工作的保证，能源质量的好坏直接影响自动控制系统的控制质量，因此能源系统的设计是非常重要的。

自动控制系统的能源可分为电源、气源和液压源，其中用得最多的是电源和气源。电源为电动仪表提供能量，气源为气动仪表提供能量。一般来说一个工程既有电动仪表，也有气动仪表（例如气动薄膜调节阀），因此两种能量都会用到。比较小的项目中也有可能只使用一种仪表（采用电动仪表和电动执行器或全部采用气动仪表），因此也可能使用一种能量。

10.1 仪表供电系统设计

仪表供电系统设计应当符合《仪表供电设计规范》（HG/T 20509—2014）规定。

供电系统设计内容包括：

① 根据生产工艺以及所选用的自动化装置、自动化仪表的具体特点对供电的安全级别、电源交变类型、电压等级、用电量和供电质量提出要求；

② 根据自动化装置、自动化仪表具体配置情况进行配电设计；

③ 提供相应的电气设备材料表以备订货采购；

④ 如果仪表测量管线采用电伴热，还要进行电伴热设计。

10.1.1 仪表供电要求

（1）供电范围

① 各种测量仪表、执行机构、常规监控仪表；

② DCS、FCS、PLC 和监控计算机系统；

③ 在线分析仪表系统；

④ 安全仪表系统；

⑤ 可燃气体和有毒气体检测报警系统；

⑥ 压缩机控制系统（Compressor Control System，CCS）。

（2）供电安全级别要求

根据用电负荷在生产过程中的重要程度，提出不同的供电可靠性和连续性的要求。为了确保生产安全必须将负荷分类。根据国家标准《工厂电力设计技术规范》中的规定，电力负荷分为三级。

① 一级一类负荷（保安负荷）：当企业工作电源突然中断时，可能会发生爆炸、火灾、人身伤亡和关键设备损坏的用电负荷；出现上述情况时，会发生相应的事故处理系统、关键设备的保护系统、工艺中紧急停车设备与操作系统、重要的计算机与控制系统、报警与通信系统等用电负荷。

化工生产过程中，高温高压设备、中高压蒸汽发生器、各种加热炉、各种反应器和气体发生器、反应器的冷却水泵、聚合反应器阻聚剂输送设备、大型压缩机的润滑油泵等通常是一级一类负荷。与之相对应的计算机系统、检测仪表和报警联锁系统、自动控制系统以及紧急操作系统也是一级一类负荷。

这一类负荷必须由保安电源（紧急电源）供电。保安电源（紧急电源）需要由两个相互独立的电源提供电力。两个电源中一个为工作电源，一个为后备电源。当工作电源发生故障时应当能够及时切换到后备电源供电。相互独立是指当一个电源发生故障时不至于影响另一个电源供电。

后备电源通常有三种，即蓄电池、柴油发电机组和满足相对独立要求的其他电源。其中蓄电池可提供直流后备电源，也可通过逆变器提供交流电源；柴油发电机组可提供交流后备电源，也可通过整流设备提供直流后备电源；满足相对独立要求的其他电源通常是电网中通过备用配电装置供电的电源。注意，因为市电是一个供电电网，电源的独立性只是相对的。对于特别重要的工序或设备，通常采用几种备用电源以增加安全保护性能。

② 一级二类负荷（重要负荷）：当企业工作电源突然中断时，将使企业的产品及原料大量报废，恢复供电之后，又需要很长时间才能恢复生产，可造成重大经济损失的负荷以及从保安负荷中挑选剩下的重要负荷。

与这类生产单元相对应的测量与控制系统、计算机系统、报警联锁系统，其供电级别与工艺单元供电级别相同。

一级二类负荷应当由两个相互之间无联系的电源供电。如果两个电源间有联系，在发生任何一种电气故障时，两个电源的任何部分不应同时受到损坏。

③ 二级负荷（次要负荷）：当企业工作电源突然中断时，企业连续生产过程被打乱，大量产品报废，生产过程需要较长时间才能恢复，可造成较大经济损失的负荷。连续生产过程中的大部分负荷都可划分在这一级中。

与这类生产单元相对应的测量与控制系统、计算机系统、报警联锁系统，其供电级别与工艺单元供电级别相同。

应当保证当电力变压器或电力线路发生常见故障时不致中断供电。如果负荷较小或地区供电困难时，也可以采取一路供电。

④ 三级负荷（一般负荷）：不属于一级、二级负荷的用电负荷。例如允许停电几个小时而不会造成生产损失的用电负荷，机修等辅助车间、生产主线之外的辅助工序等的用电负荷。这类用电负荷对供电无特殊要求，采用一路供电即可。

(3) 对供电交变类型和电压等级的要求

供电交变类型是指所使用的电源是交流电源还是直流电源。电压级别是指电源电压的大小。

选择什么样的交变类型电源由所使用的仪表所决定。如果所使用仪表的电源为交流电则应当选择交流电源，如果所使用仪表的电源为直流电则应当选择直流电源。

电压等级要求同样根据仪表要求选择。一般交流电源仪表的电压为220V，直流电源仪表的电压为24V或48V。

工程实践中，常常是这两种供电要求的仪表共同存在，这时就需要提供两种电源，即220V交流电源和24V直流电源。有些系列仪表本身就有两种供电型号可选，所以自动化工程当中通常都需要提供这两种电源。

(4) 对供电质量的要求

供电质量要求是指对电源的电压、频率、电源电压降低、瞬间中断时间、负载能力、纹波系数、波动峰值、电源噪声等多方面的要求。

电动仪表是以电力为动力工作的仪表，电源质量的好坏直接影响仪表的工作质量。例如电源质量下降可能会造成仪表的精度和灵敏度下降，严重时，可能会造成仪表损坏，使控制与测量失灵。自动化工程对电源的要求可以归纳为以下几点。

① 电源电压允许偏差如下。

交流电源：220V±10％。

直流电源：24V（－5％～＋10％）。

48V±10％。

对于电源电压要求较高的自控设备可以采用稳压电源供电。

② 电源频率：(50±1) Hz。

③ 电源电压降及线路电压降在允许范围内。电源电压降低，主要是电网电压瞬间波动所致，特别是短时电压降低，有可能导致系统误控制动作。线路电压降低，主要是供电线路较远时，线径选择不当，由线路损失所致。

一般用途的指示记录仪表，电源电压降或线路电压降应不大于额定电压的25％。对于重要的记录调节仪表及信号报警、联锁系统的电源，允许的电压降的数值尚没有统一的规定。设计时可视具体仪表的电气特性及其所处系统的重要程度，提出相应的压降限制要求。

④ 电源瞬间中断时间要求。电源中断将会使自动化仪表指示失灵和系统失控，将会给生产带来损失，甚至会造成严重事故。因此，在设计自动控制系统和信号报警、联锁系统时，应当注意有关仪表、设备所允许的最小瞬间中断供电时间。

仪表的电源瞬间中断供电时间，可参照仪表备用电源的切换时间值进行选取。日本石油协会规定：电动回路仪表的允许瞬时中断供电时间一般取5ms，继电器一般取0.5～5ms。

⑤ 特殊要求。某些仪表对交流电源的谐波含量、直流电源电压的纹波有特殊要求，一般规定为交流电源的谐波含量小于5％，直流电源的纹波电压小于1％。

(5) 仪表的耗电量

仪表的耗电量一般按各类仪表用电总和的1.2倍计算。当考虑备用电源时，可按1.5倍计算。对于不间断供电装置、蓄电池组的负荷，可按上述耗电量的100％考虑。

在工作电源中断，而备用的保安电源尚未接替上之间，为了使采用保安电源供电的仪表不间断地获得电力供应，起临时保安电源作用的静止型不间断供电装置或蓄电池组所应当维持的工作时间，应当满足下列要求：

① 与快速自启动保安电源发电设备配合使用时，工作时间应当不小于10min；

② 与无保安电源发电设备或手动启动的保安电源发电设备配合使用时，工作时间按1h考虑。

10.1.2　仪表供电配电设计

（1）供电回路分组

按用电负荷的类型、电压等级、用电对象，及场所分布进行分组供电。例如按仪表及自动化系统、报警与联锁系统、电伴热保温系统等分别设置供电回路。

还可按“保安负荷”用电和一般工作电源用电分别设置供电回路。也可按电压等级、交流或直流分组供电。一般不允许一种类型用电负荷接入到另一种用电负荷供电回路中。

分组供电具有下列好处：

① 可保证安全可靠的供电；

② 各供电回路简单明了，回路电压单一专用，可以避免误操作；

③ 重要（保安负荷）回路与一般回路，本安回路、联锁回路与一般回路的各用户主次分明，重点突出。

（2）配电方式

根据用电仪表分布情况与用电负荷的大小，仪表供电可分为三级供电、二级供电和一级供电三种供电方式。

三级供电方式由总供电箱（柜、盘）向各分供电箱（柜、盘）供电，再由各分供电箱（柜、盘）向设置在最底层的各供电箱供电。三级供电系统一般用于车间多且分散、仪表用电量大（大于 10kV·A）的大型工程。

二级供电方式由总供电箱（柜、盘）直接向设置在最底层的各供电箱供电。二级供电系统一般用于中、小工程，这种工程仪表用电量不是很大（一般在 1～10kV·A 之间）且仪表分布相对比较集中。

所谓一级供电就是不设置总供电箱（柜、盘），而是由电源直接向设置在最底层的各供电箱供电。

图 10-1 是各种供电方式的示意图。

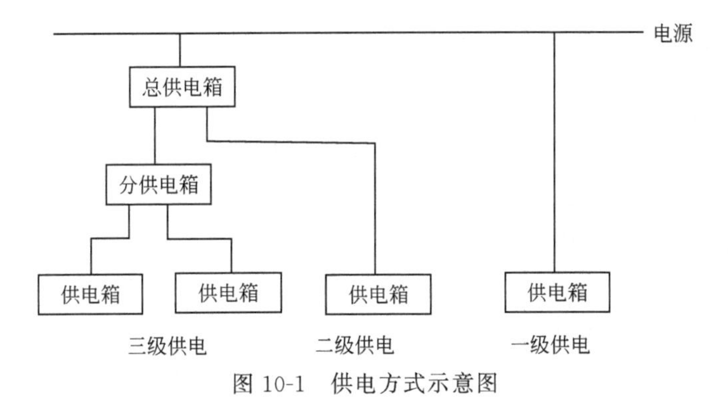

图 10-1　供电方式示意图

各级供电箱（柜、盘）和供电回路均应根据设计要求设置相应的开关和保险。其特性和容量应当符合低压电器配电系统的有关规定。

供电系统配线应按《仪表配管配线设计规范》（HG/T 20512—2014）有关规定执行。供电系统接地应当符合《仪表系统接地设计规范》（HG /T 20513—2014）的设计要求。

配电方式可以分为单回路供电、环形回路供电和多回路供电三种，如图 10-2 所示。

上述三种配电方式中，单回路供电方式属于并联供电，各分供电箱（柜、盘）可以单独

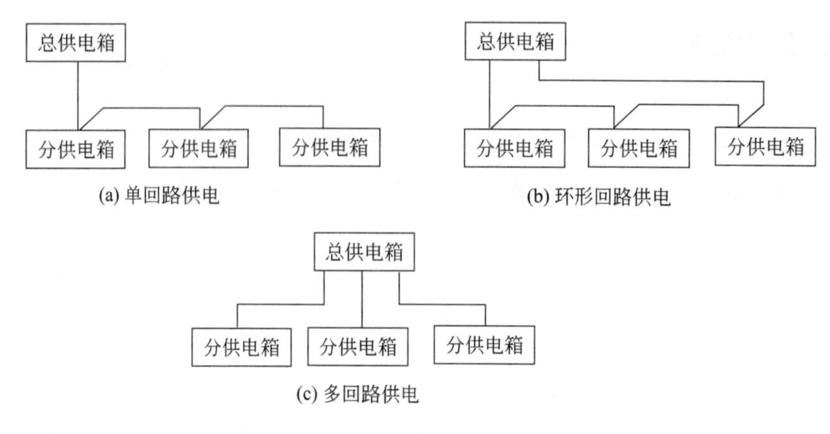

图 10-2 配电方式示意图

设置电源开关，并且某个分供电箱（柜、盘）电源开关的闭合与断开不会影响到其他分供电箱（柜、盘）的工作状态。

环形回路供电方式属于串联供电，各分供电箱（柜、盘）不可单独设置电源开关，如果设置电源开关，某个分供电箱（柜、盘）电源开关断开，整个电源回路就会断开，则其他分供电箱（柜、盘）将不能正常供电。

无论单回路供电方式还是环形回路供电方式，各分供电箱（柜、盘）的电力负荷都集中在总供电箱（柜、盘）的一对（两个）端子上，如果这对端子出现问题，则下面的各个分供电箱（柜、盘）都不能工作。这两种供电方式在进行电力负荷分配时也不够灵活。

多回路供电方式是将各个分供电箱（柜、盘）分别接到总供电箱（柜、盘）上的各组端子上，这样既可进行多回路供电，灵活地进行用电负荷的分配，也可以将端子故障（如接触不良、端子损坏等）的影响分散开来。所以上述三种配电方式中采用最多的为多回路供电方式。

10.1.3 仪表供电系统的工程表达

（1）供电箱接线图

自动化工程中供电系统的工程表达以供电箱接线图为主要表达方式。要表达的内容为：

① 供电箱各端子的编号；

② 连接电缆的信号和规格；

③ 连接对象位号；

④ 连接对象的型号和规格；

⑤ 所需容量；

⑥ 熔断器容量；

⑦ 从何处接入或接到何处；

⑧ 接入电源的交变类型和电压等级；

⑨ 列出供电系统所用设备（在其他图纸中已经统计过的设备不再列入其中）。

供电箱接线图的绘制方法（以两级供电为例）如下。

① 在图纸的左面适当位置绘制总供电箱（0SB）的各个端子并按顺序编号。

② 在图纸的右面适当位置绘制各供电回路用电情况表，每行为一个回路，按列从左至

右分别为对象位号、名称或型号、需要容量（W）、熔断器容量（A）、引向。

③ 用直线将总供电箱端子与下级供电箱或用电设备所对应的用电情况表某行相连，在总供电箱一侧分为两根线接到相应的端子上。在连接线上标明电缆编号、电缆型号、线芯数量和截面积（注意：在仪表盘背面电、气接线图中所出现的电缆编号与此处的电缆编号不得重号）。

④ 在供电回路用电情况表中对应行上填写相应内容。

⑤ 列出供电系统设备表（在其他图纸中已经统计过的设备不再列入其中）。

图 10-3 是一个总供电箱的接线图。从总供电箱共引出六路电源，分别是给分析器 AT-301 和 AT-302 供电、给流量记录累积仪表 FRQ-902 和 FRQ-903 供电、给供电箱 101SB 和 102SB 供电。总供电箱的电源由电气专业的 1[#] 配电室内 2P 提供。

供电系统的完整表达还包括供电箱 101SB 和 102SB 的接线图，供电箱的接线图与总供电箱接线图相似。如果采用三级供电系统，则还应当包括分供电箱的接线图。

图 10-3 中左面是总供电箱 0SB，其中 K0～K8 为供电箱内的开关，每个开关对应着两个接线端子，分别接入电缆的两个线芯。K0 是总供电箱的电源开关，分别连接上电气专业来的电缆芯，其中 N 表示零线，L 表示火线。图 10-3 中 K0 上面接零线，下面接火线，则总供电箱 0SB 中 K0～K8 的上面都是零线，下面都是火线。工程设计中，除了供电容量要留有一定的余量之外，通常供电路数也要留有一定的余量。图 10-3 中留有两路后备供电回路。

0SB	电缆	对象位号	名称或型号	需要容量/W	熔断器容量/A	引向
K1	21C VV 2×1.5	AT-301	GXH-301	60	1	分析室8IP
K2	22C VV 2×1.5	AT-302	RD-100	60	1	分析室8IP
K3	23C VV 2×1.5	FRQ-902	CWD-612	12	1	L
K4	24C VV 2×1.5	FRQ-903	CWD-612	12	1	L
K5	25C VV 2×1.5	101SB	KXG-114-10/3	160	1.5	1IP
K6	26C VV 2×1.5	102SB	KXG-114-25/3	92	1	4IP
K7						
K8						
K0（N、L）	2P-IP VV 2×4 220VAC 50Hz	电气专业		6000		1[#]配电室2P

序号	位号或符号	名称及规格	型号	数量	备注
1	0SB	供电箱	KXG-120-25/3	1	

图 10-3 总供电箱的接线图

老体制《自控专业施工图设计内容深度规定》(HG 20506—1992)标准和国际通用设计体制《化工装置自控工程设计文件深度规范》(HG/T 20638)标准都规定供电系统设计时,应当出具各个“供电箱的接线图”。同时,在《化工装置自控工程设计文件深度规范》(HG/T 20638)标准中还规定供电系统设计时应当出具“供电系统图”。

(2)供电系统图

供电系统图所表达的是供电系统的层次及相互之间的连接关系,具体的接线连接由各个“供电箱接线图”表达。

图 10-4 是某个自动化工程中的“供电系统图”示例。图中绘制出各个总供电箱、电源箱和供电箱,表明其代号、电源交变类型、型号(供电箱或电源箱)、容量和安装位置等内容。用直线代表电缆,表明相互之间的连接关系。电缆上注明电源电压等级和交变类型。此外在该图纸标题栏上方的设备表中列出所使用电气设备的名称、型号或规格、容量等内容。

10.1.4 工程中自动化与电气专业的设计分界

《自控专业与电气专业的设计分工》(HG/T 20636.4—1998)规定如下。

① 仪表用 380V/220V 和 110V 交流电源,由电气专业设计,自控专业提出设计条件。电气专业负责将电源电缆送至仪表供电箱(柜)的接线端子,包括控制室、分析器室、就地仪表盘或双方商定的地方。低于 110V 的交流电源由自控专业设计。

② 仪表用 100V 及以上的直流电源由自控专业提出设计条件,电气专业负责设计。低于 100V 的直流电源由自控专业设计。

③ 仪表用不中断电源(UPS),可由电气专业设计,自控专业提出设计条件。由仪表系统成套带来的 UPS,由自控专业设计。

10.1.5 电器选择

自控工程设计中,供电系统设计主要进行的是配电设计。如果需要自控专业设计某些电源系统时,电器选择也是一项重要的工作。电器选择应当遵循“低压电器设备选择”的相关规定进行,其一般原则是:

① 按正常工作条件选择电器设备的额定电压、额定电流;

② 按电器所处的工作场所选择相应的结构形式(隔爆型、湿热型、密封型、防溅型或普通型);

③ 电器设备的选择还应当考虑质量价格和供货情况。

自控设计中常用电器有电源变压器、整流器,开关、按钮及熔断器,供电箱(盘、柜)等。

电源变压器、整流器负荷容量按仪表总耗电量的 1.2～1.5 倍计算,额定电压应当大于或等于线路的额定电压,额定电流应当大于或等于线路的额定电流。

一般开关、按钮可按设计要求选用,自动开关的额定电压和额定电流应当大于或等于线路的额定电压和额定电流。

熔断器的额定电压应当大于或等于线路的额定电压,额定电流应当大于或等于线路的额定电流,但要小于该回路电源开关的额定电流。

供电箱按其安装的场所进行选择。它有带进线电源总开关和不带进线电源总开关(单相或三相)两种,供电箱有防爆型、密闭型和普通型不同形式,可根据具体情况进行选择。

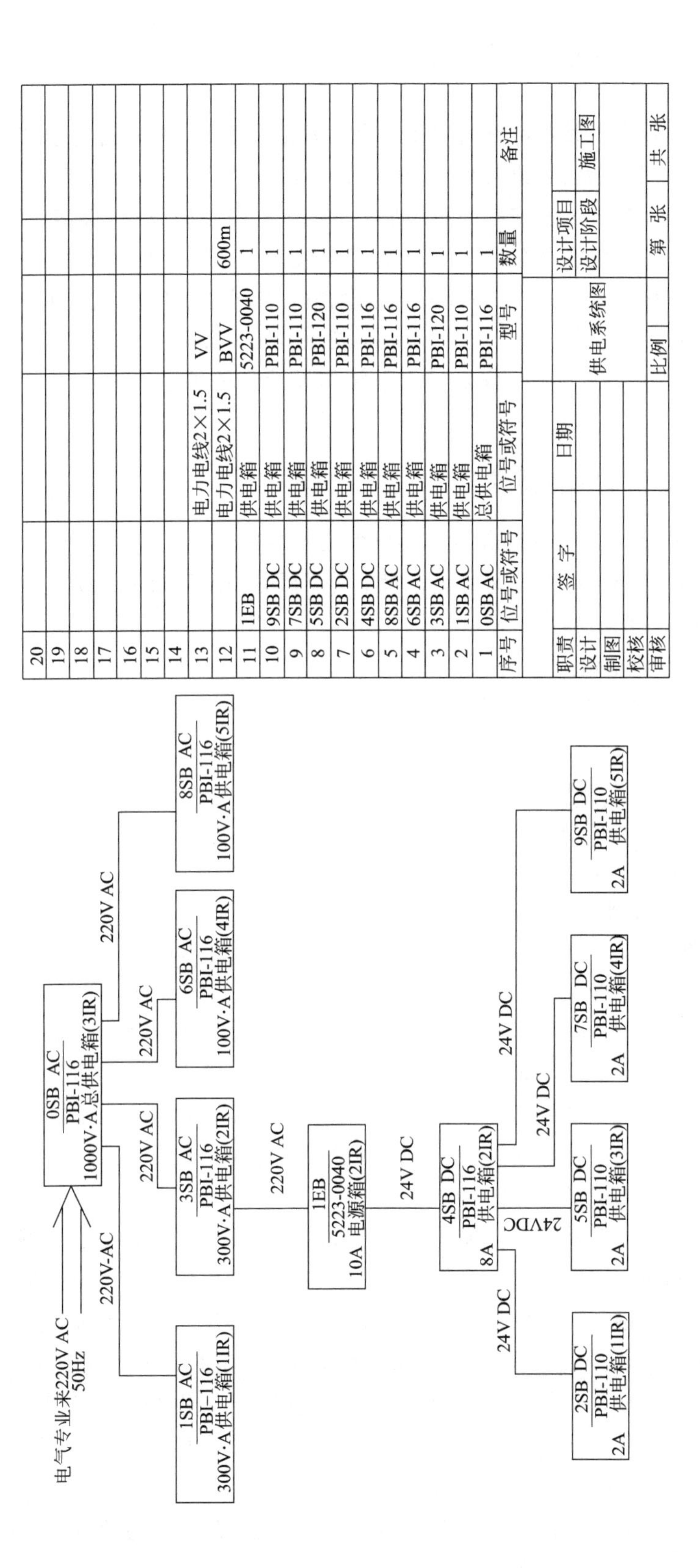

序号	位号或符号	位号或符号	型号	数量	备注
20					
19					
18					
17					
16					
15					
14					
13		电力电线2×1.5	VV		
12		电力电线2×1.5	BVV	600m	
11	1EB	供电箱	5223-0040	1	
10	9SB DC	供电箱	PBI-110	1	
9	7SB DC	供电箱	PBI-110	1	
8	5SB DC	供电箱	PBI-120	1	
7	2SB DC	供电箱	PBI-110	1	
6	4SB DC	供电箱	PBI-116	1	
5	8SB AC	供电箱	PBI-116	1	
4	6SB AC	供电箱	PBI-116	1	
3	3SB AC	供电箱	PBI-120	1	
2	1SB AC	供电箱	PBI-110	1	
1	0SB AC	总供电箱	PBI-116	1	

职责	签 字	日期	供电系统图	设计项目	
设计				设计阶段	施工图
制图					
校核					
审核			比例	第 张	共 张

图 10-4　供电系统图示例

10.2 仪表供气系统的设计

在自控工程中，出于某些特殊的需要，有时需要采用气动仪表进行生产过程变量的测量与控制，即便是采用电动仪表或其他 DCS、FCS 自动化工具的自控工程，也不可避免地要使用各种执行器，而生产过程控制中使用最多的是气动薄膜控制阀。顾名思义，气动仪表是一种以压缩空气为工作能源的仪表，这种为驱动仪表工作而提供的压缩空气称为仪表的气源，这种气源系统称为仪表的供气系统。不言而喻，压缩空气的质量好坏，供气系统供气性能如何，将直接影响仪表的工作，如果仪表不能正常工作则生产过程也不能进行正常生产，甚至出现事故。所以自控工程中仪表供气系统的设计是一项重要的工作，必须引起足够的重视。

10.2.1 仪表供气系统的要求

仪表供气系统设计，应当符合《仪表供气设计规范》(HG/T 20510—2014) 规定。气动仪表对供气系统的要求可以分为两类，对空气品质方面的要求和对供气系统性能方面的要求，大致可有下面一些内容：

① 气源空气中含水量；

② 气源空气中含油量；

③ 气源空气中含尘量；

④ 气源空气中含尘颗粒度；

⑤ 气源空气中含碳氢化合物和有毒气体量；

⑥ 供气系统的压力；

⑦ 供气系统的容量；

⑧ 备用气源。

(1) 气源空气含湿量

人们周围的空气中总是含有水分的，即大气是由水分和干空气组成的。空气中的水分对于仪表来说是非常有害的，如果空气中含水量过多，空气进入到仪表表体内部之后，水会腐蚀仪表中的金属部件产生锈蚀，锈块脱落下来之后有可能堵塞仪表内部的气路，造成仪表不能正常工作。如果空气中含水量过多，当外界温度较低时，会在仪表内部冻结产生冰堵。所以仪表气源压缩空气必须是干燥的。

含有水分的空气称为湿空气，描述湿空气含水量的物理单位有绝对含湿量 (g/m^3)、相对含湿量 (%) 和露点温度。露点温度是使用最多的物理单位。露点温度是指随着温度的降低出现凝露 (即达到饱和) 时的温度。露点温度 T_d 是湿空气的气体湿度 H 和湿空气的压力 p 的函数，即 $T_d=f(H, p)$，当空气湿度和压力一定时，露点温度就唯一确定。注意，如果空气湿度保持不变，空气压力发生变化，露点温度 T_d 也会发生变化。其变化趋势是：空气湿度 H 保持不变，空气压力 p 加大，则露点温度 T_d 升高。相关数据与图表可查有关的手册。

为达到仪表供气要求，仪表气源空气必须经过除湿处理。经过除湿处理后的空气应该达到相应规范和标准的要求。一般应当达到露点温度比环境最低温度低 10℃。

(2) 气源空气含油量

气源空气中的含油量对仪表的影响是比较严重的，它可沉积在仪表内部堵塞仪表的气路、粘住仪表的活动部件，造成仪表不能正常工作。对仪表中的橡胶零件也有影响，可加速其老化。

气源空气中的含油量的去除可从两个方面采取措施，一方面可采用无油压缩机减少空气中的带油量，另外一方面则采用过滤分离措施去掉气源空气中的油。压缩机可分为无油压缩机和普通压缩机两种，无油压缩机的活塞与气缸壁之间是无油密封的，其他部分还是采用润滑油润滑的。无油压缩机所提供的压缩空气并不是不带油，只是带油很少而已，一般还是需要采用过滤分离措施去掉气源空气的油。普通压缩机的活塞与汽缸壁之间是用润滑油密封并润滑的，所提供的压缩空气自然带油量比较多，需要采用高效能的过滤分离器除油。

过滤分离器可由用户自己设计，也可选购定型产品。例如广东肇庆机械厂生产的 QZC 除油器就是一种不错的高效除油器。该产品可将有油润滑压缩机的压缩空气净化为含油量小于 $1mg/m^3$ 的洁净空气。

仪表气源空气中的含油量，目前各国还没有一个统一的规定。《仪表供气设计规范》(HG/T 20510—2014) 中规定应小于 1×10^{-6}。

(3) 气源空气中含尘量

气源空气中含尘量是指空气中含有灰尘的浓度。各标准所规定的数值范围差别较大，《仪表供气设计规范》(HG/T 20510—2014) 中规定尘粒径不大于 3μm，含尘量应小于 $11mg/m^3$。

(4) 气源空气中含尘颗粒度

气源空气中含尘颗粒度规定空气中灰尘颗粒大小不得超过某一数值。如果空气中灰尘颗粒过大，将会堵塞仪表中的气路，使仪表不能正常工作。根据中国科学院力学研究所汇编资料介绍，各种气动装置对灰尘颗粒度大小的适应范围是：

叶片式气动马达、振动式气动工具、活塞泵等　20μm

各种气动阀门、控制元件、压缩喷枪等　5～10μm

射流元件及射流控制系统　1～5μm

各国标准对灰尘颗粒度的要求大部分在 3μm 以下。中国的国家标准规定气源空气中含尘颗粒度不大于 3μm。

(5) 气源空气中含碳氢化合物和有毒气体量

气源空气中应当不明显含有碳氢化合物和有毒气体量。如果环境空气中含有这些气体，应当将气源取气口远离这些环境或添加附属设备去除这些气体。

(6) 供气系统的压力

中国的专业标准编制原则是向 IEC 标准靠近的，原机械工业部仪表局制定的专业标准中规定：

气动仪表（包括 QDZ、B 系列）　0.14MPa

配气动薄膜执行器的定位器　0.14MPa 或 0.26MPa

配气动活塞执行器的定位器　0.35MPa 或 0.55MPa

根据上述规定，气源装置出口压力应当划分为两级，即 0.5MPa 和 0.7MPa。设计时可根据具体负荷情况进行选择。

(7) 供气系统的容量

① 缓冲罐容积：气源装置设计时必须考虑要有足够的容量（即供气量）以便向仪表提供稳定的压缩空气。为了尽量减小供气压力波动，通常在气源装置后设置一个缓冲罐。它除了起到压力缓冲之外，还可储存一定的气量，可做紧急时备用。

缓冲罐容积的大小取决于供气系统的耗气量 Q_s 和所要求的保持时间 t。其容积可按下式计算

$$V=\frac{Q_s t p_0}{60(p_1-p_2)}$$

式中 V——缓冲罐容积，m^3；

Q_s——供气系统总负荷，m^3/h（标准状态）；

t——供气系统保持时间，一般取 5～20min；

p_0——大气压力（绝压），MPa；

p_1——正常操作压力（绝压），MPa；

p_2——最低送出压力（绝压），MPa。

② 负荷分配：一般将负荷分为主要负荷和一般负荷两类，即凡是构成测量及控制回路的仪表与控制装置用气均为主要负荷；仪表维护、吹洗、校验及安全防护用气为一般负荷。这两类负荷应当分别敷设管道供气。

③ 耗气量：仪表耗气量通常是指仪表的稳态耗气量，即仪表输出稳定在某一点时的耗气量。除此之外仪表还有动态时的耗气量，动态耗气量通常是稳态耗气量的 3～10 倍。

仪表耗气量的精确数值是很难计算的，通常采用经验公式加以估算。估算公式如下：

$$Q_s=Q_c[2+(0.1\sim0.3)]$$

式中 Q_s——供气系统总负荷，m^3/h（标准状态）；

Q_c——仪表稳态耗气量总和，m^3/h（标准状态）。

如果很难确定仪表稳态耗气量总和 Q_c，则可按 $Q_s=(3\sim4)C_m$，单位为 m^3/h（标准状态）；$Q_s=(3\sim4)V_m$，单位为 m^3/h（标准状态）估算。其中 C_m 为调节回路数，V_m 为调节阀台数。

根据 Q_s 就可确定气源的设计容量。

10.2.2 仪表供气系统设计

仪表供气系统设计包括两部分，即气源装置设计和供气系统配管设计。前者设计的目的是为仪表提供符合要求的压缩空气，后者则是将符合要求的压缩空气送到各个用气仪表上。

(1) 气源装置设计

气源装置通常由空气压缩机、冷却器、干燥器、过滤器和缓冲罐组成。为了保证气源装置能够送出符合要求的压缩空气，气源装置设计应当符合下列原则。

① 为了保证不间断供气，空气压缩机应当配备两台，一台工作，另一台备用。空气压缩机宜采用无油润滑型空气压缩机。

② 空气压缩机的吸入口应当设置在空气温度尽可能低的地方，并应避开有害气体及粉尘多的场所。压缩机的吸入口应加装过滤器，以过滤掉灰尘和其他固体颗粒。

③ 空气经压缩之后应当立即冷却，以除去空气中的水和油的蒸气，减轻后面干燥器的工作负荷。

④ 为了减少压缩空气压力的波动，经净化处理后的压缩空气应当经过缓冲罐后再向仪表供气。这样不但可使气源压力均衡平稳，消除波动，而且在空气压缩机出现短时故障不能工作时，仍然可由缓冲罐内的气量维持一定时间的供气。

⑤ 为了除去压缩空气中夹带的灰尘和杂物颗粒，在由缓冲罐向仪表供气时，必须经过空气过滤器。空气过滤器应当有足够大的气量以满足供气要求。由于空气过滤器需要定时清理维护，为了保证生产的正常运行，必要时可采取两个空气过滤器并联使用，一个工作，另一个备用。清理维护空气过滤器时，进行气路切换即可保证连续供气。

（2）供气系统配管设计

供气系统配管设计可分为控制室内供气配管设计和现场供气配管设计两种。

① 控制室内供气配管设计：控制室内仪表供气的特点是用气仪表空间位置比较集中，工作环境良好，可以采用集合方式供气。集合供气方式是通过一套公用减压过滤装置，通过一个气源分配器向各个用气仪表供气。气源分配器是一个直径较大的管段，其上面分接出若干气源头，由这些气源头向各个仪表供气。图10-5是集合式供气系统与气源分配器的系统图。

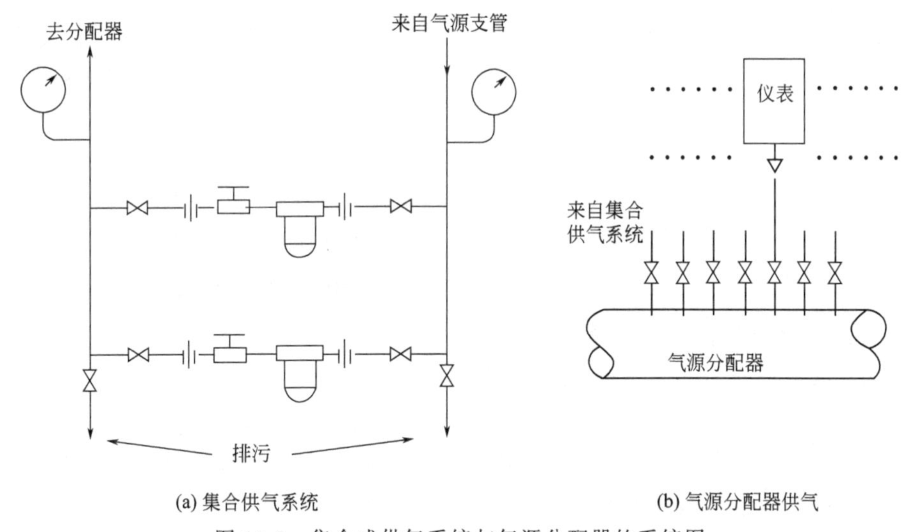

(a) 集合供气系统　　(b) 气源分配器供气

图10-5　集合式供气系统与气源分配器的系统图

气源分配器通常是水平安装在仪表盘下部的。

② 现场供气配管设计：现场供气系统配管可分为单线式供气、支干线式供气和环形供气几种。

a. 单线式供气。这种供气方式直接从气源总管引出管线，经减压过滤后为单台仪表供气。该方式适用于耗气量较大或空间位置较远的用气负荷。图10-6是该供气方式配管系统图。

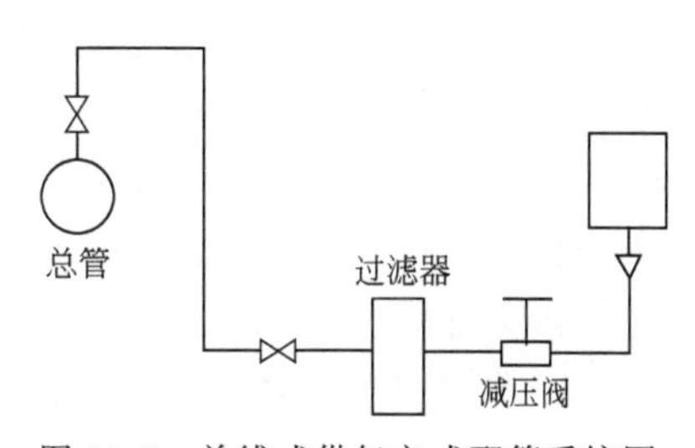

图10-6　单线式供气方式配管系统图

b. 支干线式供气。由气源总管引出若干条干管，再由干管分出若干条支管，在支管上引出若干条管线，通过一个减压过滤器向各仪表供气。图10-7是该供气方式配管系统图。

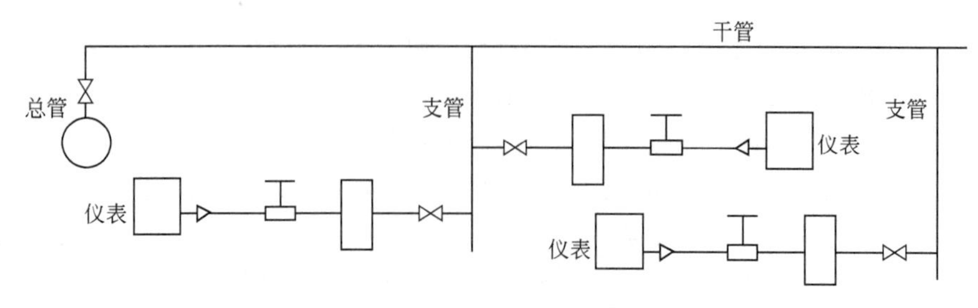

图 10-7 支干线式供气系统图

该方式适用于仪表数量较多，且分散在各个不同空间，但在区域上仪表又相对比较集中的情况。

支干线式供气可以按楼层进行布局，比较方便。其缺点是由于阻力的原因，离气源最远处仪表的供气压力会有所降低。

c. 环形供气。这种供气方式是将供气主管构成一个环形回路，然后根据用气情况再从环形回路的适当位置分出若干条管线向不同区域供气，如图 10-8 所示。

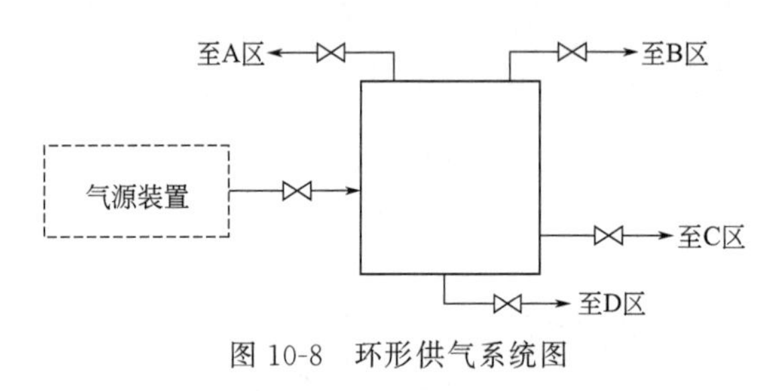

图 10-8 环形供气系统图

环形供气方式多用于界区外部气源管线配置，这部分管线通常由工艺专业负责设计。需要时界区内也可采用这种供气方式。

近年来在自控工程设计中，现场供气系统配管中也越来越多地采用气源分配器方式对现场仪表群进行供气，特别是在一些引进项目中使用这种方式供气的较多。这种供气方式的优点是安装、维护和保养比较方便。

③ 供气管线材质及管径的选择

a. 供气管线材质选择。供气管线材质最好选择镀锌管，一旦仪表气源工作不正常，不致因压缩空气夹带的杂质（水、油等）而造成供气管路生锈，给生产带来麻烦。在气源系统稳定情况下，供气系统中所含水蒸气是不会结露的，此时不用镀锌管对仪表正常工作也不会产生影响。此外，采用碳钢管除了可以螺纹连接，还可以进行焊接连接，尤其是在大管径管路中，选用碳钢管会给安装工作带来一定方便。因此管线材质并不是绝对的，应当根据工程的具体情况而定。

应当着重指出的是，对于控制室（或现场）仪表盘后的供气主管、过滤器后的配管，必须选择耐腐蚀材料（紫铜、黄铜、不锈钢或塑料）的管材，因为进仪表前对空气不再进行处理，因此绝对不允许管路中再有杂质出现。

供气管路中的管件、阀门材质的选择也是非常重要的，它也直接影响到供气质量。一般供气管路中的管件、阀门材质有铜合金、不锈钢和塑料三种，用户可根据具体情况选用。现在一般采用专用的仪表管件和阀门，例如江苏的扬中化工仪表配件厂就生产各种各样的仪表管件和阀门。

b. 供气管线管径的选择。供气管线管径的大小取决于供气点数的多少。《石油化工自控设计规定》中对供气配管尺寸与供气点数规定如下：

公称直径 DN	in	1/4	1/2	3/4	1	1½	2	2½	3
	mm	8	15	20	25	40	50	65	80
供气点数		1	1～5	6～15	16～25	26～60	61～150	151～250	251～500

10.2.3　仪表供气系统工程表达

根据采用的标准规范的不同，所完成的设计资料也有所不同。

根据《自控专业施工图设计内容深度规定》(HG 20506—1992) 的规定，仪表供气系统有两种工程表达方法，即仪表供气空视图和仪表供气系统图，其中仪表供气系统图为任选图。采用气源分配器的工程还需要绘制气源分配器接管图。

(1) 仪表供气空视图

仪表供气空视图是供气系统的立体表达图，具有空间感明显的优点。手工绘制该图困难较大，如果采用计算机绘图软件（例如 AutoCAD）绘制则较为方便。

《自控专业施工图设计内容深度规定》(HG 20506—1992) 中规定如下。

① 当仪表供气总管和支干管均由自控专业设计时，需绘制仪表供气空视图。而气源分配采用气源分配器时，只画至气源分配器。

② 本图应按比例，以立体图的形式绘制。内容应包括建、构筑物的柱轴线、编号、尺寸、所有供气管路的规格、长度、总（干）管的标高、坡度要求、气源来源、供气对象的位号（或编号），以及供气管路上的切断阀、排放阀，并应编制材料表。至各供气仪表的气源阀可视情况统计在本图、气源分配器接管图或仪表安装图中。

③ 若工艺装置为多层布置时，允许层高不按比例，以求图面清晰。

图 10-9 是仪表供气空视图的一个示例。

(2) 仪表供气系统图

仪表供气系统图是供气系统的另一种工程表达，以系统图的方式表示出供气系统的整体情况。该图除了不按立体方式表达之外，设计要求与仪表供气空视图相同。图 10-10 是一个仪表供气系统图示例。

(3) 仪表气源分配器接管图

如果工程当中某些需供气的仪表空间位置比较集中，则可在仪表集中的某处设置气源分配器。将压缩空气接到气源分配器上，然后从气源分配器将压缩空气接到用气仪表上。接到气源分配器的管路通常是镀锌水煤气管，由气源分配器接到用气仪表的管路通常是 ϕ6mm 的紫铜管或不锈钢管。气源分配器有定型产品可供选用，这类产品有不同数量的引出接头。某些特殊需要时也可自己设计加工制作。供气系统配管时，还需要给气源分配器配接排污阀、接管件（活接头、法兰、缩径接头）等管件。图 10-11 是某型号气源分配器示意图。

采用气源分配器的工程需要绘制气源分配器接管图。图 10-12 是仪表气源分配器接管图示例。该图中左侧为气源分配器部分，上面标明该气源分配器编号 101AD，下面是各个引出管，各个引出管向右引到说明表格，该表格中分别标明该路气管的引向（即用气仪表位号）、供气压力、耗气量、该用气仪表的安装位置、供气管线情况（材质名称、规格和长度）。最下面是压缩空气引入管。

采用国际通用设计体制时，仪表供气系统的表达与原化工部颁发的《自控专业施工图设计内容深度规定》(HG 20506—1992) 规定有所不同，根据《化工装置自控工程设计文件深度规范》(HG/T 20638) 的规定，仪表供气系统应绘制出仪表空气管道平面图（或系统图）。采用气源分配器的工程还需要编制仪表气源分配器表。

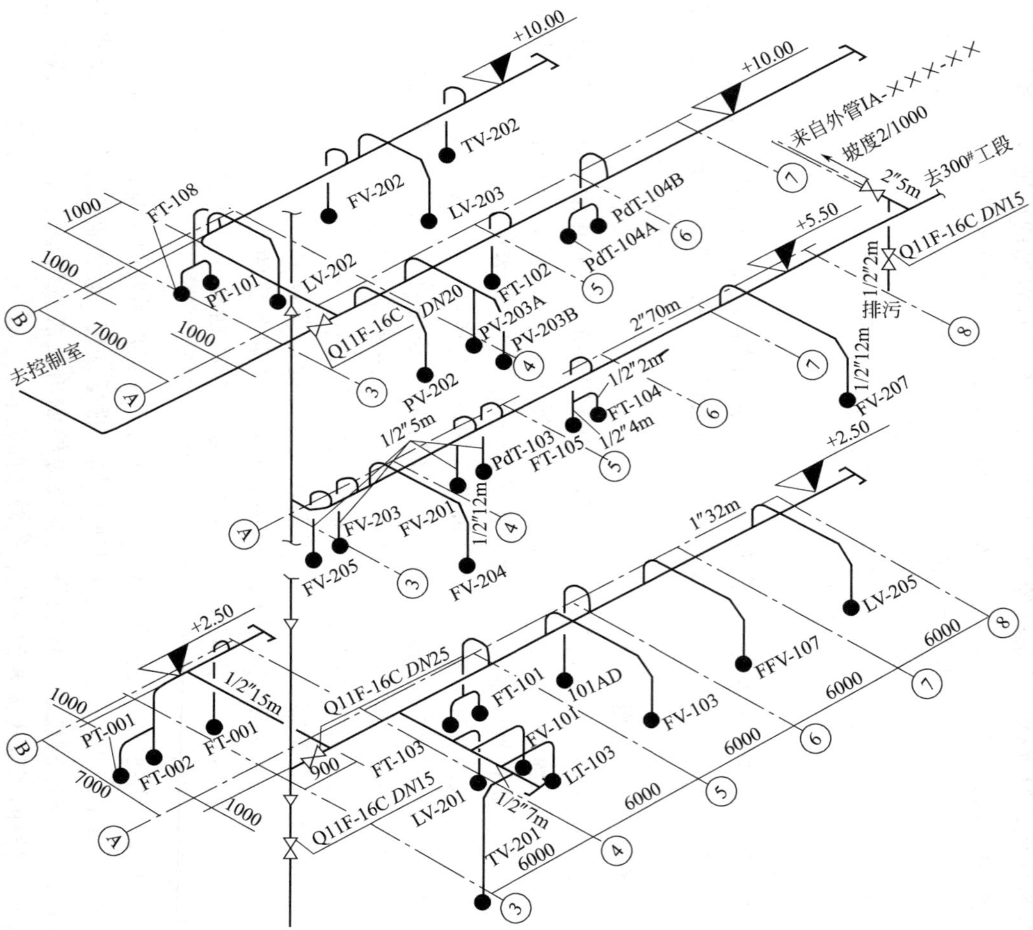

序号	图号或标准号	名称及规格		材料	数量	备注
30						
29						
28		镀锌管帽	1/2″	可锻铸铁	2个	
27		镀锌管帽	3/4″	可锻铸铁	1个	
26		镀锌管帽	1″	可锻铸铁	1个	
25		镀锌外接头	1/2″	可锻铸铁	20个	
24		镀锌外接头	3/4″	可锻铸铁	15个	
23		镀锌外接头	1″	可锻铸铁	5个	
22		镀锌外接头	2″	可锻铸铁	5个	
21		镀锌90° 弯头	1/2″	可锻铸铁	60个	
20		镀锌90° 弯头	3/4″	可锻铸铁	1个	
19		镀锌90° 弯头	2″	可锻铸铁	2个	
18		镀锌四通	2″	可锻铸铁	1个	
17		镀锌异径外接头	1″×3/4″	可锻铸铁	1个	
16		镀锌异径外接头	2″×3/4″	可锻铸铁	1个	
15		镀锌异径外接头	2″×1″	可锻铸铁	2个	
14		镀锌中小三通	3/4″×1/2″	可锻铸铁	9个	
13		镀锌中小三通	1″×1/2″	可锻铸铁	7个	
12		镀锌中小三通	2″×1/2″	可锻铸铁	8个	
11		镀锌三通	1/2″	可锻铸铁	15个	
10		镀锌三通	3/4″	可锻铸铁	2个	
9		镀锌三通	1″	可锻铸铁	1个	
8		镀锌三通	2″	可锻铸铁	2个	
7		内螺纹球阀	Q11F-16C *DN*15		3个	
6		内螺纹球阀	Q11F-16C *DN*20		1个	
5		内螺纹球阀	Q11F-16C *DN*25		1个	
4		镀锌焊接钢管	1/2″	Q235A	280m	
3		镀锌焊接钢管	3/4″	Q235A	90m	
2		镀锌焊接钢管	1″	Q235A	33m	
1		镀锌焊接钢管	2″	Q235A	60m	

材　料　表

职责	签　字	日期	仪表供气空视图	设计项目	
设计				设计阶段	施工图
制图					
校核					
审核			比例	第　张	共　张

图 10-9　仪表供气空视图示例

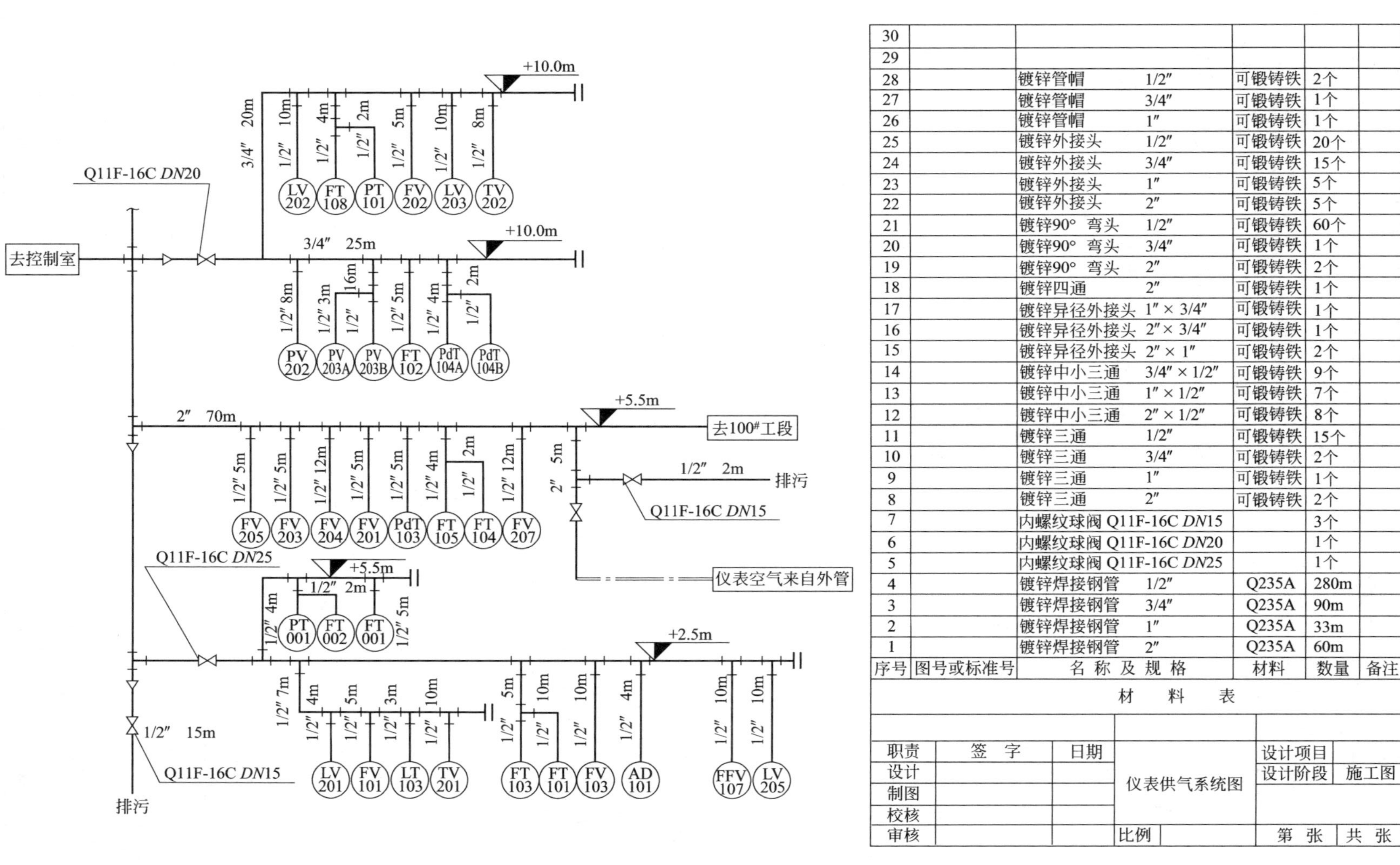

序号	图号或标准号	名称及规格	材料	数量	备注
30					
29					
28		镀锌管帽 1/2″	可锻铸铁	2个	
27		镀锌管帽 3/4″	可锻铸铁	1个	
26		镀锌管帽 1″	可锻铸铁	1个	
25		镀锌外接头 1/2″	可锻铸铁	20个	
24		镀锌外接头 3/4″	可锻铸铁	15个	
23		镀锌外接头 1″	可锻铸铁	5个	
22		镀锌外接头 2″	可锻铸铁	5个	
21		镀锌90° 弯头 1/2″	可锻铸铁	60个	
20		镀锌90° 弯头 3/4″	可锻铸铁	1个	
19		镀锌90° 弯头 2″	可锻铸铁	2个	
18		镀锌四通 2″	可锻铸铁	1个	
17		镀锌异径外接头 1″ × 3/4″	可锻铸铁	1个	
16		镀锌异径外接头 2″ × 3/4″	可锻铸铁	1个	
15		镀锌异径外接头 2″ × 1″	可锻铸铁	2个	
14		镀锌中小三通 3/4″ × 1/2″	可锻铸铁	9个	
13		镀锌中小三通 1″ × 1/2″	可锻铸铁	7个	
12		镀锌中小三通 2″ × 1/2″	可锻铸铁	8个	
11		镀锌三通 1/2″	可锻铸铁	15个	
10		镀锌三通 3/4″	可锻铸铁	2个	
9		镀锌三通 1″	可锻铸铁	1个	
8		镀锌三通 2″	可锻铸铁	2个	
7		内螺纹球阀 Q11F-16C DN15		3个	
6		内螺纹球阀 Q11F-16C DN20		1个	
5		内螺纹球阀 Q11F-16C DN25		1个	
4		镀锌焊接钢管 1/2″	Q235A	280m	
3		镀锌焊接钢管 3/4″	Q235A	90m	
2		镀锌焊接钢管 1″	Q235A	33m	
1		镀锌焊接钢管 2″	Q235A	60m	

材料表

职责	签字	日期	仪表供气系统图	设计项目	
设计				设计阶段	施工图
制图					
校核					
审核			比例	第 张	共 张

图 10-10 仪表供气系统图示例

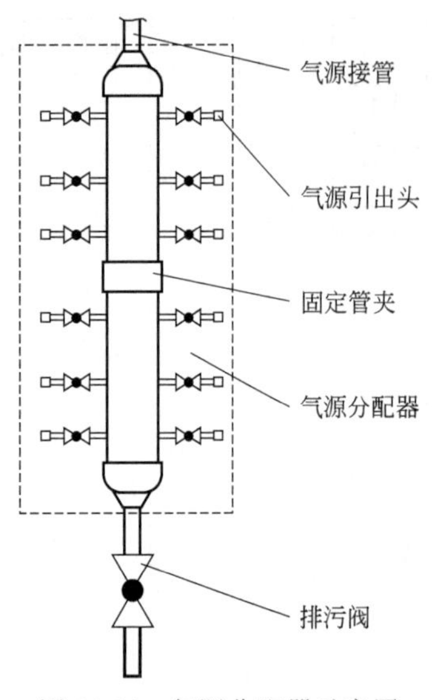

图 10-11　气源分配器示意图

国际通用设计体制中不采用仪表供气空视图表达供气系统。该规定所采用的仪表空气管道平面图（或系统图）与《自控专业施工图设计内容深度规定》（HG 20506—1992）中仪表供气系统图相似，没有太大的区别，绘图时可参见《化工装置自控工程设计文件深度规范》（HG/T 20638）中的例图进行绘制。

仪表气源分配器表采用表格方式表达出气源分配器接管情况。表 10-1 是一个气源分配器接管的示例。该表中主要列出了仪表气源分配器编号、型号、安装图号等。对引出管内容列出了用气仪表位号、接管尺寸、接管材料和接管长度。

表 10-1　气源分配器接管表

<table>
<tr><td rowspan="4">设 计 单 位</td><td colspan="2" rowspan="3">仪表空气分配器表</td><td>项目名称</td><td colspan="2"></td></tr>
<tr><td>分项名称</td><td colspan="2"></td></tr>
<tr><td>图　　号</td><td colspan="2"></td></tr>
<tr><td>合 同 号</td><td></td><td>设计阶段</td><td></td><td>第　张 共　张</td></tr>
<tr><td colspan="6">空气分配器号　　501AD</td></tr>
<tr><td colspan="6">空气分配器型号及规格　KFQ-Ⅲ-6T</td></tr>
<tr><td colspan="6">仪表位置图号　　××××-×××-30</td></tr>
<tr><td colspan="6">分 配 器 连 接 表</td></tr>
</table>

序号	仪表位号	接管尺寸	接管材料	接管长度/m	备　　注
1	LV-505	$\phi6\times1$	紫铜管	6	
2	LV-507	$\phi6\times1$	紫铜管	9	
3	PV-501	$\phi6\times1$	紫铜管	11	
4	TV-501	$\phi6\times1$	紫铜管	7	
5	FV-501	$\phi6\times1$	紫铜管	12	

修改	说明	设计	日期	校核	日期	审核	日期

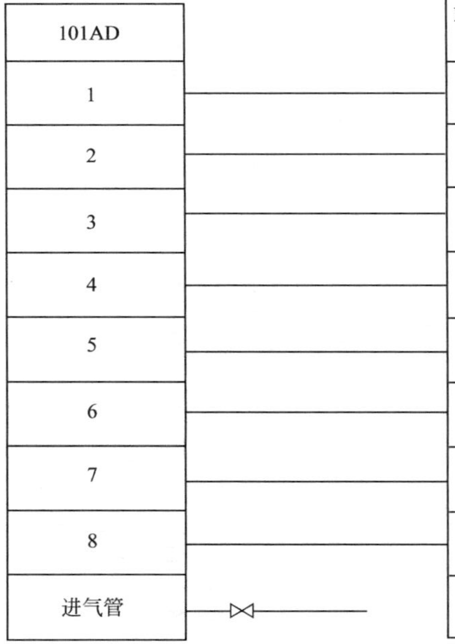

101AD	对象位号	供气压力/MPa	耗气量/(L/h)	安装位置	供气管线		
					名 称	规 格	长度/m
1	LY1-705	0.14	192	L	不锈钢管	$\phi 6\times 1$	14
2	LY1-704	0.14	192	L	不锈钢管	$\phi 6\times 1$	10
3	LY1-703	0.14	192	L	不锈钢管	$\phi 6\times 1$	14
4	FY1-705	0.14	192	L	不锈钢管	$\phi 6\times 1$	13
5	PY1-721	0.14	192	L	不锈钢管	$\phi 6\times 1$	15
6	FY1-701	0.14	192	L	不锈钢管	$\phi 6\times 1$	17
7	FY1-703	0.14	192	L	不锈钢管	$\phi 6\times 1$	12
8							
进气管							

序号	图号或符号	名称及规格	型号	数量	备注
2		不锈钢管　$\phi 6\times 1$　1Cr18Ni9Ti		95m	
1		空气分配器　8点供气 1Cr18Ni9Ti	KFQ-Ⅱ-8	1	

职责	签　字	日期	仪表空气分配器接管图(101AD)	设计项目	
设计				设计阶段	施工图
制图					
校核					
审核			比例	第　张	共　张

图 10-12　仪表气源分配器接管图示例

第11章

节流装置、调节阀与差压式液位计的计算

11.1 节流装置的计算

11.1.1 节流装置计算的基本公式及取压方法

(1) 节流装置原理和基本公式

当充满管道的流体流经节流装置时，流束将形成局部收缩，从而使流体流速增加，静压降低，于是在节流装置前后产生一个压降。这个压降的大小与流体的流量有关，流量越大则压降就越大。通过测量节流装置前后的压降就可测出管道中流体的流量。图11-1是孔板节流法测量流量的原理图。

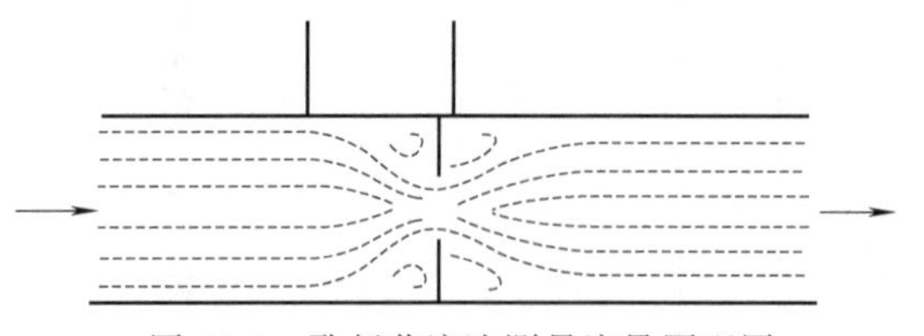

图 11-1 孔板节流法测量流量原理图

节流装置的类型有很多种，常用的有孔板、喷嘴、文丘里管、双重孔板、1/4圆喷嘴、圆缺孔板等。节流装置中目前使用最为广泛的是孔板和喷嘴。这两种节流装置的试验数据比较完整，并且已经进行了标准化，称之为标准节流装置。对于标准节流装置，可根据计算结果进行制造，直接使用，不必再进行试验标定。

这里只介绍标准孔板的原理和计算的思路。有很多专著对标准孔板的计算有详细介绍，需要时可参照使用。其他节流装置的计算可参考相关方面的资料。

对应于节流法测量流量的原理图，可取节流前流束未收缩处和节流后流束收缩最小处两点，对于不可压缩流体来说，应用伯努利（Bernoulli）方程可有

$$\frac{v_1^2}{2g}+\frac{p_1}{\gamma_1}=\frac{v_2^2}{2g}+\frac{p_2}{\gamma_1} \tag{11-1}$$

流体流动连续性方程，即

$$v_1F_1=v_2F_2，v_1=v_2\frac{F_2}{F_1} \tag{11-2}$$

将式(11-2) 代入式(11-1)，经整理可得

$$v_2=\sqrt{\frac{2g\dfrac{p_1-p_2}{\gamma_1}}{1-\left(\dfrac{F_2}{F_1}\right)^2}} \tag{11-3}$$

式中　v_1——孔板前取压处平均流速，m/s；

v_2——孔板后取压处平均流速，m/s；

γ_1——孔板前介质重度，kgf/m^3；

p_1——孔板前取压处绝对压力，kgf/m^2（1kgf=9.80665N）；

p_2——孔板后取压处绝对压力，kgf/m^2；

F_1——管道横截面面积，m^2；

F_2——孔板内孔横截面面积，m^2；

g——重力加速度，$g=9.81m/s^2$。

由于 v_2 是节流后流束收缩最小处的流速，F_2 是孔板内孔横截面积，则流量为 $Q_s=v_2F_2$，由此可见，只要测量出节流前后的压力差就可得到 v_2，从而就可得到管道内的流量数值。

上面公式(11-3)只是一个理论上的结论，如果引入实际应用则需要考虑一些实际因素，为此引入一个系数 C，它是管道尺寸、孔板取压方法和雷诺数的函数，于是公式(11-3)可改写为

$$Q_s=CF_2\sqrt{\frac{2g\dfrac{p_1-p_2}{\gamma_1}}{1-\left(\dfrac{F_2}{F_1}\right)^2}} \tag{11-4}$$

考虑到工业上习惯采用 m^3/h 或 kg/h 为流量计量单位，孔板开孔直径采用 mm 单位；同时定义 $F_2/F_1=(d/D)^2=m$，为孔板开孔直径与管道直径之比，采用流量系数 α 的表示方法，则 α 与 m 有下列关系：

$$\alpha=\frac{C}{\sqrt{1-m^2}}$$

对于可压缩流体，必须考虑介质流经节流装置时由于压力的变化所引起的重度变化，为此在方程中引入一个流束膨胀校正系数 ε。将上述假定代入到公式(11-4)中，经整理可得压缩性流体的体积和重量流量的实用公式：

$$Q_h=0.01252\alpha\varepsilon d^2\sqrt{\frac{\Delta p}{\gamma_1}}\quad (m^3/h)(\text{工作状态}) \tag{11-5}$$

$$G_h=0.01252\alpha\varepsilon d^2\sqrt{\Delta p\gamma_1}\quad (kg/h)(\text{工作状态}) \tag{11-6}$$

式中　ε——被测介质的膨胀校正系数（液体 $\varepsilon=1$）；

d——工作状态下孔板开孔直径，mm；

Δp——压差$=p_1-p_2$，kgf/m^2；

γ_1——孔板节流装置前的介质重度，kgf/m^3。

系数 $0.01252=3600\times10^{-6}\times\dfrac{\pi}{4}\times\sqrt{2g}$。

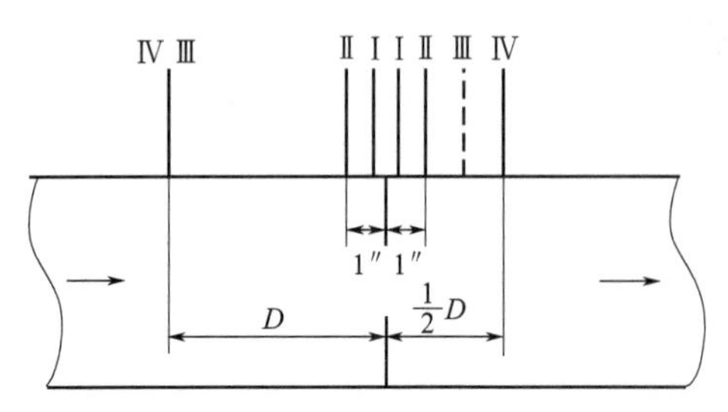

图 11-2 各种常用取压法示意图

(2) 常用取压方法

目前常用的取压方法有四种，即角接取压、法兰取压、理论取压和径距取压。

① 角接取压是中国使用最为广泛的一种取压方法，其实验数据最为完备。取压点在节流孔板的前后端面处。图 11-2 中Ⅰ～Ⅰ为角接取压法的取压点。

② 法兰取压也叫做 1″法兰取压。取压点在节流孔板的前后端面 1″处。由于加工、安装比较方便，目前在中国工业上应用逐渐增多。图 11-2 中Ⅱ～Ⅱ为 1″法兰取压法的取压点。

③ 理论取压法又称“缩流法”，上游取压点在距离孔板端面一个 D 处，下游取压点在流束收缩最小处。图 11-2 中Ⅲ～Ⅲ即为理论取压法的取压点。由于流束收缩最小处位置随 m 值变化而变化，同时流量变化，流束收缩最小处位置也发生变化，但是取压点是不可变的，所以对流量测量精度有一定的影响。

④ 径距取压法的取压点，上游在距离孔板端面一个 D 处，下游取压点在 $1/2D$ 处。图中Ⅳ～Ⅳ即为径距取压法的取压点。该取压方法与理论取压法不同之处在于下游取压点固定在 $1/2D$ 处，当 $m<0.54$ 时所测到的差压值与理论取压法相同，当 $m>0.54$ 时，所测到的差压值比理论取压法略小。

后两种取压方法在中国使用较少。

11.1.2 计算中有关参数的确定

(1) 最大刻度流量的确定

一般将流量分为正常流量、最大流量、最小流量。正常流量是指工艺在额定负荷下正常生产时的流量，是根据工艺物料衡算计算出来的。最大流量是指工艺生产在发挥潜力，超负荷运转短时间内允许达到的最大流量，一般可以比正常流量大 30%左右。最小流量是指生产负荷减到最小时维持生产需要的最小流量，一般可将其考虑为最大流量的 30%左右。在上述数据确定之后，即可选择流量计的最大刻度流量值。这些数值是 1、1.25、1.6、2、2.5、3.2、4、5、6.3、8 乘以 $10n$，n 为任意正整数。该数序列是一个公比为$\sqrt[10]{10}$的等比数列（经必要的圆整）。仪表制造厂生产流量计的刻度、流量记录用记录纸的刻度均以此为准。因此在选择流量计最大刻度流量时应当符合该数列的要求。例如最大流量为 4500kg/h，则应当选取 5×10^3kg/h，即选择靠近最大流量值，并大于最大流量值的刻度。如果选择的刻度值小于最大流量则不能满足测量要求，如果选择的刻度值过大则会降低测量精度和灵敏度。

(2) 最大差压的选择刻度流量的确定

仪表制造厂生产的差压计的数值也是一个等比序列，其公比为$\sqrt[5]{10}$（经必要的圆整）。仪表制造厂生产的差压计的数据如下：

压差/mmH_2O	40,60	100,160,250,400	600,1000,1600,2500	4000,6000,10000,16000,20000
静压/MPa	0.05	2.5	6.4,16,32	6.4,16,32

注：$1mmH_2O=9.80665Pa$。

流量计差压数值的大小决定孔板孔径 d 的大小，差压越大则孔径越小，此时节流装置前后所需的直管段长度较短，测量精度和灵敏度高。但是差压过高会带来一些不利因素，如流体输送动力损失较大，永久压力损失增加。因此在选择最大差压时要综合考虑，一般情况下应当考虑下面几项内容。

① 对于角接取压来说，要求在整个测量范围内流量系数 α 应当保持恒定，即 m 对应的最小雷诺数应当超过临界雷诺数；对于法兰取压来说，由于采用了雷诺数校正系数，所以最小临界雷诺数可更小些。但是应当注意，这种雷诺数校正的办法其最小雷诺数仍是有限制的，即只是在一定精度范围内是可修正的。

② 由孔板产生的压力损失不能超过工艺允许范围。

③ 所需要的最小直管段长度应当满足现场条件。

④ 测量气体或蒸汽流量时，如果满足②项所列条件可以不考虑 Δp 对 ε 的影响。若工艺对压力损失没有特殊要求，则选取的差压值必须满足：

$$\left(\frac{\Delta p}{p}\right)_{max}<0.2(\text{气体}) \qquad \left(\frac{\Delta p}{p}\right)_{max}<0.03(\text{蒸汽})$$

⑤ 在满足上述条件的情况下，对于角接取压法来说，标准孔板要求满足 $0.05 \leqslant m \leqslant 0.7$ 条件，而且应当尽量使 m 接近 0.2，以便获得较高的测量精度；对于法兰取压法来说，标准孔板要求满足：

$$0.2 \leqslant \beta \leqslant 0.6 \quad (\text{气体})$$

$$0.2 \leqslant \beta \leqslant 0.65 \quad (\text{液体})$$

式中 β——孔板孔径比。

一般情况下可以大致按下列情况来选取。

低压气体：100～400mmH_2O，推荐 160mmH_2O；

液体：1600～4000mmH_2O，推荐 2500mmH_2O；

中、高压气体：4000～10000mmH_2O，推荐 6000mmH_2O。

(3) 被测介质重度刻度流量的确定

节流装置计算时所采用的介质重度为节流装置前工作状态（操作压力和操作温度）下的重度，单位为 kgf/m^3。

对于液体来说，工作状态下的重度可按下式计算：

$$\rho=\rho_{20}[1-\mu(t_1-20)]$$

式中 ρ——工作状态下流体重度，kgf/m^3；

ρ_{20}——20℃下流体重度，kgf/m^3；

μ——体胀系数，$℃^{-1}$。

对于气体，干气体工作状态下的重度与标准状态下重度有下列关系存在：

$$\gamma=\gamma_0\frac{p_1 T_0}{p_0 T_1 Z}$$

式中 γ——工作状态下流体重度，kgf/m^3；

γ_0——温度为 0℃、压力为 760mmHg（1mmHg＝133.322Pa）状态下流体重度，kgf/m^3；

p_0——标准大气压，等于 10332kgf/m^2；

p_1——工作状态下气体的绝对压力，kgf/m^2；
T_0——标准状态下的绝对温度，等于 273K；
T_1——工作状态下气体的绝对温度，$T_1=273+t$，K；
Z——气体压缩系数。

对于湿气体来说，如果已知其相对湿度，则该气体工作状态下的重度可按下式计算：

$$\gamma_1=\gamma_g+\gamma_s$$

$$\gamma_g=\gamma_0\ \frac{p_1-\phi p_b}{p_n}\times\frac{T_0}{T_1 Z}$$

$$\gamma_s=\phi\gamma_b$$

式中 γ_1——工作状态下湿气体的重度，kgf/m^3；
γ_g——湿气中的干气部分在温度为 T_1、其分压为 $p_1-\phi p_b$ 时的重度，kgf/m^3；
γ_s——湿气中的水蒸气在温度为 T_1、压力为 ϕp_b 时的重度，kgf/m^3；
γ_b——压力为 p_1、温度为 T_1 时饱和水蒸气的重度，kgf/m^3；
p_b——温度为 T_1 时饱和水蒸气的压力，kgf/m^2；
p_n——标准状态下压力，kgf/m^2；
ϕ——工作状态下气体的相对湿度。

混合气体工作状态下重度可按下式计算：

$$\gamma=\frac{\chi_1\gamma_1+\chi_2\gamma_2+\cdots+\chi_n\gamma_n}{100}$$

式中 γ——混合气体的重度，kgf/m^3；
$\gamma_1,\gamma_2,\cdots,\gamma_n$——混合气体中各组分的重度，$kgf/m^3$；
$\chi_1,\chi_2,\cdots,\chi_n$——混合气体中各组分的体积百分含量。

(4) 气体压缩系数 Z

按照理想气体定律求得的气体重度与在高压和低温情况下的实际重度之间存在一定的偏差，需要对这样的气体重度进行修正，因此引进一个气体压缩系数 Z。气体压缩系数是一个通过试验获得的数据，其定义为：

$$Z=\frac{\gamma'}{\gamma}$$

式中 γ'——按理想气体定律求得的气体重度，kgf/m^3；
γ——工作状态下气体的实际重度，kgf/m^3。

常见的气体压缩系数可从相关资料中查到。

(5) 雷诺数

雷诺数是一个表示黏性介质流动特性的无因次数。其计算公式如下：

$$Re_D=354\times10^{-3}\ \frac{Q}{D\nu}=36\times10^{-3}\ \frac{Q\gamma}{D\eta}$$

或

$$Re_D=354\times10^{-3}\ \frac{G}{\gamma D\nu}=36\times10^{-3}\ \frac{G}{D\eta}$$

式中 Q——被测介质在工作状态下流经节流装置的体积流量，m^3/h；
G——被测介质在工作状态下流经节流装置的质量流量，kg/h；

Re_D——管道雷诺数；

D——管道内径，mm；

γ——工作状态下被测介质重度，kgf/m^3；

ν——工作状态下被测介质的运动黏度，m^2/s；

η——工作状态下被测介质的动力黏度，$kg \cdot s/m^2$。

（6）被测介质黏度

黏度是表示流体内摩擦力的一个参数。可分为动力黏度和运动黏度。介质的黏度与其工作状态有关，是压力和温度的函数。在节流装置计算中主要用黏度来计算雷诺数。

液体和气体的动力黏度主要与温度有关，当气体不服从理想气体定律时才与压力有关。当压力很大时液体的动力黏度也与压力有关。当压力≤1MPa 时，压力对气体黏度的影响可以忽略不计。水蒸气的动力黏度与温度和压力都有关。温度升高，气体的黏度增大，而液体的黏度则减小。

一般情况下黏度数据由工艺人员提供，也可以从专门的图表查找。

工作状态下混合气体的黏度不服从叠加规律，因此需要用实验方法进行测定，也可以用下面的近似公式进行计算。

$$\frac{1}{\eta}=\frac{y_1}{\eta_1}+\frac{y_2}{\eta_2}+\cdots+\frac{y_n}{\eta_n}$$

或

$$\frac{1}{\nu}=\frac{\chi_1}{\nu_1}+\frac{\chi_2}{\nu_2}+\cdots+\frac{\chi_n}{\nu_n}$$

式中　$\chi_1,\chi_2,\cdots,\chi_n$——混合气体中各组分的体积百分含量；

$y_1,y_2,\cdots,y_n$——混合气体中各组分的质量百分含量；

$\nu_1,\nu_2,\cdots,\nu_n$——混合气体中各组分在工作状态下的运动黏度；

$\eta_1,\eta_2,\cdots,\eta_n$——混合气体中各组分在工作状态下的动力黏度；

ν——工作状态下混合气体的运动黏度；

η——工作状态下混合气体的动力黏度。

（7）材料的膨胀校正系数

孔板的孔径、管道内径一般都是在常温下测得的，在流量计算时应当换算成工作温度下的数值，其换算公式为：

$$d=d_{20}k_{td}$$

$$D=D_{20}k_{tD}$$

式中　d——工作温度下节流装置开孔直径；

d_{20}——20℃时节流装置开孔直径；

k_{td}——节流装置材料的膨胀校正系数；

D——工作温度下管道内径；

D_{20}——20℃时管道内径；

k_{tD}——管道材料的膨胀校正系数。

常用材料的膨胀校正系数可以从有关手册中查找。一般工作温度在－30～70℃范围内 k_{td}、k_{tD} 接近于 1，此时可不考虑材料膨胀校正。

(8) 被测介质的膨胀校正系数 ε

可压缩流体（气体和蒸汽）流经节流装置时，介质的密度会发生变化，因此在计算时需要进行校正。

膨胀校正系数 ε 是被测介质的绝热指数 K、节流装置的形式及取压方法、孔径比 m（或 β）、$\Delta p_{ch}/p_1$（Δp_{ch} 为节流装置前后在正常流量下的压差，p_1 为节流装置前的压力）的函数。它们之间关系比较复杂，难以进行理论推导，一般由实验确定。计算时可从有关资料中查找数据。

(9) 节流装置的永久压力损失

流体在流经节流装置时，一部分能量将在克服摩擦力以及节流后所形成的旋涡中耗损掉。节流装置后面的压力不可能恢复到节流前的压力数值，不能恢复的这部分压力即为永久压力损失。

永久压力损失的大小与节流装置的形式、压差 Δp、截面比 $(d/D)^2$ 等有关。标准孔板的永久压力损失可按下式计算：

$$\delta_{\mathrm{p}}=\left[1-\left(\frac{d}{D}\right)^2\right]\Delta p_{\max}$$

式中 δ_p——永久压力损失，mmH_2O；

$(d/D)^2$——节流装置开孔截面与管道截面之比；

$\Delta p_{\max}$——最大压差，mmH_2O。

上面所介绍的是孔板计算的原理和所需数据，详细的计算方法和过程可参考节流装置计算方面的资料。孔板计算一般是由具有相应资质的制造厂进行计算，但是计算所需数据应当由设计单位提供。为了了解计算结果的大致情况，设计单位也进行计算，最后采用的结果应当是具有相应资质的制造厂的计算结果。

工程设计过程中，根据所采用的标准不同，节流装置的技术数据表达也不同。

在老设计体制中，自控设备是以“自控设备表”为主要表达手段。对于采用节流装置进行流量测量的测点和控制系统来说，相应节流装置的位号、名称、型号、规格以及操作条件与安装情况都应一一填写在“自控设备表”中，同时还须将节流装置的技术数据填写在“节流装置数据表”（《自控专业施工图设计内容深度规定》HG 20506—1992）中。表 11-1 是节流装置数据表示例。

表 11-1 节流装置数据表

<table>
<tr><td colspan="2"></td><td>工程名称</td><td></td><td>设计项目</td><td></td></tr>
<tr><td>设计</td><td></td><td colspan="2" rowspan="3">节流装置数据表</td><td>设计阶段</td><td>施工图</td></tr>
<tr><td>校核</td><td></td><td>图　号</td><td></td></tr>
<tr><td>审核</td><td></td><td>第　页</td><td>共　页</td></tr>
<tr><td colspan="2">位号</td><td colspan="2">FE-106</td><td>FE-107</td><td>FE-113</td></tr>
<tr><td colspan="2">型号</td><td colspan="2">LGKH-0504B</td><td>LGKH-0504B</td><td>LGKH-1002B</td></tr>
<tr><td colspan="2">名称</td><td colspan="2">环室式标准孔板</td><td>环室式 1/4 圆喷嘴</td><td>环室式标准孔板</td></tr>
<tr><td colspan="2">计算标准</td><td colspan="2">ISO 5167-1</td><td>ISO 5167-1</td><td>ISO 5167-1</td></tr>
<tr><td colspan="2">用途</td><td colspan="2">乙烯流量</td><td>加氢流量</td><td>上水总管流量</td></tr>
<tr><td colspan="2">P&ID 图号</td><td colspan="2">××××-××</td><td>××××-××</td><td>××××-××</td></tr>
</table>

续表

		工程名称		设计项目	
设计		节流装置数据表		设计阶段	施工图
校核				图　号	
审核				第　页	共　页

管线号	××-××-××	××-××-××	××-××-××
额定工作压力(表压)/MPa	2.5	6.4	1.6
取压方式	角接取压	角接取压	角接取压
孔径比(β)或圆缺高度(H)/mm	制造厂计算	制造厂计算	制造厂计算
孔径(d_{20})或圆缺半径(r)/mm	制造厂计算	制造厂计算	制造厂计算
法兰标准	JB 82-59	JB 82-59	JB 82-59
法兰规格	*PN*2.5 *DN*50	*PN*26.4 *DN*50(凸)	*PN*21.6 *DN*100
法兰材料	20	20	20
管道规格($D\times\delta$)/mm	ϕ57×3.5	ϕ57×3.5	ϕ108×4
管道材料	20	20	20
检测元件材料	1Cr18Ni9Ti	1Cr18Ni9Ti	1Cr18Ni9Ti
环室材料	20	20	20
差压计位号	FT-106	FT-107	FT-113
差压计型号	1151DP	1151DP	1151DP
差压计压差/Pa	25000	16000	16000
介质名称及组分	乙烯(液)	氢气	水
最大流量	7m^3/h	2200m^3/h(标准状态)	80m^3/h
正常流量	6m^3/h	2000m^3/h(标准状态)	70m^3/h
最小流量	4m^3/h	1200m^3/h(标准状态)	40m^3/h
操作压力(表压)/MPa	2.3	2.5	0.6
操作温度/℃	0	20	27
介质密度	340kg/m^3	0.09kg/m^3(标)	996kg/m^3
动力黏度/mPa·s	0.07	0.0088	0.85
运动黏度/(mm^2/s)			
允许压力损失/Pa	20000	15000	15000
压缩系数 Z		1	
等熵系数 K		1.2	
相对湿度/%		0	
成套附件	切断阀一对	切断阀一对	切断阀一对
	直管段	直管段	直管段
地区打气压/标准状态基准温度		102000Pa/0℃	
备注			

采用国际通用设计体制的工程项目，自控设备以“仪表数据表”为主要表达手段。与老设计体制相比，这种表达方法更加简洁。仪表数据表中有一项即“仪表数据表—节流装置”（《化工装置自控专业工程设计用典型图表 自控专业工程设计用典型表格》HG/T 20639.1—2017）。对于采用节流装置进行流量测量的测点和控制系统来说，相应节流装置的结构形式、计算方法、数量与位号、配管情况、操作条件、孔板结构尺寸与材质等情况都应一一填写在该表中。这些表格有中/英文、中文、英文三种格式，使用时根据需要查阅相应标准中的示例。

11.2 调节阀流通能力的计算

调节阀是自动控制系统的执行部件，其选择对控制系统的控制质量有较大的影响，特别是调节阀口径的选择尤其重要，选择口径过小，则调节阀最大开度下达不到工艺生产所需要的最大流量；选择口径过大，则正常流量下调节阀总是工作在小开度下。调节阀的调节性能不好，严重时可导致系统不稳定，另一方面还会增加设备投资，造成资金浪费。因此必须根据工艺参数认真计算口径，选择合适的调节阀。

调节阀的口径选择由调节阀流量系数 C 值决定。流量系数 C 的定义为：在给定的开度下，当调节阀两端压差为 0.1MPa、流体密度 $1g/cm^3$ 时，流经调节阀流体的体积流量数即为该开度下的流量系数，其单位为 m^3/h。同理，在上述条件下，在调节阀最大开度下流经调节阀流体的体积流量数即为最大开度下的流量系数（以 C_{100} 表示）。该流量系数即为该调节阀的额定流量系数，由制造厂作为调节阀的基本参数提供给用户。

调节阀流量系数 C 表示调节阀容量的大小，是一个表示调节阀流通能力的参数。因此，调节阀流量系数 C 又称调节阀的流通能力。

流量系数 C 与调节阀的口径大小有着直接的关系。因此，调节阀口径的选择实质上就是根据特定的工艺条件（即给定的介质流量、调节阀前后的压差以及介质的物性参数）进行 C 值计算，然后再按算出的 C 值选择调节阀的口径，使得通过调节阀的流量满足工艺要求的最大流量且留有一定的裕量。

11.2.1 调节阀 C 值计算公式的推导

调节阀是一个局部阻力可变的节流元件，对于不可压缩流体，根据能量守恒原理，调节阀上的压头损失应为：

$$h=\frac{p_1-p_2}{\rho g}=\zeta_v\frac{\omega^2}{2g} \tag{11-7}$$

式中 h——调节阀上的压头损失；

ζ_v——调节阀上阻力系数，随阀门开度变化而变化；

ρ——流体密度；

ω——流体的平均流速；

g——重力加速度；

p_1——调节阀前压力；

p_2——调节阀后压力。

如果以 Q 代表流体的体积流量，F 代表调节阀的流通面积，则有：

$$\omega=\frac{Q}{F} \tag{11-8}$$

将式（11-8）代入式（11-7），经整理可得：

$$Q=\frac{AF}{\sqrt{\zeta_v}}\sqrt{\frac{p_1-p_2}{\rho}} \tag{11-9}$$

令

$$C=\frac{AF}{\sqrt{\zeta_v}} \tag{11-10}$$

则有

$$Q=C\sqrt{\frac{p_1-p_2}{\rho}} \tag{11-11}$$

于是可得

$$C=Q\sqrt{\frac{\rho}{p_1-p_2}} \tag{11-12}$$

式（11-9）中 A 是一个与所采用的单位制有关的常数。从式（11-9）中可知，当 $(p_1-p_2)/\rho$ 不变时，随着 ζ_v 值的减小，流量 Q 值将增大；反之，ζ_v 值增大，Q 值减小。调节阀就是通过改变膜头压力的大小使阀的行程改变，从而改变阻力系数 ζ_v 值，起到调节流量的目的。

由式（11-10）可知，调节阀的流量系数不仅与流通面积有关，还与表征流动阻力的阻力系数 ζ_v 有关，而调节阀的阻力系数 ζ_v 与阀体中流体流路有关，即与阀体内节流部分的机构形式有关。因此同类结构的调节阀具有相近的阻力系数，口径相同的调节阀其流量系数则大致相同，口径越大则流量系数也越大。口径相同而结构类型不同的调节阀，流动阻力不同，阻力系数不同，当然流量系数也就不同。

设计过程中如果能够计算出所需要调节阀的最大流量系数 C_{max}，就可根据最大流量系数 C_{max} 来选择额定流量系数 C_{100}，只要 C_{100} 大于并且接近 C_{max} 即可。然后就可根据产品样本选定调节阀口径。

综上所述，调节阀口径的选择的重点即是调节阀最大流量系数 C_{max} 的计算。

11.2.2　调节阀 C 值的计算

流量系数计算是调节阀口径选择的主要理论依据，但是目前其计算方法在国内外尚未统一。对于液体、气体和蒸汽等一般流体的 C 值计算公式，推荐选用国际电工委员会（IEC）公布的方法。这些计算公式需满足下列条件。

① 流体必须是牛顿型不可压缩流体（液体）和可压缩流体（气体、蒸汽），不适用于非牛顿型不可压缩流体及其与其他流体混合的流体。

② 参与运算的参数采用两种单位制。其一为工程单位制（重力制即 MKS 制），压力单位是 kgf/cm^2。其二为国际单位制（即 SI 制），压力单位为 kPa。公式中的常数与采用的单位制有关。

下面介绍调节阀流量系数 C 的计算步骤。

① 判别流经调节阀流体的类型：即流经调节阀的流体是液体、气体还是蒸汽。根据介质类型的不同选择不同的 C 值计算公式。

② 判断流体在调节阀内是否形成阻塞流：所谓阻塞流是指当阀前压力 p_1 保持一定，而阀后压力 p_2 逐渐降低时，流经调节阀的流体流量会增加到一个极限值，此时即使阀后压力 p_2 再继续降低流量也不会再增加，此时的极限流量即为阻塞流。显然，形成阻塞流之后，流量与 $\Delta p = p_1 - p_2$ 的关系已不再遵循公式（11-9）的规律。因此，流体在调节阀内是否形成阻塞流，调节阀 C 值的计算公式将不一样。判断是否形成阻塞流，就可根据具体情况选用不同的 C 值计算公式。

③ 进行低雷诺数修正：流量系数 C 都是在湍流条件下测得的。此时雷诺数增大，C 值基本上不变，可视为一个常数。如果流体处在过渡流或层流状态，流量系数将不再是一个常数，而是随着雷诺数减小而减小，此时如果仍按原来湍流情况的 C 值计算公式计算 C 值，就会产生较大的误差。因此，对于雷诺数偏低的流体在 C 值计算时必须进行修正，为此引进一个修正系数 F_R。

从雷诺数修正系数 F_R 与雷诺数 Re 的关系曲线来看（见《石油化工自动控制设计手册》第二版），当雷诺数 Re 大于 3500 时，随着 Re 的增加，F_R 变化不大；当雷诺数 Re 小于 3500 时，随着 Re 的减小 F_R 变化越来越明显。因此，当 Re 大于 3500 时，不必进行低雷诺数修正。只有雷诺数 Re 小于 3500 时才考虑进行低雷诺数修正。

需要指出的是，在工程实践中气体流体的流速一般都比较高，相应的雷诺数也比较大，一般都大于 3500，因此，对于气体或蒸汽一般都不必考虑进行低雷诺数修正问题。

④ 进行管件形状修正：调节阀流量系数 C 计算公式是有一定的前提条件的，即调节阀的公称通径与管道直径相等；调节阀前后都有一定长度的直管段（一般阀前为 $20D$，阀后为 $7D$）。而工程实践中常常不能满足这些条件。特别是当调节阀的公称通径小于管道直径时，由于安全的需要，调节阀前后需要配接相应的收缩管或扩大管。这样所测的调节阀前后的压力差除调节阀自身的压降外，还包括阀前后所安装的收缩管或扩大管所引起的局部阻力损失。这样就会使调节阀上的真正压降小于计算的调节阀压降，因此，要对没有考虑附接管件时计算出的流量系数 C 进行修正。

从表 11-2 可以看出，当管道直径 D 与调节阀口径 d 之比（D/d）在 1.25～2.00 之间时，各种调节阀的管件形状修正系数 F_p 多数都大于 0.90，而附接管件后压力恢复管件形状组合修正系数 F_{Lp} 则都小于 0.90。此外，调节阀在制造时 C 值本身也有误差。为了简化计算起见，除了在阻塞流的情况下需要进行管件形状修正外，对非阻塞流的情况，只有球阀、90°全开蝶阀等少数调节阀，当 $D/d \geqslant 1.5$ 时，才作此项修正。

表 11-2　调节阀的管件修正系数

调节阀形式	阀内组件形式	流向	F_L	X_T	C_{100}/d^2	F_p			F_{Lp}			X_{Tp}			F_{Lp}/F_p		
						D/d			D/d			D/d			D/d		
						1.25	1.50	2.00	1.25	1.50	2.00	1.25	1.50	2.00	1.25	1.50	2.00
单座阀	柱塞型	流开	0.90	0.72	0.0146	0.99	0.97	0.95	0.87	0.86	0.85	0.70	0.71	0.72	0.88	0.99	0.90
	柱塞型	流闭	0.80	0.55	0.0146	0.99	0.97	0.95	0.78	0.77	0.76	0.54	0.55	0.56	0.79	0.79	0.80
	V 型	任意	0.90	0.75	0.0126	0.99	0.98	0.96	0.88	0.87	0.86	0.73	0.74	0.75	0.89	0.89	0.89
	套筒型	流开	0.90	0.75	0.0186	0.98	0.95	0.92	0.85	0.83	0.82	0.71	0.73	0.75	0.86	0.87	0.89
	套筒型	流闭	0.80	0.70	0.0212	0.97	0.94	0.90	0.76	0.74	0.72	0.66	0.68	0.71	0.78	0.79	0.80

续表

调节阀形式	阀内组件形式	流向	F_L	X_T	C_{100}/d^2	F_p			F_{Lp}			X_{Tp}			F_{Lp}/F_p		
						D/d			D/d			D/d			D/d		
						1.25	1.50	2.00	1.25	1.50	2.00	1.25	1.50	2.00	1.25	1.50	2.00
双座阀	柱塞型	任意	0.85	0.70	0.0172	0.98	0.96	0.93	0.82	0.80	0.79	0.67	0.68	0.71	0.83	0.83	0.85
	V 型	任意	0.90	0.75	0.0166	0.98	0.96	0.94	0.86	0.85	0.83	0.72	0.72	0.75	0.88	0.88	0.89
偏心旋转阀		流开	0.85	0.61	0.0190	0.98	0.95	0.92	0.81	0.79	0.78	0.59	0.61	0.64	0.82	0.83	0.85
角形阀	套筒型	流开	0.85	0.65	0.0159	0.99	0.97	0.94	0.82	0.81	0.80	0.63	0.65	0.66	0.83	0.84	0.85
	套筒型	流闭	0.80	0.60	0.0159	0.99	0.97	0.94	0.78	0.76	0.76	0.59	0.60	0.62	0.79	0.79	0.80
	柱塞型	流开	0.90	0.72	0.0225	0.97	0.93	0.89	0.83	0.81	0.79	0.68	0.70	0.73	0.86	0.86	0.88
	柱塞型	流闭	0.80	0.65	0.0205	0.96	0.91	0.85	0.74	0.71	0.69	0.61	0.63	0.68	0.77	0.78	0.81
	文丘里	流闭	0.50	0.20	0.0291	0.95	0.90	0.83	0.48	0.47	0.46	0.21	0.23	0.26	0.50	0.53	0.56
球阀	标准 O	任意	0.55	0.15	0.0398	0.92	0.83	0.74	0.50	0.49	0.47	0.17	0.19	0.24	0.55	0.59	0.64
	开孔口	任意	0.57	0.25	0.0331	0.94	0.87	0.80	0.53	0.52	0.51	0.26	0.29	0.34	0.57	0.59	0.64
蝶阀	90°全开	任意	0.55	0.20	0.0398	0.92	0.83	0.74	0.50	0.49	0.47	0.21	0.25	0.30	0.55	0.59	0.64
	60°全开	任意	0.68	0.38	0.0225	0.97	0.93	0.89	0.65	0.64	0.63	0.38	0.40	0.43	0.67	0.68	0.71

注：F_L 为压力恢复系数；X_T 为临界压差比；F_p 为管件形状修正系数；F_{Lp} 为压力恢复管件形状组合修正系数；X_{Tp} 为气体介质时的管件形状修正系数。

表 11-2 中系数的定义可参见《石油化工自动控制设计手册》（第二版）中第五章。

11.2.3 流量系数 C 的具体计算公式

（1）液体介质 C 值的计算

计算时所需数据：

a. 最大体积流量 Q_{max}(m^3/h) 或质量流量 W_{max}(kg/h)；

b. 正常体积流量 Q_n(m^3/h) 或质量流量 W_n(kg/h)；

c. 正常情况下调节阀上的压降 Δp（SI 制单位用 kPa，MKS 制单位用 kgf/cm^2）；

d. 阀前压力 p_1（SI 制单位用 kPa，MKS 制单位用 kgf/cm^2）；

e. 正常情况下阀阻比 S_n；

f. 液体密度 ρ（g/cm^3）；

g. 液体的运动黏度 ν（cSt，厘斯）；

h. 介质临界压力 p_c（SI 制单位用 kPa，MKS 制单位用 kgf/cm^2）；

i. 阀入口温度下介质饱和蒸汽压力 p_v（SI 制单位用 kPa，MKS 制单位用 kgf/cm^2）；

j. 阀上游管道直径 D_1(mm)；

k. 阀下游管道直径 D_2(mm)。

C 值计算步骤如下。

a. 选定调节阀的类型，并据此查表得到压力恢复系数 F_L。

b. 按下式计算液体的临界压力比系数 F_F：

$$F_F=0.96-0.28\sqrt{p_v/p_c}$$

c. 判断流体是否为阻塞流。

当 $\Delta p < F_L^2(p_1 - F_F p_c)$ 时，为非阻塞流；

当 $\Delta p \geqslant F_L^2(p_1 - F_F p_c)$ 时，为阻塞流。

d. 计算 C 值（未经任何修正的 C 值）。

对于非阻塞流情况

按 SI 制

$$C = 10Q\sqrt{\rho/(p_1 - p_2)}$$

或

$$C = 10^{-2}W\sqrt{\rho(p_1 - p_2)}$$

按 MKS 制

$$C = Q\sqrt{\rho/(p_1 - p_2)}$$

或

$$C = 10^{-3}W\sqrt{\rho(p_1 - p_2)}$$

对于阻塞流情况

按 SI 制

$$C = 10Q\sqrt{\rho/F_L^2(p_1 - F_F p_v)}$$

或

$$C = 10^{-2}W\sqrt{\rho F_L^2(p_1 - F_F p_v)}$$

按 MKS 制

$$C = Q\sqrt{\rho/F_L^2(p_1 - F_F p_v)}$$

或

$$C = 10^{-3}W\sqrt{\rho F_L^2(p_1 - F_F p_v)}$$

e. 计算管道雷诺数 Re。

对于双座阀、蝶阀、偏心旋转阀等按下式计算

$$Re = 49490\frac{Q}{\nu\sqrt{C}}$$

对于直通单座阀、套筒阀、球阀等按下式计算

$$Re = 70700\frac{Q}{\nu\sqrt{C}}$$

式中，C 为未经任何修正的计算 C 值。

f. 进行低雷诺数修正。当计算所得雷诺数 $Re < 3500$ 时，需要对未经任何修正的流量系数 C 值进行修正。

根据计算雷诺数 Re 的数值，查《石油化工自动控制设计手册》（第二版）第五章中的雷诺数修正系数 F_R，按 $C' = C/F_R$ 进行修正。

g. 根据计算所得未经任何修正的流量系数 C 值，初选调节阀口径 d，将调节阀口径 d 与管径 D 进行比较，若 $d = D$ 则不需要进行管件形状修正；如果 $d < D$，根据附加管件后流体流经调节阀是否为阻塞流，决定是否进行管件形状修正。

h. 按下式判断附加管件后是否为阻塞流。

$\Delta p<\left(\frac{F_{Lp}}{F_p}\right)^2(p_1-F_F p_v)$为非阻塞流；

$\Delta p\geqslant\left(\frac{F_{Lp}}{F_p}\right)^2(p_1-F_F p_v)$为阻塞流。

式中，F_{Lp}为附接管件时的压力恢复管件形状组合修正系数；F_p为管件形状修正系数。

i. 进行管件形状修正。根据 h 中的判断结果，如果为非阻塞流，则不必进行管件形状修正；如果需要修正则按 $C'=C/F_p$ 进行修正。

当附接管件后为阻塞流，则应当考虑管件形状修正问题。这里引进一个附接管件后的压力恢复系数 F_L'，可按下式计算：

$$F_L'=\frac{F_L}{F_p}\times\frac{1}{\sqrt{1+F_L^2\frac{\sum\xi}{0.0016}\times\left(\frac{C_{100}}{d^2}\right)^2}}$$

式中　$\sum\xi$——管件压力损失系数代数和；

C_{100}——初选调节阀的额定流量系数。

$\sum\xi$ 值可按下式计算：

$$\sum\xi=\xi_1+\xi_2+\xi_{B1}-\xi_{B2}$$

式中　ξ_1——上游阻力系数，$\xi_1=0.5\left[1-\left(\frac{d}{D_1}\right)^2\right]^2$；

ξ_2——下游阻力系数，$\xi_2=\left[1-\left(\frac{d}{D_2}\right)^2\right]^2$；

ξ_{B1}——阀入口处伯努利系数，$\xi_{B1}=1-\left(\frac{d}{D_1}\right)^4$；

ξ_{B2}——阀出口处伯努利系数，$\xi_{B2}=1-\left(\frac{d}{D_2}\right)^4$。

当上游管径 D_1 与下游管径 D_2 相等时

$$\sum\xi=\xi_1+\xi_2=1.5\left[1-\left(\frac{d}{D_1}\right)^2\right]^2$$

计算出$\sum\xi$之后，将其代入附接管件后的压力恢复系数 F_L'计算公式中，算出 F_L'后可按下式计算修正后的流量系数 C'：

按 SI 制

$$C'=\frac{10Q}{F_L'}\times\frac{1}{F_p}\sqrt{\frac{\rho}{p_1-F_F p_v}}$$

按 MKS 制

$$C'=\frac{Q}{F_L'}\times\frac{1}{F_p}\sqrt{\frac{\rho}{p_1-F_F p_v}}$$

j. 按修正后的 C'重新选择调节阀口径 d。

(2) 气体介质 C 值的计算

由于气体是可压缩性介质，在流经调节阀时，由于节流作用的存在，流过阀芯后会产生压力降低，压力降低之后气体体积会发生膨胀，造成流体密度下降，此时不管采用阀前流体密度还是采用阀后流体密度，代入流量系数基本计算公式进行计算，其结果都会产生较大偏差，因此必须对这种压缩效应进行修正。

目前国际上推荐使用膨胀系数法来解决这个问题。这种方法考虑了阀的结构对流体压力恢复的影响，并以实际数据作为依据，因此比较合理也具有一定的精确度。

膨胀系数校正法实际上是引进一个膨胀系数 Y 来修正气体密度的变化，认为阀前气体密度乘以 Y^2 后就可按不可压缩流体密度看待，进行流量系数的计算。理论上膨胀系数与下列因素有关：

a. 节流口面积与阀入口面积之比；

b. 阀内流路的形式；

c. 压差比 χ ($\chi=\Delta p/p_1$)；

d. 比热系数 F_k ($F_k=k/1.4$，k 为绝热指数)；

e. 雷诺数 Re。

工程应用中气体的流速都比较高，雷诺数的影响可以忽略不计，因此 Y 值可按下式求得：

$$Y=1-\frac{\chi}{3F_k\chi_T}$$

下面介绍气体介质 C 值的计算方法。

a. 最大体积流量 Q_{max}[m^3/h(标准状态)]。

b. 正常体积流量 Q_n[m^3/h(标准状态)]。

c. 标准状态下 (273K、1.013×10^2kPa) 密度 ρ_H [kg/m^3(标准状态)]。

d. 气体压缩系数 Z。

e. 气体分子量 M。

f. 调节阀上的压降 Δp(SI 制单位用 kPa，MKS 制单位用 kgf/cm^2)。

g. 阀前压力 p_1(SI 制单位用 kPa，MKS 制单位用 kgf/cm^2)。

h. 气体相对密度 G (空气为 1)。

i. 气体绝热指数 k。

j. 介质入口温度 T_1(K)。

C 值计算步骤如下。

a. 计算压差比 χ 及比热容系数 F_k：$\chi=\Delta P/P_1$；$F_k=k/1.4$。

b. 选择调节阀类型，查表找出临界压力比系数 χ_T。

c. 计算膨胀系数 $Y=1-\frac{\chi}{3F_k\chi_T}$。

d. 判断流体流经调节阀内时是否为阻塞流：当 $\chi<F_k\chi_T$ 时为非阻塞流；$\chi\geqslant F_k\chi_T$ 时为阻塞流。

对于非阻塞流，C 值按下面公式计算：

按 SI 制计算

$$C=\frac{Q}{5.19p_1Y}\sqrt{\frac{T_1\rho_H Z}{\chi}}$$

$$C=\frac{Q}{24.6p_1Y}\sqrt{\frac{T_1 MZ}{\chi}}$$

$$C=\frac{Q}{4.57p_1Y}\sqrt{\frac{T_1 GZ}{\chi}}$$

按 MKS 制计算

$$C=\frac{Q}{519p_1Y}\sqrt{\frac{T_1\rho_H Z}{\chi}}$$

$$C=\frac{Q}{2460p_1Y}\sqrt{\frac{T_1 MZ}{\chi}}$$

$$C=\frac{Q}{457p_1Y}\sqrt{\frac{T_1 GZ}{\chi}}$$

对于阻塞流，C 值按下面公式计算：

按 SI 制计算

$$C=\frac{Q}{2.9p_1}\sqrt{\frac{T_1\rho_H Z}{F_k\chi_T}}$$

$$C=\frac{Q}{13.9p_1}\sqrt{\frac{T_1 MZ}{F_k\chi_T}}$$

$$C=\frac{Q}{2.58p_1}\sqrt{\frac{T_1 GZ}{F_k\chi_T}}$$

按 MKS 制计算

$$C=\frac{Q}{290p_1}\sqrt{\frac{T_1\rho_H Z}{F_k\chi_T}}$$

$$C=\frac{Q}{1390p_1}\sqrt{\frac{T_1 MZ}{F_k\chi_T}}$$

$$C=\frac{Q}{258p_1}\sqrt{\frac{T_1 GZ}{F_k\chi_T}}$$

e. 根据计算得出的 C 值，初步选定调节阀口径 d，并与管径 D 比较，若 $d<D$ 则需要进行管件形状修正。

对于气体介质，χ_T 与 Y 也因附接管件后而发生变化，其变化后的数值 χ_{Tp} 与 Y_p 分别按下式计算：

$$\chi_{Tp}=\frac{\chi_T}{F_p^2}\times\frac{1}{\sqrt{1+\frac{\chi_T}{0.0018}(\xi_1+\xi_{B1})\left(\frac{C_{100}}{d^2}\right)^2}}$$

$$Y_p=1-\frac{\chi}{3F_k\chi_{Tp}}$$

式中 Y_p——附接管件后的膨胀系数；

χ_{Tp}——附接管件后的压差比。

f. 附加管件后是否为阻塞流：当$\chi<F_k\chi_{Tp}$ 时为非阻塞流；$\chi\geqslant F_k\chi_{Tp}$ 时为阻塞流。

g. 计算经管件形状修正后的 C'值。

对于非阻塞流，C'值按下面公式计算：

按 SI 制计算

$$C'=\frac{Q}{5.19p_1Y_pF_p}\sqrt{\frac{T_1\rho_HZ}{\chi}}$$

$$C'=\frac{Q}{24.6p_1Y_pF_p}\sqrt{\frac{T_1MZ}{\chi}}$$

$$C'=\frac{Q}{4.57p_1Y_pF_p}\sqrt{\frac{T_1GZ}{\chi}}$$

按 MKS 制计算

$$C'=\frac{Q}{519p_1Y_pF_p}\sqrt{\frac{T_1\rho_HZ}{\chi}}$$

$$C'=\frac{Q}{2460p_1Y_pF_p}\sqrt{\frac{T_1MZ}{\chi}}$$

$$C'=\frac{Q}{457p_1Y_pF_p}\sqrt{\frac{T_1GZ}{\chi}}$$

对于阻塞流，C'值按下面公式计算：

按 SI 制计算

$$C'=\frac{Q}{2.9p_1F_p}\sqrt{\frac{T_1\rho_HZ}{F_k\chi_T}}$$

$$C'=\frac{Q}{13.9p_1F_p}\sqrt{\frac{T_1MZ}{F_k\chi_T}}$$

$$C'=\frac{Q}{2.58p_1F_p}\sqrt{\frac{T_1GZ}{F_k\chi_T}}$$

按 MKS 制计算

$$C'=\frac{Q}{290p_1F_p}\sqrt{\frac{T_1\rho_HZ}{F_k\chi_T}}$$

$$C'=\frac{Q}{1390p_1F_p}\sqrt{\frac{T_1MZ}{F_k\chi_T}}$$

$$C'=\frac{Q}{258p_1F_p}\sqrt{\frac{T_1GZ}{F_k\chi_T}}$$

根据经管件形状修正后计算的 C'值，重新选择调节阀口径 d。

(3) 蒸汽流量系数 C 值的计算

蒸汽与气体一样，也是可压缩性流体，也可以采用膨胀系数修正法计算流量系数。为了计算方便，蒸汽流量采用质量流量 W(kg/h)，密度采用阀入口温度、压力下的密度 ρ_s。

蒸汽流量系数 C 值计算如下。

计算时所需数据：

a. 介质最大质量流量 W_{max}(kg/h)；

b. 介质正常质量流量 W_n(kg/h)；

c. 阀前压力 p_1(SI 制单位用 kPa，MKS 制单位用 kgf/cm^2)；

d. 调节阀前后压降 Δp(SI 制单位用 kPa，MKS 制单位用 kgf/cm^2)；

e. 调节阀前温度 T_1(K)；

f. 蒸汽压缩系数 Z；

g. 蒸汽分子量 M；

h. 蒸汽绝热指数 k。

C 值计算步骤如下。

a. 计算压差比χ 及比热容系数 F_k：$\chi=\Delta p/p_1$；$F_k=k/1.4$。

b. 选择调节阀类型，查表找出临界压力比系数χ_T。

c. 计算膨胀系数 $Y=1-\dfrac{\chi}{3F_k\chi_T}$。

d. 根据阀入口压力 p_1 及入口温度 T_1 查有关图表找出蒸汽密度 ρ_s。

e. 判断流体流经调节阀内时是否为阻塞流：当$\chi<F_k\chi_T$ 时为非阻塞流；$\chi\geqslant F_k\chi_T$ 时为阻塞流。

f. 计算 C 值。

对于非阻塞流，C 值按下面公式计算：

按 SI 制计算

$$C=\frac{W}{3.16Y}\sqrt{\frac{1}{\chi p_1\rho_s}}$$

$$C=\frac{W}{1.1Yp_1}\sqrt{\frac{T_1Z}{\chi M}}$$

按 MKS 制计算

$$C=\frac{W}{31.6Y}\sqrt{\frac{1}{\chi p_1\rho_s}}$$

$$C=\frac{W}{110Yp_1}\sqrt{\frac{T_1Z}{\chi M}}$$

对于阻塞流，C 值按下面公式计算：

按 SI 制计算

$$C=\frac{W}{1.78}\sqrt{\frac{1}{F_k\chi_T p_1\rho_s}}$$

$$C=\frac{W}{0.62p_1}\sqrt{\frac{1}{F_k\chi_T M}}$$

按 MKS 制计算

$$C=\frac{W}{17.8}\sqrt{\frac{1}{F_k\chi_T p_1\rho_s}}$$

$$C=\frac{W}{62p_1}\sqrt{\frac{1}{F_k\chi_T M}}$$

g. 根据计算得出的 C 值，初步选定调节阀口径 d，并与管径 D 比较，若 $d<D$ 则需要进行管件形状修正。

对于蒸汽，χ_T 与 Y 也因附接管件后而发生变化，其变化后的数值 χ_{Tp} 与 Y_p 分别按下式计算：

$$\chi_{Tp}=\frac{\chi_T}{F_p^2}\times\frac{1}{\sqrt{1+\frac{\chi_T}{0.0018}(\xi_1+\xi_{B1})\left(\frac{C_{100}}{d^2}\right)^2}}$$

$$Y_p=1-\frac{\chi}{3F_k\chi_{Tp}}$$

h. 附接管件后是否为阻塞流：当 $\chi<F_k\chi_{Tp}$ 时为非阻塞流；$\chi\geqslant F_k\chi_{Tp}$ 时为阻塞流。

i. 计算经管件形状修正后的 C' 值。

对于非阻塞流，C' 值按下面公式计算：

按 SI 制计算

$$C'=\frac{W}{3.16Y_pF_p}\sqrt{\frac{1}{\chi p_1\rho_s}}$$

$$C'=\frac{W}{1.1Y_pp_1F_p}\sqrt{\frac{T_1Z}{\chi M}}$$

按 MKS 制计算

$$C'=\frac{W}{31.6Y_pF_p}\sqrt{\frac{1}{\chi p_1\rho_s}}$$

$$C'=\frac{W}{110Y_{p}p_{1}F_{p}}\sqrt{\frac{T_{1}Z}{\chi M}}$$

对于阻塞流，C'值按下面公式计算：

按 SI 制计算

$$C'=\frac{W}{1.78F_{p}}\sqrt{\frac{1}{F_{k}\chi_{T}p_{1}\rho_{s}}}$$

$$C'=\frac{W}{0.62p_{1}F_{p}}\sqrt{\frac{1}{F_{k}\chi_{T}M}}$$

按 MKS 制计算

$$C'=\frac{W}{17.8F_{p}}\sqrt{\frac{1}{F_{k}\chi_{T}p_{1}\rho_{s}}}$$

$$C'=\frac{W}{62p_{1}F_{p}}\sqrt{\frac{1}{F_{k}\chi_{T}M}}$$

j. 根据经管件形状修正后计算的 C'值，重新选择调节阀口径 d。

(4) 两相混合流体流量系数 C 值的计算

两相混合流体可分为两种类型，即液体与气体混合、液体与自身蒸汽混合。

对于液体与气体混合流体，只要流体不产生闪蒸和阻塞流现象，液体和气体介质在调节阀内不发生相变，它们各自的质量就保持不变。但是液体是不可压缩流体，其密度不变，而气体则是可压缩流体，其密度随压力的变化而变化，只有当气体密度经过膨胀系数修正之后才可视为不可压缩流体。因此液体与气体混合流体流量系数的计算步骤如下：

首先，用膨胀系数修正法得到修正后的气体密度，然后再与液体部分的密度一起，求得整个流体的有效密度 ρ_{e}。具体计算公式如下：

按 SI 制

$$\rho_{e}=\frac{W_{g}+W_{L}}{\dfrac{W_{g}}{\rho_{g}Y^{2}}+\dfrac{W_{L}}{\rho_{L}\times 10^{3}}}$$

或

$$\rho_{e}=\frac{W_{g}+W_{L}}{\dfrac{T_{1}W_{g}}{2.64\rho_{H}Y^{2}p_{1}Z}+\dfrac{W_{L}}{\rho_{L}\times 10^{3}}}$$

或

$$\rho_{e}=\frac{W_{g}+W_{L}}{\dfrac{8.5T_{1}W_{g}}{MY^{2}p_{1}Z}+\dfrac{W_{L}}{\rho_{L}\times 10^{3}}}$$

按 MKS 制

$$\rho_e=\frac{W_g+W_L}{\dfrac{W_g}{\rho_g Y^2}+\dfrac{W_L}{\rho_L\times 10^3}}$$

或

$$\rho_e=\frac{W_g+W_L}{\dfrac{T_1 W_g}{264\rho_H Y^2 p_1 Z}+\dfrac{W_L}{\rho_L\times 10^3}}$$

或

$$\rho_e=\frac{W_g+W_L}{\dfrac{0.085 T_1 W_g}{M Y^2 p_1 Z}+\dfrac{W_L}{\rho_L\times 10^3}}$$

其次，判断是否符合计算条件。下面两式必须同时成立

$$\Delta p<F_L^2(p_1-F_F p_v)$$

$$\chi<F_k \chi_T$$

若上两式成立，最后按下式计算 C 值。

SI 制

$$C=\frac{W_g+W_L}{3.16\sqrt{(p_1-p_2)\rho_e}}$$

MKS 制

$$C=\frac{W_g+W_L}{31.6\sqrt{(p_1-p_2)\rho_e}}$$

公式中相关数据如下：

W_g——混合流体中气体的质量流量；

W_L——混合流体中液体的质量流量；

ρ_g——工作状态下未经膨胀系数修正前气体的密度；

ρ_L——液体的密度；

ρ_H——标准状态下气体的密度；

T_1——入口处流体的温度；

p_1——阀前压力；

p_2——阀后压力；

p_v——液体的饱和蒸汽压力；

F_F——液体临界压力比系数；

F_L——压力恢复系数；

F_k——比热容系数；

Y——膨胀修正系数；

Z——气体压缩系数；

M——气体分子量。

对于液体与自身蒸汽的混合流体的情况，C 值的计算更复杂一些。当蒸汽的质量百分数在混合流体中占绝大多数时，可按上面介绍的液体与气体混合流体 C 值的计算方法计算；当液体的质量百分数在混合流体中占绝大多数时，蒸汽质量的微小变化会引起总的有效密度产生较大变化，如果再用上述方法计算 C 值将会产生较大误差，这种情况下建议尽量避免使用调节阀。如果不可避免可参见《石油化工自动控制设计手册》中方法进行计算。

调节阀本质上是一个节流装置，一方面流体会与阀芯、阀体等发生冲击，以及流体的不规则的压力波动会引起阀门可动部件产生振动；另一方面如果流体是液体，流经调节阀时可能会产生空化现象，如果流体是气体，流经调节阀的最小截面处时，流速可能达到音速，形成冲击流、喷射流、旋涡流等乱流现象，所有这些都不可避免会产生噪声。尤其是在气体流体情况下噪声问题更难以对付。一般工程上采用加装一些附属部件，例如消声器、格子板（LO～DB）等阻尼设备，来降低噪声对调节阀的影响。有关这方面的内容请参考相关资料。

工程设计过程中，根据所采用的标准不同，调节阀的技术数据表达也不同。

在老设计体制中，自控设备以“自控设备表”为主要表达手段。对于采用调节阀为其执行机构的控制系统来说，相应调节阀的位号、名称、型号、规格以及操作条件与安装情况都应一一填写在“自控设备表”该控制系统内，同时还须将调节阀的技术数据填写在“调节阀数据表”（《自控专业施工图设计内容深度规定》HG 20506—1992）中。表 11-3 是调节阀数据表示例。

表 11-3　调节阀数据表

<table>
<tr><td colspan="5"></td><td>工程名称</td><td></td><td>设计项目</td><td colspan="2"></td></tr>
<tr><td colspan="3">设计</td><td colspan="2"></td><td colspan="2" rowspan="3">调节阀数据表</td><td>设计阶段</td><td colspan="2">施工图</td></tr>
<tr><td colspan="3">校核</td><td colspan="2"></td><td>图　号</td><td colspan="2"></td></tr>
<tr><td colspan="3">审核</td><td colspan="2"></td><td>第　页</td><td colspan="2">共　页</td></tr>
<tr><td>1</td><td colspan="4">位号</td><td colspan="2">LV-401</td><td colspan="2">LV-402</td><td></td></tr>
<tr><td>2</td><td colspan="4">用途</td><td colspan="2">V-401 液位控制</td><td colspan="2">V-405 液位控制</td><td></td></tr>
<tr><td>3</td><td colspan="4">P&ID 号/管道号</td><td colspan="2">×××-××/P-4011-50-C</td><td colspan="2">×××-××/P-4015-200-C</td><td></td></tr>
<tr><td>4</td><td colspan="4">管道规格</td><td colspan="2">φ57×3.5</td><td colspan="2">φ57×3.5</td><td></td></tr>
<tr><td>5</td><td rowspan="13">阀体</td><td colspan="3">阀门类型</td><td colspan="2">套筒</td><td colspan="2">套筒</td><td></td></tr>
<tr><td>6</td><td colspan="2">公称通径</td><td>阀座直径</td><td>25</td><td>25</td><td>100</td><td>100</td><td></td></tr>
<tr><td>7</td><td colspan="2">导向</td><td>阀座数量</td><td colspan="2"></td><td colspan="2"></td><td></td></tr>
<tr><td>8</td><td colspan="3">连接标准及规格</td><td colspan="2">JB 82—95 *PN*6.4 *DN*25(凹)</td><td colspan="2">JB 82—95 *PN*6.4 *DN*25(凹)</td><td></td></tr>
<tr><td>9</td><td rowspan="4">材料</td><td colspan="2">阀体</td><td colspan="2">7G35Ⅱ</td><td colspan="2">7G35Ⅱ</td><td></td></tr>
<tr><td>10</td><td>阀芯</td><td>阀座</td><td>1Cr18Ni9Ti
堆焊硬质合金</td><td>1Cr18Ni9Ti
堆焊硬质合金</td><td>1Cr18Ni9Ti
堆焊硬质合金</td><td>1Cr18Ni9Ti
堆焊硬质合金</td><td></td></tr>
<tr><td>11</td><td colspan="2">阀杆</td><td colspan="2">1Cr18Ni9Ti</td><td colspan="2">1Cr18Ni9Ti</td><td></td></tr>
<tr><td>12</td><td colspan="2">填料</td><td colspan="2">PTFE</td><td colspan="2">PTFE</td><td></td></tr>
<tr><td>13</td><td colspan="3">上阀盖形式</td><td colspan="2">常温型</td><td colspan="2">常温型</td><td></td></tr>
<tr><td>14</td><td colspan="3">泄漏等级</td><td colspan="2">Ⅲ</td><td colspan="2">Ⅲ</td><td></td></tr>
<tr><td>15</td><td colspan="3">流量特性</td><td colspan="2">等百分比</td><td colspan="2">等百分比</td><td></td></tr>
<tr><td>16</td><td colspan="3">最大允许噪声/dB</td><td colspan="2">85</td><td colspan="2">85</td><td></td></tr>
<tr><td>17</td><td colspan="3"></td><td colspan="2"></td><td colspan="2"></td><td></td></tr>
</table>

续表

<table>
<tr><td>18</td><td rowspan="6">执行机构</td><td>制造厂</td><td colspan="2">型号</td><td colspan="3">鞍山</td><td colspan="3">ZMB-</td><td colspan="3">鞍山</td><td colspan="3">ZMB-</td><td></td></tr>
<tr><td>19</td><td>类型</td><td colspan="2">规格</td><td colspan="6">薄膜</td><td colspan="6">薄膜</td><td></td></tr>
<tr><td>20</td><td>关信号/kPa</td><td colspan="2">开信号/kPa</td><td colspan="3">20</td><td colspan="3">100</td><td colspan="3">20</td><td colspan="3">100</td><td></td></tr>
<tr><td>21</td><td colspan="3">流向</td><td colspan="6">流开</td><td colspan="6">流开</td><td></td></tr>
<tr><td>22</td><td colspan="3">故障时阀位</td><td colspan="6">开</td><td colspan="6">开</td><td></td></tr>
<tr><td>23</td><td colspan="3">手轮及位置</td><td colspan="6">侧装手轮</td><td colspan="6"></td><td></td></tr>
<tr><td>24</td><td rowspan="5">定位器</td><td colspan="2">制造厂</td><td>型号</td><td colspan="3">鞍山</td><td colspan="3">EPA-701</td><td colspan="3">鞍山</td><td colspan="3">EPA-701</td><td></td></tr>
<tr><td>25</td><td colspan="2">空气过滤减压器</td><td>压力表</td><td colspan="3">要</td><td colspan="3">要</td><td colspan="3">要</td><td colspan="3">要</td><td></td></tr>
<tr><td>26</td><td colspan="3">输入信号</td><td colspan="6">4～20mADC</td><td colspan="6">4～20mADC</td><td></td></tr>
<tr><td>27</td><td colspan="3">输出信号/kPa</td><td colspan="6">20～100</td><td colspan="6">20～100</td><td></td></tr>
<tr><td>28</td><td colspan="3">供气压力/kPa</td><td colspan="6">140</td><td colspan="6">140</td><td></td></tr>
<tr><td>29</td><td rowspan="3">转换器</td><td>制造厂</td><td colspan="2">型号</td><td colspan="3"></td><td colspan="3"></td><td colspan="3"></td><td colspan="3"></td><td></td></tr>
<tr><td>30</td><td colspan="3">输入信号</td><td colspan="6"></td><td colspan="6"></td><td></td></tr>
<tr><td>31</td><td colspan="3">输出信号/kPa</td><td colspan="6"></td><td colspan="6"></td><td></td></tr>
<tr><td>32</td><td colspan="2">防爆等级</td><td colspan="2">防护等级</td><td colspan="3"></td><td colspan="3">IP44</td><td colspan="3"></td><td colspan="3">IP44</td><td></td></tr>
<tr><td>33</td><td colspan="4"></td><td colspan="6"></td><td colspan="6"></td><td></td></tr>
<tr><td>34</td><td rowspan="11">技术条件</td><td colspan="3">介质</td><td colspan="6">液氨</td><td colspan="6">NHD 液</td><td></td></tr>
<tr><td>35</td><td>最大流量</td><td colspan="2">K_V</td><td colspan="3">2030kg/h</td><td colspan="3">2.63</td><td colspan="3">312t/h</td><td colspan="3">81.6</td><td></td></tr>
<tr><td>36</td><td>正常流量</td><td colspan="2">K_V</td><td colspan="3">1566kg/h</td><td colspan="3">2.03</td><td colspan="3">249t/h</td><td colspan="3">65.1</td><td></td></tr>
<tr><td>37</td><td>阀门 Kv</td><td>F_L</td><td>X_T</td><td colspan="2">8</td><td colspan="2">0.9</td><td colspan="2">0.75</td><td colspan="2">155</td><td colspan="2">0.9</td><td colspan="2">0.75</td><td></td></tr>
<tr><td>38</td><td>正常入口绝压</td><td colspan="2">正常 Δp</td><td colspan="3">1.57MPa</td><td colspan="3">1.29MPa</td><td colspan="3">2.67MPa</td><td colspan="3">1.52MPa</td><td></td></tr>
<tr><td>39</td><td>最大入口绝压</td><td colspan="2">最大切断 Δp</td><td colspan="3">1.6MPa</td><td colspan="3">1.5MPa</td><td colspan="3">2.7MPa</td><td colspan="3">2.6MPa</td><td></td></tr>
<tr><td>40</td><td>最高温度/℃</td><td colspan="2">操作温度/℃</td><td colspan="3">40</td><td colspan="3">40</td><td colspan="3">8</td><td colspan="3">8</td><td></td></tr>
<tr><td>41</td><td colspan="3">操作重度</td><td colspan="6">580kgf/m^3</td><td colspan="6">1040kgf/m^3</td><td></td></tr>
<tr><td>42</td><td colspan="3">操作黏度</td><td colspan="6">33.86mm^2/s</td><td colspan="6">100mm^2/s</td><td></td></tr>
<tr><td>43</td><td>蒸汽绝压 p_v</td><td colspan="2">临界绝压 p_c</td><td colspan="3">1.62MPa</td><td colspan="3">11.38MPa</td><td colspan="3"></td><td colspan="3"></td><td></td></tr>
<tr><td>44</td><td colspan="3">预计噪声/dB</td><td colspan="6"><50</td><td colspan="6">58</td><td></td></tr>
<tr><td>45</td><td colspan="2">阀门制造厂</td><td colspan="2">型号</td><td colspan="3">鞍山</td><td colspan="3">ZMBM1-64K</td><td colspan="3">鞍山</td><td colspan="3">ZMBM1-64K</td><td></td></tr>
<tr><td colspan="5">备注</td><td colspan="6"></td><td colspan="6"></td><td></td></tr>
</table>

采用国际通用设计体制的工程项目，自控设备以“仪表数据表”为主要表达手段。与老设计体制相比，这种表达方法更加简洁。仪表数据表中有一项表格，即“仪表数据表—调节阀”（《化工装置自控专业工程设计用典型图表　自控专业工程设计用典型表格》HG/T 20639.1）。对于采用调节阀为执行机构的控制系统来说，相应调节阀的数量与位号、配管情况、作用条件、操作条件、技术特性、阀体情况、执行器、定位器等情况都应一一填写在该

表中。这些表格有中/英文、中文、英文三种格式，使用时根据需要查阅相应标准中的示例。

11.3　差压式液位计的计算

根据物理学原理可知，当液位高度发生变化时，其液体下部所产生的压力为液体高度乘以液体密度，即 $p=H\rho$。由于液体的密度是固定不变的，所以通过测量液体压力就可得到液位高度变化的信息。采用差压方式测量液位的原理就是，将被测液体通过管路引入到差压变送器正压室，将容器上部气相引入到差压变送器负压室，由差压变送器测量正、负压室的压力差，然后将这个压力差转变为标准信号，则该信号就正比于液位的变化。图 11-3 是差压式液位测量原理图，表 11-4 是差压式液位计计算数据表。假定被测液体通过管道直接被引到差压变送器的测量室内。

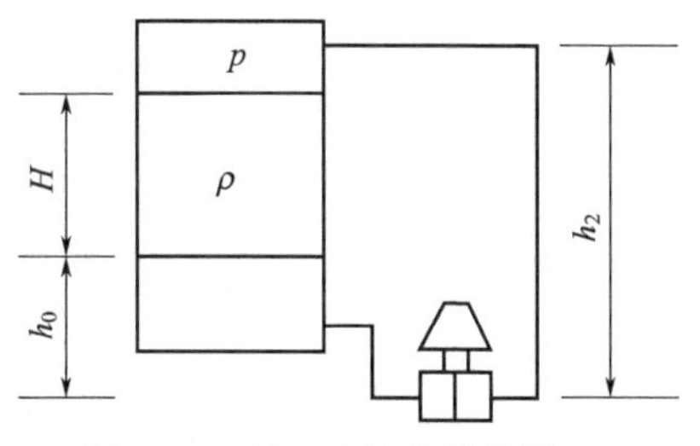

图 11-3　差压式液位测量原理

由图 11-3 可知，差压变送器正压室的压力为

$$p_1=(H+h_0)\rho+p$$

负压室的压力为

$$p_2=h_2\rho+p$$

则变送器正、负压室的差压为

$$\Delta p=p_1-p_2=H\rho+(h_0-h_2)\rho$$

式中右边第一项 $H\rho$ 即是随液位高度变化而变化的部分，第二项中由于 h_0 和 h_2 是常数，$(h_0-h_2)\rho$ 是固定不变的。由于这部分的存在，当 $H=0$ 时变送器输出信号不为零，所以测量液位用的差压变送器必需内设机构来抵消掉这部分差压，这就是差压变送器的迁移。如果 $(h_0-h_2)\rho$ 为正值，需要变送器内部用一个负值抵消掉该值，则称这种迁移为正迁移，如果 $(h_0-h_2)\rho$ 为负值，需要变送器内部用一个正值抵消掉该值，则称这种迁移为负迁移。

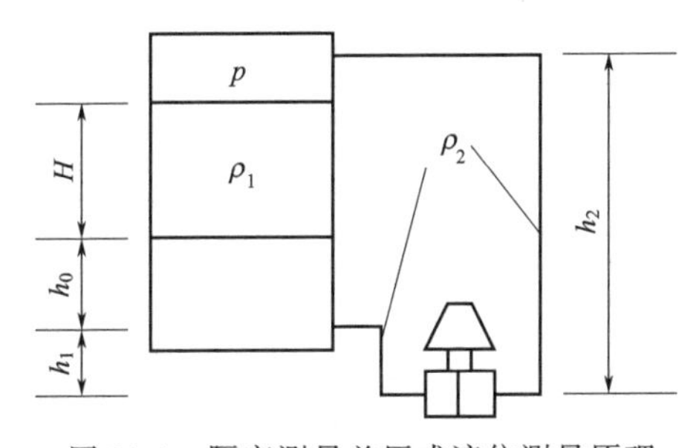

图 11-4　隔离测量差压式液位测量原理

有时生产过程中被测介质不宜直接进入到差压变送器的测量室内，比如被测介质具有腐蚀性、凝结性，或者液体中含有固形物等，此时需要采取隔离措施，即在被测介质与差压变送器的测量室之间灌装隔离液，通过隔离液来传递液位高度所产生的压力的变化。

假定被测液体的密度为 ρ_1，隔离液的密度为 ρ_2，测量原理图如图 11-4 所示。

根据图 11-4 可知

$$p_1=(H+h_0)\rho_1+h_1\rho_2+p$$

$$p_2=h_2\rho_2+p$$

$$\Delta p=p_1-p_2=(H+h_0)\rho_1+h_1\rho_2-h_2\rho_2=H\rho_1+[h_0\rho_1+(h_1-h_2)\rho_2]$$

同理，式中右面第二项 $h_0\rho_1+(h_1-h_2)\rho_2$ 为迁移量。

差压变送器测量液位的第二个选择参数为变送器的量程。该参数可根据 $H\rho$（或 $H\rho_1$）进行选择。其选择原则为选择一个大于 $H\rho$（或 $H\rho_1$）、与 $H\rho$（或 $H\rho_1$）靠得最近的量程。

表 11-4 差压式液位计

设计单位	工程名称		差压式液位
	设计项目		
	设计阶段	施工图	

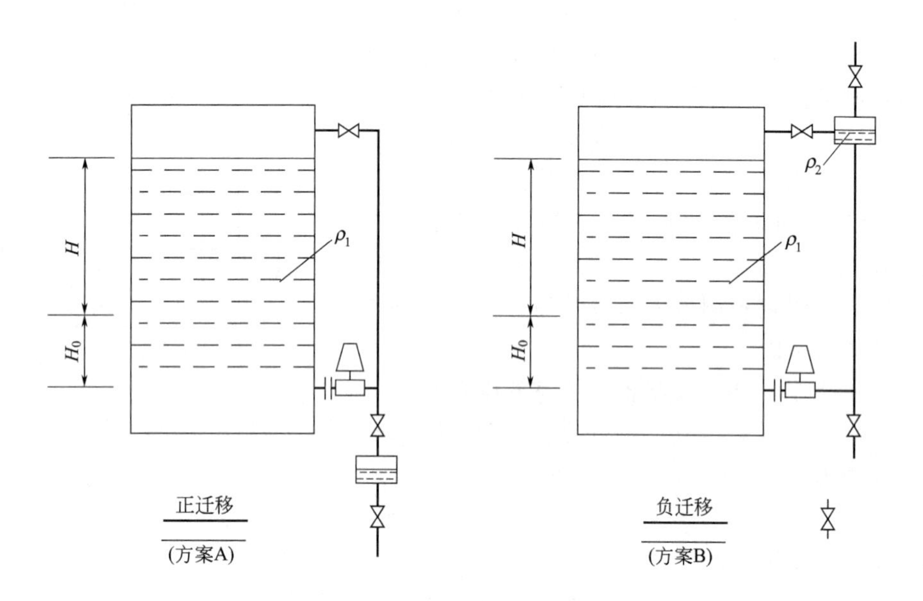

序号		1	2	3	4
仪表位号		LT-101	LT-108	LT-109	
用途		E102 液位	E105 液位	蒸汽发生器	
变送器	型号	1151DP4E12S2M1B3Da	1151DP3E12M1B3D1	1151DP4E12M1B3D1	
	测量范围/kPa	−16.78～9.89	−5.78～3.59	−11.42～−0.64	
被测介质	成分	丙烯	乙烯，乙烷	水	
	密度 ρ_1/(g/cm^3)	0.54	0.447	0.916	
隔离液	名称		甘油，水，酒精	水	
	密度 ρ_2/(g/cm^3)		0.97	0.97	
毛细管中传递液密度 ρ_0/(g/cm^3)		0.95			
法兰间距 h/mm		1800	700	1200	
液位范围 H/mm		1300	500	1200	
H_0/mm		0	200	0	
计算量程 Δp_1/Pa		6887	2193	10783	
选用方案号		C	B	D	
迁移量/Pa		−16775	−5784	−11419	
备注					

计算数据表

计计算数据表	编制			图号		
	校核					
	审核			第　页		共　页

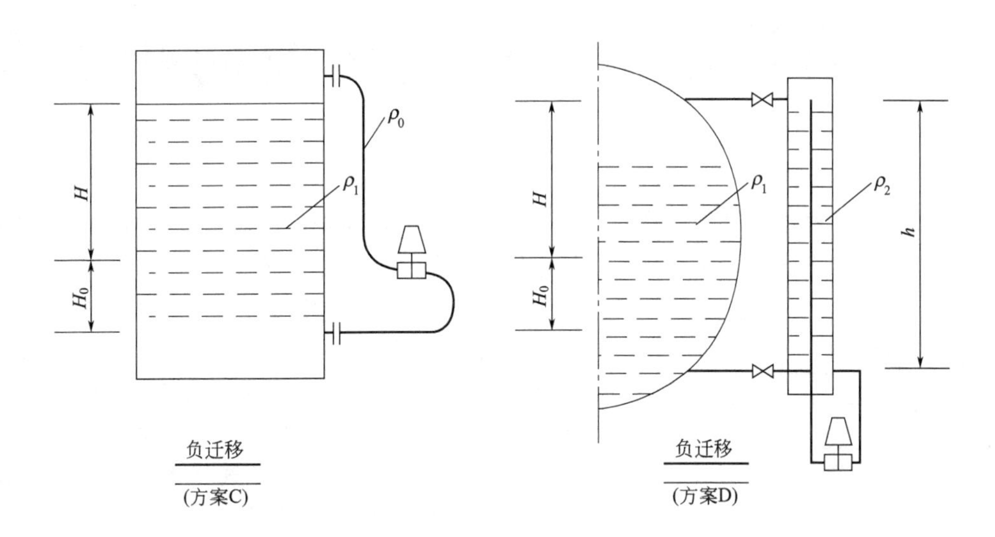

	5	6	7	8	9

第12章

自控设计中的安全及防护措施

自控设计中，根据仪表所安装的位置可以分为两类，即安装在控制室内的仪表和安装在现场的仪表。控制室内仪表除了相互之间的信号联系之外，还要通过电缆电线与现场仪表进行信号联系。由于室内仪表的工作环境是控制室，工作条件较好，如果控制室设计合理，采取恒温、净化、排除强电磁干扰等措施，一般不存在环境干扰问题。现场仪表除了与控制室仪表进行信号联系之外，还存在环境噪声、环境温度、环境气体的影响。由于要进行测量，还要与工艺介质接触，所以还要受到工艺介质的温度、形态、物性的影响。图 12-1 是现场仪表的各种影响因素示意图。

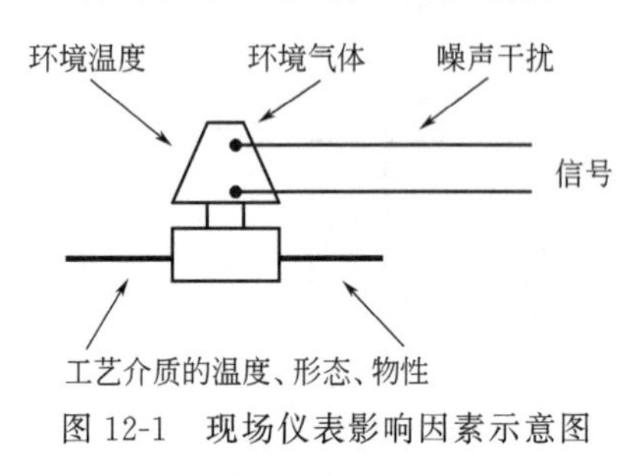

图 12-1　现场仪表影响因素示意图

自控设计中除了选择适当的控制方案、正确选择仪表之外，仪表的安全及防护措施也是非常重要的。为了使仪表系统能够可靠、精确地工作，自控设计中必须要解决好仪表的各种防护问题。自控设计中的仪表防护问题有：

① 仪表及仪表管的保温（隔热）问题；

② 仪表测量部分与工艺介质的隔离问题；

③ 信号的抗干扰问题；

④ 仪表的防爆（爆炸性环境气体）问题。

12.1　仪表防爆设计

12.1.1　防爆设计的重要性

随着石油、化工等的迅速发展，生产安全引起了广泛重视。在生产过程中，将不可避免地产生爆炸性物质的泄漏，形成爆炸性危险场所。所谓危险场所指的是存在或可能存在可燃性气体与空气混合物的场所。燃烧与爆炸是化学反应的结果，都是一种剧烈的氧化反应。形成燃烧和爆炸的条件是，存在可燃物、氧气（空气）、足够高的温度或火源。

当这些条件同时存在时就形成燃烧或爆炸。足以引发燃烧和爆炸的温度称为点燃温度。

气体爆炸发展程度由多方面因素确定，但主要的条件是：

① 有足够浓度的可燃性物质存在；

② 有足够的氧气存在，形成可燃气体混合物；

③ 有足够能量的火源。

如果可燃物与氧气（空气）混合达到一定比例时，此时出现火源或环境温度足够高，混合气体瞬间燃烧，体积迅速膨胀，就形成爆炸。形成爆炸时可燃物与氧气（空气）混合所形成的气体称为爆炸性混合气体。爆炸性混合气体的比例有一个范围，一般称这个比例范围的下限为爆炸下限，高于这个比例的混合气体为爆炸性混合气体；比例范围的上限为爆炸上限，低于这个比例的混合气体为爆炸性混合气体。不同的可燃物形成爆炸性混合气体的比例范围不同，这个数据可查化工手册中的物性数据表。

当混合气体中的可燃物的比例低于爆炸下限时，不会形成爆炸但可能形成燃烧，当混合气体中的可燃物的比例高于爆炸上限时，理论上既不会产生爆炸也不会形成燃烧，但是，一旦再混合进一些空气极易形成爆炸性混合气体，所以当可燃物的比例高于爆炸上限时也是一种非常危险的情况。

防爆防火技术原理就是消除形成爆炸和燃烧的条件。即密封可燃物、隔离空气、消除火源和避免形成点燃温度。很多生产过程都会产生某些可燃性物质。据资料，煤矿井下约有三分之二的场所存在爆炸性物质；化学工业中，约有 80%以上的生产车间区域存在爆炸性物质。空气中的氧气是无处不在的。在生产过程中大量使用电气仪表，各种摩擦的电火花、机械磨损火花、静电火花、高温等不可避免，尤其当仪表、电气发生故障时。客观上很多工业现场满足爆炸条件。当爆炸性物质与氧气的混合浓度处于爆炸极限范围内时，若存在爆炸源，将会发生爆炸。因此采取防爆就显得很必要了。为了确保人员生命和生产装置的安全，防爆技术正扮演着越来越重要的角色。

12.1.2　危险环境的分类

具有形成爆炸和火灾条件的场所称为危险环境。危险环境可以分为两大类，即爆炸环境和火灾环境。

爆炸环境有两类，第一类为：

a. 存在易燃气体、易燃液体的蒸气或薄雾；

b. 上述物质与空气混合并且达到爆炸极限；

c. 存在足以点燃爆炸性混合气体的火花、电弧或高温。

还有一类爆炸环境，即：

a. 存在易燃的粉尘、纤维、微小颗粒；

b. 上述物质与空气混合并且达到爆炸极限；

c. 存在足以点燃爆炸性混合气体的火花、电弧或高温。

火灾环境的形成条件与爆炸形成条件稍有不同，当上述条件 a、c 成立，但条件 b 不成立，也就是虽然有可燃物质存在，但是没有达到爆炸极限，此时有可能形成火灾环境。

根据国际电工委员会（IEC）和相应的国家标准以及行业标准，根据可燃物质的形态、形成爆炸混合物的频度和爆炸混合物的持续时间，将危险区划分为三类八级，如表 12-1 所示。

根据国家标准的规定防爆电器可以分为两大类，煤矿井下用电气设备为Ⅰ类防爆电器，工厂用电气设备为Ⅱ类防爆电器。

根据国家标准 GB 3836—2000 的规定，按爆炸性气体的最小点燃电流将Ⅱ类防爆电器的应用场合分为 A、B、C 三级，如表 12-2 所示。

表 12-1 危险区划分

类 别	级别	说 明
气体和蒸汽爆炸危险环境	0 区	连续地出现爆炸性气体环境，或预计会长期出现或频繁出现爆炸性气体的环境区域
	1 区	在正常操作时，预计会周期性地（或偶然地）出现爆炸性气体的环境区域
	2 区	在正常操作时，预计不会出现爆炸性气体环境，即使出现爆炸性气体也可能是短时存在的环境区域
粉尘爆炸危险环境	10 区	连续地出现爆炸性粉尘混合物，或预计会长期出现或频繁出现爆炸性粉尘混合物的环境区域
	11 区	有时会将积留下的粉尘扬起而偶然形成爆炸性粉尘混合物的环境区域
火灾危险环境	21 区	具有闪点高于环境温度的可燃液体，在数量和配置上能引起火灾的危险区域
	22 区	具有悬浮状、堆积状的可燃粉尘或可燃纤维，虽不能形成爆炸混合物，但在数量和配置上能引起火灾的危险区域
	23 区	具有固体状可燃物质，在数量和配置上能引起火灾的危险区域

表 12-2 按最小点燃电流（MIC）分级表

级 别	最小点燃电流比(MICR)	级 别	最小点燃电流比(MICR)
ⅡA	>0.8	ⅡC	<0.45
ⅡB	0.45⩽MICR⩽0.8		

注：最小点燃电流比（MICR）为各种气体和蒸汽的最小点燃电流与实验室条件下的甲烷的最小点燃电流之比。即 $MIC_{测}/MIC_{甲烷}$。

按照 GB 3836.1 标准，根据电器的表面温度，将其适用范围分为六组，如表 12-3 所示。

表 12-3 Ⅱ类电气设备的最高表面温度分组

组 别	最高表面温度 t/℃	适用危险气体引燃温度 T/℃	组 别	最高表面温度 t/℃	适用危险气体引燃温度 T/℃
T1	<450	⩾450	T4	<135	⩾135
T2	<300	⩾300	T5	<100	⩾100
T3	<200	⩾200	T6	<85	⩾85

最高表面温度应低于爆炸性气体环境的引燃温度。某些结构元件，其总表面积不大于 $10cm^2$ 时，表面最高温度相对于实测引燃温度，对于Ⅱ类或Ⅰ类电气设备具有以下安全裕度时，该元件的最高表面温度允许超过电气设备上标志的组别温度：

① T1、T2、T3 组电气设备为 50℃；

② T4、T5、T6 组和Ⅰ类电气设备为 25℃。

与防爆电器应用场合相对应，一些可燃气体、蒸气有一个相对应的分级、分组安全数据表，该表内所列为可燃气体、蒸气安全性能方面的数据。表 12-4 是一些常见可燃气体、蒸气的分级、分组安全数据表。

表 12-4 常见可燃气体、蒸气的分级、分组安全数据表

序号	名 称	级	组	自燃温度/℃	爆炸限/%	最易引燃浓度/%
1	甲烷	ⅡA	T1	595	5～15	7.5
2	乙烷	ⅡB	T1	515	3～12.5	
3	丙烷	ⅡA	T1	470	2.1～9.5	2.3
4	丁烷	ⅡA	T2	430		3.7
5	氨	ⅡA	T1	630	15～28	

续表

序号	名 称	级	组	自燃温度/℃	爆炸限/%	最易引燃浓度/%
6	苯	ⅡA	T1	555	1.2～8	5
7	甲苯	ⅡA	T1	535	1.2～7	
8	甲醇	ⅡA	T1	455	5.5～26.5	13.7
9	乙醇	ⅡA	T2	425	3.5～15	7.1
10	一氧化碳	ⅡA	T1	605	12.5～74	30
11	二氧化碳	ⅡC	T5	102	1.0～60	2.64
12	汽油	ⅡB	T3	220		
13	市用煤气	ⅡC	T1	560		15～21
14	氢	ⅡC	T1	560	4～75.6	

12.1.3 防爆电气设备的类型及标志

（1）防爆电气设备类型及标志代号

由于爆炸性气体、蒸气、粉尘的种类非常多，危险性质又各不相同。同时电气设备的性能也各有特点，其容量大小不同，功能结构也不同。针对不同危险等级的环境，不同性质的爆炸混合物以及不同用途的电气设备，所采用的防爆措施也各不相同。到目前为止，已有一系列的防爆技术措施被世界各国所接受，并形成了完善的标准化文本。表 12-5 分别介绍中国防爆电气设备制造检验规程中已经列入的几种防爆形式。

表 12-5 中国接受的防爆形式

序号	电气设备防爆形式	代号	技术措施
1	隔爆型	d	隔离存在的点火源
2	增安型	e	设法防止产生点火源
3	本质安全型	ia 或 ib	限制点火源的能量
4	正压型	p	将危险物质与点火源隔开
5	充油型	o	将危险物质与点火源隔开
6	充砂型	q	将危险物质与点火源隔开
7	无火花型	n	设法防止产生点火源
8	浇封型	m	设法防止产生点火源

① 隔爆型。

这是一种应用非常广泛，开发较早的防爆形式，这种形式的防爆措施不受电气设备正常运行中电弧、火花和危险温度的限制，对容量大小的适应范围较广。隔爆型电气设备具有坚固的外壳，良好的密封性能。防爆原理是将爆炸性混合气体、蒸气或粉尘隔离在电气设备之外，使得在电气设备内部不具备产生爆炸的条件，当电气设备内部产生电弧、火花和危险温度时，由于内部没有爆炸性物质，所以不会产生爆炸。如果电气设备内部有爆炸性混合气体存在，并且被电弧、火花和危险温度引燃，由于电气设备具有坚固的外壳和良好的密封性能，所以电气设备内部的爆炸也不会传到外部，当然也不会引起外部的爆炸。隔爆型防爆电气设备的标志代号为“d”。

② 增安型。

在正常运行条件下不会产生电弧、火花或可能点燃爆炸性混合物高温的设备上，再采取相应的措施以提高电气设备的安全程度，以避免在正常和认可的过载条件下出现电弧、火花或可能点燃爆炸性混合物的高温，具有这种特点的设备为增安型防爆电气设备。增安型防爆电气设备的标志代号为“e”。

③ 本质安全型（本安型）。

在正常运行或发生故障的情况下，所产生的火花或热效应均不足以点燃爆炸性混合物，具有这种特点的设备为本质安全型（本安型）防爆电气设备。

本质安全型（本安型）电气设备及相关联的设备，按本质安全（本安）电路使用环境及安全程度分为 ia 和 ib 两个等级：

ia 等级——在正常工作条件下，一个故障和两个故障时均不能点燃爆炸性混合物的电气设备；

ib 等级——在正常工作条件下，一个故障时不能点燃爆炸性混合物的电气设备。

本质安全型（本安型）防爆电气设备的标志代号为“ia”和“ib”。

④ 正压型。

向外壳内充入正压的洁净空气、惰性气体，或连续通入洁净空气或不燃性气体，保持外壳内部的保护性气体的压力高于周围爆炸性环境的压力，阻止外部爆炸性混合物进入外壳，从而将电气设备的危险源与环境中爆炸性混合物隔离，这种设备为正压型防爆电气设备。正压型防爆电气设备的标志代号为“p”。

⑤ 充油型。

将电气设备的全部或部分浸入油内，使可能产生的电弧、火花或危险温度的部件不能点燃油面以上的或外壳以外的爆炸性混合物，这种设备为充油型防爆电气设备。充油型防爆电气设备的标志代号为“o”。

⑥ 充砂型。

电气设备外壳内充填砂粒材料，使之在规定的使用条件下，壳内产生电弧、传播的火焰、外壳壁或砂粒材料表面的过热均不能点燃爆炸性混合物，这种设备为充砂型防爆电气设备。充砂型防爆电气设备的标志代号为“q”。

⑦ 无火花型。

电气设备在电气、机械上符合设计技术要求，在生产厂家规定的条件下使用不会点燃周围爆炸性混合物，并且一般情况下不会发生产生点燃作用的故障，这种设备为无火花型防爆电气设备。无火花型防爆电气设备的标志代号为“n”。

⑧ 浇封型。

整台设备或其中部分，即可能产生点燃爆炸性混合物的电弧、火花或高温部分，浇封在浇封剂中，在正常运行和认可的过载或认可的故障下不能点燃周围的爆炸性混合物的电气设备。浇封型防爆电气设备的标志代号为“m”。

⑨ 特殊型。

未包括在上述各种形式的防爆类型，或是上述几种防爆形式的组合类型。特殊型防爆电气设备的标志代号为“s”。

过程控制系统工程设计当中，使用最多的防爆电器设备是本质安全型（本安型）和隔爆型电气设备。

(2) 防爆电气设备标志

防爆电气设备的标志为“Ex”。防爆电气设备应当在外壳明显之处设置永久性凸纹或凹纹防爆标志“Ex”。小型电气设备及仪表可采用铆在或焊在外壳上的标志牌，或采用凹纹标志。

防爆电气设备应当在外壳明显之处设置铭牌并可考虑固定，铭牌上应当包括下列各项内容。

① 制造厂名或注册商标。

② 制造厂所规定的产品名称及型号。

③ 符号“Ex”，表明该电气设备符合规定。

④ 防爆标志，按所应用的各种防爆形式、类别、级别、温度组别依次表明，即：

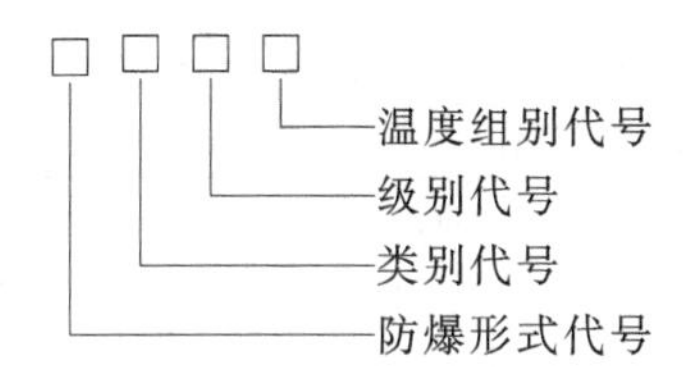

例如：铭牌内容 dⅡBT3，则表明这是一个隔爆型的Ⅱ类 B 级 T3 组的防爆电气设备。

采用复合形式的防爆电气设备，应当先标注主体防爆形式，再标注其他部件的防爆形式。例如：铭牌内容 epⅡBT4，则表明这是一个主体为增安型并有正压部件的Ⅱ类 B 级 T4 组的防爆电气设备。

对于只允许使用在一种可燃性气体或蒸气环境下的电气设备，可用该气体或蒸气的化学分子式或名称来代替标志，并且可以不注明级别和温度组别。如Ⅱ类用于氨气环境下的隔爆型电气设备，标志为 dⅡ（NH_3）或 dⅡ氨。

对于Ⅱ类电气设备的标志，可以标温度组别，也可以标最高表面温度，或者两种都标。例如：eⅡT4、eⅡ（125℃）、eⅡ（125℃）T4 则表明的是同一种类的电气设备。

本质安全型防爆电气设备的标志的第一位可以是 ia 或 ib，例如 iaⅡAT2、ibⅡCT4。

表 12-6 是依据 GB 3836.1—2000 的防爆电气设备类型表。

表 12-6 防爆电气设备类型表

序号	类型	标志		序号	类型	标志	
		工厂用	煤矿用			工厂用	煤矿用
1	隔爆型	d	e	5	充油型	o	o
2	增安型	e	e	6	充砂型	q	q
3	本质安全型 a 类	ia	ia	7	无火花型	n	n
	本质安全型 b 类	ib	ib	8	浇封型	m	m
4	正压型	p	p	9	特殊型	s	s

另外，还需标出产品编号和检验单位标志。

电气设备还有一个外壳防护等级规定，根据《外壳防护等级的分类》（GB 4208—2017）的规定，外壳防护等级的标志为：

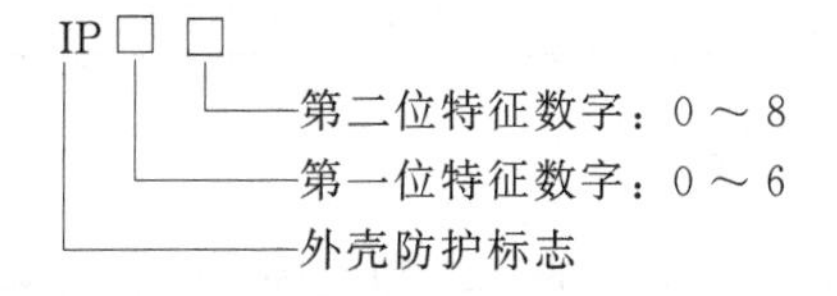

表 12-7、表 12-8 是第一位特征数字所代表的防护等级。

表 12-9 是第二位特征数字所代表的防护等级表。

表 12-7 第一位特征数字所代表的对接近危险部件的防护等级表

第一位特征数字	简短说明	防护等级含义
0	无防护	没有专门防护
1	防止手背接近危险部件	直径 50mm 的球形试具应与危险部件有足够的间隙
2	防止手指接近危险部件	直径 12mm、长 80mm 的铰接试具应与危险部件有足够的间隙
3	防止工具接近危险部件	直径 2.5mm 的试具不得进入壳内
4	防止金属线接近危险部件	直径 1.0mm 的试具不得进入壳内
5	防止金属线接近危险部件	直径 1.0mm 的试具不得进入壳内
6	防止金属线接近危险部件	直径 1.0mm 的试具不得进入壳内

注：1. 表 12-7 应当满足《外壳防护等级的分类》（GB/T 4208—2017）12.2 条款的试验条件要求。

2. 数字特征 3、4、5 和 6，如果试具与壳内危险部件保持足够的间隙，则认为是符合要求。足够间隙由产品标委会根据《外壳防护等级的分类》（GB/T 4208—2017）中 12.3 条款做出规定。

表 12-8 第一位特征数字所代表的防止固体异物进入的防护等级表

第一位特征数字	简短说明	防护等级含义
0	无防护	没有专门防护
1	防止直径不小于 50mm 的固体异物	直径 50mm 的球形物体试具不得完全进入壳内
2	防止直径不小于 12.5mm 的固体异物	直径 12.5mm 的球形物体试具不得完全进入壳内
3	防止直径不小于 2.5mm 的固体异物	直径 2.5mm 的物体试具不得完全进入壳内
4	防止直径不小于 1.0mm 的固体异物	直径 1.0mm 的物体试具完全不得进入壳内
5	防尘	不能完全防止尘埃进入，但进入的灰尘量不得影响设备的正常运行，不得影响安全
6	尘密	无尘埃进入

表 12-9 第二位特征数字所代表的防护等级表

第二位特征数字	简短说明	防护等级含义
0	无防护	没有专门防护
1	防止垂直方向滴水	垂直方向滴水应无有害影响
2	防止当外壳在 15°范围内倾斜时垂直方向滴水	当外壳的各垂直面在 15°范围内倾斜时，垂直滴水应无有害影响
3	防淋水	各垂直面在 60°范围内淋水，无有害影响
4	防溅水	向外壳各方向溅水无有害影响
5	防喷水	向外壳各方向喷水无有害影响
6	防强烈喷水	向外壳各方向强烈喷水无有害影响
7	防短时间浸水影响	浸入规定压力的水中经规定时间后进入外壳的水量不至于达到有害程度
8	防持续潜水影响	能按制造厂和用户双方同意的条件持续潜水后，外壳进水量不致达到有害程度
9	防高温/高压喷水的影响	向外壳各方向喷射高温/高压水无有害影响

12.1.4 防爆电气设备的选择

防爆电气设备应当根据爆炸危险区的等级和范围、爆炸危险区内的气体或蒸气的级别和组别，以及有关的安全数据进行选择。表 12-10 列出了防爆形式与其适用的爆炸性区域之间的对应关系。

表 12-10　防爆形式与其适用的爆炸性区域之间的对应关系

电气设备防爆形式	代　号	适　用　区　域
本质安全型(ia 级)	Ex ia	0 区
为 0 区设计的特殊型	Ex s	
适用于 0 区的防爆形式		1 区
本质安全型(ib 级)	Ex ib	
隔爆型	Ex d	
增安型	Ex e	
正压型	Ex p	
充油型	Ex o	
充砂型	Ex q	
浇封型	Ex m	
为 1 区设计的特殊型	Ex s	
适用于 0 区和 1 区的防爆形式		2 区
无火花型	Ex n	

选择防爆电气设备时，除了选择适当的防爆形式之外，还要考虑适当的结构防护形式，以适应环境的要求，比如在具有腐蚀性的环境中，除了相应的防爆形式之外，电气设备还应当具有相应的耐腐蚀能力。

当防爆电气设备的安装场所具有多种爆炸性混合物时，应当根据最易引爆物质进行选择。

由于各种形式的防爆电气设备结构不同，爆炸危险区的安全要求也各不相同，所以不同形式的防爆电气设备所适用的危险区域也不相同，甚至有些形式的防爆电气设备在某些危险区的使用是不可能的，选择防爆电气设备时应当注意这一点。表 12-11～表 12-13 是各种形式防爆电气设备在各种危险区的应用情况。

表 12-11　气体、蒸气爆炸区防爆电气设备应用表

序号	爆炸区防爆形式 电气设备		0 区	1 区					2 区				
			本安	本安	隔爆	正压	充油	增安	本安	隔爆	正压	充油	增安
1	开关	低压	～	～	○		～	～	～	○		～	～
2	空气开关	低压	～	～	△		～	～	～	○		～	～
3	操作用小开关	低压	○	○	○		○	～	○	○		○	～
4	操作盘	低压	～	～	○	○	～	～	～	○	○	～	～
5	控制盘	低压	～	～	△	△	～	～	～	○	○	～	～
6	配电盘	低压	～	～	△		～	～	～	○		～	～
7	固定白炽灯	低压	～	～	○	～	～	×	～	○	～	～	○
8	移动白炽灯	低压	～	～	△	～	～	～	～	○	～	～	×
9	固定荧光灯	低压	～	～	○	～	～	×	～	○	～	～	○
10	固定高压汞灯	低压	～	～	○	～	～	×	～	○	～	～	○
11	指示灯	低压	～	～	○	～	～	×	～	○	～	～	○
12	信号报警装置	低压	○	○	○	○	～	×	○	○	○	～	○
13	半导体整流器	低压	～	～	△	△	～	×	～	○	○	～	△
14	插座式连接器	低压	～	～	○	～	～	～	～	○	～	～	～
15	接线盒	低压	～	～	○			×	～	○	～	～	○

注：表中符号含义如下。○表示适用；△表示尽量避免使用；×表示不适用；～表示结构上难以实现；空白表示一般不用。

表 12-12 粉尘爆炸区防爆电气设备应用表

序号	爆炸区结构形式 电气设备		10 区				11 区		
			尘密	正压防腐	充油防腐	正压防爆	尘密	IP65	IP54
1	配电装置		○	○					
2	电器和仪表	固定安装	○	○	○			○	
		移动式	○	○				○	
		携带式	○					○	
3	照明灯具		○				○		

注：表中符号含义如下。○表示适用；空白表示一般不用。

表 12-13 防火区防爆电气设备应用表

序号	火灾危险区防护结构 电气设备		21 区	22 区	23 区
1	电器和仪表	固定安装	充油 IP56、IP65、IP44	IP65	IP22
		移动或携带	IP56、IP65	IP65	IP44
2	照明灯具	固定安装	IP2X	IP5X	IP2X
		移动或携带	IP5X	IP5X	IP2X
3	配电装置		IP5X	IP5X	IP2X
4	接线盒		IP5X	IP5X	IP2X

对于自动化仪表，最常用的防爆形式依次是本安型、隔爆型和增安型。随着电子技术的飞速发展和低功耗电子器件的不断诞生，本安防爆技术的推广和适用有了更为广阔的空间。

12.1.5 过程控制系统工程中的安全问题

过程控制系统工程设计当中，除了要正确选择适当的防爆电气设备类型之外，还应当采取正确的设计方案才能确保生产的安全。

当所采用的仪表电器处在化工生产过程中的危险区域内时，适当的防爆类型电气设备并不能保证生产是安全的，这是因为除了这些仪表电器，还有连接它们的电线和电缆存在，在某些特定的条件下电线和电缆也可构成危险因素，所以设计过程必须要考虑这些问题。设计过程中所选用的仪表电气设备以及整个仪表电气系统都必须符合某些技术规范，表 12-14 是一些常见国际组织和国家的防爆电气设备制造和检验规程。

表 12-14 常见国际组织和国家防爆电气设备制造和检验规程

国际组织和国家名称(代号)	防爆电气设备制造和检验规程	总标志	本安标志	隔爆标志
国际电工委员会(IEC)	出版物 79-1～79-14	Ex	ia,ib	d
欧洲共同体(CLC)	EN 50014～EN 50020	Ex,EEx	ia,ib	d
德国(D)	VDE 0170,VDE 0171,TGL	Sch,Ex	ia,ib,i	d
日本(J)	JIS		i	d
中国(PRC)	GB 3836	Ex	ia,ib	d
英国(UK)	BS 5501		i	FLP,D
美国(USA)	UL	CI. I	Is	Explosion-proof
加拿大(CDN)	CSA	SA		CI. I
法国(F)	NFC	MS,AE	si	ADF
意大利(I)	CEI-31-1	AD,Ex	i	PE,d

(1) 本质安全回路

由经过安全认证机构认证的仪表是本质安全的，对于单元组合式仪表系统则需要对整个仪表产品系列进行安全认证。经过安全认证的仪表所构成的信号回路并不能保证整体系统是本质安全的，这是因为仪表整体的本质安全性能除了仪表之外，仪表的相互连接也是一个非常重要的因素。特别是采用单元组合式仪表的系统更是如此。某一经过安全认证的单元组合式系列仪表，仪表的相互连接可保证系统是本质安全的，如果仪表系统中出现非本系列的仪表，则系统不一定是本质安全的，如果系统中所使用的该仪表与本系列仪表获得本质安全相互认证则可保证仪表系统是本质安全的，否则就不能保证仪表系统的本质安全性能。

与其他防爆形式相比，采用本安防爆技术具有以下特点：

① 本安仪表具有结构简单、体积小、重量轻等特点，无需设计制造工艺复杂、体积庞大笨重的隔爆外壳；

② 可在带电工况下进行维护、标定和更换仪表的部分零部件等；

③ 安全可靠性高，适用范围广；

④ 属于“弱电”，可避免触电伤亡等事故的发生。

过程控制系统工程设计当中，一般可将仪表的工作区分为危险区和安全区。在中心控制室内的仪表是工作在安全区的仪表，工作在现场（即控制室外面）的仪表是工作在危险区的仪表。

如果在过程控制系统工程设计当中选用本质安全型仪表，则应当采用安全栅将危险区和安全区隔离开，即进入中心控制室的所有信号电缆都必须先经过输入安全栅；出中心控制室的所有信号电缆都必须先经过输出安全栅再到现场。图12-2是本质安全设计中危险区和安全区的隔离示意图。

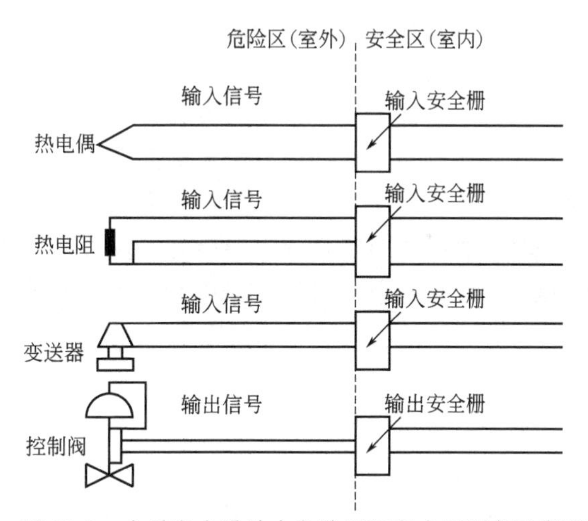

图12-2　本质安全设计中危险区和安全区隔离示意图

图12-2中安全栅的主要作用是限制输送到危险区域信号的能量，当危险区域内的仪表或电线发生故障时，故障所形成的火花不足以引爆爆炸性气体。这里需要注意两点，第一点是系统的本质安全性能不完全由仪表决定，相互连接的电线也是一个重要因素。由于连接电缆存在分布电容和分布电感，在信号传输过程中不可避免地储存能量。因此既要保证连接传输电缆不受外界电磁场干扰的影响及与其他回路混触，又要限制布线长度和感应电动势所带来的附加非本安能量；第二点是所使用的仪表，尤其是处在信号安全回路中的仪表，相互连接时应当优先采用同一厂家的同一仪表系列产品，如果需要使用其他系列中的仪表产品时，则应当取得相互认证，即已经获得相互认证号。

工程设计当中本质安全回路的端子排、接线箱等设备应当单独设置，并与非本质安全回路相互隔离，电线、电缆要单独敷设，如果共用电缆桥架则应当中间加隔板隔离，单独设置本质安全回路的接地系统。

(2) 隔爆仪表系统设计问题

隔离防爆型仪表和电器的防爆原理是通过密封隔离技术将危险性气体隔离在外，使其不能进入到仪表和电器内，这样当仪表和电器内部因为故障产生火花时不会引爆外部的危险气体。基于这个原理，隔离防爆型仪表和电器通常会有一个坚固的外壳，电缆的进出口、安全检修口都有密实的密封措施。

与本质安全防爆设计相同，在隔离防爆型仪表系统中，除了选择相应的隔离防爆仪表之外，电缆电线的连接也是一个非常重要的安全因素，特别是各种热电偶、热电阻、变送器、现场接线箱、调节阀、电磁阀等设备的接线问题。为此，可利用自控安全材料中专用防爆接头、防爆活接头、浇筑式防爆接头等附件来完成这些接线问题。

采取隔离防爆措施的自控工程，除了仪表连线处密封之外，电缆保护管的出入口、电缆桥架与电缆保护管的连接处、挠性管的出入口以及挠性管与电缆保护管的连接处都要采取密封措施。

12.2 仪表及管线的保温问题

12.2.1 保温设计的目的

中国地域辽阔，气候复杂，冬季昼夜温差较大。自控工程中所使用的仪表对环境条件都有一定的技术要求，尤其是现场安装的测量仪表和执行机构，对温度的要求尤其严格，只有当环境温度处在规定的范围内才能准确可靠地进行工作。环境温度有可能高于仪表的工作温度，也有可能低于仪表的工作温度，对于前者需要采取隔热措施，对于后者则需要采取保温措施。另一方面，为了将工艺参数传递给测量仪表，连接测量仪表的管线中充满工艺介质，如果环境温度与工艺介质有较大的温度差，则可能会使工艺介质产生凝结、结晶或气化，造成仪表不能准确测量，甚至会使管道胀裂发生生产事故，所以自控工程设计当中也需要对仪表的测量管线进行隔热或保温措施。仪表及管线保温设计时，应当符合《仪表及管线伴热和绝热保温设计规范》(HG/T 20514—2014) 规定。

12.2.2 保温对象

保温对象可以分为以下两类。

① 仪表类，包括：

a. 安装在现场的差压变送器、压力变送器、温度变送器；

b. 安装在设备上的各类液位变送器；

c. 安装在设备上的各类执行器。

② 测量管线类，包括：

a. 现场压力、液位、流量、成分分析仪表的测量管线；

b. 流量测量时，由孔板至平衡器之间的管段以及蒸汽伴热系统内敞开回水系统中疏水器前面的回水管段；

c. 所测介质低于环境温度时，测量管线应做隔热处理。

上面都是涉及自控工程的需要保温的设备，但是根据《化工装置自控专业设计管理规范 自控专业工程设计的任务》(HG/T 20636.3) 中的专业分界规定，管道上安装的检测元件、变送器、控制阀等的隔热、伴热包括仪表夹套供汽管由管道专业设计，自控专业提出设计条件。测量管路的隔热、伴热以及保温箱内的伴热由自控专业设计。伴热用蒸汽（或热水、热油）总管，蒸汽分配站和回水收集站等由管道专业设计，自控专业提出供热点的位置和数量的设计条件。

12.2.3 保温方法

（1）仪表隔热和保温

安装在现场的差压变送器、压力变送器、温度变送器，安装在仪表专用保温箱内进行保温。仪表用保温箱有两类，一类是带有加热元件的保温箱，一类是不带加热元件的保温箱。如果环境温度低于仪表的工作温度，则应当采用带加热元件的保温箱，通过蒸汽加热或电加热使仪表工作的小环境符合要求。如果环境温度高于仪表的工作温度或者环境温度变化比较大时，应当选用无加热元件，带有隔热层的保温箱（通常叫做仪表保护箱），以隔离外部较高的温度，需要说明的是，在这种情况下，隔热保温箱并不能彻底保护仪表，应当会同有关专业对热源采取有效的隔离措施，或选用工作温度较高的仪表。

仪表保温箱和保护箱除了有温度保护功能之外，还可以保护仪表不受诸如坠落物、外力冲击等机械损伤。由于仪表安装在现场，工作环境比较恶劣，所以即便是环境温度变化不大也应当将其安装在仪表保温箱或保护箱内。

（2）仪表测量管线隔热和保温

仪表测量管线的隔热保温处理，通常采用在管道外面缠绕绝热保温材料的方法，常用的绝热保温材料大多是多孔材料制品。表 12-15 是常用绝热保温材料性能。

表 12-15　常用绝热保温材料性能

材料名称	使用密度		推荐使用温度/℃	常用热导率 λ/[W/(m·℃)]	抗压强度 /MPa	备注
超细玻璃棉制品	板	48	300	≤0.043	—	用于保温
		64～120		≤0.042		
	管	≥45		≤0.043		
岩棉及矿渣棉	毡	60～80	≤400	≤0.049	—	用于保温
		100～120		≤0.049		
	板	80	≤250	≤0.044		
		100～120		≤0.046		
	管	150～160		≤0.048		
		≤200		≤0.044		
微孔硅酸钙	170		550	≤0.055	0.4	用于保温
	220			≤0.062	0.5	
	240			≤0.064	0.5	
硅酸铝纤维制品	120～200		≤900	≤0.056	—	用于保温
复合硅酸铝镁制品	板	45～80	≤600	≤0.036	—	用于保温
	管	≤300		≤0.041	0.4	
聚氨酯泡沫塑料制品	30～60		−65～80	≤0.027	—	用于冷保
聚苯乙烯泡沫塑料制品	≥30		−65～70	≤0.0349	—	用于冷保
泡沫玻璃	150		−196～400	≤0.06	0.5	用于冷保
	180			≤0.064	0.7	

隔热保温结构通常采用绑扎结构，图 12-3 是该结构的示意图。

图 12-3 中最外层的玻璃布所起作用是对保温结构的保护，近年来在某些工程中，特别是在一些引进工程中，常常采用铝箔或镀锌铁皮来取代该层，这样不但美观而且辐射系数很

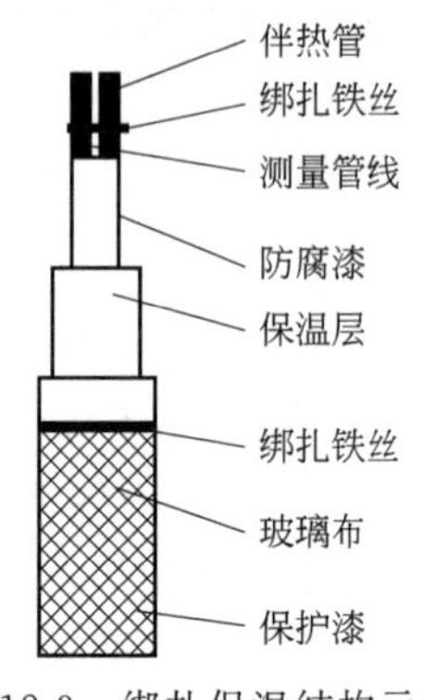

图 12-3 绑扎保温结构示意图

小（C 在 0.2～1 之间），具有很好的反辐射能力，而且防火能力大大增强。除玻璃布之外还有许多常用保护材料，表 12-16 是常用保护材料表，表中给出了常用保护材料性能。

如果仪表测量管线内的介质温度低于环境温度，管线的隔热绑扎结构中则没有伴热管，其他完全相同。

测量管线的保温方法通常有两种，蒸汽（热水、热油）伴热和电伴热。目前采用较多的是蒸汽（热水、热油）伴热。采用热载体进行伴热时，需要设计回流回路。采用蒸汽伴热系统时，所使用的蒸汽压力通常为 0.4MPa、0.6MPa、0.8MPa 和 1MPa，冷凝水回流回路中需设置疏水器进行汽水分离。

表 12-16 常用保护材料性能

名称	技术性能	备注
玻璃布平纹带	幅度(mm)：125；250	
	厚度(mm)：0.1±0.01	
	标重(g/m^2)：105±10	
	径向拉断荷重(kg)：740	
	纬向拉断荷重(kg)：30	
保冷结构用石油、沥青玛蹄脂	耐热性 80℃，连续 5h 不流淌	隔热管壳间胶结用
	黏结性 5cm×10cm 试样，18℃合格	
沥青油毡纸	一般防水油毡纸	
镀锌铁丝	22#	捆扎用
各色油性调和漆	干燥时间(h) 表干≤10	防腐用
	湿干≤24	
镀锌薄钢板	厚度(mm)：0.30～0.35	
铝合金薄板	厚度(mm)：0.4～0.5	

如果仪表安装位置是非危险区，采用电伴热是比较简单可行的方法。电伴热中所使用的发热元件为电热丝和电热带，并为其设计供电电源。

12.2.4 保温、伴热计算

保温、伴热计算内容包括绝热层材料用量计算、保护层材料用量计算、测量管线绝热层厚度计算、保温箱保温绝热层厚度计算、测量管线允许热量损失计算、保冷绝热层厚度计算、热水用量计算、保温蒸汽用量计算、电伴热的功率计算等内容。具体如何计算，请参照《仪表及管线伴热和绝热保温设计规范》（HG/T 20514—2014）。下面给出一些常用计算内容。

（1）测量管线绝热层厚度计算

采用蒸汽伴热时测量管线绝热层厚度按下列公式计算：

$$Q_1=3.6\frac{t-t_0}{\dfrac{1}{2\pi\lambda}\ln\dfrac{D}{d}} \tag{12-1}$$

$$D=de^{\beta} \tag{12-2}$$

$$d=\frac{P}{\pi} \tag{12-3}$$

$$\beta=3.6\frac{t-t_0}{\frac{1}{2\pi\lambda}q_1} \tag{12-4}$$

$$q_1=K_1\frac{Q_s}{H} \tag{12-5}$$

$$\delta_p=\frac{D-d}{2} \tag{12-6}$$

式中　Q_1——测量管线的允许热损失，kJ/(m·h)；

D——测量管线保温后的外径，m；

d——测量管线的当量外径，m；

t——测量管线内介质温度,℃；

t_0——大气温度,℃（使用地区最低极限温度）；

λ——绝热材料的热导率，W/(m·℃)；

q_1——蒸汽量，t/h；

Q_s——伴热系统热量损失，kJ/h；

K_1——比率系数；

H——蒸汽汽化潜热，kJ/kg；

P——测量管线横截面圆周长，m；

δ_p——测量管线绝热层厚度，m。

（2）绝热层材料用量计算

绝热层材料用量按下列公式计算：

$$V=\pi D\delta_p \tag{12-7}$$

$$D=d+2\delta_p \tag{12-8}$$

式中　V——绝热层材料用量，m^3/m；

d——仪表绝热管线当量直径，m；

δ_p——测量管线绝热层厚度，m。

（3）保护层材料用量计算

保护层材料用量计算按下列公式计算：

$$A=1.3\pi(d+2\delta_p) \tag{12-9}$$

式中　A——保护层材料用量，m^2/m；

d——仪表绝热管线当量直径，m；

δ_p——测量管线绝热层厚度，m。

（4）电伴热带的功率可根据仪表测量管线散热量来确定，管线散热量按下式计算：

$$Q_E=Q_N K_3 K_4 K_5 \tag{12-10}$$

式中　Q_E——单位长度仪表测量管线散热量（实际需要的伴热量），W/m；

Q_N——基准情况下仪表测量管线单位长度散热量，W/m；

K_3——绝热材料热导率修正值（岩棉取 1.22，复合硅酸盐毡取 0.65，聚氨酯泡沫塑料取 0.67，玻璃纤维取 1）；

K_4——仪表测量管线材料修正系数（金属取 1，非金属取 0.6～0.7）；

K_5——环境条件修正系数（室外取 1，室内取 0.9）。

12.2.5 设计中需注意的问题

① 保温材料应具有良好的防水性能。

② 容重要小，一般应当小于 800kg/m^3。

③ 热导率应当小于 0.31kcal/(m·h·℃)（1cal=4.1868J）。

④ 在温度变化和振动条件下，应当具有一定的机械强度。

⑤ 保温管线上有阀门、接头等部件时，保温结构应当考虑更换方便。

12.3 表的隔离和吹洗设计

化工生产过程中，工艺介质的物性的是多种多样的，常常是带有腐蚀性、毒性，其形态可能是高黏度、带有悬浮颗粒，或是在环境温度下发生汽化、凝结、结晶、沉淀变化。为了安全、可靠、准确地进行测量，必要时应当采取隔离措施。隔离、吹洗方式选择，隔离、吹洗系统设计时，应符合《仪表隔离和吹洗设计规范》（HG/T 20515—2014）规定。

12.3.1 隔离

隔离是用一种无害介质对工艺介质进行隔离。其原理是在工艺设备测量点与测量仪表之间充满隔离介质，该隔离介质对仪表、对人体无害，由它将工艺介质的变化（压力或压差）传递给仪表的测量部分。

常用的隔离方法有两种，即膜片隔离和液体隔离。

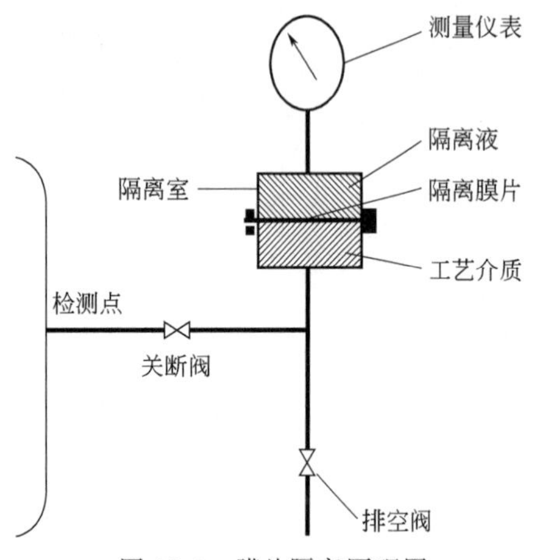

图 12-4 膜片隔离原理图

(1) 膜片隔离

膜片隔离是在工艺介质与隔离介质之间设置一个膜片，工艺介质的变化（压力或压差）首先传递给膜片，然后由膜片传递给隔离液，再有隔离液传递给仪表的测量部分。图 12-4 是膜片隔离的原理图。

此方法一般用于腐蚀性介质或易凝结的黏性介质的压力测量。图中的隔离膜片可采用塑料、橡胶或不锈钢膜片。隔离膜片应当有足够的弹性，隔离室应当有足够的空间，以便容纳隔离膜片的变形位移。工程设计当中应当根据具体的情况设计隔离室，选择隔离液和膜片。

有一些仪表制造厂家可提供带有内部隔离的仪表，例如内部带有隔离膜片的压力表；带有隔离膜片和毛细管系统的压力变送器、差压变送器、液位变送器等，一般在仪表侧内充满硅油作为隔离液。毛细管有各种长度，用户可根据需要进行选取。自控工程设计当中应当优先选择这些带有隔离措施的成型仪表。

(2) 液体隔离

与膜片隔离相比，液体隔离也是用一种无害介质对工艺介质进行隔离，所不同的是在隔离介质与工艺介质之间没有膜片隔离，工艺介质与隔离液直接接触，所以对隔离液具有一些特殊的要求。液体隔离有两种形式，即管道内隔离和隔离器隔离。管道内隔离是在测量管路内直接灌注隔离液，同时工艺介质也进入测量管道并于隔离液接触。隔离器隔离是在测量管路内设置一个隔离容器，隔离介质与工艺介质在隔离容器内相互接触。

① 管道内隔离：图 12-5 是一些管道内隔离测量方法的管道连接图。

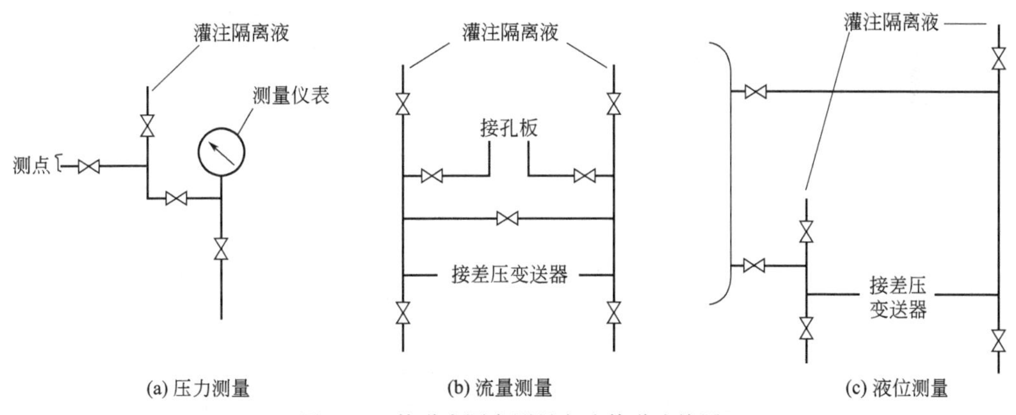

图 12-5　管道内隔离测量方法管道连接图

管道内隔离测量方法适用于被测介质压力比较稳定，排液量比较小的场合。仪表的排液量是指被测介质的压力从最大值变到最小值时，由于测量室容积的变化导致测量管路中液体的排出量。

② 隔离器隔离：隔离器隔离方法是在测量管路中设置一个隔离容器，在隔离容器到测量仪表之间的管路中灌注隔离液，隔离容器到工艺设备上测点之间的管路为工艺介质的通道。根据隔离液与工艺介质之间的密度关系，隔离容器有图 12-6 中所示两种基本结构形式。

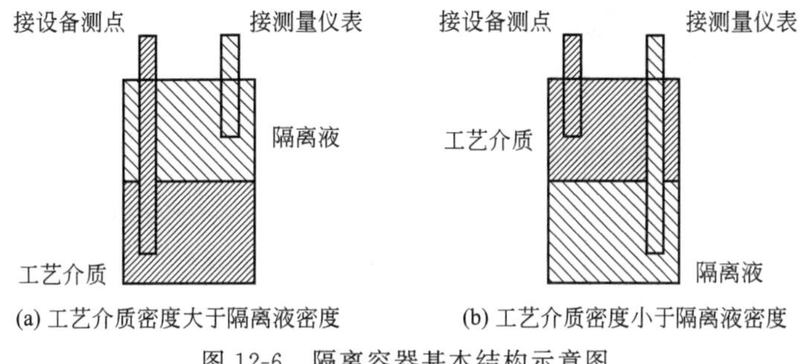

图 12-6　隔离容器基本结构示意图

图 12-7 是一些隔离容器隔离方案的管路连接图。

隔离器隔离方法适用于仪表排液量较大的场合。

③ 隔离介质的选择：无论是管道内隔离还是隔离器隔离，隔离液的选择是非常重要的。所选择的隔离液应当具有下列一些性质：

a. 化学稳定性好，与被测介质不发生化学作用；

b. 与被测介质不产生互溶；

c. 与被测介质具有不同的密度，两者应当有较大的差距；

d. 沸点高并且不易挥发；

e. 在环境温度变化时，不黏稠，不凝结；

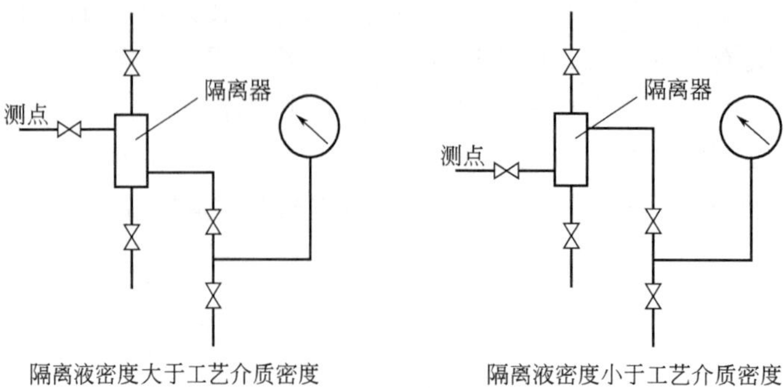

(a) 压力测量

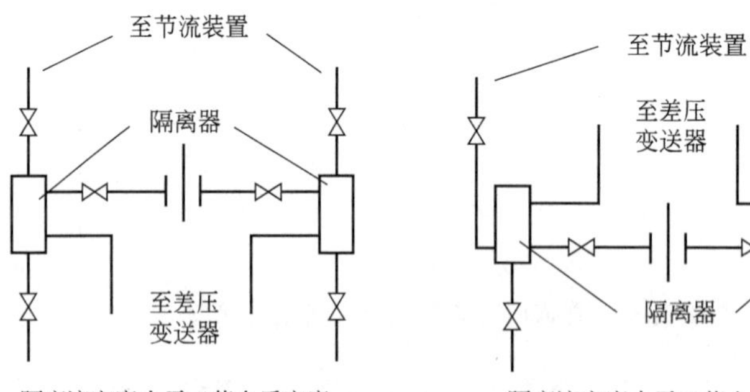

(b) 测量液体流量

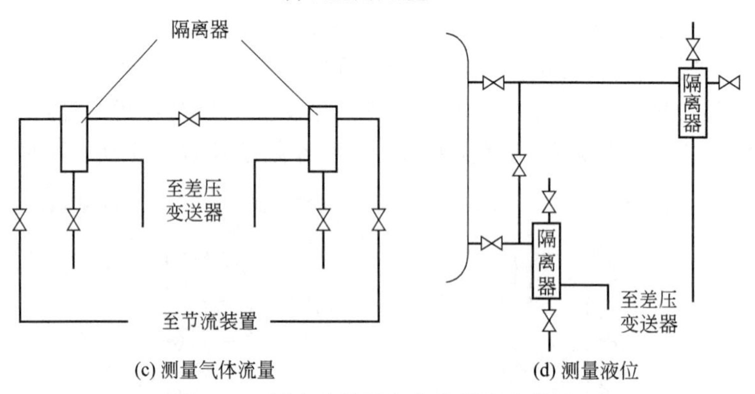

(c) 测量气体流量 (d) 测量液位

图 12-7 隔离容器隔离方案管路连接图

f. 对仪表及测量管线无腐蚀作用。

表 12-17 是常用隔离液的性质及用途。

表 12-17 常用隔离液的性质及用途

名称	相对密度	黏度/mPa·s		汽压(20℃)	沸点	凝固点	闪点	性质与用途
	15℃	15℃	20℃	/Pa	/℃	/℃	/℃	
水	1.00	1.13	1.01	2380.00	100.00	0	—	适用于不溶于水的油
甘油水溶液(50%,体积分数)	1.13	7.50	5.99	1400.00	160.00	−23.00	—	溶于水,适用于油类、蒸汽、水煤气、半水煤气、C_1、C_2、C_3 等烃类
乙二醇	1.12	25.66	20.90	16.30	197.80	−12.95	118.00	有吸水性,能溶于水、醇及醚。适用于油类物质及液化气体、氨

续表

名称	相对密度	黏度/mPa·s		汽压(20℃)	沸点	凝固点	闪点	性质与用途
	15℃	15℃	20℃	/Pa	/℃	/℃	/℃	
乙二醇水溶液(50%,体积分数)	1.07	4.36	3.76	1809.00	107.00	−35.60	—	溶于水、醇及醚。适用于油类物质及液化气体
乙醇	0.70	1.30	1.20	5970.00	78.50	<−130.00	9.00	溶于水，适用于丙烷、丁烷等介质

12.3.2 吹洗

吹洗方法也是一种工艺介质的隔离方法，其工作原理是在测量管线的某点上连续地吹进气体、蒸汽或液体，从而使工艺介质无法与仪表和测量管路接触。与上面所讲的隔离方法不同，隔离介质的压力始终高于测点处工艺介质的压力，所以隔离介质不但进入到仪表的测量部分，还会通过测量管线，在测点处进入工艺设备与工艺介质混合。而管道内隔离技术和隔离器隔离技术中的隔离液，只在测量管线某处或隔离器内与工艺介质相接触，一般不会进入到工艺设备中与工艺介质混合，并且一次灌注之后，仪表可长时间进行测量，吹洗方法则需要提供隔离介质供应源并且要有相应的压力（或流量）调整装置。由于吹洗介质在测量管线内是向测点流动的，所以对一些易在测量管线内产生结晶、沉淀的介质，具有一定的清扫作用。

由于吹洗介质要与工艺介质混合，所以对其有一些特殊的要求：

a. 化学稳定性好，与被测的工艺介质不发生化学作用；

b. 吹洗介质应当清洁、不含固体物质，不污染工艺介质；

c. 对仪表及测量管线无腐蚀作用；

d. 吹洗介质为液体时，在节流减压之后不应发生相变；

e. 吹洗介质流动性好。

图 12-8 是几种常见的吹洗法测量方案。

吹洗流体通常采用空气、氮气、蒸汽冷凝液和其他被测工艺对象所允许的流体介质。有时也可选用工艺生产过程中需要加入的溶剂或其中的一种原料作为吹入流体，这样既可保证仪表的隔离保护，又将原料添加到生产过程中，这是最经济的办法。

根据经验，对于流化床参数测量，吹入流体为气体时，吹入流量一般为 0.85～3.4m^3/h（标准状态）；对于低压储槽液位测量，吹入流体为气体时，吹入流量一般为 0.03～0.045m^3/h（标准状态）；对于一般流量测量，吹入流体为气体时，吹入流量一般为 0.03～0.14m^3/h，吹入流体为液体时，吹入流量一般为 0.014～0.036m^3/h。

吹气或吹液隔离法适用于具有腐蚀性、黏稠性、悬浮性、易结晶、易沉淀介质的测量。

为减小吹气、吹液法的测量误差，吹入流体的流量必须保持恒定。

为减小吹入流体流速形成的压降对测量的影响，吹洗流体吹入点应当远离仪表一侧，而尽量靠近工艺设备上的测点位置。

吹洗流体吹入点的压力应当略高于生产过程中可能出现的最高压力。

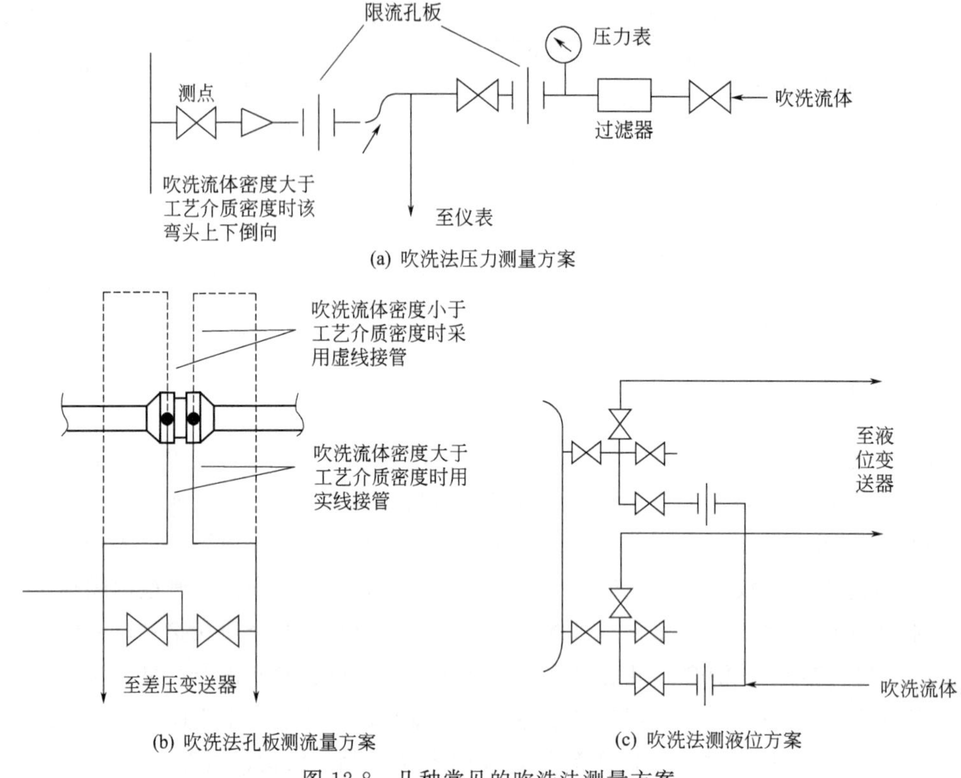

图 12-8 几种常见的吹洗法测量方案

12.4 仪表接地设计

由于自动化控制工程中大量使用电子仪表和计算机系统，仪表系统的接地已经成为仪表工程设计的一个非常重要的组成部分，接地系统是这些控制设备安全可靠、稳定精确工作的保证。如果接地系统设计得不合理，可能会带来干扰，造成较大测量控制误差，以至于仪表系统不能投运甚至可能损害仪表和计算机系统的 I/O 板卡；如果接地系统中存在重大错误，还可能会造成重大的人身和设备安全事故。所以自控设计人员一定要重视接地系统的设计问题。接地系统中包括两类接地，即保护性接地和工作接地。

12.4.1 接地原理

接地的目的是强制接地点的电位等于大地电位，为此将接地点的电荷导入大地。显而易见，接地点一定积累有大量电荷，其电位是高于大地电位的。在此电位差之下，电荷就导流到大地当中。不难想象接地点处是高电位，距离接地点处电位降低，距离接地点越远电位越低，理论上距离接地点无限远处，电位降低到大地电位（假定大地电位为零）。

假定接地点环境（土壤）是均匀的，接点处为半径无限小的球体，忽略接地杆半径，接地深度足够深，则以接地点位中心，构成同心圆等电位圈。圆法线方向为电荷散流方向。图 12-9 为实际接地体的散流与电位图。图中虚线为等电位线，等电位线的法线方向为电荷散流方向。图 12-10 是接地电位变化图。

在上述假定下，接地电位变化如公式（12-11）所示。

$$V_x = \rho \frac{I}{2\pi x} \tag{12-11}$$

式中　V_x——距离接地点 x 处，与接地点的电位差；

ρ——土壤电阻率；

I——接地电流；

x——距离接地点距离。

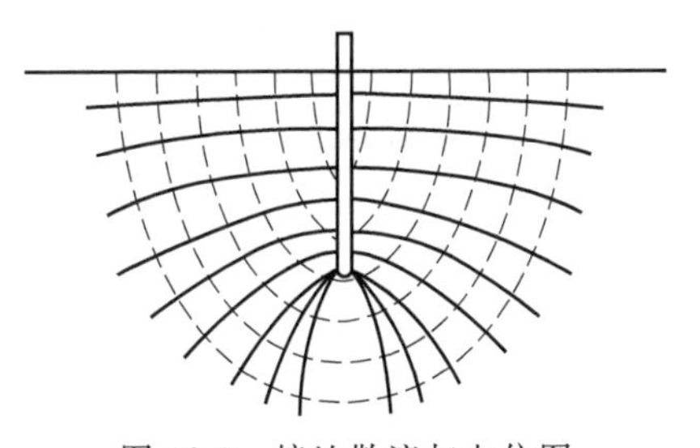

图 12-9　接地散流与电位图

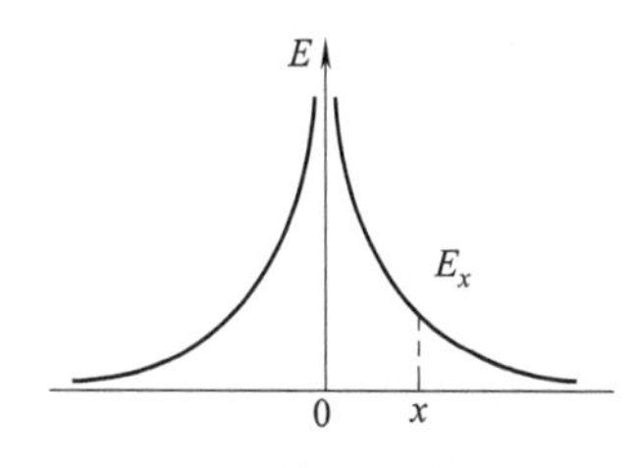

图 12-10　接地电位变化图

从公式（12-11）中可得出接地点选择原则，土壤电阻率越小，接地电位变化曲线越尖锐，也就是说接地电位衰减得越快，很短距离就会衰减到大地电位。所以应当尽量减小土壤电阻率。为此可得接地设计原则：

① 尽量选择土壤电阻率较小的地方作为接地点，例如地下水位较高地点、黏土壤地等，尽量避免在干燥地点、沙地作为接地点。若接地点土壤电阻率较高，需要选择适当的降阻剂改善接地环境。必要时可采用灌注措施以降低接地电阻。

② 接地点处土壤应当均一，应当尽量避免地下有瓦砾、岩石等处作为接地点。

③ 应当与建筑物保持足够距离，以避免边界效应对电荷散流的影响。

④ 当有多个接地体存在时，各个接地体之间应当保持一定距离。因为相邻接地体的散流会相互影响。多接地体会改善接地效果，但并不是多个接地体效果之和。

12.4.2　接地作用和要求

（1）保护性接地

设置保护性接地的目的是保护设备和人身安全，以防设备带电发生事故。

正常情况下，用电仪表的外壳、电气设备的外表面、各种仪表盘（柜）等都不应该带电，但是在设备运行过程中，因某些原因造成电气设备绝缘性能下降或被破坏，就有可能是电气设备不该带电的部位带电，如果这时有人触及这些部位就可能出现危及人身安全的触电事故。由于设备外壳带电，在某些条件下可能会出现电火花，一旦现场具备条件就有可能出现爆炸或失火，这是非常危险的。图 12-11 是保护接地的原理图。

当仪表盘电源进线因为绝缘破损与仪表盘体搭接时，由图 12-11（a）可知，由于仪表盘没有接地，当人体与其接触时会在仪表盘与大地之间形成通路，造成触电；当仪表盘旁边有接地电气设备时，如果靠得较近且空气比较潮湿，则有可能污闪击穿形成飞弧。如果仪表盘做保护接地处理，见图 12-11（b），由于仪表盘与大地电位相等，此时当人触及仪表盘就没有危险了。

为此将设备正常工作条件下，不应带电的部位通过接地系统接大地，保证任何时候这些部位的电位都是零电位，即为保护性接地。

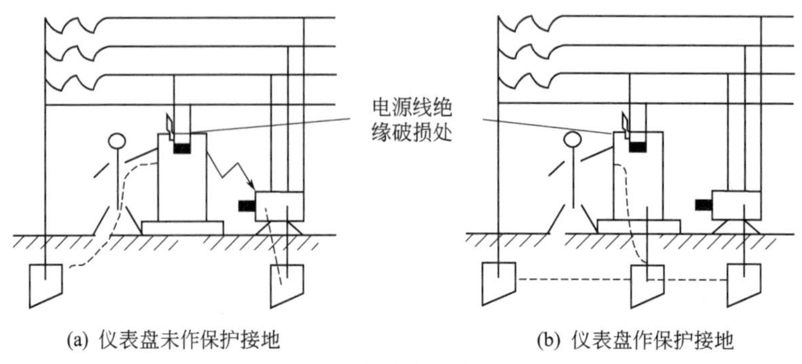

图 12-11 保护接地的原理图

自控设计中需要保护性接地的设备有：

a. 仪表盘（箱、柜、台）及底盘；

b. 用电仪表的外壳；

c. 配电盘（箱、柜）；

d. 金属接线盒、汇线槽、电缆桥架、导线穿管和铠装电缆的铠装层。

(2) 工作接地

工作接地是仪表系统正常、可靠工作的保证。正确的接地可抑制干扰、提高仪表的测量精度、提高仪表系统工作的安全性能。工作接地包括信号回路接地、屏蔽接地和本安仪表接地。

① 信号回路接地：为了保证仪表系统正常工作，有时需要将信号回路的某点接地。这类接地可分为两种，一种是仪表、DCS、PLC 等电子设备本身结构造成的事实接地。例如在温度测量过程中，为了减小温度测量的滞后常选择一些快速热电偶，而有一种快速热电偶，是将热电偶的测温端点与保护套管焊接在一起，以减小其温度惰性，将热电偶安装在设备上的时候，热电偶的测温端点就通过保护套管与设备相连，而化工设备通常是接地的，所以热电偶的测温端点也就与大地相通了。再比如 pH 计，其溶液也是通过该表的结构形成事实接地的。另一种是为抑制干扰而设置的接地。例如同样是采用热电偶的温度测量系统，为了克服高温下漏电流对温度测量的影响也需要将测温端点接地，这样就可保证测温端点与大地等电位，排除漏电流对温度测量的影响。除此之外还有仪表系统电源公共端（24VDC 的负端）、电磁流量计等都需要接地。

② 屏蔽接地：为了克服电阻、电容、电感耦合干扰，需要将仪表系统中的一些部件用金属外层（金属管材、金属箱、金属编制层等）包裹起来，然后将这些金属外层接地。自控设计中需要考虑屏蔽接地的有：

a. 导线的屏蔽层、排扰线；

b. 仪表上的屏蔽接地端子；

c. 未做保护接地而用作屏蔽层的金属穿管、金属汇线槽和屏蔽仪表用的仪表外壳和仪表箱。

③ 本安仪表接地：采用本安型仪表的自控工程，本安仪表接地不仅仅是排扰措施，更是高安全性能的重要措施。因此必须严格按照设计规定以及仪表的使用要求进行接地。本安仪表接地除导线屏蔽接地之外，还需接地的部分包括：

a. 安全栅的接地端子；

b. 盘装仪表和架装仪表上接地端子；

c. 24V 直流电源的负极；

d. 现场仪表的金属外壳、现场仪表盘（箱、柜、台、架等)、现场接线盒、金属汇线槽、穿线管等配线金属部件。

采用隔离式安全栅的本质安全系统不需要专门接地，采用齐纳式安全栅的本质安全系统则应设置接地连接系统。齐纳式安全栅的本安系统接地连接示意图，见图 12-12。

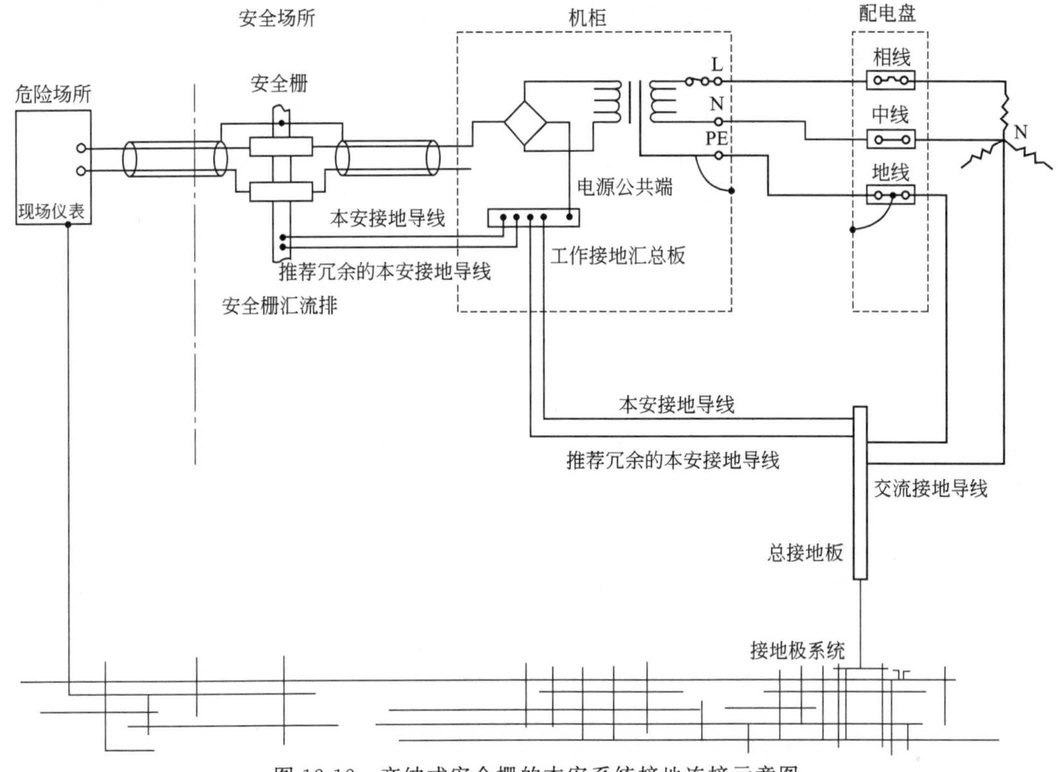

图 12-12 齐纳式安全栅的本安系统接地连接示意图

12.4.3 接地系统的设计原则与方法

由于土壤电阻的存在，接地电阻不可能为零，所以接地点的电位不可能等于地电位，若有多个接地点，各个接地点的电阻可能会有差异，因此各个接地点之间可能会存在电位差，所以各个接地点之间会存在地电流，就会产生接地干扰。因此接地时若无特殊要求，应当遵循单点接地原则。

许多建筑物会采用等电位连接接地，即将避雷接地，变压器副边中性点接地，与建筑物钢筋网连接后，一并单点接地。由于是单点接地，当接地点电位漂移时，整体接地电位都抬升或降低，这样就避免了接地电位差。当某些仪器设备有单独接地要求时，特别需要注意这一点，如无特殊要求尽量采用等电位接地。

(1) 接地系统的组成

由接地电极（接地体)、接地导线两大部分构成一个接地网络系统，生产过程中的设备专业、电气专业、仪表专业、计算机信息系统等需要接地的部分都连接到该接地网络上。接地网络的主干部分一般由电气专业根据各相关专业所提要求规划设计。一些有特殊要求的单独设置的接地系统由相应专业自己设计。图 12-13 是仪表工作接地系统结构的示意图。

需要接地的电气设备，由相应的接地端子引线到该盘的接地母线或接地端子排上，通过

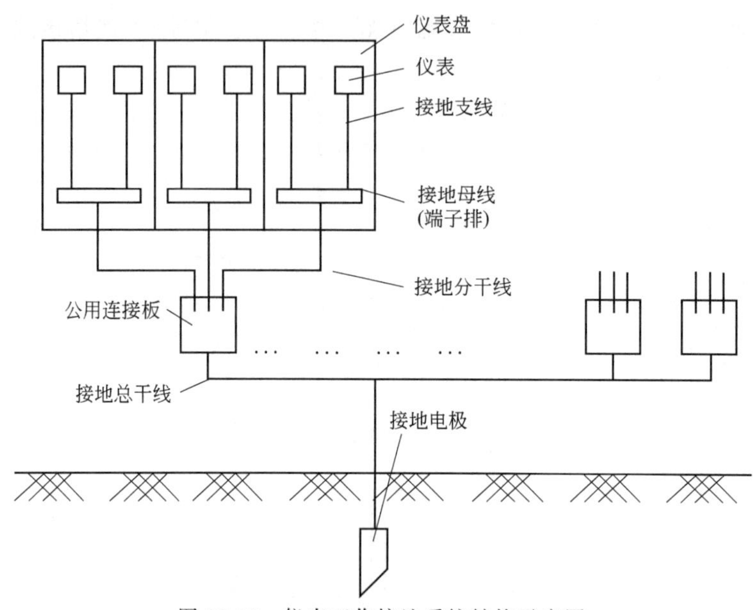

图 12-13 仪表工作接地系统结构示意图

接地分干线连接到公用连接板，所有公用连接板通过接地总干线接到接地电极上。保护接地系统也有这几部分组成。

根据具体工程的要求以及所使用的仪表、计算机等电气设备的接地要求，保护接地系统与工作接地系统可共用接地电极或单独设置接地电极。

根据《化工装置自控专业设计管理规范 自控专业工程设计的程序》(HG/T 20636.4)的规定，仪表接地系统中保护接地，接地体（接地电极）和接地网干线（接地总干线）由电气专业设计，现场仪表到接地网由仪表专业设计；控制室内的仪表的接地系统，由仪表专业提出公用连接板位置和接地总干线入口等设计要求，电气专业负责设计公用连接板及接地总干线到公用连接板之间的连接，仪表专业负责设计接地设备到公用连接板之间的连接。

工作接地系统的设计划分与上面的规定相似，接地体（接地电极）和接地网干线（接地总干线）由电气专业设计，仪表专业提出接地体（接地电极）的设置要求（单独设置还是合并设置)、接地电阻要求等。

(2) 接地设计的原则与方法

接地电阻值是接地系统的一个非常重要的参数，电阻值越低说明接地性能就越好，该值大于一定数值就表明接地线路中有接触不良甚至开路点，此时该系统就不能实现接地目的。为此除了设计好接地体之外，接地导线的截面积、导线的连接方式、接地连接点的选择是影响接地电阻的重要因素。

由于某些电气设备需要做密封、抗振动等技术处理，需要使用导电性能不好的一些材料，比如橡胶、塑料等，由于这些材料的存在可能会使电气设备出现一部分接地良好，另外一部分不能接地的现象。保护性接地设计中，需要将电气设备上的这些部分用导线连接起来再接地，或者采用多点接地方法。应当尽量避免采用多点接地方法，因为该方法接线比较混乱，不利于系统的维护检修。

工作接地设计时需要遵循的一个重要选择是：同一个信号回路、屏蔽层、排扰线接地中不能有一个以上的接地点。这样做的目的是避免由于地电阻存在所形成的地电位差，给仪表系统带来干扰，对于本安仪表系统来说，除了干扰之外还会带来不安全因素。如果多点接地是不可避免的，则应当用导线将多个接地点连接起来消除地电位差。

接地系统设计中，不同的接地子系统（保护接地系统、信号回路接地系统、屏蔽接地系统、本安仪表接地系统）应当遵循相互独立的原则，即在接地总干线之前不应当混接，对于单独设置接地体（接地电极）的接地系统，应当分别接到不同的接地体（接地电极）上。

图 12-14 是日本 TEC 设计的乙烯装置接地系统图，图中所标数字为干线截面积，单位为 mm^2。

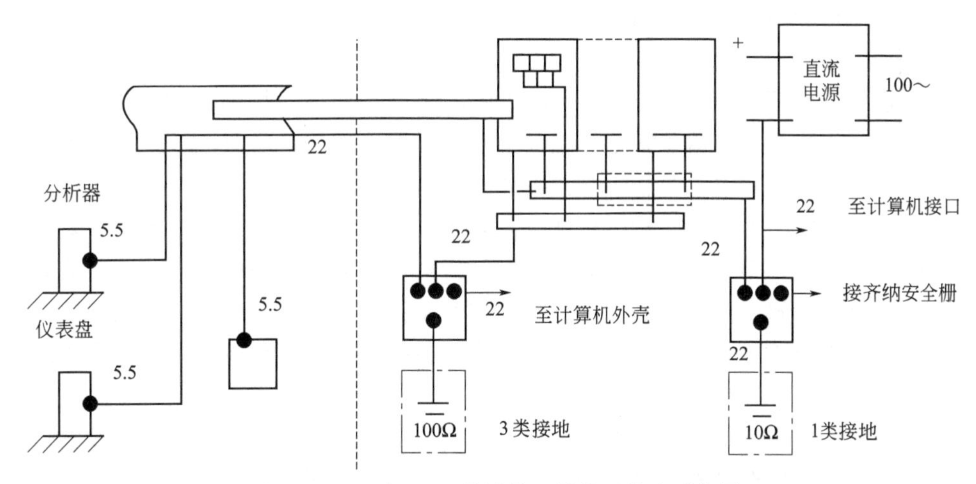

图 12-14　日本 TEC 设计的乙烯装置接地系统图

12.4.4　接地系统电阻计算

某些工程项目中会有独立接地要求，例如某些 DCS、SIS 系统，要求接地电阻小于 4Ω 的独立接地系统，此时需要对接地电阻进行计算。

接地电阻主要由接地引线电阻、接地体电阻、接触电阻和散流电阻组成，接地引线电阻和接地体电阻很小往往可忽略不计。降低接地电阻主要是降低接触电阻和散流电阻这两部。接地体的最佳埋设深度、不等长接地体技术及化学降阻剂等是降低接触电阻和散流电阻的主要方法。

接地系统电阻要求一般有 10Ω、4Ω 和 1Ω 三种。接地电阻随季节的不同，土壤干湿会有变化，实际上接地电阻要求是最大接地电阻要求，因此需要用季节系数进行修正。季节不同修正系数也不同，为了简便通常取季节修正系数为 1.45。于是接地系统的计算电阻 R_n 为：

$$R_n=\frac{R}{k} \tag{12-12}$$

式（12-12）中 R 为接地系统接地电阻最大数值，一般为有 10Ω、4Ω 或 1Ω。k 为接地电阻季节修正系数，一般取 1.45～2。R_n 为接地系统计算电阻。

一般接地系统中采用角钢、管材、圆钢等做接地体，某些要求比较高的接地系统中可采用铜包钢柱、铜包钢管、铜包钢带等材料，这些材料具很好的导电性，同时又有很好的机械强度。在沙漠、瓦砾土壤中可采用高导接地模块。高导接地模块是在金属接地体的外部压合上一些特殊材料，这些材料具有良好的导电性，同时具有一定的保湿能力、抗腐蚀能力等。

接地体的电阻 R_e 取决于接地体的形状、体积以及在地下的走向。埋设条件良好其接地电阻可小于1Ω。埋设条件不好（诸如塔柱基础等），其接地电阻在1～5Ω之间。某些形状简单的接地电极，例如直接地棒、条带、平板等，可由一些公式来计算接地电阻，例如垂直棒材或空心管材，如果其长度远远大于直径则可用下式计算电阻：

$$R_{e}=\frac{\rho}{2\pi L}\left(\ln\frac{8L}{d}-1\right) \tag{12-13}$$

式中 ρ——土壤的电阻率，Ω·m；

L——棒材或空心管材埋设长度，m；

d——棒材或空心管材直径，m。

角钢、管材、圆钢长度一般取2.5m，如果需多根接地体，接地体间距不小于5m。采用多根接地体的接地系统，由于接地体之间具有相互屏蔽作用，其散流效果并不等于多根接地体之和，其总的散流效果应等于单根接地体经屏蔽系数修正后之和。

为了获得更好的接地效果，降低接触电阻，工程中往往需要使用降阻剂。降阻剂一般由细石墨、膨润土、固化剂、润滑剂、导电水泥等多种成分组成，一般为灰黑色。将降阻剂填充于接地体和土壤之间，使降阻剂与金属接地体紧密接触，形成足够大的散流流通面；另一方面它能向周围土壤渗透，降低周围土壤电阻率，在接地体周围形成一个变化平缓的低电阻区域。

引线导体与接地体牢固焊接，引出地面之后，填充降阻剂之后，覆盖薄土层后，应先用接地电阻测试仪进行接地电阻测试，合乎要求之后再完全填埋。

第13章 自控设计中涉及的其他文件

工程设计中自控设计是一项非常细致、复杂的工作。由于设计阶段所产生的设计文件是施工、开车乃至于正常生产的依据，所以要考虑的细节非常多，涉及的内容比较庞杂。设计工作必须严肃认真，将所有因素都考虑在内，才能完成一个合格的自控设计。

由于当前的自控设计有两个设计体制，即老设计体制和国际通用设计体制，而这两个设计体制的工程表达方式又存在较大差别，所以工程设计人员应当在深刻理解这两种设计体制的表达思路前提下，根据具体的工程实际情况，完成相应的设计文件。

前面的各个章节，根据自控工程设计中所需要表达的主要内容，分别介绍了设计思路、设计原则、图纸的绘制和表格的编制。除此之外，还有一些工程细节问题需要解决。这些内容虽然不是自控工程设计的主要内容，但是在工程实施过程中也是不可缺少的。

下面将工程设计中所涉及的其他文件介绍如下。

13.1 电气设备材料表

根据《自控专业施工图设计内容深度规定》（HG 20506—1992）中的规定，所有仪表盘成套之外的电气设备，都应当编写在“电气设备材料表”中。通常应当包括供电箱、接线箱、电气软管、防爆密封接头、电缆、电线等内容。表13-1是一个电气设备材料表的示例。

表13-1 电气设备材料表

<table>
<tr><td colspan="3"></td><td>工程名称</td><td></td><td>设计项目</td><td colspan="2"></td></tr>
<tr><td>设计</td><td></td><td></td><td colspan="2" rowspan="3">电气设备材料表</td><td>设计阶段</td><td colspan="2">施工图</td></tr>
<tr><td>校核</td><td></td><td></td><td>图号</td><td colspan="2"></td></tr>
<tr><td>审核</td><td></td><td></td><td colspan="2">第 页</td><td>共 页</td></tr>
<tr><td>序号</td><td>名 称</td><td>型号及规格</td><td>单位</td><td>数量</td><td>备注</td></tr>
<tr><td rowspan="2">1</td><td rowspan="2">供电箱</td><td>KXG-120-25/3B</td><td>个</td><td>1</td><td></td></tr>
<tr><td>KXG-110-10/3B</td><td>个</td><td>4</td><td></td></tr>
<tr><td>2</td><td>继电器箱</td><td>700×500×300</td><td>个</td><td>1</td><td></td></tr>
<tr><td>3</td><td>硒整流器</td><td>ZXC-1-10 220V AC/24V DC10A</td><td>台</td><td>1</td><td></td></tr>
<tr><td rowspan="2">4</td><td rowspan="2">接线箱</td><td>MFX-12B</td><td>个</td><td>4</td><td></td></tr>
<tr><td>MFX-24B</td><td>个</td><td>3</td><td></td></tr>
</table>

续表

序号	名　称	型号及规格	单位	数量	备注
5	电力电缆	VV 2×1.5	m	700	
		VV 3×1.5	m	300	
6	控制电缆	KVV 4×1.5	m	1400	
		KVV 7×1.5	m	220	
		KVV 14×1.5	m	120	
7	补偿导线	KC-GBVP 2×2.5	m	260	
8	防爆挠性管	BNG 20×700 G3/4″-M22×1.5	个	30	
		BNG 213×700 G1/2″-1/2″NPT	个	50	
9	防爆隔离密封接头	ZXd-20Ⅱ G3/4″	个	30	

《化工装置自控工程设计文件深度规范》（HG/T 20638）中没有规定类似的设计文件，所使用的电气设备散见在各个文件之中。

13.2 综合材料表

自控工程设计中，设计人员需要对仪表、仪表盘（箱、柜）、电缆敷设中所需要的安装材料进行统计。《自控专业施工图设计内容深度规定》（HG 20506—1992）中的规定如下。

① 本表统计与仪表盘成套订货以外的仪表及装置所需要的管路及安装用材料，如测量管路、气动管路、气源管路等所用的管材、阀门、管件；仪表及仪表盘（箱）等固定用的型钢、板材；导线管、汇线桥架等。

② 现场仪表绝热伴热所需的主要材料（电伴热时，电热带等应统计在电气设备材料表中）。

③ 一般地，M12 及其以下的紧固件设计中不予统计，由施工单位根据实际情况备料，但高压紧固件、M12 以上的一般紧固件以及特殊仪表的安装紧固件，必须详细列出。

表 13-2 是综合材料表的一个示例。

《化工装置自控工程设计文件深度规范》（HG/T 20638）中，有一个“仪表安装材料表”与《自控专业施工图设计内容深度规定》（HG 20506—1992）中的综合材料表相对应，其内容基本相同。

表 13-2　综合材料表

设计单位	工程名称		综合材料表	编制			图号	
	设计项目			校核			第　页	共　页
	设计阶段	施工图		审核				

序号	名称及规格	标准号或图号	材料	单位	数量	质量/kg		备　注
						单	总	
	一、管材							
1	镀锌焊接钢管 1/2″		Q235A	m	1000			
2	镀锌焊接钢管 3/4″		Q235A	m	120			
3	无缝钢管 ϕ14×2		10	m	1500			
	二、金属板 型钢							
1	槽钢[10		Q235A	m	50			
2	角钢∟ 50×50×5		Q235A	m	200			
3	钢板 δ=6		Q235A	m^2	10			
	三、阀门							
1	内螺纹球阀 *PN*1.6 *DN*2.5	Q11F-16C	CS	个	7			
2	外螺纹截止阀 *PN*16 *DN*10	J21H-160C	CS	个	50			
3	气源球阀 *PN*1.0 *DN*4	QG,GY-1	1Cr18Ni9Ti	个	75			
	四、桥架							
1	大跨距有孔托盘 *H*=170,*W*=500,*L*=6000	TPF1-175	CS 喷塑	m	36			
2	直角二通 *H*=100,*W*=300	ZRTF1-103	CS 喷塑	个	2			
3	托臂 *L*=350	DTBF-3	CS 喷塑	个	14			
4	支柱 *L*=500	PZZF-5	CS 喷塑	个	5			

13.3　测量管路表

根据《化工装置自控工程设计文件深度规范》（HG/T 20638）中规定，所有测量管路的规格、材料和长度都应当统计在该表中。《自控专业施工图设计内容深度规定》（HG 20506—1992）中没有类似的设计文件，其内容散见在其他各个设计文件中。表 13-3 是测量管路表的一个示例。

表 13-3 测量管路表

序号	起点	终点	管子规格	材料	长度/m	备注
1	FE-108	FT-108	ϕ14×2	10	2×2	
2	PP-101	PT-101	ϕ14×2	10	4	
3	LP-108	LT-108	ϕ14×2	10	3	
4	PP-102	PT-102	ϕ14×2	10	6	
5	LP-104	LT-104	ϕ14×2	10	5	
6	LP-106	LT-106	ϕ14×2	10	5	
7	FE-110	FT-110	ϕ14×2	10	2×10	
8	LP-105	LT-105	ϕ14×2	10	5	
9	PdP-103	PdT-103	ϕ14×2	10	2×6	
10	FE-104	FT-104	ϕ14×2	10	2×4	
11	FE-105	FT-105	ϕ14×2	10	2×4	
12	PdP-104A	PdP-104A	ϕ14×2	10	2×6	
13	AP-101	AT-101	ϕ6×1	1Cr18Ni9Ti	10	

13.4 绝热伴热表

当仪表或测量管路需要绝热伴热时，采用本表表示出绝热伴热的方式、保温箱型号、被测介质名称、温度及安装图号。表 13-4 是绝热伴热表的一个示例。

《化工装置自控工程设计文件深度规范》（HG/T 20638）中该设计文件名称为“绝热伴热表”。《自控专业施工图设计内容深度规定》（HG 20506—1992）中该设计文件名称为“仪表伴热绝热表”。该表的格式以及内容大同小异。

表 13-4 绝热伴热表

序号	仪表位号	仪表位置图号	保温详图		保温箱型号	被测介质		备注
			类别	图号		名称	温度/℃	
1	PT-2039	××××-××-20	汽伴热	KH10-3	YXWQ-654B	蒸汽	142	
2	PT-2143	××××-××-20	汽伴热	KH10-3	YXWQ-654B	蒸汽	210	
3	FT-2507	××××-××-20	汽伴热	KH10-11	YXWQ-654B	水	37	
4	FT-2554	××××-××-20	汽伴热	KH10-11	YXWQ-654B	水	37	
5	FT-2606	××××-××-20	汽伴热	KH10-11	YXWQ-654B	脱离子水	20	
6	FT-2915	××××-××-20	汽伴热	KH10-13	YXWQ-654B	蒸汽	100	

13.5 仪表安装材料表

根据《化工装置自控工程设计文件深度规范》（HG/T 20638），应在仪表安装材料表中对仪表安装材料进行统计。仪表安装材料表应按辅助容器、电气连接件、管件、管材、型材、紧固件、阀门、保护（温）箱、电缆桥架和电线电缆等类别分别统计，并列出各种材料代码、名称及规格、材料、标准号或型号以及设计量、备用量和请购量。《自控专业施工图设计内容深度规定》（HG 20506—1992）中没有类似的设计文件。表 13-5 是仪表安装材料表的一个示例。

表 13-5 仪表安装材料表

	仪表安装材料表		项目名称	
			分项名称	
			图号	
	合同号		设计阶段	第 张共 张

序号	代码	名称及规格	材料	标准号或型号	单位	数量			备注
						实际	备用	总量	
一		辅助容器							
1	CS002	隔离容器	304SS		个	2	—	2	
		PN2.5							
二		电气连接件							
1		防尘三通接线盒	ZAL						
	EB101	G1/2″			个	50	5	55	
	EB102	G3/4″			个	20	2	22	
2		防爆密封结构挠性管							
	EF011	1/2″NP(M)×G1/2″(F)			个	40	2	42	
	EF043	M16×1.5(M) ×G1/2″(F)			个	15	1	16	
三		管件							
1									
四		管材							
1									
五		型材							
1									

修改	说明	设计	日期	校核	日期	审核	日期

第14章

自控工程的施工、试运行及验收

一个大的工程建设过程，是一个非常复杂的系统工程。从工程开始的可行性研究、工程的前期准备、初步设计、工程设计（施工图设计），到施工建设、试运行与验收，直至投产，各个阶段都非常重要。这些环节是紧密相关的，前一个环节直接影响到后一个环节的实施，因此工程管理就显得非常重要。为保证工程质量，保证工程项目平稳进行，现代工程项目过程中，大多有监理方参与工程项目过程。由第一章相关内容可知，监理方是工程项目实施过程中的重要参与方。

作为一个自控专业的设计人员，应当对各个环节有所了解，作为设计人员，对于工程设计的可实施性应当特别关注。另一方面，设计单位在工程施工过程中，作为工程实施一方要参与工程的施工过程，设计人员有时作为设计代表驻扎在工地参与施工，解决施工过程中出现的设计问题。根据《化工装置自控专业设计管理规范　自控专业的职责范围》（HG/T 20636.1）中第六条的规定，在施工阶段，自控专业负责下列工作：

① 向施工单位进行设计交底工作；

② 派出设计代表到现场，配合仪表的安装、调校和开车工作；

③ 及时处理现场提出的问题，做好技术服务工作；

④ 做好现场施工、调试和开车工作总结；

⑤ 做好竣工图（需要的话）和设计回访工作。

因此，作为设计人员应当了解自控工程的施工、试运行及验收的一些规定。

为了说明自控工程的施工、试运行及验收过程的问题，需要介绍一些工程组织方面的内容。首先需要说明的是工程项目实施过程中都有哪些单位参加，在工程实施过程中都担负什么样的责任。

① 大工程项目通常可能有多个投资方，该工程的所有权应当是属于所有投资人的。由所有投资方组建的法人单位就是该工程的所有人。由所有人授权的单位即为该工程的建设单位，有时也称为该工程的业主。

② 有时建设单位将该工程全部委托给一个单位实施，此时受委托单位称为总承保人。总承包人又可将工程的各个部分再委托给其他单位，这些单位叫作分包人，分包人对总承包人负责。这种体制叫作总承包人负责制。另一种可能是建设单位自己组织工程的实施，由自己将工程的各个部分发包给各个工程单位，各工程单位对建设单位负责。这种体制叫作建设单位负责制。在总承包人负责制下，施工总负责人为总承包单位的现场总工程师。在建设单

位负责制下，施工总负责人为建设单位的现场总工程师。现场总工程师负责施工工作的总体工作，包括施工进度、施工质量与检验、各个专业的配合与协调等工作。

③ 施工单位是负责具体实施工程的单位。根据专业的不同，可有不同的施工单位参与施工，例如土建、电气、仪表、设备等，大的综合施工单位自己就有各个专业，此时也可能由一家施工单位将所有施工工作都承包下来。

现代的自控工程设计中，常常大量采用以计算机网络技术为基础的自动化工具（例如DCS、FCS、PLC 等系统）来实现生产过程的自动化，由于这些自动化工具常常是系统比较大、也比较复杂，对施工有其特殊的要求，所以这些自动化工具的供货方常常作为特殊施工单位参与工程施工。这些单位通常要负责系统各机柜的安装、线路的敷设、系统的接线、软件的调试等工作。

④ 设计单位是该项工程的设计人，一般应当派驻设计代表参与施工。设计代表负责解决现场施工中出现的与设计有关的技术问题。例如解释设计文件中的问题，与施工方共同决定设计文件中没有交代的工程细节等。如果施工过程中出现一些设计遗漏或不合理的问题，设计代表应当立即与本设计单位、该项内容的设计人员取得联系，经协商后加以解决。如果原工程设计文件不能很好地解决该问题，则应当就该部分进行重新设计，并出具设计变更文件，设计变更文件原则上应当由建设单位、设计单位、施工单位共同确认。

与上面第③点中的原因相同，由于采用以计算机网络技术为基础的自动化工具（例如DCS、FCS、PLC 等系统）来实现生产过程的自动化，由于这些系统的特殊性，有时供货单位也要参与工程设计，乃至于由供货单位独立完成与其产品相关部分的设计工作。如果是供货单位独立完成设计，则这部分设计责任由其独立承担。

14.1 自控工程的施工

自控工程的施工是在工程设计（施工图设计）完成之后进行的。自控工程的施工是生产自动化得以实现的重要环节。生产自动化的优劣既取决于工程设计的好坏，也取决于施工质量的好坏。

对于自控工程的施工及管理，应当按照国家的相应法规、标准及规范进行。现有的涉及自控工程的施工及管理的国家及行业标准有：

①《自动化仪表工程施工及质量验收规范》(GB 50093—2013)

②《石油化工仪表工程施工技术规程》(SH/T 3521—2013)

③《自动化仪表工程施工及质量验收规范》(GB 50093—2013)

④《过程工业自动化系统出厂验收测试（FAT）、现场验收测试（SAT）、现场综合测试（SIT）规范》(GB/T 25928—2010)

⑤《工业计算机系统通用规范　第 6 部分：验收大纲》(GB/T 26802.6—2011)

⑥《电气装置安装工程接地装置施工及验收规范》(GB 50169—2016)

⑦《电气装置安装工程低压电器施工及验收规范》(GB 50254—2014)

⑧《建设工程监理规范》(GB 50319—2013)

⑨《石油化工建设工程项目监理规范》(SH/T 3903—2017)

14.1.1 工程监理过程

根据国家有关规定，大型石油、化工工程项目必须有工程监理方参与工程建设。监理方根据国家有关规定对工程实施过程进行监理，目前工程监理一般划分为开工前、开工时、工程进行中、工程竣工后四个监理阶段。

(1) 开工前监理

根据各方协商的施工进度计划，制订该工程项目的工程质量控制计划。商定采用国家标准或行业标准，确定监理文件内容及格式。组织业主方、设计方、施工方、大型设备供应方，约定开工技术交底时间，组织技术交底。勘察施工现场，确定是否符合开工条件，如果施工现场不符合开工条件，协调各方整改，确定整改进度时间表。确定材料设备进场时间，约定材料设备进场验收时间。要求施工方提供工程资质证明材料。要求施工方提交施工方案及计划。确定各个环节的监理方式（抽查、全查、旁侧等）。确定各个监测点的评价方法。

(2) 开工时

熟悉工地及设计文件，与业主、设计、施工各方进行交换意见。对材料设备进行进场质量验收，要求供货方面提供成套设备的出厂验收报告（FAT），签订材料验收单。做现场笔录。检查施工方的施工工具及标准仪表等。

(3) 工程进行中

根据预先确定的监理方式，对各个监测点进行施工过程监理。施工过程监理当中要监视施工过程是否符合要求，同时也要符合健康（Health）、安全（Safety）、环境（Environment）一体化管理体系（HSE 体系）要求。某些施工过程环节（例如掩蔽工程等）结束后进行检查验收，不符合要求的责令整改，验收合格后并出具阶段验收报告。

自控工程中变送器、传感器的安装工作量非常大，对于某些重要的测量变送装置（在线分析器、辐射料位计等）安装，需要每个装置进行施工监理。对于一般测量变送仪表的安装可采用示范安装加巡回监理方式，即先选择若干个测量变送仪表安装点，在监理工程师监理之下完成安装，然后根据该安装过程制定安装规则，再开展大面积的安装工作，监理工程师定期巡回监理。

(4) 工程竣工后

根据国家标准、行业标准和预先商定的验收标准，组织业主、设计、施工各方进行竣工验收。提供各个验收报告（包括阶段验收报告），提供工程质量评价报告及监理意见。

具体监理过程应当符合《建设工程监理规范》（GB 50319—2013）规定，石油化工行业应当符合《石油化工建设工程项目监理规范》（SH/T 3903—2017）规定。

14.1.2 施工条件

自控工程什么时候进入到施工阶段，取决于整体工程进展情况，这包括相关专业的工程进展、自控工程的准备情况、相关人员的培训情况。一般可将这些条件划分为组织机构和人员的准备、技术文件的准备和施工条件的准备。

① 根据《化学工业建设项目试车规范》（HG 20231—2014）中的规定：“业主应在项目开始建设时成立专门机构，负责项目的试车和生产运行准备活动。”

② 根据《自动化仪表工程施工及质量验收规范》(GB 50093—2013)中的规定，仪表工程应具有下列条件方可施工：

a. 设计施工图纸、有关技术文件及必要的仪表安装使用说明书已齐全；

b. 施工图纸已经过会审；

c. 已经过技术交底和必要的技术培训等技术准备工作；

d. 施工现场已具备仪表工程的施工条件。

③ 施工现场的土建、设备等工程已经完成并进行了必要的清理。施工现场的水、电、气符合仪表工程要求，交通、通信设施良好。仪表设备已经到达现场并按要求进行仓储保管。

14.1.3 施工工作内容及相互关系

图 14-1 是仪表工程主要施工工作及程序框图。

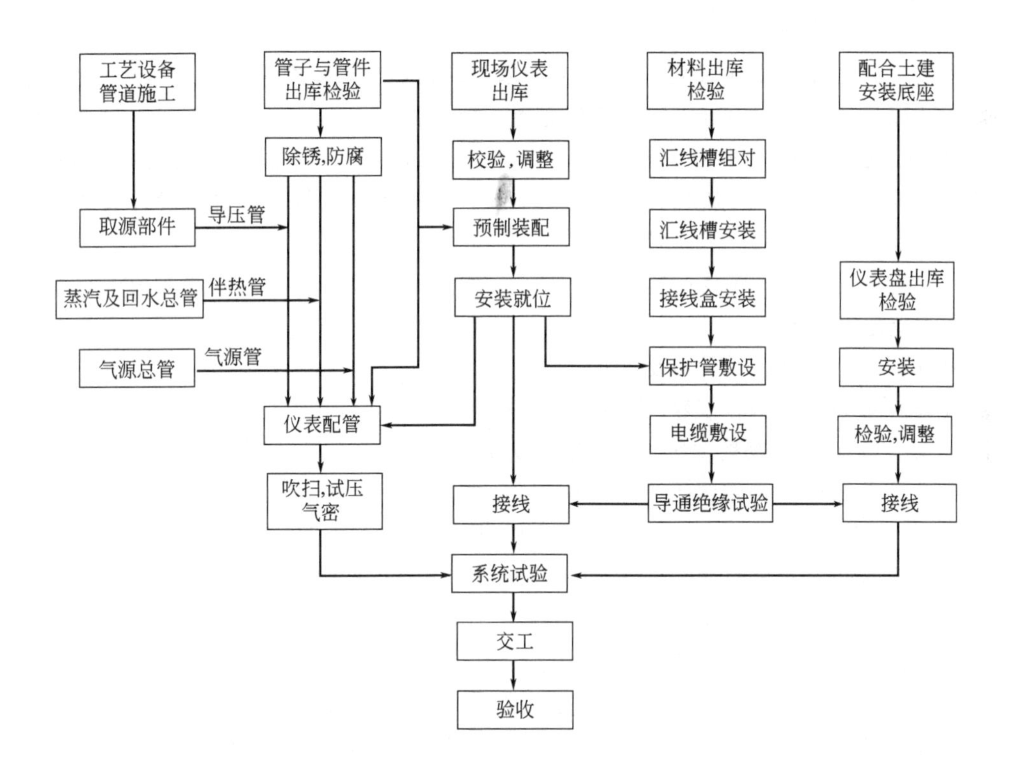

图 14-1 仪表工程主要施工工作及程序框图

仪表工程施工工作大体上可分为管路部分、仪表部分、电线电缆部分和仪表盘（箱、柜）部分的施工。每部分又可分为预处理和安装两步工作，例如管路部分，需要先进行除锈防腐蚀处理；仪表部分安装之前先进行检验调整，然后再进行安装。

各个部分安装的技术要求，在国标和行业规范标准中都有规定，内容比较多，也比较庞杂，此处不再一一列举，施工过程中参照相应标准执行。另一方面，施工过程中需要做好技术数据的记录工作，这些记录将作为工程试车、工程验收的技术文件。

14.2 自控工程的试运行和验收

仪表工程安装工作结束之后，就进入到试运行和验收阶段。

14.2.1 仪表调试、安装及机柜就位

(1) 仪表调试

自控工程施工内容非常多，标准规定也非常详细，下面介绍一些主要内容。

现场仪表的安装是自控工程中工作量比较大的工作，也是非常重要的工作内容。取源部件安装完成之后，在现场仪表安装之前需要对仪表进行调校和试验。

仪表安装前的校准和试验应在室内进行。调校室应具备下列条件：

a. 室内清洁、安静、光线充足、通风良好、无振动和较强电磁场的干扰；

b. 室内温度保持在10～35℃之间，相对湿度不大于85%；

c. 有上、下水设施。

仪表试验的电源电压应稳定。交流电源及60V以上的直流电源电压波动不应超过±10%，60V以下的直流电源电压波动不应超过±5%。

仪表试验用的气源应清洁干燥，露点比最低环境温度低10℃以上。气源压力应稳定。

仪表调校人员应持有有效的资格证书，调校前应熟悉产品技术文件及设计文件中的仪表规格书，并准备必要的调校仪器和工具。

校验用的标准仪器，应具备有效的计量检定合格证，其基本误差的绝对值不宜超过被校仪表基本误差绝对值的1/3。

仪表校验调整后应达到下列要求：

a. 基本误差应符合该仪表精度等级的允许误差；

b. 变差应符合该仪表精度等级的允许误差；

c. 仪表零位正确，偏差值不超过允许误差的1/2；

d. 指针在整个行程中应无抖动、摩擦和跳动现象；

e. 电位器和可调节螺钉等可调部件在调校后应留有再调整余地；

f. 数字显示表无闪烁现象。

智能仪表通电前还应对其硬件配置进行检查，并应符合下列要求：

a. 确认电源线、接地线、通信总线连接无误、熔丝完好无损、插卡位置正确；

b. 相关的DIP地址开关、跳线设置应符合设计文件和产品技术文件的要求；

c. 所有连接螺钉均应紧固。

仪表校准和试验的条件、项目、方法应符合产品技术文件和设计文件的规定，包括使用产品技术文件已提供的专用工具和实验设备。

对于现场不具备校验条件的仪表可不做精度校验，但应对其鉴定合格证明的有效性进行验证。

某些与工艺介质接触的，需要脱脂处理的，需预先按规定方法脱脂，脱脂后的仪表密封保管。

仪表校验合格后，应及时填写校验记录，要求数据真实、字迹清晰，并由校验人、质量检查员、技术负责人签认，注明校验日期，表体贴上校验合格证标签（带有仪表位号）。

表14-1～表14-5是典型变送器、传感器、执行器等的调校记录表。可根据具体情况编制模版，或直接采用这些模版。调校过程认真填写这些调校记录表，并妥善保存，工程项目交工的时候这些调校表是重要的交工文件。

表14-1 热电偶、热电阻调校记录表

<table>
<tr><td colspan="2"></td><td colspan="4">热电偶、热电阻调校记录</td><td colspan="3">工程名称：
单元名称：</td></tr>
<tr><td>仪表名称</td><td colspan="2"></td><td>仪表型号</td><td colspan="2"></td><td>仪表位号</td><td colspan="2"></td></tr>
<tr><td>制造厂</td><td colspan="2"></td><td>精确度</td><td colspan="2"></td><td>出厂编号</td><td colspan="2"></td></tr>
<tr><td>测量范围</td><td colspan="2"></td><td>允许误差</td><td colspan="2"></td><td>分度号</td><td colspan="2"></td></tr>
<tr><td>室温</td><td colspan="2"></td><td colspan="6"></td></tr>
<tr><td colspan="2">标准表名称、编号、精度</td><td colspan="7"></td></tr>
<tr><td colspan="2">测量范围</td><td rowspan="2">标准值/℃</td><td colspan="6">实测值/℃</td></tr>
<tr><td>%</td><td>/℃</td><td>上行</td><td>误差</td><td>下行</td><td>误差</td><td>回差</td></tr>
<tr><td rowspan="2"></td><td></td><td></td><td></td><td></td><td></td><td></td><td></td></tr>
<tr><td></td><td></td><td></td><td></td><td></td><td></td><td></td></tr>
<tr><td rowspan="2"></td><td></td><td></td><td></td><td></td><td></td><td></td><td></td></tr>
<tr><td></td><td></td><td></td><td></td><td></td><td></td><td></td></tr>
<tr><td rowspan="2"></td><td></td><td></td><td></td><td></td><td></td><td></td><td></td></tr>
<tr><td></td><td></td><td></td><td></td><td></td><td></td><td></td></tr>
<tr><td rowspan="2"></td><td></td><td></td><td></td><td></td><td></td><td></td><td></td></tr>
<tr><td></td><td></td><td></td><td></td><td></td><td></td><td></td></tr>
<tr><td rowspan="2"></td><td></td><td></td><td></td><td></td><td></td><td></td><td></td></tr>
<tr><td></td><td></td><td></td><td></td><td></td><td></td><td></td></tr>
<tr><td rowspan="2"></td><td></td><td></td><td></td><td></td><td></td><td></td><td></td></tr>
<tr><td></td><td></td><td></td><td></td><td></td><td></td><td></td></tr>
<tr><td>调校结果</td><td colspan="7"></td></tr>
<tr><td colspan="8">备注：</td></tr>
<tr><td colspan="8">技术负责人：　　　　质量检查员：　　　　调校人：　　　　年　月　日</td></tr>
</table>

表 14-2　变送器、转换器调校记录表

<table>
<tr><td colspan="2"></td><td colspan="4">变送器、转换器调校记录</td><td colspan="2">工程名称：
单元名称：</td></tr>
<tr><td>仪表名称</td><td colspan="2"></td><td>仪表型号</td><td colspan="2"></td><td>仪表位号</td><td></td></tr>
<tr><td>制造厂</td><td colspan="2"></td><td>精确度</td><td colspan="2"></td><td>出厂编号</td><td></td></tr>
<tr><td>输入</td><td colspan="2"></td><td>允许误差</td><td colspan="2"></td><td>电(气)源</td><td></td></tr>
<tr><td>输出</td><td colspan="2"></td><td>迁移量</td><td colspan="2"></td><td>分度号</td><td></td></tr>
<tr><td colspan="2">标准表名称、编号、精度</td><td colspan="6"></td></tr>
<tr><td colspan="2" rowspan="2">输入值</td><td colspan="6">输出值(　　)</td></tr>
<tr><td rowspan="2">标准值</td><td colspan="5">实测值</td></tr>
<tr><td>%</td><td>(　　)</td><td>上行</td><td>误差</td><td>下行</td><td>误差</td><td>回差</td></tr>
<tr><td></td><td></td><td></td><td></td><td></td><td></td><td></td><td></td></tr>
<tr><td></td><td></td><td></td><td></td><td></td><td></td><td></td><td></td></tr>
<tr><td></td><td></td><td></td><td></td><td></td><td></td><td></td><td></td></tr>
<tr><td></td><td></td><td></td><td></td><td></td><td></td><td></td><td></td></tr>
<tr><td></td><td></td><td></td><td></td><td></td><td></td><td></td><td></td></tr>
<tr><td>调校结果</td><td colspan="7"></td></tr>
<tr><td colspan="8">备注：</td></tr>
<tr><td colspan="8">技术负责人：　　　　质量检查员：　　　　调校人：　　　　年　月　日</td></tr>
</table>

表 14-3　物位仪表调校记录表

<table>
<tr><td colspan="2"></td><td colspan="4">物位仪表调校记录</td><td colspan="2">工程名称：
单元名称：</td></tr>
<tr><td>仪表名称</td><td colspan="2"></td><td>仪表型号</td><td colspan="2"></td><td>仪表位号</td><td></td></tr>
<tr><td>制造厂</td><td colspan="2"></td><td>精确度</td><td colspan="2"></td><td>出厂编号</td><td></td></tr>
<tr><td>测量范围</td><td colspan="2"></td><td>允许误差</td><td colspan="2"></td><td>电(气)源</td><td></td></tr>
<tr><td>测量介质密度</td><td colspan="2"></td><td>调校介质密度</td><td colspan="2"></td><td>换算后的测量范围</td><td></td></tr>
<tr><td>标准表名称、编号、精度</td><td colspan="7"></td></tr>
<tr><td colspan="8">变送(或指示)部分</td></tr>
<tr><td colspan="2">输入值</td><td rowspan="2">标准输出值
(　　)</td><td colspan="5">实测输出值(　　)</td></tr>
<tr><td>%</td><td>(　　)</td><td>上行</td><td>误差</td><td>下行</td><td>误差</td><td>回差</td></tr>
<tr><td></td><td></td><td></td><td></td><td></td><td></td><td></td><td></td></tr>
<tr><td></td><td></td><td></td><td></td><td></td><td></td><td></td><td></td></tr>
<tr><td></td><td></td><td></td><td></td><td></td><td></td><td></td><td></td></tr>
<tr><td></td><td></td><td></td><td></td><td></td><td></td><td></td><td></td></tr>
<tr><td></td><td></td><td></td><td></td><td></td><td></td><td></td><td></td></tr>
<tr><td></td><td></td><td></td><td></td><td></td><td></td><td></td><td></td></tr>
<tr><td colspan="8">调节部分</td></tr>
<tr><td colspan="4">控制点调校
$P=$　　$T_i=$</td><td colspan="4">比例度(P)试验
$T_i=$</td></tr>
<tr><td>给定值
(　　)</td><td>测量值
(　　)</td><td>输出值
(　　)</td><td>偏差
(　　)</td><td>刻度值(　　)</td><td></td><td></td><td></td></tr>
<tr><td rowspan="3"></td><td></td><td></td><td></td><td>实测值(　　)</td><td></td><td></td><td></td></tr>
<tr><td></td><td></td><td></td><td>误差(　　)</td><td></td><td></td><td></td></tr>
<tr><td></td><td></td><td></td><td colspan="4" rowspan="4">积分时间(T_i)试验
$P=$</td></tr>
<tr><td rowspan="3"></td><td></td><td></td><td></td></tr>
<tr><td></td><td></td><td></td></tr>
<tr><td></td><td></td><td></td></tr>
<tr><td rowspan="3"></td><td></td><td></td><td></td><td>刻度值(　　)</td><td></td><td></td><td></td></tr>
<tr><td></td><td></td><td></td><td>实测值(　　)</td><td></td><td></td><td></td></tr>
<tr><td></td><td></td><td></td><td>误差(　　)</td><td></td><td></td><td></td></tr>
<tr><td rowspan="2">强度</td><td>工程介质</td><td colspan="2"></td><td>设计压力</td><td colspan="3">MPa</td></tr>
<tr><td>试验介质</td><td colspan="2"></td><td>试验压力</td><td colspan="3">MPa</td></tr>
<tr><td>调校结果</td><td colspan="7"></td></tr>
<tr><td colspan="8">备注：</td></tr>
<tr><td colspan="8">技术负责人：　　　　质量检查员：　　　　调校人：　　　　年　月　日</td></tr>
</table>

表 14-4 分析仪调校记录表

<table>
<tr><td colspan="2"></td><td colspan="4">分析仪调校记录表</td><td colspan="2">工程名称：
单元名称：</td></tr>
<tr><td>仪表名称</td><td colspan="2"></td><td>仪表型号</td><td></td><td>仪表位号</td><td colspan="2"></td></tr>
<tr><td>制造厂</td><td colspan="2"></td><td>精度</td><td></td><td>出厂编号</td><td colspan="2"></td></tr>
<tr><td>测量范围</td><td colspan="2"></td><td>允许误差</td><td></td><td>电源</td><td colspan="2"></td></tr>
<tr><td>介质温度</td><td colspan="2"></td><td>介质压力</td><td></td><td>介质成分</td><td colspan="2"></td></tr>
<tr><td>分析类型</td><td colspan="2"></td><td></td><td></td><td></td><td colspan="2"></td></tr>
<tr><td>标准表名称、编号、精度</td><td colspan="7"></td></tr>
<tr><td colspan="2">样气(样液)压力</td><td colspan="2"></td><td colspan="2">样气(样液)流量</td><td colspan="2"></td></tr>
<tr><td rowspan="3">标准气(液)温度/℃</td><td rowspan="3">标准气(液)浓度(　　)</td><td colspan="6">输出值(　　)</td></tr>
<tr><td rowspan="2">标准值</td><td colspan="5">实测值</td></tr>
<tr><td>上行</td><td>误差</td><td>下行</td><td>误差</td><td>回差</td></tr>
<tr><td></td><td></td><td></td><td></td><td></td><td></td><td></td><td></td></tr>
<tr><td></td><td></td><td></td><td></td><td></td><td></td><td></td><td></td></tr>
<tr><td></td><td></td><td></td><td></td><td></td><td></td><td></td><td></td></tr>
<tr><td></td><td></td><td></td><td></td><td></td><td></td><td></td><td></td></tr>
<tr><td></td><td></td><td></td><td></td><td></td><td></td><td></td><td></td></tr>
<tr><td></td><td></td><td></td><td></td><td></td><td></td><td></td><td></td></tr>
<tr><td>调校结果</td><td colspan="7"></td></tr>
<tr><td colspan="8">备注：</td></tr>
<tr><td colspan="8">技术负责人：　　质量检查员：　　调校人：　　年　月　日</td></tr>
</table>

表 14-5　调节阀、执行器、开关阀调校记录表

	调节阀、执行器、开关阀调校记录				工程名称： 单元名称：	
仪表名称			仪表型号		仪表位号	
制造厂			精确度		出厂编号	
行程			允许误差		输入信号	
规格	$PN=$		$DN=$	$d_i=$	作用形式	
标准表名称、编号、精度						
阀门定位器	型号			作用方向		
	气源	MPa	输入		输出	
阀体强度试验	试验介质		试验压力	MPa	5min 压力降	kPa
膜头气密性试验	试验介质		试验压力	MPa	5min 压力降	kPa
阀芯、阀座泄漏量试验	试验介质			阀门出入口压差	MPa	
	实测值	mL/min		允许值	mL/min	
全行程时间/s	开阀			关阀		
被校刻度	带阀门定位器			不带阀门定位器		
	0	50%	100%	0%	50%	100%
输入信号(　)						
标准行程(　)						
实测行程(　) 正						
实测行程(　) 反						
误差(　) 正						
误差(　) 反						
回差(　)						
调校结果						
备注：						
技术负责人：		质量检查员：		调校人：		年　月　日

（2）仪表安装

仪表设备安装前，应按设计文件仔细核对其位号、型号、规格、材质和附件，外观应完好无损。随表附带的质量证明文件、产品技术文件、非安装附件和备品备件应齐全。

仪表设备安装前已完成单体调校和试验。设计文件规定需要脱脂的仪表，应脱脂合格后安装。

现场仪表的安装应符合下列要求：

a. 光线充足，操作和维护方便，不应影响通行、工艺设备和管道的操作和维护；

b. 仪表的中心距操作地面的高度宜为 1.2～1.5m；

c. 显示仪表应安装在便于观察示值的位置；

d. 仪表设备不应安装在有振动、潮湿、易受机械损伤、有强电磁场干扰、高温、低温、温度变化剧烈和有腐蚀性气体的位置；

e. 需要安装测量管道的仪表设备应尽量靠近取压点；

f. 采用空调设备的就地控制室应封闭良好；

g. 集中或成排安装的仪表，应布置整齐、美观；

h. 检测元件应安装在能真实反映输入变量的位置。

安装在室内的就地仪表应选择光线充足、通风良好、操作维修方便的地方。

在工艺设备和管道上安装的仪表应按设计文件确定的位置安装，仪表设备上所示安装方向应与工艺管道及仪表流程图（P&ID）一致。

仪表安装过程中不应敲击及振动，安装后应平正牢固。仪表与工艺设备、管道或构件的连接及固定部位应受力均匀，不应承受非正常的外力。

直接安装在工艺设备和管道上的仪表所用的安装材料，应不低于所安装的工艺设备和管道的等级。

直接安装在工艺管道上的仪表或测量元件，在管道吹洗时应将其拆下，待吹洗完成后再重新安装，仪表外壳上的箭头指向应与管道介质流向一致。

带毛细管的仪表设备安装时，毛细管应敷设在角钢或管槽内，并防止机械拉伤。毛细管固定时不应敲打，弯曲半径不应小于 50mm。周围环境应无机械振动，温度无剧烈变化，如不可避免时应采取防振或（和）隔热措施。

仪表设备上接线盒的引入口不应朝上，当不可避免时，应采取密封措施。

对有特殊安装要求的仪表设备，安装时应严格按产品技术文件的规定进行。

现场仪表安装就位后应采取防护措施。

对仪表和仪表电源设备进行绝缘电阻测量时，应有防止仪表设备被损坏的措施。

表 14-6～表 14-10 是电缆（线）敷设及绝缘电阻测量记录表，接地极、接地电阻安装测量记录表，主电缆安装检查记录表，节流装置安装检查记录表，就地仪表安装检查记录表。

表 14-6 电缆（线）敷设及绝缘电阻测量记录表

		电缆(线)敷设及绝缘电阻测量记录								工程名称： 单元名称：	
序号	电缆(线)编号	型号及规格	起迄位置		电缆长度/m	环境温度/℃	绝缘电阻/MΩ			测量结果	测量日期
			自	至			芯线对地	芯线间	铠对屏蔽		
注：电缆有中间接头时应说明并用附图表示其位置。											
技术负责人：			质量检查员：				安装人：			年　月　日	

表 14-7 接地极、接地电阻安装测量记录表

<table>
<tr><td colspan="4"></td><td colspan="3">接地极、接地电阻安装测量记录</td><td>工程名称：
单元名称：</td></tr>
<tr><td>接地种类</td><td colspan="4"></td><td>调试仪表</td><td colspan="2"></td></tr>
<tr><td>安装地点</td><td colspan="4"></td><td>施工图号</td><td colspan="2"></td></tr>
<tr><td colspan="8">接地电阻测定记录</td></tr>
<tr><td>序号</td><td>测量位置</td><td>实测值/Ω</td><td>允许值/Ω</td><td>测量时间</td><td colspan="3">当天及前三天的天气情况</td></tr>
<tr><td></td><td></td><td></td><td></td><td></td><td colspan="3"></td></tr>
<tr><td></td><td></td><td></td><td></td><td></td><td colspan="3"></td></tr>
<tr><td></td><td></td><td></td><td></td><td></td><td colspan="3"></td></tr>
<tr><td></td><td></td><td></td><td></td><td></td><td colspan="3"></td></tr>
<tr><td>测试结果</td><td colspan="7"></td></tr>
<tr><td colspan="8">注：简绘接地布置图（或注明接地布置图号），并简述接地情况（规格、长度、埋入深度、数量、连接方法、网路尺寸、地质情况等）。</td></tr>
<tr><td colspan="2">技术负责人：</td><td colspan="2">质量检查员：</td><td colspan="2">安装人：</td><td colspan="2">年 月 日</td></tr>
</table>

表 14-8 主电缆安装检查记录表

<table>
<tr><td colspan="2"></td><td>主电缆安装检查记录</td><td colspan="3">工程名称：
单元名称：</td></tr>
<tr><td colspan="3">检查项目</td><td>检查结果</td><td>检查日期</td><td>备注</td></tr>
<tr><td>1</td><td colspan="2">电缆型号、规格符合设计要求，保护层无破损，电缆导通及绝缘电阻合格</td><td></td><td></td><td></td></tr>
<tr><td>2</td><td colspan="2">不同信号、不同电压等级的电缆在汇线槽内分区（E 区、I 区、S 区）敷设，在架桥上分层敷设</td><td></td><td></td><td></td></tr>
<tr><td>3</td><td colspan="2">明敷设的信号电缆与强电磁场电器设备的间距大于 1.5m，穿保护管或在汇线槽内敷设时其间距大于 800mm</td><td></td><td></td><td></td></tr>
<tr><td>4</td><td colspan="2">电缆与工艺设备、管道走向、管道隔热层表面的间距大于 200mm</td><td></td><td></td><td></td></tr>
<tr><td>5</td><td colspan="2">电缆不宜平行敷设在高温、易燃、可燃介质工艺设备、管道的上方和具有腐蚀性介质、油脂类介质设备、管道的下方</td><td></td><td></td><td></td></tr>
<tr><td>6</td><td colspan="2">电缆排列合理、整齐、美观</td><td></td><td></td><td></td></tr>
<tr><td>7</td><td colspan="2">电缆的弯曲半径符合规范要求</td><td></td><td></td><td></td></tr>
<tr><td>8</td><td colspan="2">在桥架、垂直汇线槽、DCS 机柜、仪表柜内敷设电缆的已固定且松紧适度</td><td></td><td></td><td></td></tr>
<tr><td>9</td><td colspan="2">电缆终端头已用绝缘胶带包扎、密封，在潮湿、油污场所应涂环氧树脂</td><td></td><td></td><td></td></tr>
<tr><td>10</td><td colspan="2">电缆及芯线的标志牌符合设计要求</td><td></td><td></td><td></td></tr>
<tr><td>11</td><td colspan="2">信号回路的负端在控制室一侧已做工作接地</td><td></td><td></td><td></td></tr>
<tr><td>12</td><td colspan="2">电缆的屏蔽层在控制室一侧已做屏蔽接地，引出的屏蔽线有塑料护套</td><td></td><td></td><td></td></tr>
<tr><td>13</td><td colspan="2">铠装电缆的铠层已在接线盒处做安全接地</td><td></td><td></td><td></td></tr>
<tr><td>14</td><td colspan="2">电缆在两端、拐弯、伸缩缝、热补偿区段、易震部位均留有裕度</td><td></td><td></td><td></td></tr>
<tr><td>15</td><td colspan="2">有中间接头的电缆芯线焊接或压接合格，外包高压绝缘胶带，挂标志牌，并在隐藏工程记录中标明位置</td><td></td><td></td><td></td></tr>
<tr><td></td><td colspan="2"></td><td></td><td></td><td></td></tr>
<tr><td colspan="6">注：主电缆指就地接线盒至控制室之间的电缆。</td></tr>
<tr><td colspan="3">建设/监理单位</td><td colspan="3">施工单位</td></tr>
<tr><td colspan="3">专业工程师：

年 月 日</td><td colspan="3">技术负责人：
质量检查员：
安装人：
年 月 日</td></tr>
</table>

表 14-9 节流装置安装检查记录表

				节流装置安装检查记录								工程名称： 单元名称：		
序号	节流装置名称	位号	测量介质	节流件直径 d/mm		节流件厚度 δ/mm		直管长度 /mm		检查结果	检查日期	导管引出方式	孔板节流件法兰与管道焊接内表面应齐平	
				设计值	实测值	设计值	实测值	上游	下游				检查结果	检查日期
备注：														
技术负责人：				质量检查员：				安装人：					年 月 日	

表 14-10 就地仪表安装检查记录表

	就地仪表安装检查记录		工程名称： 单元名称：	
仪表名称		仪表位号		
	检查项目	检查结果	检查日期	备注
1	仪表型号、规格、材质、测量范围、压力等级、数量等符合设计要求			
2	仪表的水平度、垂直度、安装标高、位号标志牌符合设计、规范要求			
3	仪表的可读性(刻度)符合设计、规范要求			
4	保温箱、保护箱的水平度、垂直度、安装标高、位号标志牌符合设计、规范要求			
5	就地接线盒的水平度、垂直度、安装标高、位号标志牌、接线、接地安装符合设计、规范要求			
6	分支汇线槽、分支桥架的安装符合设计、规范要求			
7	电缆保护管安装符合设计、规范要求			
8	气源管、信号管安装符合设计、规范要求			
9	取源部件安装符合设计、规范要求			
10	测量管安装符合设计、规范要求			
11	隐蔽工程安装符合设计、规范要求			
12	伴热安装符合设计、规范要求			
13	分支电缆敷设、电缆头制作、接线及标志牌符合设计、规范要求			
14	安装材料符合设计要求			
注："仪表名称"和"仪表位号"栏可按单元工程填写数台同类仪表或某个单元工程的工程仪表。				
建设/监理单位		施工单位		
专业工程师： 年 月 日		技术负责人： 质量检查员： 安装人： 年 月 日		

（3）盘、柜、台、箱安装

控制室内仪表盘、柜、箱和操作台的安装位置和平面布置应符合设计文件规定。

仪表盘、柜、箱和操作台的外形尺寸及仪表开孔尺寸应符合设计文件要求。

仪表盘、柜、操作台的型钢底座应按设计文件的要求制作，其尺寸应与仪表盘、柜、操作台一致，直线度允许偏差为 1mm/m，且不应超过 5mm。

型钢底座制成后应进行除锈、防腐处理。

仪表盘、柜、操作台的型钢底座应在地面二次抹面前安装完毕，其上表面应高出地面，安装固定应牢固，上表面应保持水平，其水平度允许偏差为 1mm/m，且不应超过 5mm；

盘、箱、柜与型钢基础之间宜采用防锈螺栓连接。

仪表盘、柜、操作台的安装宜使用液压升降小车，安装时应采用铺设钢板、胶皮等保护地面的措施，防止地面损伤。

单个安装的仪表盘、箱、柜和操作台，应符合下列要求：

a. 固定牢固；

b. 垂直度允许偏差为 1.5mm/m；

c. 水平度允许偏差为 1mm/m。

成排的仪表盘、箱、柜、操作台的安装，除应符合《自动化仪表工程施工及质量验收规范》（GB 50093—2013）6.2.8 条的规定外，还应符合下列规定：

a. 同一系列规格相邻两盘、箱、柜、操作台顶部高度允许偏差为 2mm；当连接超过两处时，其顶部高度最大偏差不应大于 5mm；

b. 相邻两盘、箱、柜正面接缝处正面的平面度允许偏差为 1mm；当连接超过五处时，正面的平面度最大偏差不应大于 5mm；

c. 相邻两盘、箱、柜间接缝的间隙，不应大于 2mm。

仪表盘、柜、操作台之间及盘、柜、操作台内各设备构件之间的连接应牢固，安装用的紧固件应为防锈材料。安装固定不应采用焊接方式。

仪表盘、箱、柜、操作台在搬运和安装过程中，应防止变形和表面油漆损伤。安装及加工过程中不得使用气焊。

就地仪表盘、箱、保温箱和保护箱的安装位置，应符合设计文件要求，且应安装在光线充足、通风良好和操作维修方便的地方，不应影响工艺操作、通行和装置维修，周围环境温度不宜高于 45℃。

在多尘、潮湿、有腐蚀性气体，或爆炸和火灾危险区域内安装的就地仪表盘（箱），应按设计文件检查确认其密封性和防爆性能满足使用要求。

在振动场所安装的仪表盘（箱）应采取防振措施。

仪表箱、保温箱、保护箱的安装应符合下列规定：

a. 固定牢固；

b. 垂直度允许偏差为 3mm，当箱的高度大于 1.2m 时，垂直度允许偏差为 4mm；

水平度允许偏差为 3mm；

c. 保温箱、保护箱底距地面或操作平面宜为 600mm，表箱支架应牢固可靠，并应作防腐处理；

d. 成排安装时应整齐美观。

就地接线箱安装时，到各检测点的距离应适当，箱体中心距操作平面的高度宜为 1.2～

1.5m。

表14-11是DCS机柜、仪表盘、操作台安装检查记录表。

表14-11 DCS机柜、仪表盘、操作台安装检查记录表

<table>
<tr><td colspan="2"></td><td colspan="2">DCS机柜、仪表盘、操作台安装检查记录</td><td colspan="2">工程名称：
单元名称：</td></tr>
<tr><td>名称</td><td></td><td>型号</td><td></td><td>位号</td><td></td></tr>
<tr><td colspan="3">检查项目</td><td>检查结果</td><td>检查日期</td><td>备注</td></tr>
<tr><td>1</td><td colspan="2">外观无破损、无变形，内外表面无油漆脱落，无受潮、锈蚀等缺陷</td><td></td><td></td><td></td></tr>
<tr><td>2</td><td colspan="2">基础型钢平直、牢靠，外形尺寸与机柜、仪表盘、操作台的尺寸一致，表层除锈防腐</td><td></td><td></td><td></td></tr>
<tr><td>3</td><td colspan="2">机柜、盘、台的安装布置、铭牌、型号、位号、数量、外形尺寸、仪表开孔尺寸符合设计要求</td><td></td><td></td><td></td></tr>
<tr><td>4</td><td colspan="2">仪表、DCS内部组件的型号、规格、数量、安装位置符合设计要求，无破损、松动、脱落</td><td></td><td></td><td></td></tr>
<tr><td>5</td><td colspan="2">DCS机柜、仪表盘、操作台的垂直度、水平度、盘间接缝间隙、顶部高差、正面平面度符合规范要求，与基础型钢之间采用防锈螺栓牢固连接</td><td></td><td></td><td></td></tr>
<tr><td>6</td><td colspan="2">盘间电缆(含专用电缆)的型号、规格、数量，电缆头、标志牌制作及接线(含内部接线)正确、牢靠、整齐、美观、齐全，符合设计、规范要求</td><td></td><td></td><td></td></tr>
<tr><td>7</td><td colspan="2">机柜、仪表盘、操作台及室内地板下，电缆沟内无尘埃、异物，电缆出、入口应封闭</td><td></td><td></td><td></td></tr>
<tr><td>8</td><td colspan="2">电缆(线)的导通、绝缘电阻符合规范要求</td><td></td><td></td><td></td></tr>
<tr><td>9</td><td colspan="2">就地仪表盘安装在光线充足，环境干燥、操作维修方便的地方，且有良好的密封性</td><td></td><td></td><td></td></tr>
<tr><td>10</td><td colspan="2">电源系统符合设计、规范要求</td><td></td><td></td><td></td></tr>
<tr><td>11</td><td colspan="2">工作接地系统符合设计、规范要求</td><td></td><td></td><td></td></tr>
<tr><td>12</td><td colspan="2">保护接地系统符合设计、规范要求</td><td></td><td></td><td></td></tr>
<tr><td>13</td><td colspan="2">屏蔽接地系统符合设计、规范要求</td><td></td><td></td><td></td></tr>
<tr><td>14</td><td colspan="2">随盘技术文件齐全</td><td></td><td></td><td></td></tr>
<tr><td></td><td colspan="2"></td><td></td><td></td><td></td></tr>
<tr><td colspan="6">备注：</td></tr>
<tr><td colspan="3">建设/监理单位</td><td colspan="3">施工单位</td></tr>
<tr><td colspan="3">专业工程师：

年 月 日</td><td colspan="3">技术负责人：
质量检查员：
安装人：
年 月 日</td></tr>
</table>

14.2.2 施工阶段自动化系统调试

自动化系统是指过程工业中用语音监视和控制生产过程的，基于计算机、通信技术的系统。自动化系统包括DCS、PLC和现场总线系统，也包括安全仪表系统（SIS）、紧急停车系统（ESD）等。

根据《过程工业自动化系统出厂验收测试（Factory Acceptance Test，FAT）、现场验收测试（Site Acceptance Test，SAT）、现场综合测试（Site Integration Test，SIT）规范》

(GB/T 25928—2010）规定，采用自动化系统的工程项目，其实施过程包括施工、预调试和调试三个阶段，施工阶段需要进行出厂验收测试（FAT)、现场验收测试（SAT)、现场综合测试（SIT)。施工阶段之后需要进行预调试和最后调试。图 14-2 是采用自动化系统工程当中各个阶段工作内容示意图。

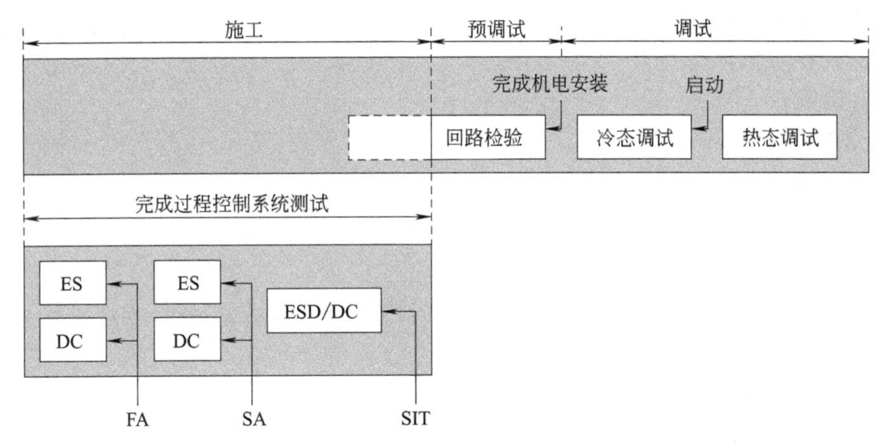

图 14-2　采用自动化系统工程当中各个阶段工作内容

其中，FAT 的前期需完成工作包括：

a. 完成软件编制；

b. 完成系统连接；

c. 完成供应商内部测试。

SAT 的前期需完成工作包括：

a. 系统已运至现场；

b. 已正确安装；

c. 系统启动。

SIT 的前期需完成工作包括：

a. 系统间正确连接；

b. 完成 SAT。

(1) FAT 测试

① FAT 测试准备。

进行 FAT 测试前需要准备各种文件。

业主或总承包商需要准备的文件包括：

a. 各种规范；

b. 各种已签协议；

c. 功能规划；

d. 因果图；

e. 顺控功能图；

f. 操作画面及相关文本；

g. 控制说明；

h. 仪表索引；

i. 报警信息列表；

j. 设定值、控制、动作和安全说明；

k. 联锁清单。

供应商需要准备的文件包括：

a. 系统文件；

b. 使用书册、系统数据资料、证书；

c. 系统设计说明；

d. 硬件设计说明；

e. 接口说明；

f. I/O 清单和位号命名约定；

g. 操作画面打印清册；

h. 组态打印清册；

i. 内部测试报告；

j. 典型回路（硬件、软件）移交清单（分为硬件、软件、应用软件和许可权）；

k. 测试计划。

② FAT 检查内容。

a. 工程项目相关的供货范围；

b. 从信号源开始的，与应用软件相关的自控系统功能；

c. 系统相关的功能；

d. 供应商应提供的文件，供应商提出的测试条件；

e. 按清单核对软、硬件；

f. 机电安装检查；

g. 接线和端子检查；

h. 系统功能检查，包括硬件冗余和诊断；

i. 监视操作检查；

j. 复杂逻辑功能和操作模式检查（如批量控制、顺序控制等）；

k. 子系统接口测试；

l. 其他商定内容。

具体的检查测试方法，参见《过程工业自动化系统出厂验收测试（FAT）、现场验收测试（SAT）、现场综合测试（SIT）规范》（GB/T 25928—2010）规定中的相关条款。

（2）SAT 测试

① SAT 测试条件。

系统运抵买家现场并完成安装。

a. 相关的硬件、软件运抵现场并正确安装；

b. DCS/PLC 系统在安装期间应当完成下列工作以便于进行 SAT 测试：硬件安装（控制器、I/O 模块、插槽和安装背板、操作员站/工程师站）；被测硬件供电系统安装；被测硬件接地系统安装；通信网络安装（如集线器、交换机、光缆、以太网等）。

② SAT 测试进程与内容。供应商文件检查。

a. 软、硬件清单核对；

b. 机电安装检查（接地系统、供电系统、网络连接等）；

c. 启动/诊断检查（开启电源，初始化/启动控制器，执行诊断检验）；

d. 下载软件。

（3）SIT 测试

① SIT 测试条件及内容。

a. 各个系统通过 SAT；

b. 各个系统间的通信；

c. 各个系统整合；

d. 实现整个系统功能要求。

② SAT 测试进程与内容。

a. 检查供应商文件；

b. 软、硬件清单核对；

c. 机电安装检查（系统间的通信连接）；

d. 诊断检查（观察系统间的通信、波特率等）；

e. 如有需要可进行下载软件检查。

表 14-12 是 DCS 基本功能检测记录表，表 14-13 是报警、联锁系统及可编程序控制器（PLC）调试记录表。

表 14-12　DCS 基本功能检测记录表

				DCS 基本功能检测记录			工程编号： 单元名称：		
站名称						站型号			
制造厂						站位号			
站系统基本功能检查记录				站电源测试记录					
检查项目	判断	检查结果	备注	测试项目		基准值（　）	测试值（　）		备注
自诊断	□						调前	调后	
程序安装	□			交流					
画面检查	□								
键盘操作	□								
鼠标操作	□								
触屏操作	□								
通信功能	□								
报警功能	□			直流					
冗余功能	□								
恢复功能	□								
断电保护	□								
LED 状态灯	□								
UPS	□								
	□								
注：1. 在“判断”栏中画“√”表示有该项功能；画“×”表示无该项功能； 2.“检查结果”栏填写合格或不合格。									
建设/监理单位					施工单位				
专业工程师： 年　月　日					技术负责人： 质量检查员： 检测人： 年　月　日				

表 14-13　报警、联锁系统及可编程序控制器（PLC）调试记录表

<table>
<tr><td colspan="3"></td><td colspan="4">报警、联锁系统及可编程序
控制器(PLC)调试记录</td><td colspan="3">工程名称：
单元名称：</td></tr>
<tr><td colspan="5">联锁/PLC 回路号：</td><td colspan="5">参考图纸号：</td></tr>
<tr><td>序号</td><td>联锁元件
位号</td><td>联锁设定值
(　　)</td><td>原因(输入)</td><td>结果(输出)</td><td>报警器</td><td>定时器设定值
(　　)</td><td>确认</td><td>复位</td><td>调试结果</td></tr>
<tr><td></td><td></td><td></td><td></td><td></td><td></td><td></td><td></td><td></td><td></td></tr>
<tr><td></td><td></td><td></td><td></td><td></td><td></td><td></td><td></td><td></td><td></td></tr>
<tr><td></td><td></td><td></td><td></td><td></td><td></td><td></td><td></td><td></td><td></td></tr>
<tr><td></td><td></td><td></td><td></td><td></td><td></td><td></td><td></td><td></td><td></td></tr>
<tr><td></td><td></td><td></td><td></td><td></td><td></td><td></td><td></td><td></td><td></td></tr>
<tr><td></td><td></td><td></td><td></td><td></td><td></td><td></td><td></td><td></td><td></td></tr>
<tr><td></td><td></td><td></td><td></td><td></td><td></td><td></td><td></td><td></td><td></td></tr>
<tr><td></td><td></td><td></td><td></td><td></td><td></td><td></td><td></td><td></td><td></td></tr>
<tr><td></td><td></td><td></td><td></td><td></td><td></td><td></td><td></td><td></td><td></td></tr>
<tr><td></td><td></td><td></td><td></td><td></td><td></td><td></td><td></td><td></td><td></td></tr>
<tr><td></td><td></td><td></td><td></td><td></td><td></td><td></td><td></td><td></td><td></td></tr>
<tr><td></td><td></td><td></td><td></td><td></td><td></td><td></td><td></td><td></td><td></td></tr>
<tr><td></td><td></td><td></td><td></td><td></td><td></td><td></td><td></td><td></td><td></td></tr>
<tr><td></td><td></td><td></td><td></td><td></td><td></td><td></td><td></td><td></td><td></td></tr>
<tr><td></td><td></td><td></td><td></td><td></td><td></td><td></td><td></td><td></td><td></td></tr>
<tr><td colspan="10">注：1. 用 1、2、…表示原因的序号；用 a、b、…表示结果的序号，依次，原因序号在前，结果序号在后；
2. 用简要文字在“原因”和“结果”栏目中叙述内容，如：“温度高高”“阀关”和“泵开”等；
3. 在“报警器”“确认”“复位”栏目中填写正常或不正常；“调试结果”填写合格或不合格。</td></tr>
<tr><td colspan="5">建设/监理单位</td><td colspan="5">施工单位</td></tr>
<tr><td colspan="5">专业工程师：

年　月　日</td><td colspan="5">技术负责人：
质量检查员：
调试人：
年　月　日</td></tr>
</table>

14.2.3　试运行阶段自动化系统调试

试运行阶段自动化系统需要预调试和调试。预调试阶段需要进行回路检验，回路检验结束就标志着机电安装过程的结束。然后进入到调试阶段，调试阶段分为冷态调试和热态调试两个步骤。

回路检验条件是仪表安装结束并且检验合格、仪表信号线连接到 DCS/PLC 系统的端子柜的信号端子外侧端子并且检验合格、电源系统连接完毕并且检验合格、接地系统连接完毕并且检验合格、DCS/PLC 系统已经完成 SIT 测试。

系统调试前按设计图纸检查仪表系统中的仪表设备安装、配管、配线、电源、气源以及位号、测量范围、联锁报警值、电源参数、气源参数等内容。

（1）回路检验

① 检测系统回路检查。

在现场仪表输入端输入模拟信号按正、反量程分别加入 0%、50%、100%三点，监测 DCS/PLC 系统的端子柜的信号端子外侧端子的信号。符合要求后将现场仪表信号线接到端子柜信号端子排端子上。重复现场仪表输入端按正、反量程分别加入 0%、50%、100%三个信

号，监测DCS/PLC系统的端子柜的信号端子外侧端子的信号，同时观察操作员站上的显示值。

② 控制系统回路检查。

在现场仪表输入端输入模拟信号，监视DCS/PLC系统的端子柜的信号端子排信号，检查比例、积分、微分动作，检查手动/自动切换，手动给控制阀（或执行结构）4mA、12mA、20mA电流信号，检查控制阀动作情况和阀位。

③ 报警系统回路检查。

由现场仪表的输入端假如模拟信号（或开关信号），根据设计数据设置报警值，检查DCS/PLC系统的端子柜的信号端子外侧端子的信号，检查操作员站上的报警画面、声光报警器是否符合设计要求。

④ 联锁系统回路检查。

联锁系统检查可按单联锁系统检查和全联锁系统检查分别进行。由现场仪表的输入端假如模拟信号（或开关信号），根据设计数据设置报警联锁值，检查DCS/PLC系统的端子柜的信号端子外侧端子的信号，检查操作员站上的报警画面、声光报警器是否符合设计要求，检查联锁系统执行机构动作是否符合设计要求。单联锁系统检查后可进行全联锁系统检查，方法同上。全联锁系统应当符合设计要求。

(2) 冷态调试

冷态调试过程在现场仪表输入端输入模拟信号，在DCS/PLC端子柜信号端子排输出端连接与执行机构对应的假负载。对系统整体进行调试，如果条件允许，也接入现场仪表真实信号，但DCS/PLC端子柜信号端子排输出端断开（接入假负载），不能连接现场执行机构。

然后进行生产过程模拟，用来检验自动化系统的整体功能。生产过程模拟主要进行开/停车模拟、正常生产模拟和生产异常模拟，开/停车模拟检查自动化系统的开/停车部分功能、控制系统投运功能等；正常生产模拟检查各种检测系统、控制系统功能；生产异常模拟检查SIS系统、ESD系统功能。生产模拟运行过程中，还需要对自动化系统本身异常检查，例如自动化系统热备器件的切换，自动化系统本身的故障诊断等。

(3) 热态调试

冷态调试结束之后，要配合工艺开车，进行自动化系统的热态调试。工艺开车时，自动化系统启动开车程序，配合工艺开车过程，自动化系统产生相应的开车动作。顺利开车之后，自动化系统处在自动控制（调节）状态，克服干扰，保证生产过程平稳、安全地进行。此时可对控制器参数进行微调，将控制质量调整到最佳。

(4) 试运行

试运行阶段主要是对自动化系统进行进一步的微调，例如控制器参数、控制器给定、报警设定、联锁设定。

整个系统接收工艺参数信号，而且已起到对工艺参数的检测、调节、报警和联锁作用，经过48h连续正常运行后，系统即为带负荷试运行合格。

一般情况下，系统无负荷联动试车由仪表专业主持，工艺专业配合；系统带负荷联动试车由工艺专业主持，仪表专业配合。

(5) 自动化系统

a. FAT检验表；

b. FAT证书；

c. SAT检验表；

d. SAT 证书；

e. SIT 检验表；

f. SIT 证书；

g. 自动化系统验收证书。

表 14-14～表 14-21 是自动化系统一些表格样板。

表 14-14 软硬件检查表

编号	说　　明	查验结果
1	硬件检查	□P □F □NA
2	软件授权、版本(包括固件)检查	□P □F □NA
3	备品备件、耗材和工具检查	□P □F □NA

注：P—合格；F—不合格；NA—不适用。下同。

表 14-15 机电安装检查表

编号	说　　明	查验结果
1	电缆引入方式、支座及附件(电缆固定夹、固定头等)	□P □F □NA
2	标注、标签	□P □F □NA
3	组件和模块的安装	□P □F □NA
4	螺钉紧固连接、端子连接	□P □F □NA
5	接地、等电位连接	□P □F □NA
6	电击防护、警示标志	□P □F □NA
7	机柜风扇和机柜结构的可维护性	□P □F □NA
8	备用容量	□P □F □NA

表 14-16 接线和端子检查表

编号	说　　明	查验结果
1	接线和布线、内部电路布线	□P □F □NA
2	熔断、断路开关	□P □F □NA
3	标签、标注	□P □F □NA
4	线缆、颜色、横截面、电压、防爆等级等的划分	□P □F □NA
5	线缆弯曲检查	□P □F □NA
6	人工线缆弯曲、拉紧试验	□P □F □NA
7	线缆管道负荷	□P □F □NA
8	I/O 至端子的接线及连接标注	□P □F □NA
9	系统线缆插头方向	□P □F □NA
10	系统电压绝缘测试	□P □F □NA

表 14-17 启动测试和系统基本功能检查表

编号	说　　明	查验结果
1	重新启动(从零点①启动、停止/启动)	□P □F □NA
2	在线更改	□P □F □NA
3	控制器周期时间	□P □F □NA
4	显示调用时间	□P □F □NA
5	数值更新时间	□P □F □NA
6	系统负载(内存容量、存储容量等)	□P □F □NA
7	登录策略和级别	□P □F □NA
8	报警处理策略及其确认方式	□P □F □NA

① 零点指使用新的存储卡并且移去控制器的备用电池。

表 14-18　系统报警测试表

编号	说　　明	查验结果
1	电源故障、UPS 监控	□P　□F　□NA
2	熔丝、短路器监测	□P　□F　□NA
3	冷却风扇	□P　□F　□NA
4	通信、网络监测	□P　□F　□NA
5	短路、断线、超量程、接地故障	□P　□F　□NA
6	看门狗(若有的话)	□P　□F　□NA

表 14-19　硬件冗余和诊断检查表

编号	说　　明	查验结果
1	控制器的冗余运行和监视	□P　□F　□NA
2	通信和网络的冗余运行和监视	□P　□F　□NA
3	电源的冗余运行和监视	□P　□F　□NA
4	操作员站的冗余运行和监视	□P　□F　□NA
5	I/O 设备的冗余(若有的话)运行和监视	□P　□F　□NA
6	所有其他上述未提及的设备冗余运行和监视	□P　□F　□NA

表 14-20　单个回路评估测试表

<table>
<tr><th>回路</th><th>测试结果</th></tr>
<tr><td>功能：　LIRCA+−
DCS/PLC：　Controller 12
回路信号类型：　Analog lnput
硬件回路：　V0108 AB86 L001

测量范围：　0～800
测量单位：　mbar

报警/开关设定值(mbar)：
S+　A+　712
S++　A++
S+++　A+++
S−　A−　152
S−−　A−−
S−−−　A−−−

操作方式：
就地
DCS/PLC　X
其他

DCS 输入　DCS 输出
模拟量 1　模拟量 1
数字量 0　数字量 1

测量技术：　差压变送器
设备制造商：　××××
设备型号：　××××</td><td>合格　不合格

回路文本：□　□
联锁：□　□
在软件显示中的位置：□　□
报警设置/切换点：□　□
至 DCS 的回路信号：□　□
动态显示/颜色设置：□　□

不合格时的注释：</td></tr>
</table>

表 14-21 SAT 检查表

编号	说　明	查验结果	备注
1	控制系统文件检查	□P □F □NA	
2	硬件规格数量检查	□P □F □NA	
3	软件规格数量检查(正确的软件/固件版本等)	□P □F □NA	
4	机电安装检查： 接地系统正确连接； 供电系统正确连接； 网络系统正确连接	□P □F □NA □P □F □NA □P □F □NA □P □F □NA	
5	启动/诊断检查： 相关硬件的上电； 调试/初始化相关硬件并进行诊断检查	□P □F □NA □P □F □NA	
6	下载软件	□P □F □NA	
7	完成 SAT 证书	□P □F □NA	

表 14-22 是 FAT 证书，表 14-23 是 SAT 证书，表 14-24 是 SIT 证书。

表 14-22 FAT 证书

接受 □　　　　　　　　不接受 □

用户名称			
工程项目名称		工程项目编号	
工厂/装置名称			
FAT 地点		FAT 结束日期	

负责人/签名：

买家		部门	
供应商		部门	

特殊要求：			
无不合格项	□		
有不合格项	□	详见下面的备注或所附的清单	
需要重新进行测试	□	不需要重新进行测试	□
系统具备发运条件	□		
将发运通知交给：			
备注：			

表 14-23 SAT 证书

接受 □　　　　　　　　不接受 □

用户名称			
工程项目名称		工程项目编号	
被测系统名称			
工厂/装置名称			
SAT 地点		SAT 结束日期	

负责人/签名：

买家		部门	
供应商		部门	

表 14-24　SIT 证书

接受 □　　　　　　　　　　不接受 □

用户名称			
工程项目名称		工程项目编号	
工厂/装置名称			
集成的主系统			
集成的子系统			
SIT 地点		SIT 结束日期	

负责人/签名：

买家		部门	
供应商		部门	

14.2.4　自控工程的交工验收

工程项目交工文件应当包括下列内容：

a. 施工组织设计；

b. 工程技术专题洽商记录；

c. 设备、材料代用单；

d. 设备、材料、半成品的质量证明文件和按规定进行抽查检测、复验报告；

e. 综合及通用部分的交工文件；

f. 建筑工程交工文件；

g. 设备安装工程交工文件；

h. 管道安装工程交工文件；

i. 电气安装工程交工文件；

j. 仪表安装工程交工文件；

k. 设计变更文件；

l. 竣工图。

自控工程（仪表工程）交工是整个工程项目交工的一部分，自控工程（仪表工程）交工文件是整个交工文件的一个分册。

仪表工程交工时应当交验下列技术文件：

a. 变送器、转换器调校记录；

b. 调节器调校记录；

c. 调节阀、执行器、开关阀调校记录；

d. 指示、记录仪调校记录；

e. 热电偶、热电阻调校记录；

f. 物位仪表调校记录；

g. 计算器调校记录；

h. 积算器调校记录；

i. 安全栅、分配器、选择器调校记录；

j. 就地仪表（直读式压力计、温度计）调校记录；

k. 工艺开关调校记录；

l. 分析仪调校记录；

m. 调校记录；

n. DCS基本功能检测记录；

o. 报警、联锁系统及可编程序控制器（PLC）调校记录；

p. 检测、调节系统及DCS调校记录；

q. DCS机柜、仪表盘、操作台安装检查记录；

r. 管路强度、泄漏性、真空度试验、脱脂、酸洗记录；

s. 节流装置安装检查记录；

t. 电缆（线）敷设及绝缘电阻测量记录；

u. 接地极、接地电阻安装测量记录；

v. 主电缆安装检查记录；

w. 主汇线槽、主桥架安装检查记录；

x. 就地仪表安装检查记录。

有些文件在前面章节中已经出现。表14-25是工程中间交接证书，表14-26是工程交工证书，表14-27是联动试运行合格证书。

表14-25 工程中间交接证书

<table>
<tr><td colspan="2"></td><td colspan="2">工程中间交接证书</td><td colspan="2">工程名称：
单元名称：</td></tr>
<tr><td>工程编号</td><td colspan="2"></td><td>交接日期</td><td colspan="2">年 月 日</td></tr>
<tr><td>工程内容</td><td colspan="5"></td></tr>
<tr><td>验收意见</td><td colspan="5"></td></tr>
<tr><td colspan="6">工程质量鉴定意见：

工程质量监督站站长： （公章） 年 月 日</td></tr>
<tr><td colspan="2">建设单位</td><td>监理单位</td><td>施工承包单位</td><td colspan="2">设计单位</td></tr>
<tr><td colspan="2">（公章）

项目经理：
年 月 日</td><td>（公章）

项目总监
年 月 日</td><td>（公章）

项目经理：
年 月 日</td><td colspan="2">（公章）

总代表：
年 月 日</td></tr>
</table>

表 14-26　工程交工证书

<table>
<tr><td colspan="2"></td><td colspan="3">工程交工证书</td><td colspan="2">工程名称：</td></tr>
<tr><td colspan="1">工程编号</td><td colspan="2"></td><td>合同号</td><td colspan="3"></td></tr>
<tr><td>实际开工日期</td><td colspan="2">年　月　日</td><td>交工日期</td><td colspan="3">年　月　日</td></tr>
<tr><td colspan="7">工程内容：</td></tr>
<tr><td colspan="7">工程接收意见：</td></tr>
<tr><td colspan="7">工程质量评定：

工程质量监督站站长：　　（公章）　　年　月　日</td></tr>
<tr><td colspan="2">建设单位</td><td colspan="2">监理单位</td><td colspan="2">施工承包单位</td><td>设计单位</td></tr>
<tr><td colspan="2">（公章）

项目经理：
年　月　日</td><td colspan="2">（公章）

项目总监：
年　月　日</td><td colspan="2">（公章）

项目经理：
年　月　日</td><td>（公章）

总代表：
年　月　日</td></tr>
</table>

表 14-27　联动试运行合格证书

<table>
<tr><td colspan="2"></td><td colspan="3">联动试运行合格证书</td><td>工程名称：</td></tr>
<tr><td>试运行时间</td><td colspan="5">年　月　日　时　分至　　年　月　日　时　分</td></tr>
<tr><td colspan="6">试运行情况：</td></tr>
<tr><td colspan="2">建设单位</td><td>监理单位</td><td colspan="2">施工承包单位</td><td>设计单位</td></tr>
<tr><td colspan="2">（公章）

项目经理：
年　月　日</td><td>（公章）

项目总监
年　月　日</td><td colspan="2">（公章）

项目经理：
年　月　日</td><td>（公章）

总代表：
年　月　日</td></tr>
</table>

若有未完成工程项目，经业主方同意交工时需要提供“未完工程项目明细表”。表 14-28 是未完工程项目明细表。

表 14-28　未完工程项目明细表

<table>
<tr><td colspan="2"></td><td colspan="2">未完工程项目明细表</td><td>工程名称：
单元名称：</td></tr>
<tr><td>序号</td><td>未完工程项目内容</td><td>工程量</td><td>未完原因</td><td>处理意见</td></tr>
<tr><td></td><td></td><td></td><td></td><td></td></tr>
<tr><td colspan="2">建设单位</td><td colspan="2">监理单位</td><td>施工承包单位</td></tr>
<tr><td colspan="2">（公章）

项目经理：
年　月　日</td><td colspan="2">（公章）

项目总监：
年　月　日</td><td>（公章）

项目经理：
年　月　日</td></tr>
</table>

工程施工与验收不是自控工程设计的内容，作为工程设计人员应当对这些内容有足够了解，这样才能成为合格的设计人员。此外，设计过程与施工过程是相互衔接的，因此设计师也需要了解施工与验收相关内容。

附录

附录1 DCS工程设计程序

[摘自《分散型控制系统工程设计规范》(HG/T 20573—2012)]

采用DCS的工程项目可按以下阶段开展工作，即：

可行性研究阶段；

基础设计阶段；

工程设计阶段（包括基础工程设计和详细工程设计）；

DCS应用软件组态、生成；

DCS的安装、调试、投运阶段。

1 可行性研究阶段

1.1 根据工艺装置或辅助工程（如热电站、化工液体罐区等）的特点及对自动化水平的要求，将采用DCS作为一种控制方案提出。

1.2 与工艺设计人员共同讨论，初步估定控制回路数量和输入/输出信号数量，进行预询价或估算投资金额。

1.3 作出DCS控制装置与常规模拟仪表技术经济比较。

1.4 根据采用DCS的必要性及可行性，决定是否采用DCS（如有可能征求最终用户意见）。

若仪表设计人员没有参与可行性研究阶段的工作，本阶段的工作内容可在基础设计进行。

2 基础设计阶段

2.1 根据可行性研究阶段确定采用DCS控制方案开展本阶段的工作（如果未开展可行性研究工作，可将可行性研究工作与本阶段工作合并进行）。

2.2 以管道仪表流程图（P&ID）为依据，确定DCS的输入、输出信号种类、数量、控制回路（包括复杂控制回路）数量。

2.3 结合工艺装置的特点及控制要求，确定DCS所要实现的功能（包括批量控制、顺序控制、安全联锁系统以及与上位机的联系等）。

2.4 确定营建的基本配置，画出初步的系统硬件配置图。配置图的主要内容包括：

- 操作站台数；
- 辅助操作台（根据需要选用）；
- 打印机台数；
- 拷贝机（根据需要选用）；
- 输入/输出点数量（初步统计）；

●工程师站（按机型选用）；

●上位机或 PLC 接口（根据需要选用）。

3 工程设计阶段

本阶段的设计工作开始以后，往往由于 DCS 不能及时订货或 DCS 订货后不能及时得到系统组态资料，如 DCS 系统与外部连接的接线端子图等资料，从而无法完成仪表回路图等设计文件，使自控设计工作不能连续开展下去，拖延了设计进度。为了不影响整个工程项目的设计进度，可将自控设计工作分为两步开展。

第一步：先完成不受 DCS 组态工作影响的自控设计工作，这一部分设计完成后可先入库、发图，满足仪表设备采购的要求。

第二步：完成编制 DCS 组态所需设计文件后，并在得到 DCS 紫铜组态有关资料的基础上，完成 DCS 外部连接设计工作。

3.1 第一步工作——自控工程设计及 DCS 采购。

3.1.1 根据基础设计文件及其审批意见，配合工艺、系统专业完成各版管道仪表流程图（P&ID）。P&ID 上的仪表图例符号以本规定引用的图例符号标准样式表示。

3.1.2 按设计新体制的“工程设计内容深度规定”（或老体制的“施工图设计内容深度规定”）开展自控专业的工程设计。除了与 DCS 系统组态有关联的设计文件以外，其他的设计文件要按要求完成。

3.1.3 参照 DCS 技术规格书编制大纲的要求，编制“DCS 技术规格书”，发出 DCS 的正式询价书。一般情况下，至少向三个 DCS 供方（包括 DCS 制造厂、DCS 成套供货部分，下同）询价。

DCS 供方的报价书至少要包括以下内容：

●报价说明；

● DCS 硬件配置清单及其系统配置图；

●系统软件清单及其功能说明；

● MTBF 和 MTTR 数据及计算方法；

●对询价书中双重化、冗余要求的实施方法；

●系统硬件的分项价格；

●应用软件由供方或由用户组态的分类价格；

●产品的投运业绩。

3.1.4 收到 DCS 供方报价书后，可按下列要求对 DCS 系统进行评审：

● DCS 各种功能能否满足询价书的过程控制要求；

● DCS 的操作站配置、外部设备，如打印机、记录仪、拷贝机等数量是否符合询价书要求；

● DCS 硬件配置是否满足询价的双重化、冗余要求；

● DCS 硬件质量指标（MTBF、MTTR）是否先进；

● DCS 系统软件是否标准化、模块化，是否经过实践检验；

●在同类型装置中投运的业绩以及用户的反映；

●价格比较。

3.1.5 配合 DCS 采购部门进行 DCS 的合同谈判。合同技术附件谈判可按照 DCS 技术规格书中的要求进行，并要清楚地讨论以下几个问题。

●设计、供货范围：是否设置 DCS 输入/输出电缆电线接线端子柜，谁负责设计、供货；安全防爆措施（如安全栅）谁负责配置等。

● DCS 应用软件组态、生成：谁负责完成，如由用户完成时，要明确供方的责任范围。

●修订 DCS 技术规格书并可作为合同附件之一。

3.1.6 与最终用户共同确定 DCS 选型及供方（制造厂），参加签订 DCS 供货合同。合同附件除上述技术要求以外，还应有以下内容：

●硬件清单；

● 软件清单；

● 备品备件及易损材料清单。

3.1.7 供货合同签订后4～6周，可召开设计条件会议。由供方向用户提出控制室（操作室、机柜室）DCS系统的安装、供电、电气接地、空调等设计条件。如DCS应用软件组态、生成由供方完成时，可列出向供方提交的设计文件的时间表。

3.2 第二步工作——编制DCS应用软件组态所需设计文件及完成DCS外部连接设计工作。

3.2.1 不管DCS应用软件组态工作是由供方完成，还是由用户完成，组态所需的基础数据、图纸等设计文件都是由设计部门完成。设计内容见相应规定。

3.2.2 在得到DCS的外部连接端子图后，继续完成第一步工作中未做完的工作，如仪表回路图等。当DCS应用软件组态、生成工作由供方完成时，其仪表回路图也可由供方完成。这时，设计部门（用户）只将半成品的回路图（只表示现场仪表到控制室的连接）作为条件图交给供方即可。

4 DCS应用软件组态、生成

DCS应用软件组态、生成工作可以由DCS供方或用户来完成，当前DCS制造厂一般推荐由用户完成。在有条件的情况下尽可能由用户来完成组态、生成工作。

4.1 DCS供方组态。

4.1.1 向供方提交DCS应用软件组态所需的设计文件。参加DCS工程会议，向供方作设计交底。

4.1.2 参加在DCS供方处的操作培训（或技术培训），或者是DCS出厂检验工作。设计人员参加这些工作是很必要的，因为他们可以检查供方的系统配置、应用软件组态、生成的成果是否满足设计要求，一旦发现问题后可让供方及时修改。

4.2 DCS用户组态。

4.2.1 一般情况下，这是一种用户与供方合作组态方式，即组态、生成的具体工作由用户完成，供方负责组态文件（如组态工作单）审查和生成操作指导、成果确认。

4.2.2 用户组态人员参加DCS供方主办的应用软件组态培训，时间约为一周。

4.2.3 用户组态人员按要求填写DCS系统组态工作单，并将工作单提交DCS供方审查。

4.2.4 在DCS供方处（最好是DCS制造厂）进行DCS应用软件组态生成工作。

5 DCS的安装、调试、投运阶段

5.1 如DCS的应用软件组态、生成工作由供方完成，则供方要负责DCS的调试、投运，设计人员参加DCS的安装、调试、投运工作。

5.2 如DCS的应用软件组态、生成工作由最终用户和设计部门共同完成，则由最终用户和设计部门负责DCS的调试、投运。

附录2 DCS技术规格书编制大纲

［摘自《自控专业工程设计文件深度的规定》（HG/T 20638—1998）］

一、大纲

DCS技术规格书

目录

1.4 供货方责任范围

2 DCS控制规模

2.1 输入/输出信号类型

2.2 输入信号规模

3 系统功能要求

3.1 控制功能

3.2 画面功能

3.3 报表功能

3.4 历史数据存储功能

4 系统设计

4.1 设计原则

4.2 操作站

4.3 控制和数据处理系统

4.4 通信系统

5 技术要求

5.1 冗余要求

5.2 平均无故障时间及平均故障维修时间

5.3 DCS的自诊断及容错

5.4 过程硬件接口要求（I/O）

5.5 工程环境要求

5.6 电源系统

5.7 接地要求

5.8 控制室接地端子柜

5.9 DCS接线

5.10 机械要求

6 文件交付

6.1 供货方提交文件

6.2 用户提交文件

7 技术服务及培训

7.1 技术服务

7.2 用户培训

8 检查和验收

8.1 工厂验收

8.2 现场验收

8.3 其他检查

9 发运条件

10 备品备件

11 DCS工作进度计划

表A 系统规模数据

表B 系统硬件一览表

二、示例

1 概述

1.1 范围

本规格书概括了用于×××××工程××××装置的分散型控制系统（Distributed Control System，DCS）的各项要求，内容包括 DCS 询价、报价、订货，以及 DCS 的制造、验收、发运、质量保证、培训等各阶段的要求。

1.2 标准规范

除另有说明外，提供的系统应符合下列规范和国家标准的最新版本：

① ANSI/ISA S5.1　　仪表符号和说明。

② ISA S5.4　　仪表回路图。

③ NEC　　美国国家电器规范。

④ ANSI MC8.1/ISA RP55.1　　数字过程计算机的硬件检验。

⑤ 其他　　IEC、ISO 和制造厂标准。

1.3 系统特点

1.3.1 系统采用分布式结构，在开放式的冗余通信网络上分布了多台系统组件，这些系统组件带有独立的功能处理器，每个功能处理器都为了完成特定的任务而进行组态和编程，任何需要上位计算机进行操作或组态的系统都将是不被接受的。

1.3.2 用于现场控制的过程控制单元，其物理位置分散、控制功能分散、系统功能分散；而用于过程监视及管理的人机接口单元，其显示、操作、记录、管理功能集中。该系统将在生产装置内经过现场调试、配上电源、接上输入输出信号就可满足本装置的生产监视、过程控制、操作画面、参数报警、数据记录，及趋势等项的功能要求，并能安全可靠运行。

1.3.3 系统组成

① 过程控制器通过智能型过程 I/O 硬件、连接端子及必要的信号处理，完成连续的、离散的、顺序的控制，及数据采集功能，过程控制器可以分散在就地控制室，也可以集中在全厂中央控制室。

② 作为人机接口的 CRT 操作站包括键盘、打印机、彩色图形显示器等安装在中央控制室，附加的操作员接口将安装在就地控制室、调度室等。

③ 程序员/工程师接口由彩色 CRT、键盘、打印机、磁盘驱动器等组成。

④ 系统组件（过程控制器、操作员和工程师接口）之间是通过高速数据公路进行通信，系统中全部变量更新周期至少 1 次/s，重要变量的更新周期为 10 次/s。

1.4 供货方责任范围

1.4.1 指派一名项目经理在整个项目执行期间与买方进行主要联系；在项目执行期间，该项目经理应为一人。

1.4.2 提供的 DCS 应能完全满足本规格书所有的硬件和软件功能。

1.4.3 对其 DCS 系统提出的优化配置方案及系统工程，包括控制室平面布置图、系统配置图、设备/组件清单、设备热负荷、电源消耗、电路保护、接地要求、连接电缆（线）规格等。

1.4.4 负责完成全部的系统组态及生成工作，内容包括控制回路、参数指示、越限报警、各种组显示、历史数据、联锁逻辑、顺序控制、各种用户画面等。

1.4.5 在 DCS 制造厂完成全部设备包括硬件和软件的检查和测试。

1.4.6 设备包装后运至装置现场。

1.4.7 现场服务包括设备开箱验收、现场安装、回路检查、开车等。

1.4.8 在 DCS 制造厂和装置现场分别对用户生产操作人员、仪表维护人员、系统工程师进行有关课程培训。

1.4.9 召开协调会和编制月进度报表。

1.4.10 按照本规格书的要求提供全部文件和资料。

2 DCS 控制规模

2.1 输入/输出信号类型

DCS 的过程控制器应能直接接收或处理以下各种类型的输入和输出信号。

① 模拟量输入。

a. 热电偶（TypeJ、K、E、R、S、T、B）。

b. 热电阻（RTD）。

c. 4～20mA DC二线制电流信号。

d. 4～20mA DC有源电流信号。

e. DC电压信号。

f. 脉冲频率信号。

② 数字量输入。

a. 标准数字量。

b. 事件顺序信号。

c. 脉冲信号。

d. 接点信号。

③ 模拟量输出。

④ 数字量输出。

⑤ BCD输入和输出。

⑥ ASCⅡ传送和接收。

2.2 输入/输出信号规模

详见表A系统规模数据。

表A为实际需要的输入/输出点数量，卖方应考虑20%的备用量，并提供相应的备用空间、连接电缆等，安装在机柜内。

3 系统功能要求

3.1 控制功能

过程控制器可以实现连续的和离散的功能，用户能够方便地定义控制器的多种处理速度，以不同的速度运行连续控制和联锁逻辑控制，控制器可以组态为1∶1冗余，每个控制器至少能处理1000个数据库记录、64个控制回路、999步梯形逻辑，控制器可以在不中断正在运行的程序，或将控制转换至后备处理器的情况下，在1s的时间内将数据传送到高速数据公路上的所有操作员站。

3.1.1 连续控制 过程控制器可以完成基本的调节和先进的控制，控制器至少应能提供以下算法：各种PID控制；平方/开方；加/减/乘/除四则运算；分段线性化；超前/滞后；延时；高/中/低选择；变化率限制；质量流量补偿运算；累积、平均运算；采样和保持；用户自定义的功能块；硬/软操作器接口。

3.1.2 离散控制功能 在离散控制中至少应提供以下算法：开关控制；与、或、非逻辑；计数/计时；用户自定义的功能。

3.2 画面功能

CRT画面为操作员了解生产过程状态提供了显示窗口，并能支持以下几类画面，本项目所需要的各种画面的数量详见附件A（编者注：附件A是DCS采购合同中的技术规格书附件）。

3.2.1 总貌画面 显示系统各设备、装置、区域的运行状态以及全部过程参数变量的状态、测量值、设定值、控制方式（手动/自动状态）、高低报警等信息。从各显示块可以调出其他画面。

3.2.2 分组画面 以模拟仪表的仪表盘形式按事先设定的分组，同时显示几个回路的信息，如过程参数变量的测量值、调节器的设定值、输出值、控制方式等。变量值每秒更新一次，分组可任意进行，操作员可以分组画面调出任一变量（模拟量或离散量）的详细信息。

对模拟回路可以手动改变设定值、输出值、控制方式等；对离散量可以手动操作设备的开启和停止，画面显示出指令状态和实际状态。

3.2.3 单点画面（调整画面） 显示一个参数、控制点的全部信息以及实时趋势和历史趋势。从调整画面也可以直接对模拟回路进行设定、调整操作。

3.2.4 趋势画面 系统具有显示高速公路上任何数据点趋势的能力，并在同一坐标轴上显示至少四个变量的趋势记录曲线，可供用户自由选择参数变量、不同颜色和不同时间间隔，也可以对数据轴进行任意放大显示。

3.2.5 报警画面　显示当前所有正在进行的过程参数报警和系统硬件故障报警，并按报警的时间顺序从最新发生的报警开始排起，报警优先级别和状态用不同的颜色来区别，未经确认的报警处于闪烁状态。

报警内容包括：报警时间；过程变量名；过程变量说明；过程变量的当前值；报警设定值；过程变量的工程单位；报警优先级别。

3.2.6 图形画面　生产装置的图片、工艺流程图、设备简图、单线图等都可以在CRT上显示出来，每个画面都包括字母、数字、字符和图形符号，通常采用可变化的颜色、图形、闪烁表示过程变量的不同状态，所有过程变量的数值和状态每秒动态刷新。操作员在此画面对有关过程变量实施操作和调整。

3.2.7 棒图　棒图可以表示过程变量的变化，如棒图表示塔的液位，棒图能以水平或垂直方式实现，每屏至少能实现40点水平棒图或64点垂直棒图。

3.3 报表功能

3.3.1 DCS按照预先定义的格式打印报表，报表数据的收集和打印按照用户定义的时间间隔自动进行，报表打印通常采用事件驱动方式或操作员命令方式，报表软件将自动产生所有的标题和表头。

3.3.2 报表类型如下：

① 有格式报表。

② 无格式报表。

③ 事件顺序报告。

④ 诊断报告。

⑤ 设备操作报告。

⑥ 过程变量趋势。

3.4 历史数据存储功能

DCS应对报警、联锁、操作指令的变化等事件及其日期、时间作为历史数据加以储存。应有足够的能记录半年以上历史数据的磁介质存储空间，并有可扩充至外部存储设备和磁带机、光盘等。当发生数据丢失及磁介质剩下10%空间时应有报警。

4 系统设计

4.1 设计原则

4.1.1 DCS由以微处理器为基础的、分布式的多台系统组件所组成，这些系统组件分布在具有开放式结构的冗余通信网络上，包括操作员站、控制和数据采集系统、外设及有关的硬件和软件。

4.1.2 系统是经过现场试验的，并且是出厂前最新的硬件和软件版本。

4.1.3 通信系统是可靠的，即单台硬件设备出现故障（包括通信系统硬件故障）都不会影响其他系统组件之间的通信。

4.1.4 系统允许在不关闭系统的情况下在线更换系统模件或组件。

4.1.5 系统中的任何组件通电或掉电都不会影响其他组件的运行。

4.1.6 系统允许在线修改软件，也就是除被修改的组件外，不会影响其他系统组件，数据点的修改仅仅影响被修改的回路，回路的输出将保持在修改前最后时刻的数值。

4.1.7 联锁系统故障检出元件动作时，在操作站的CRT显示屏上应进行声光报警，同时报警打印机立即打印出来，并储存在历史模件中，报警的确认和消声由键盘和按钮来实现，联锁系统通常采用手动紧急切断按钮和联锁复位按钮。

4.2 操作站

4.2.1 概述　操作站是操作员了解各装置全部信息的接口单元，操作员可在正常或异常情况下对各装置进行控制和监视。

操作站的功能如下：显示全部的过程变量及有关参数；操作所有控制回路的参数，如改变设定点、工作方式、回路输出、调整PID参数等；报警显示；过程流程图显示；趋势显示（实时的和历史的）；报告和报表；系统诊断报告。

4.2.2 支持功能 DCS操作站应能支持通用的编辑软件，以帮助用户维护和修改数据库、编制应用程序。支持功能包括在线和离线的数据库定义（即组态、下载等）、备份（即拷贝、定期存储到软盘等）、文件/程序管理等。

4.2.3 基本硬件

① 操作站主要由彩色显示器、操作员/工程师键盘、鼠标器、中央处理单元等组成，同时可以支持各种外部设备，如磁盘驱动器、打印机、拷贝机、趋势记录仪等。

② 操作站的CPU应包括32位微处理器、存储器、通信电子组件和电源，系统时钟频率至少为8MHz，操作站的实际处理能力不能超过满负荷的30%。

③ 每台操作站具有独立CPU，在2台操作站之间采用全冗余的CPU设计，在这种情况下，一台处理器或电源故障，系统将自动地切换到冗余的处理器，操作站之间应具有内部切换的功能。

④ CRT监视器为19″高分辨率的彩色显示器，CRT分辨率至少为1024×768。

⑤ 操作员键盘采用全密封型设计，当按键动作时应发出声响，键盘上应具有报警蜂鸣器和报警确认按钮，至少提供50个用户功能键，对于操作员站与工程师站合一的系统，还应该提供工程师键盘（QWERTY键盘）。

4.2.4 打印机

① 打印机应能自动、连续地打印报表、报警、系统维护记录等。也可按命令要求打印报表、屏幕画面和组态数据表等。在两台打印机中，如果一台出现故障，系统应能自动切换到另外一台。

② 打印机应采用冲击式打印头，热敏式打印头是不接受的，打印能力至少为150个字符/s的速度和132个字符/行的宽度。

③ 打印机为台式，并带安装支座、打印纸储存盒等。打印机具有彩色打印能力，并能实现CRT全屏幕拷贝。

4.2.5 屏幕拷贝机 屏幕拷贝机应具有CRT全屏幕彩色拷贝的能力，拷贝机缓冲存储器至少能保存一幅画面的数据，使操作站在发出拷贝命令后即可进行其他操作，而不影响屏幕拷贝，拷贝将在100s内完成。

4.2.6 磁盘驱动器 磁盘驱动系统主要用于系统下装和组态数据的备份，系统具有格式化磁盘的能力。

4.2.7 记录仪 根据工艺操作要求配备多笔记录仪并由系统驱动，操作员能够从操作站中选择系统变量在记录仪上进行记录，可以控制记录仪的启动/停止时间。

4.3 控制和数据处理系统

控制和数据处理系统包括完成控制功能和I/O监视功能的全部硬件和软件，系统通常由控制处理器、I/O模件所组成，它们都安装在标准的机柜内，控制处理器执行控制功能，I/O接口模件处理现场输入/输出信号。供货商应按各种组件的20%提供备用量，同时在机柜内提供20%的备用空间以备扩展。

4.3.1 能力

① 控制和数据处理系统接收过程变量的输入信号，然后按照组态数据库的要求，对输入信号进行处理，存放到相应的数据库中显示或计算，传送输出信号至最终控制元件。

② 在I/O信号处理方面，系统对模拟量提供线性化、补偿、累积、开方和报警功能；系统对开关量提供报警和状态变化的检测。

③ 在控制方面，系统能够完成调节控制、联锁逻辑、手动操作、由标准算法或用户程序组合而成的自动顺序。

④ 调节控制功能至少包括各种PID算法（反馈、前馈、开关、比率、超前/滞后等）、标准计算（加、减、乘、除、复合运算等）、基本控制功能（开关、限幅、高/低选择等）、自适应控制功能。

⑤ 联锁控制功能包括用于调节控制的布尔逻辑和用于开关控制的梯形逻辑。

⑥ 顺序控制功能可以执行启动/停止顺序、批量处理或任何预先定义的程序步骤。

⑦ 控制器的CPU为32位，时钟频率至少为8MHz。

⑧ 控制器应具有非易失性内存，在供电中断情况下可保存内存数据七天以上。

4.3.2 输入/输出　控制和数据处理系统可以支持来自现场设备的各种输入和输出信号，所有的输入和输出电路都能防止信号过载、瞬变和浪涌冲击。

4.4 通信系统

4.4.1 通信系统能完成整个DCS各站之间以及与上位管理机之间的信息交换，将控制站及输入/输出接口采集的过程信号送往操作站显示、存储，将操作站的控制指令送往控制站，将控制站的输出信号送往各终端设备，接受来自上位管理机的指令，将规定的数据送至上位管理机。DCS控制网络的通信协议应能满足IEEE 802.4，通信速率不低于5MB/s。

4.4.2 DCS应具有数字化通信网络，该网络为各操作员站、控制和数据处理系统，以及其他设备之间提供可靠的高速数据传送。

4.4.3 通信系统是冗余的，它由两条独立的通信总线和每台设备上安装的两台独立通信接口组成，通信总线交替使用并不断地进行自检，总线之间自动进行切换，而不允许中断系统操作和产生数据丢失，故障时在操作台上报警。

4.4.4 总线之间也可以进行手动切换，而不会影响系统操作。

5 技术要求

5.1 冗余要求

5.1.1 操作站　DCS操作站CRT应具有独立的电子单元或采用1∶1后备方式，操作员可以从系统内任何一台操作站中访问过程变量和图形。

5.1.2 控制和数据处理系统

① 控制器应具有高可靠的后备系统，在主控制器故障时，控制器的全部数据和功能将自动地切换到冗余的后备控制器，切换过程应低于1s，同时不应对控制回路产生中断或不应有数据丢失。

② 在主控制器和后备控制器同时产生故障时，系统输出应保持在最后时刻的输出数值，或者是处在预先设定的故障安全状态。

③ 控制器应具有非易失存储器，在失电后能保存全部的组态数据，或者说，在主电源故障的情况下，电池后备系统能保持存储器的电源至少72h。

5.1.3 通信系统　DCS内部通信系统（包括通信总线、通信处理机、每台设备与总线之间的接口）均应为全冗余；如果系统配置有其他的数据总线（如I/O总线等），这些总线也采用冗余配置。

5.1.4 电源系统　控制和数据处理系统的电源和电源转换器都应为冗余配置。

5.2 平均无故障时间及平均故障维修时间

5.2.1 平均无故障时间（MTBF）　制造商应在报价中给出其系统的MTBF，并能解释其计算公式。

5.2.2 平均故障维修时间（BTTR）　制造商应在报价中给出其系统的MTTR，并给出其计算方法，以及列举两个以上的控制回路所使用部件的MTTR。

5.2.3 模块化要求　制造商应保证DCS系统具备较高程度的模块化水平。

5.3 DCS的自诊断及容错

5.3.1 DCS应具有完整的自诊断系统，并且定时自动或人工启动诊断系统，并在操作站/工程师站CRT上实现自诊断状态和结果。

5.3.2 自诊断系统包括全面的离线和在线诊断软件，诊断程序能对系统设备故障的检查和对外部设备运行状态的检查。

5.3.3 DCS系统应具有一定程度的容错能力，即当某些模块发生故障后，不影响整个系统的有效工作。制造商在报价时应就其系统对该项功能进行说明。

5.4 过程硬件接口要求（I/O）

5.4.1 输入/输出接口应采用光电隔离。

5.4.2 输入/输出信号的分辨率至少为12位。

5.4.3 驱动接口应能保证驱动600m范围以内的二线制24VDC变送器。

5.4.4 制造商应提供全部输入/输出安全栅。

5.5 工作环境

DCS将安装在控制室内，室内采用空调，温度范围为18～27℃，湿度范围为35%～75%。

5.6 电源系统

5.6.1 UPS系统的要求

① 输入电源为200V AC/50Hz。

② 输出电源为220V AC/50Hz。

③ 工作时间为15min。

④ 具有自诊断及报警、工作状态实现。

5.6.2 DCS对供电质量要求　DCS制造商应提出供电电源等级及其偏差、供电频率及其偏差、纹波系数、最大幅值等要求。

5.7 接地要求

制造商应给出系统的接地要求如下：工作接地；信号屏蔽接地；安全保护接地。

5.8 控制室接线端子柜

制造商应给出接线端子柜的要求如下：机械制造要求；电缆进线、分线位置；接线方式。

5.9 DCS接线

5.9.1 制造商负责从机柜内I/O端子后的所有接线工作并提供所需要的材料。

5.9.2 用户接线从I/O端子现场侧开始。

5.10 机械要求

5.10.1 尺寸和布置　卖方应提供所有台、柜、外设等的最大外围尺寸，人员走动及操作的最小间距要求，并给出系统平面布置图。

5.10.2 重量　卖方应说明各设备的重量和地板负荷要求。

5.10.3 喷漆　所有设备的颜色按双方预先确定的颜色标准进行。

6 文件交付

6.1 供货方提交文件

6.1.1 文件种类

① DCS用户使用手册。

② 组态指南。

③ 接地要求。

④ 与本系统有关的其他资料。

6.1.2 交付文件数量、时间、语种等（略）

6.2 用户提交文件

用户提交与组态有关的所有工程设计文件，内容包括：

① 回路图；

② 联锁逻辑图；

③ DCS监控数据表；

④ 工艺管道及仪表流程图（P&ID）；

⑤ 其他有关资料。

7 技术服务及培训

7.1 技术服务

7.1.1 供货方项目管理。

7.1.2　现场服务包括DCS接线检查、通电、系统软件加载、现场验收等。

7.1.3　工程组态。

7.1.4　用户为现场提供的条件（略）。

7.2　用户培训

7.2.1　操作维修培训及技术培训。

7.2.2　培训内容、时间、地点、人数、使用语种（略）。

7.2.3　制造商为培训提供的条件（略）。

8　检查和验收

所有的检查和测试都应在DCS全部设备组装完成后进行，用户将分别在DCS制造厂和使用现场进行检查和测试。制造商应提供一套完整的系统验收程序供用户确认。

8.1　工厂验收

8.1.1　工厂验收包括设备外观检查、审查制造商的质量保证程序、硬件和软件功能测试，制造商应提供用户试验的时间、位置、试验设备等。

8.1.2　在用户验收以前，制造商应完成了系统的全部测试以保证整套系统能实现指定的功能，并提供测试需要的图纸、资料、组态文件等。

8.1.3　测试通常在系统通电一周后才开始进行，所有制造商提供的设备，包括DCS控制台、DCS机柜(安装有各种模件和电缆)、数据总线、辅助模件等，都应全部组装好，以便进行整体功能的测试，制造商应提供在工厂测试需要使用的临时信号电缆。

8.1.4　系统试验包括系统硬件和软件功能演示，至少应有如下内容：

① 电源启动和初始化；

② 电源故障和恢复；

③ 全部系统下装；

④ 诊断试验；

⑤ 冗余组件（控制器、电池、通信总线）的切换；

⑥ 射频干扰的防护；

⑦ 采用仿真信号进行每个回路输入/输出功能试验（包括各种画面显示）；

⑧ 用户程序的试验。

8.2　现场验收

现场验收包括主要的系统功能试验和整体测试，它是在全套系统安装完毕，并正确接线以后所进行的。

8.3　其他检查

在系统设计和制造过程中，所有的设备和项目进展过程都能接受用户的检查，但是用户的检查人员对所检验项目不负任何责任。

9　发运条件

设备包装应满足安全、经济、无危险的要求，同时应考虑设备在中国境内道路运输的限制条件。

9.1　机柜应单台发运，为方便现场安装，机柜内应安装全部卡件，并完成内部接线。

9.2　操作台应单台发运，为方便现场安装，控制台内应安装全部卡件及仪表，并完成内部接线。

9.3　打印机应单台发运。

9.4　按照制造商要求，CRT单台发运或与操作台一起发运。

10　备品备件

10.1　制造商应提供满足设备安装、现场试验和通电恢复所需要的各种备品配件及易损件。

10.2　制造商应提供满足2年正常运行所需要的各种备品配件及易损件。

11 DCS工作进度计划（略）

表A 系统规模数据

类　型	冗余要求	数　量
1 过程输入/输出		
1.1 模拟量信号		
(1) 热电偶输入		
—用于控制		10
	冗余	
—用于显示		40
	非冗余	
(2) 模拟输入(4～20mA 二线制)		
—用于控制		60
	冗余	
—用于显示		240
	非冗余	
(3) 模拟输入(4～20mA)		
—用于控制		2
	冗余	
—用于显示		4
	非冗余	
(4) 模拟输出(4～20mA)		70
	冗余	
1.2 数字量信号		
(1) 接点输入		120
	非冗余	
(2) 接点输出		106
	非冗余	
2 用户画面和报表		
2.1 用户画面		35(幅)
2.2 报表		15(页)

表B 系统硬件一览表

名　称	单　位	数　量
1 过程接口和控制器	套	1
2 端子柜/安全栅柜	套	1
3 操作站	台	2
彩色CRT	台	2
操作键盘	台	2
工程师键盘	台	2
4 通信系统	套	1
5 宽行喷墨打印机	台	2
6 彩色拷贝机	台	1
7 辅助操作台	套	1
闪光信号报警器	只	30
按键	只	20
记录仪(3笔)	台	1
8 历史数据存储单元	套	1

附录3　PLC技术规格书编制大纲

［摘自《可编程序控制器系统工程设计规范》（HG/T 20700—2014）］

1　概述

1.1　工程项目简述
1.2　规格书的适用范围
1.3　标准规范
1.4　供方责任范围
1.5　项目进度
1.6　关于询价及报价的修改

2　硬件配置的基本要求

2.1　技术水平
2.2　冗余原则
2.3　工作区的划分
2.4　PLC控制回路、检测点统计
2.5　CPU性能指标的要求
2.6　人机界面的配置
2.7　网络接口及设备要求
2.8　安装机架及机柜
2.9　安全栅柜及中间端子柜
2.10　辅助操作台
2.11　电缆及连接配件
2.12　电源
2.13　其他

3　系统技术规格

3.1　概述
3.2　过程控制和检测
3.3　操作环境
3.4　系统管理及工程实施
3.5　通信网络
3.6　系统维护与故障诊断
3.7　复杂控制及生产管理

4　软件配置的基本要求

4.1　过程控制和检测软件
4.2　操作系统及工具软件
4.3　工程编程软件
4.4　复杂控制（批量控制）和顺序控制软件
4.5　生产管理软件
4.6　软件的版本更新

4.7 汉字系统

5 备品备件及辅助工具

5.1 备品备件
5.2 专用仪器及辅助工具

6 技术服务

6.1 概述
6.2 项目管理
6.3 文件资料
6.4 现场技术服务
6.5 售后服务

7 验收

7.1 工厂测试与工厂验收（FAT）
7.2 现场验收（SAT）

8 软件编程

8.1 概述
8.2 编程合作范围及形式
8.3 其他

9 其他实施项目

9.1 设计协调会
9.2 系统技术培训
9.3 软件编程培训
9.4 维护培训
9.5 工厂验收
9.6 项目进度

10 交货期及保证期

10.1 交货期
10.2 保证期

附录 4 SIS、ESD 技术规格书编制大纲

［摘自《石油化工仪表接地设计规范》(SH/T 3081—2003)］

1 范围

1.1 概述
1.2 目标
1.3 系统组成

2 定义和缩写

2.1 定义

2.2 缩写

3 标准规范

3.1 国际、中国标准规范
3.2 工程规定
3.3 相关规格书

4 通用要求

4.1 系统环境
4.2 系统的可用性和可靠性
4.3 系统冗余
4.4 电源要求
4.5 接地
4.6 防雷保护
4.7 系统备件、负载和扩展要求
4.8 标准硬件和软件

5 硬件要求

5.1 系统总貌
5.2 认证
5.3 中央处理器要求
5.4 存储器
5.5 输入输出模件要求
5.6 事件顺序记录
5.7 安全网络要求
5.8 标准规定
5.9 人机接口
5.10 机柜要求
5.11 配线要求
5.12 光缆要求

6 功能要求

6.1 概述
6.2 标准规定
6.3 事件顺序记录
6.4 系统复位
6.5 维护选择开关
6.6 操作选择开关
6.7 信号和报警
6.8 系统诊断要求

7 组态要求

7.1 概述
7.2 组态服务

7.3 逻辑功能
7.4 组态系统
7.5 组态文件

8 检查和测试

8.1 一般要求
8.2 工厂检验测试
8.3 现场检验测试

9 项目管理和技术服务

9.1 工程计划和管理
9.2 设计条件会
9.3 组态培训
9.4 工厂验收
9.5 包装运输
9.6 现场开箱、安装、通电和调试
9.7 现场验收
9.8 系统投运

10 质量保证

10.1 质量保证程序
10.2 功能测试
10.3 测试范围
10.4 测试合格证书
10.5 ISO 9000 质量标准
10.6 认证书

11 文件资料

11.1 工程设计文件
11.2 硬件说明书和手册
11.3 硬件合格证书
11.4 系统软件说明
11.5 组态编程文件
11.6 验收测试程序及报告

12 性能保证

12.1 硬件/软件
12.2 保修及维护
12.3 备件支持
附 I/O 清单
附安全仪表系统硬件配置图

参考文献

[1] 陆德民. 石油化工自动控制设计手册. 3版. 北京：化学工业出版社，2000.
[2] 孙淮清，王建中. 流量测量节流装置设计手册. 2版. 北京：化学工业出版社，2005.
[3] 孙洪程，李大字. 自动控制工程设计. 北京：高等教育出版社，2016.
[4] 孙洪程，翁维勤. 过程控制系统工程设计. 北京：化学工业出版社，2001.
[5] 艾伦 L.，谢尔德拉克. 电气工程手册. 孙洪程，马欣，等译. 北京：化学工业出版社，2006.
[6] 张修正. 化工厂电气手册. 北京：化学工业出版社，1994.
[7] 李洪亮，曹志清，等. 中国化工装备产品手册. 北京：化学工业出版社，2001.
[8] 孙洪程，曹曦，魏杰. 生产过程检测与控制技术. 北京：高等教育出版社，2015.
[9] 张达英. 分析仪器. 2版. 重庆：重庆大学出版社，1995.
[10] GB/T 25928—2010. 过程工业自动化系统出厂验收测试（FAT）、现场验收测试（SAT）、现场综合测试（SIT）规范.
[11] HG/T 20505—2014. 过程测量与控制仪表的功能标志及图形符号.
[12] HG 20506—1992. 自控专业施工图设计内容深度规定.
[13] HG/T 20507—2014. 自动化仪表选型设计规范.
[14] HG/T 20508—2014. 控制室设计规范.
[15] HG/T 20509—2014. 仪表供电设计规范.
[16] HG/T 20510—2014. 仪表供气设计规范.
[17] HG/T 20511—2014. 信号报警及联锁系统设计规范.
[18] HG/T 20512—2014. 仪表配管配线设计规范.
[19] HG/T 20513—2014. 仪表系统接地设计规范.
[20] HG/T 20514—2014. 仪表及管线伴热和绝热保温设计规范.
[21] HG/T 20515—2014. 仪表隔离和吹洗设计规范.
[22] HG/T 20516—2014. 自动分析器室设计规范.
[23] HG/T 20699—2014. 自控设计常用名词术语.
[24] HG/T 20700—2014. 可编程序控制器系统工程设计规范.
[25] HG/T 20636～20639. 化工装置自控工程设计规范.
[26] GB/T 50770—2013. 石油化工安全仪表系统设计规范.
[27] SH/T 3081—2003. 石油化工仪表接地设计规范.
[28] HG/T 20573—2012. 分散型控制系统工程设计规范.
[29] 严隽琪. 制造系统信息集成技术. 上海：上海交通大学出版社，2001.
[30] Stankovic J，et al. Misconceptions about Real-Time Databases. IEEE Computer，1999，32（6）：29-36.
[31] 卢炎生，潘怡，等. 一个内存数据库管理系统的数据组织. 华中理工大学学报，1999，27（10）：64-66.
[32] 杨进才，刘云生，等. 嵌入式实时数据库系统的存储管理. 小型微型计算机系统，2002，24（1）：42-45.